华为ICT大赛系列

华为ICT大赛实践赛

网络赛道真题解析

组　编　华为ICT大赛组委会
主　编　梁广民 程越 顾育豪
副主编　齐坤 成荣 王金涛

人 民 邮 电 出 版 社
北 京

图书在版编目（CIP）数据

华为 ICT 大赛实践赛网络赛道真题解析 / 华为 ICT 大赛组委会组编 ; 梁广民, 程越, 顾育豪主编. -- 北京 : 人民邮电出版社, 2024. -- ISBN 978-7-115-65448-9

Ⅰ. TP393-44

中国国家版本馆 CIP 数据核字第 2024CN1066 号

内 容 提 要

本书对华为 ICT 大赛 2023—2024 实践赛网络赛道真题进行解析，涉及数通、安全和 WLAN 等技术方向。本书共 5 章，第 1 章首先讲解华为 ICT 大赛目标，以及华为 ICT 大赛 2023—2024 比赛内容及方式，然后介绍实践赛网络赛道赛制和考试大纲；第 2～5 章按照由浅入深的顺序逐步解析 2023—2024 省赛初赛、省赛复赛、全国总决赛和全球总决赛的真题，解析时根据各技术方向讲解每道题的考点，帮助读者系统掌握考点、提升实践技能。

本书适合所有备考华为 ICT 大赛实践赛网络赛道的高校师生，以及想要参加相关华为认证考试的读者阅读。

◆ 组　　编　华为 ICT 大赛组委会
主　　编　梁广民　程　越　顾育豪
副 主 编　齐　坤　成　荣　王金涛
责任编辑　贾　静
责任印制　王　郁　胡　南

◆ 人民邮电出版社出版发行　　北京市丰台区成寿寺路 11 号
邮编　100164　　电子邮件　315@ptpress.com.cn
网址　https://www.ptpress.com.cn
三河市兴达印务有限公司印刷

◆ 开本：800×1000　1/16
印张：18.25　　　　2024 年 11 月第 1 版
字数：459 千字　　　2024 年 11 月河北第 1 次印刷

定价：59.80 元

读者服务热线：(010)81055410　印装质量热线：(010)81055316
反盗版热线：(010)81055315
广告经营许可证：京东市监广登字 20170147 号

前 言

当前，AI 等新技术的发展突飞猛进；数据规模呈现爆炸式增长态势；越来越多的行业正在加快数字化转型和智能化升级进程，从而推动数字技术和实体经济深度融合，使人类社会加速迈向智能世界。而信息与通信技术（Information and Communications Technology）人才则成为推动全球智能化升级的第一资源和核心驱动力，成为推动数字经济发展的新引擎。

为加速 ICT 人才的培养与供给，提高 ICT 人才的技能使用效率，华为技术有限公司（以下简称“华为”）积极构建良性 ICT 人才生态。通过华为 ICT 学院校企合作项目，华为向全球大学生传递华为领先的 ICT 技术和产品知识。作为华为 ICT 学院校企合作项目的重要举措，华为 ICT 大赛旨在打造年度 ICT 赛事，为全球大学生提供国际化竞技和交流平台，帮助学生提升其 ICT 知识水平和实践动手能力，培养其运用新技术、新平台的创新创造能力。

目前为止，华为 ICT 大赛已举办八届，被中国高等教育学会正式纳入全国普通高校大学生竞赛榜单，也是 UNESCO（United Nations Educational,Scientific and Cultural Organization，联合国教科文组织）全球技能学院的关键伙伴旗舰项目。随着华为 ICT 大赛的连续举办，大赛规模及影响力持续提升。第八届华为 ICT 大赛共吸引了全球 80 多个国家和地区、2000 多所院校的 17 万余名学生报名参赛，最终来自 49 个国家和地区的 161 支队伍、470 多名参赛学生入围全球总决赛。

同时，参赛学生的知识水平与实践能力也在不断提升。据统计，第八届华为 ICT 大赛实践赛的所有参赛队伍平均得分为 562 分，较第七届提高了 105 分，其中中国区参赛队伍平均得分为 670 分，高于华为认证体系中最高级别的 ICT 技术认证——HCIE（Huawei Certified ICT Expert，华为认证 ICT 专家）认证要求的 600 分，反映出华为 ICT 大赛的竞争日益激烈、含金量日益提升。

为帮助参赛学生更好地备赛，华为特推出华为 ICT 大赛系列真题解析，该系列丛书共 4 册，涵盖第八届华为 ICT 大赛实践赛的网络、云、计算、昇腾 AI 赛道真题及解析，是唯一由华为官方推出的聚焦华为 ICT 大赛的真题解析。该系列丛书逻辑严谨、条理清晰，按照由浅入深的顺序，逐步解析全国初赛（网络、云和计算这 3 条赛道为省赛的形式，其中省赛分为省赛初赛和省赛复赛）、全国总决赛和全球总决赛真题，从基础概念讲起，帮助参赛学生在学习相关知识的同时提升实践能力；按照模块化设计模式，按技术方向拆解考点，并深入讲解重点和难点知识，帮助参赛学生系统、高效地学习。该系列丛书将尽量保持华为 ICT 大赛 2023-2024 实践赛各赛道真题的原貌，以方便读者感受各赛道考题的风格、难易程度，有效帮助读者把握命题思路、掌握重点内容、检验学习效果、增加实战经验。该系列丛书既适合作为华为 ICT 大赛的参考书，也适合作为相关华为认证考试的参考书。

在编写本书的过程中，我们努力确保信息的准确性，但由于时间有限，难免存在不足之处。如有问题，读者可以发送邮件到 gmliang@szpu.edu.cn。

同学们，智能世界之未来星河璀璨，时代赋予了我们新的挑战和机遇。“千淘万漉虽辛苦，吹尽狂沙始到金。”希望全球所有 ICT 青年，从该系列丛书起步，乘华为 ICT 大赛之东风，以知识和技术为翼，携勇气和梦想远征，与华为一起，共同构建一个更加美好的万物互联的智能世界。

华为 ICT 大赛组委会
2024 年 8 月

资源与支持

资源获取

本书提供如下资源：

- 考试指导；
- 异步社区 7 天 VIP 会员。

要获得以上资源，您可以扫描下方二维码，根据指引领取。

提交勘误

编者和编辑尽最大努力来确保书中内容的准确性，但难免会存在疏漏。欢迎您将发现的问题反馈给我们，帮助我们提升图书的质量。

当您发现错误时，请登录异步社区（https://www.epubit.com），按书名搜索，进入本书页面，点击“发表勘误”，输入勘误信息，点击“提交勘误”按钮即可（见下图）。本书的编者和编辑会对您提交的勘误进行审核，确认并接受后，您将获赠异步社区的 100 积分。积分可用于在异步社区兑换优惠券、样书或奖品。

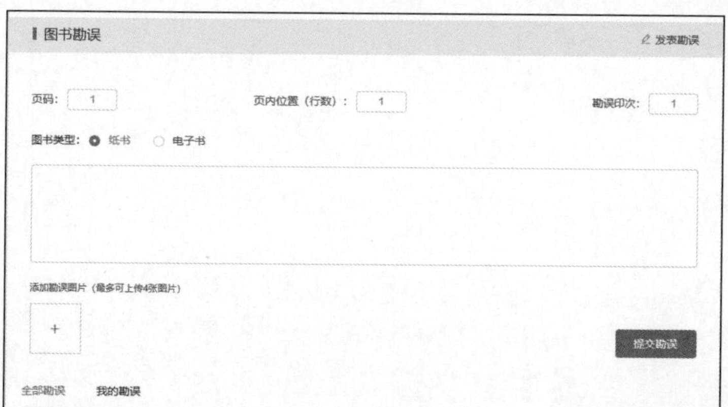

与我们联系

我们的联系邮箱是 contact@epubit.com.cn。

如果您对本书有任何疑问或建议，请您发电子邮件给我们，并请在邮件标题中注明本书书名，以便我们更高效地做出反馈。

如果您有兴趣出版图书、录制教学视频，或者参与图书翻译、技术审校等工作，可以发电子邮件给本书的责任编辑（jiajing@ptpress.com.cn）。

如果您所在的学校、培训机构或企业，想批量购买本书或异步社区出版的其他图书，也可以发电子邮件给我们。

如果您在网上发现有针对异步社区出品图书的各种形式的盗版行为，包括对图书全部或部分内容的非授权传播，请您将怀疑有侵权行为的链接发电子邮件给我们。您的这一举动是对作者权益的保护，也是我们持续为您提供有价值的内容的动力之源。

关于异步社区和异步图书

“异步社区”（www.epubit.com）是由人民邮电出版社创办的 IT 专业图书社区，于 2015 年 8 月上线运营，致力于优质内容的出版和分享，为读者提供高品质的学习内容，为作译者提供专业的出版服务，实现作者与读者在线交流互动，以及传统出版与数字出版的融合发展。

“异步图书”是异步社区策划出版的精品 IT 图书的品牌，依托于人民邮电出版社在计算机图书领域 30 余年的发展与积淀。异步图书面向 IT 行业以及各行业使用相关技术的用户。

目录

第 1 章

华为 ICT 大赛实践赛网络赛道介绍

华为 ICT 大赛是华为面向全球大学生打造的年度 ICT 赛事，大赛以“联接、荣耀、未来”为主题，以“I. C. The Future”为口号，旨在为全球大学生打造国际化竞技和交流平台，提升学生的 ICT 知识水平和实践动手能力，培养其运用新技术、新平台的创新能力和创造能力，推动人类科技发展，助力全球数字包容。

华为 ICT 大赛自 2015 年举办以来，影响力日益增强，不仅参赛国家和地区、报名人数不断增加，还被中国高等教育学会正式纳入全国普通高校大学生竞赛榜单。

1.1 华为 ICT 大赛目标

华为 ICT 大赛目标如下。

- 建立联接全球的桥梁。大赛旨在打造国际化竞技和交流平台，将华为与高校联接在一起、教育与 ICT 联接在一起、大学生就业和企业人才需求联接在一起，促进教育链、人才链与产业链、创新链的有机衔接；助力高校构建面向 ICT 产业未来的人才培养机制，实现以赛促学、以赛促教、以赛促创、以赛促发展，培养面向未来的新型 ICT 人才。
- 提供绽放荣耀的舞台。大赛为崭露头角的学生提供国际舞台，授予奖项和荣誉；大赛成果将反映高校人才培养的质量，助力教师和高校提高业内影响力。
- 打造面向未来的生态。大赛培养学生的团队合作精神，培养其创新精神、创业意识和创新创业能力，促进学生实现更高质量的创业、就业；大赛将教育融入经济社会产业发展，推动互联网、大数据、AI 等 ICT 领域的成果转化和产学研用融合，促进各国加大对 ICT 人才生态建设的重视与投入，加速全球数字化转型与升级；大赛助力发展平等、优质教育，推进全球平衡发展，促进全球数字包容，力求让更多人从数字经济中获益，打造一个更美好的数字未来。

1.2　华为 ICT 大赛 2023—2024 比赛内容及方式

华为 ICT 大赛 2023—2024 的主题赛事包括实践赛和创新赛。

1.2.1　实践赛

实践赛包含网络、云、计算和昇腾 AI 这 4 条赛道（目前昇腾 AI 赛道仅对中国开放），主要考查参赛学生的 ICT 理论知识储备、上机实践能力以及团队合作能力；通过理论考试和实验考试考查学生的理论知识水平和动手能力，基于考试得分进行排名，学生需熟悉相关技术理论及实验。

实践赛采用“国家→区域→全球”三级赛制，国家赛的考查方式为理论考试；区域总决赛的考查方式为理论考试和实验考试；全球总决赛的考查方式为实验考试，其参赛队伍由区域总决赛队伍晋级产生。

中国区华为 ICT 大赛 2023—2024 实践赛为“省赛/全国初赛→全国总决赛→全球总决赛”三级赛制，比赛时间规划如表 1-1 所示。

表 1-1　中国区华为 ICT 大赛 2023—2024 实践赛比赛时间规划

主题赛事	报名时间	省赛时间	全国初赛时间	全国总决赛时间	全球总决赛时间
实践赛（网络、云、计算赛道）	2023 年 9 月 22 日—2023 年 10 月 31 日	2023 年 10 月—2023 年 12 月	无	2024 年 3 月	2024 年 5 月
实践赛（昇腾 AI 赛道）	2023 年 10 月 26 日—2023 年 12 月 10 日	无	2023 年 12 月		

实践赛赛道的赛制级别及其中的组别划分如下。

- 省赛/全国初赛：分为网络、云、计算、昇腾 AI 这 4 条赛道，每条赛道分为本科组和高职组。
- 全国总决赛：分为网络、云、计算、昇腾 AI 这 4 条赛道，每条赛道分为本科组和高职组。
- 全球总决赛：分为网络、云、计算、昇腾 AI 这 4 条赛道（不区分本科组和高职组）。

其中，省赛分为省赛初赛和省赛复赛。

1.2.2　创新赛

创新赛要求学生从生活中遇到的真实需求入手，结合行业应用场景，运用 AI（必选）及云计算、物联网、大数据、鲲鹏、鸿蒙等技术，提出具有社会效益和商业价值的解决方案，并设计功能完备的作品。

创新赛采用作品演示加答辩的方式进行，重点考查作品创新性、系统复杂性/技术复合性、商业价值/社会效益、功能完备性及参赛队伍的答辩表现。

1.3 实践赛网络赛道赛制

实践赛网络赛道赛制分为省赛初赛赛制、省赛复赛赛制、全国总决赛赛制、全球总决赛赛制。其中，省赛初赛赛制和省赛复赛赛制分别如表 1-2 和表 1-3 所示。

表 1-2 实践赛网络赛道省赛初赛赛制

赛段	考试类型	考试时长	试题数量	试题类型	总分	比赛形式	说明
省赛初赛（必选）	理论考试	90 分钟	60 道	判断、单选、多选	1000 分	个人	2023 年 1 月 1 日起至省赛初赛结束日前，通过 HCIA-Datacom、HCIA-Security、HCIA-WLAN 中的任一认证加 50 分，通过 HCIP-Datacom、HCIP-Security、HCIP-WLAN 中的任一认证加 100 分，通过 HCIE-Datacom、HCIE-Security、HCIE-WLAN 中的任一认证加 200 分，可累计计分，加分上限为 200 分。 注意：大赛报名 Uniportal 账号需与认证考试 Uniportal 账号保持一致，否则将无法加分

表 1-3 实践赛网络赛道省赛复赛赛制

赛段	考试类型	考试时长	试题数量	试题类型	总分	比赛形式	说明
省赛复赛（可选）	理论考试	90 分钟	90 道	判断、单选、多选	1000 分	个人	2023 年 1 月 1 日起至省赛初赛结束日前，通过 HCIA-Datacom、HCIA-Security、HCIA-WLAN 中的任一认证加 50 分，通过 HCIP-Datacom、HCIP-Security、HCIP-WLAN 中的任一认证加 100 分，通过 HCIE-Datacom、HCIE-Security、HCIE-WLAN 中的任一认证加 200 分，可累计计分，加分上限为 200 分。 注意：大赛报名 Uniportal 账号需与认证考试 Uniportal 账号保持一致，否则将无法加分

实践赛网络赛道全国总决赛入围规则：各省/市本科组队伍总成绩第一名、高职组队伍总成绩第一名入围全国总决赛。

实践赛网络赛道全国总决赛赛制如表 1-4 所示，其奖项设置如表 1-5 所示。

实践赛网络赛道全球总决赛入围规则为：本科组队伍总成绩前 8 名、高职组队伍总成绩前 8 名入围全球总决赛。实践赛网络赛道全球总决赛赛制和奖项设置分别如表 1-6 和表 1-7 所示。

表 1-4　实践赛网络赛道全国总决赛赛制

赛段	考试类型	考试时长	试题数量	试题类型	总分	比赛形式	说明
全国总决赛	理论考试	60 分钟	20 道	判断、单选、多选	1000 分	3 人一队	全国总决赛的理论考试由队伍中的 3 名成员共同完成 1 套试题；实验考试由队伍中的3名成员通过分工共同完成任务，统一提交一份答案。总成绩=30%×队伍理论考试成绩+70%×队伍实验考试成绩
	实验考试	4 小时	不定	综合实验	1000 分		

表 1-5　实践赛网络赛道全国总决赛奖项设置

奖项	本科组	高职组
特等奖	1 队	1 队
一等奖	4 队	4 队
二等奖	11 队	11 队
三等奖	剩余队伍	剩余队伍

表 1-6　实践赛网络赛道全球总决赛赛制

赛段	考试类型	考试时长	试题数量	试题类型	总分	比赛形式	说明
全球总决赛	实验考试	8 小时	不定	综合实验	1000 分	3 人一队	无

表 1-7　实践赛网络赛道全球总决赛奖项设置

奖项	本科组、高职组混合
特等奖	5 队
一等奖	11 队
二等奖	17 队
三等奖	22 队

1.4　实践赛网络赛道考试大纲

实践赛网络赛道的试题涉及数通、安全、WLAN 等技术方向，这些技术方向试题在不同赛段的占比不尽相同，具体如表 1-8 所示。

表 1-8 各技术方向试题在不同赛段的占比

技术方向	省赛初赛	省赛复赛	全国总决赛	全球总决赛
数通	50%	50%	50%	50%
安全	30%	30%	35%	40%
WLAN	20%	20%	15%	10%

实践赛网络赛道的考试内容包括但不限于路由协议、二层交换技术、IPv6 技术、华为防火墙特性、VPN 技术、WLAN 组网与配置。实践赛网络赛道各模块（技术方向）的考核知识点分别如表 1-9、表 1-10、表 1-11 所示。

表 1-9 实践赛网络赛道数通模块的考核知识点

能力分类	能力模型	能力细则	省赛初赛	省赛复赛	全国总决赛	全球总决赛
			HCIA 级别	HCIP 级别	HCIE 级别	HCIE 级别及以上
数通基础知识	数通基础	了解 VRP 系统、基本网络常识	√	√	√	√
	TCP/IP 基础	了解 TCP/IP 架构，掌握基本协议包括 TCP、UDP、ARP、IP、NAT、Telnet、FTP、DHCP 等技术原理及配置	√	√	√	√
交换技术	以太网交换基础	了解基本以太网交换、MAC 地址学习等流程	√	√	√	√
	VLAN	掌握 VLAN、VLANIF、MUX VLAN、VLAN 聚合等技术原理及配置	√	√	√	√
	链路聚合、堆叠和集群	掌握 Eth-Trunk、iStack、CSS 等技术原理及配置	√	√	√	√
	STP	掌握生成树的防环原理及配置	√	√	√	√
	RSTP、MSTP	掌握 RSTP 和 MSTP 的原理及配置	√	√	√	√
路由技术	静态路由	掌握基本 IP 路由基础知识，并掌握 IPv4 和 IPv6 静态路由配置方法	√	√	√	√
	OSPF	掌握 OSPF 的基本原理及配置	√	√	√	√
	OSPFv3	掌握 OSPFv3 的基本原理及配置	√	√	√	√
	IS-IS（IPv4、IPv6）	掌握 IS-IS 在 IPv4 和 IPv6 场景中的基本原理及配置	√	√	√	√
	BGP、BGP4+	掌握 BGP、BGP4+在 IPv4、IPv6、VPN 等场景中的基本原理及配置	√	√	√	√

续表

能力分类	能力模型	能力细则	省赛初赛	省赛复赛	全国总决赛	全球总决赛
			HCIA 级别	HCIP 级别	HCIE 级别	HCIE 级别及以上
路由技术	ACL	掌握 ACL 的原理及配置	√	√	√	√
	IP Prefix List	掌握 IP Prefix List 的原理及配置	√	√	√	√
	路由策略、策略路由	掌握路由策略和策略路由等路由控制技术的原理及配置	√	√	√	√
IPv6 技术	IPv6 基础知识	了解 IPv6 及地址的相关概念	√	√	√	√
	IPv6 地址配置	了解 ICMPv6 和 IPv6 无状态自动配置	√	√	√	√
	IPv6 过渡技术	掌握双栈、6PE、6VPE、NAT64 等过渡技术的原理及配置	√	√	√	√
广域网技术	广域网基础知识和技术	了解广域网基本概念，以及 PPP、PPPoE 的原理及配置	√	√	√	√
	Segment Routing 技术	掌握 SR-MPLS 和 SRv6 的原理及配置				√
MPLS 技术	MPLS 相关技术	掌握 MPLS、MPLS LDP、MPLS TE 等技术的基本原理及配置		√	√	√
VPN 技术	VPN 基础知识	了解 VPN 和 VRF 的基本原理及配置		√	√	√
	基本 VPN 技术	掌握 GRE、L2TP、IPsec 等 VPN 技术的基本原理及配置		√	√	√
	BGP/MPLS IP VPN	掌握 BGP/MPLS IP VPN 的基本原理及配置		√	√	√
	VXLAN	掌握 VXLAN 的基本原理及配置（通过 VXLAN 构建虚拟网络）		√	√	√
	EVPN	掌握 EVPN 的基本原理及配置（EVPN 在园区和 SD-WAN 中的应用）			√	√
组播技术	组播基础知识	了解组播的基本概念，以及 IGMP 的原理及配置		√	√	√
	PIM	了解 PIM 协议的原理及配置		√	√	√
网络安全技术	AAA	了解 AAA 的原理及配置	√	√	√	√
	以太网交换安全	掌握端口隔离、MAC 地址表安全、端口安全、MAC 地址漂移防止与检测、MACsec、交换机流量控制、DHCP Snooping、IP Source Guard 等的原理及配置		√	√	√

续表

能力分类	能力模型	能力细则	省赛初赛 HCIA级别	省赛复赛 HCIP级别	全国总决赛 HCIE级别	全球总决赛 HCIE级别及以上
网络安全技术	网络准入控制	掌握802.1X认证、MAC地址认证、Portal认证及策略联动的原理及配置		√	√	√
网络可靠性与网络优化技术	网络可靠性技术	掌握VRRP、BFD、双机热备等可靠性技术的基本原理及配置		√	√	√
	网络优化技术	掌握QoS的基本原理及配置		√	√	√
网络管理与监控、网络编程自动化技术	网络管理与监控技术	掌握SNMP、LLDP、NQA等技术的基本原理及配置	√	√	√	√
	网络编程自动化基础知识	掌握网络编程自动化基础知识，以及NETCONF、Python的原理及实践		√	√	√
	网络编程自动化高阶技术	掌握SSH、YANG、Telemetry、RESTful的基本原理及实践			√	√
SDN相关技术	iMaster NCE的应用	了解不同场景控制器的概念及其使用方法，包括iMaster NCE-Campus、iMaster NCE-IP、iMaster NCE-Fabric等				√
	业务随行	了解基于iMaster NCE-Campus控制器实现访问控制的原理及实践				√
数据中心相关技术	数据中心基础知识	掌握VXLAN、M-LAG、微分段等技术的原理及配置			√	√
	数据中心高阶知识	掌握虚拟化基础、OpenStack基础、容器基础、高性能计算基础、存储基础等			√	√
华为各场景相关解决方案	园区	掌握华为CloudCampus解决方案，包括中小型及大中型园区的发展及面临的挑战、对应解决方案及规划部署		√	√	√
	企业广域互联	掌握华为SD-WAN解决方案，包括广域互联网络的发展及面临的挑战、对应解决方案及规划部署		√	√	√

续表

能力分类	能力模型	能力细则	省赛初赛	省赛复赛	全国总决赛	全球总决赛
			HCIA 级别	HCIP 级别	HCIE 级别	HCIE 级别及以上
华为各场景相关解决方案	企业广域网	掌握华为云广域网络解决方案，包括广域网的发展及面临的挑战、对应解决方案及规划部署			√	√
	数据中心网络	掌握华为 CloudFabric 解决方案，包括数据中心网络的发展及面临的挑战、对应解决方案及规划部署			√	√

表 1-10　实践赛网络赛道安全模块的考核知识点

能力分类	能力模型	能力细则	省赛初赛	省赛复赛	全国总决赛	全球总决赛
			HCIA 级别	HCIP 级别	HCIE 级别	HCIE 级别及以上
信息安全	信息安全基础	了解网络参考模型（TCP/IP 和 OSI）、熟悉网络常见的信息安全威胁、熟悉网络常见设备	√	√	√	√
	信息安全管理技术	掌握信息安全防范措施与趋势、信息安全管理与标准、隐私保护以及隐私保护可用的法律手段	√	√	√	√
安全通信	网络安全基础	了解防火墙安全策略、防火墙网络地址替换技术、防火墙双机热备技术、防火墙用户管理技术、防火墙入侵防御技术	√	√	√	√
	防火墙高级特性	熟悉防火墙高可靠技术、防火墙流量管理、防火墙虚拟系统、防火墙智能选路	√	√	√	√
	安全组网规划部署	掌握全场景安全解决方案、防火墙技术综合应用、IPv6 安全技术	√	√	√	√
VPN 技术	VPN 基础（加解密）	了解加解密技术原理、PKI 证书体系、VPN 技术基础与应用	√	√	√	√
	VPN 应用	熟悉 IPsec VPN 技术与应用、SSL VPN 技术与应用	√	√	√	√
	VPN 高可用技术	掌握 VPN 高可靠技术（双机场景应用）	√	√	√	√

续表

能力分类	能力模型	能力细则	省赛初赛	省赛复赛	全国总决赛	全球总决赛
			HCIA级别	HCIP级别	HCIE级别	HCIE级别及以上
攻击与防御	安全区域边界防护技术	熟悉网络攻击与防御、漏洞防御与渗透测试、内容安全过滤	√	√	√	√
	攻击与防御技术	掌握信息收集与网络探测、内容安全过滤技术、Web安全技术、病毒防范技术、网络入侵与防御技术、DDoS攻击与防御、主机安全与加固、数据安全	√	√	√	√
云安全	云数据中心网络安全技术	掌握云数据中心网络安全业务需求、云数据中心网络安全部署方案、云数据中心网络安全配置案例			√	√
	华为云安全架构设计	掌握公有云安全、租户云上安全诉求及方案、租户业务安全设计			√	√
安全运维	安全管理中心	掌握应急响应、网络接入控制		√	√	√
	安全运维与分析	掌握安全运维操作、日志管理、安全审计技术、态势感知技术（CIS）、华为HiSec解决方案			√	√

表1-11 实践赛网络赛道WLAN模块的考核知识点

能力分类	能力模型	能力细则	省赛初赛	省赛复赛	全国总决赛	全球总决赛
			HCIA级别	HCIP级别	HCIE级别	HCIE级别及以上
WLAN基础业务	WLAN工作原理	了解CAPWAP隧道、WLAN关键报文、STA上线流程等	√	√	√	√
	WLAN组网架构	掌握FAT AP、Leader AP、WAC+FIT AP、敏捷分布式、Navi AC、Mesh等	√	√	√	√

续表

能力分类	能力模型	能力细则	省赛初赛	省赛复赛	全国总决赛	全球总决赛
			HCIA 级别	HCIP 级别	HCIE 级别	HCIE 级别及以上
WLAN 基础业务	WLAN 可靠性	掌握 VRRP 热备份、双链路热备份、双链路冷备份、N+1 备份等		√	√	√
WLAN 安全	WLAN 接入安全	掌握链路认证、用户接入安全、终端黑白名单、安全策略等	√	√	√	√
	WLAN 数据安全	掌握 Open、WEP-Open、WEP-share-key、WPA/WPA2-PSK、WPA/WPA2-802.1X 等	√	√	√	√
	WLAN 安全防御	熟悉 WLAN 的安全威胁及安全方案概念、WLAN 管理平面安全、WLAN 控制平面安全、WLAN 转发平面安全等	√	√	√	√
	WLAN 网络准入控制	掌握 802.1X 认证、Portal 认证、MAC 认证、MAC 优先 Portal 认证等	√	√	√	√
WLAN 高级特性	WLAN 漫游	熟悉 WLAN 漫游概念、漫游流量转发过程、漫游优化技术、智能漫游等	√	√	√	√
	WLAN 射频资源管理	掌握 WLAN 空口性能、射频调优、终端迁移、频谱导航、基于 AP 的负载均衡、用户 CAC、WLAN 抗干扰、WLAN QoS、VIP 用户体验保障等		√	√	√
	组播与 mDNS	掌握 IP 组播基础、WLAN 组播网络优化、mDNS 与 mDNS 网关等			√	√
	WLAN 与物联网融合	了解物联网的概念与发展趋势、物联网短距无线技术概念、华为智简园区物联网方案			√	√
	WLAN 无线定位	了解无线定位概念、无线定位原理、华为智简园区无线定位方案			√	√

续表

能力分类	能力模型	能力细则	省赛初赛 HCIA级别	省赛复赛 HCIP级别	全国总决赛 HCIE级别	全球总决赛 HCIE级别及以上
WLAN 高级特性	构建IPv6 WLAN网络	掌握 IPv6 的基本概念、基于 IPv6 的 WLAN组网及应用、基于IPv6的WLAN 网络准入控制、基于 IPv6 的 WLAN 网络安全、WLAN 网络的 IPv6 演进等			√	√
WLAN 网络规划	WLAN网络规划基础	掌握 WLAN 网络规划概念、WLAN 覆盖设计、WLAN 容量设计等	√	√	√	√
	WLAN网络规划工具	掌握 WLAN Planner、CloudCampus APP 等		√	√	√
	WLAN网络规划流程	掌握WLAN网络规划流程、网络规划案例等	√	√	√	√
	WLAN 网络优化	掌握 WLAN 网络优化概念、WLAN 网络优化工具、WLAN 网络优化方案、WLAN 网络优化案例等		√	√	√
CloudCampus 解决方案	CloudCampus 中小型园区网络解决方案	掌握中小型园区网络业务需求与面临的挑战、CloudCampus 解决方案、CloudCampus 中小型园区网络设计指南、典型行业场景化应用等			√	√
	CloudCampus 大型园区网络解决方案	掌握基于 VXLAN 的虚拟化园区网络及解决方案、Underlay 网络设计、Fabric 设计、Overlay 网络设计、准入控制及业务随行设计、WLAN 设计、运维管理设计等			√	√
	CloudCampus中小型园区网络解决方案部署	掌握部署流程概念、部署规划、软硬件安装、开局部署、业务部署、运维管理、验收测试等			√	√
	CloudCampus大型园区网络解决方案部署（VXLAN 虚拟化）	掌握大型园区网络解决方案的基本概念、部署规划与部署流程、部署指导等			√	√

续表

能力分类	能力模型	能力细则	省赛初赛	省赛复赛	全国总决赛	全球总决赛
			HCIA级别	HCIP级别	HCIE级别	HCIE级别及以上
CloudCampus解决方案	大型 WLAN 组网实践	掌握 WLAN 项目生命周期、WLAN 项目交付件、WLAN 项目案例等			√	√
WLAN 网络运维	云管理	掌握 iMaster NCE-Campus、WAC 云化管理、AP 云化管理等		√	√	√
	传统运维	熟悉传统 WLAN 网络运维		√	√	√
	智能运维	熟悉智能运维概念、实时体验可视、分钟级故障定界、智能网络优化等		√	√	√
	故障排查	掌握 WLAN 故障排查概念、可靠性类故障、云管理类故障、天线网桥业务故障、射频管理业务故障、漫游业务故障等	√	√	√	√

第 2 章

2023—2024 省赛初赛真题解析

省赛初赛的考查方式为理论考试，分为数通、安全和 WLAN 这 3 个模块，题型包括判断题、单选题和多选题。省赛初赛各模块的题型分布如表 2-1 所示。

表 2-1　省赛初赛各模块的题型分布

模块	判断题	单选题	多选题	合计
数通	8 道	12 道	10 道	30 道
安全	4 道	8 道	6 道	18 道
WLAN	3 道	5 道	4 道	12 道

2.1　数通模块真题解析

1.【判断题】VLSM 可以将一个大的有类网络，划分成若干个小的子网，从而减少地址浪费，使得 IP 地址的使用更为科学。

【解析】为了方便 IP 地址的管理及组网，IP 地址被分成 5 类，分别是 A、B、C、D、E 类。A、B、C 这 3 类地址是单播 IP 地址（除一些特殊地址之外），只有这 3 类地址能被分配给主机接口使用。A、B、C 这 3 类网络的网络号是固定的，因此“有类编址”的地址划分方式过于死板，划分的颗粒度太大，会导致大量的主机号不能被充分利用，从而造成大量的 IP 地址浪费。可以利用子网划分来减少地址浪费，即通过 VLSM（Variable Length Subnet Mask，可变长子网掩码）将一个大的有类网络，划分成若干个小的子网，使得 IP 地址的使用更为科学。

【答案】正确

2.【判断题】在以太网中，STP、RSTP 和 MSTP 均可避免环路的产生，以及实现链路的冗余备份。现某企业需要在 VLAN 间实现流量的负载分担，网络工程师只能通过部署 MSTP 来实现。

【解析】运行 STP（Spanning Tree Protocol，生成树协议）的设备通过交互信息发现网络中存在的环路，并有选择地对某个接口进行阻塞，最终将环形网络结构修剪成无环路的树形网络结构，从而防止报文在环形网络中不断循环。RSTP 在 STP 的基础上进行了改进，实现了网络拓扑快速收敛。但 RSTP 和 STP 存在同样的缺陷，即所有的 VLAN（Virtual Local Area Network，虚拟局域网）共享一棵生成树。MSTP 兼容 STP 和 RSTP，既可以实现网络拓扑快速收敛，又提供了数据转发的冗余路径，从而在数据转发过程中实现了 VLAN 数据的负载均衡。

【答案】正确

3.【判断题】在生成树网络中，一般会将连接终端的接口设置为边缘端口，原因是设置为边缘端口后，该接口将不参与生成树计算，且会直接进入转发状态。

【解析】在生成树网络中，用户终端接入交换设备的端口的状态由 Disabled 状态进入转发状态需要经过状态迁移的延迟时间，那么用户在这段时间内无法上网，如果网络频繁变化，用户的网络连接状态会变得非常不稳定，时断时续。因此，一般会将与用户终端直接连接的接口设置为边缘端口。边缘端口在正常情况下接收不到配置 BPDU 报文，不参与 RSTP 运算，其状态可以由 Disabled 状态直接进入转发状态，且不需要经过状态迁移的延迟时间，就像在端口上将 STP 禁用了一样。

【答案】正确

4.【判断题】缺省情况下，配置手动模式的 Eth-Trunk 接口时，华为交换机只能将相同速率的端口加入同一个 Eth-Trunk 接口中。若想将不同速率的端口加入同一个 Eth-Trunk 接口，也可通过相关配置命令实现。

【解析】Eth-Trunk（以太网链路聚合），通过将多个物理接口捆绑成一个逻辑接口，可以在不进行硬件升级的条件下，达到增加链路带宽的目的。缺省情况下，设备不允许不同速率的端口加入同一个 Eth-Trunk 接口的功能，只能将相同速率的端口加入同一个 Eth-Trunk 接口中。

【答案】正确

5.【判断题】某公司内网中的一台路由器的路由表中存在两条去往目的网段 1.1.1.0/24 的路由表项，分别是通过静态路由和动态路由协议 OSPF 学习到的。由于 OSPF 路由协议优先级比静态路由优先级高，因此，路由器在转发去往目的网段为 1.1.1.0/24 的数据包时，一定会优先根据 OSPF 学习到的路由表项进行转发。

【解析】缺省情况下，OSPF 内部路由的优先级高于静态路由，但是 OSPF 和静态路由的优先级都支持手动指定，因此无法确保 OSPF 路由协议优先级一定比静态路由优先级高。

【答案】错误

6.【判断题】FTP 和 TFTP 是现网中常用的文件传输协议，TFTP 相较于 FTP，无须认证，采用 UDP 进行传输，其协议实现更为简单，主要用于传输小文件。

【解析】FTP 和 TFTP 都属于文件传输协议。相较于 FTP，TFTP 以传输小文件为目标，协议实现更加简单。TFTP 使用 UDP 进行传输，无须认证，但是只能直接向服务器端请求某个文件或者上传某个文件，无法查看服务器端的文件目录。

【答案】正确

7.【判断题】相较于 IPv4 地址采用 32 位标识，IPv6 地址采用了 128 位标识，拥有海量的地址空间，可以解决 IPv4 地址不够用的问题。

【解析】IPv4 地址为 32 位编码，而 IPv6 地址由 128 位构成，单从数量来说，IPv6 所拥有的地址容量是 IPv4 的约 8×10^{28} 倍，因此 IPv6 号称可以为全世界的每一粒沙分配一个网络地址。这使得海量终端同时在线、统一编址管理成为可能，为万物互联提供了强有力的支撑。

【答案】正确

8.【判断题】与 IPv4 地址分类类似，IPv6 地址分为单播地址、组播地址和广播地址，除此之外，IPv6 地址还增加了任播地址。

【解析】根据 IPv6 地址前缀，可将 IPv6 地址分为单播地址、组播地址和任播地址。IPv6 没有定义广播地址。在 IPv6 网络中，所有广播的应用层场景将会使用 IPv6 组播来实现。

【答案】错误

9.【单选题】OpenFlow 交换机基于流表转发报文，每个流表项由多个部分组成。其中，流表项中用来描述匹配后的处理方式的是以下哪个参数？

A. 匹配字段　　B. 指令

C. 优先级　　D. Cookie

【解析】每个流表项由匹配字段、优先级、计数器、指令、超时、Cookie 和 flags 这 7 个部分组成。其中有关转发的两个关键部分是匹配字段和指令。匹配字段用来描述匹配规则，支持自定义。指令用来描述匹配后的处理方式。

选项 A：匹配字段用来描述匹配规则，支持自定义。

选项 B：指令用来描述匹配后的处理方式。选项 B 正确。

选项 C：优先级用来定义流表项之间的匹配顺序，优先级高的流表项先进行匹配。

选项 D：Cookie 表示控制器下发的流表项的标识。

【答案】B

10.【单选题】PPP 报文中含有多个参数，它们定义了不同的内容，如 Protocol 参数为 0xC021 时，则代表该报文为 LCP 报文。那么以下哪个参数是 LCP 报文用于检测链路环路和其他异常情况的？

A. MRU　　B. 认证协议

C. FCS　　D. 魔术字

【解析】LCP 使用魔术字来检测链路环路和其他异常情况。魔术字是通过随机机制产生的一个数字，随机机制需要保证两端产生相同魔术字的可能性几乎为 0。

选项 A：MRU 是接口参数，表示最大接收单元（Maximum Receive Unit）。

选项 B：Protocol 参数用来说明 PPP 所封装的协议报文类型。

选项 C：FCS（Frame Check Sequence，帧校验序列）参数是一个 16 位的校验和，用于检查 PPP 帧的完整性。

选项 D：LCP 使用魔术字来检测链路环路和其他异常情况。选项 D 正确。

【答案】D

11.【单选题】华为交换机在转发数据帧时，若收到一个单播帧，且在 MAC 地址表中未查找到相应的表项，则会进行以下哪个操作？

A. 不处理　　B. 转发

C. 丢弃　　D. 泛洪

【解析】如果从传输介质进入交换机的某个端口的帧是一个单播帧，交换机会在 MAC（Medium Access Control，介质访问控制）地址表中查找这个帧的目的 MAC 地址。如果未能查到这个帧的目的 MAC 地址，则交换机将对该单播帧执行泛洪操作。

选项 A：错误。

选项 B：交换机在 MAC 地址表中查到了这个帧的目的 MAC 地址，但表中对应的端口号不是这个帧从传输介质进入交换机的那个端口号，则交换机对该单播帧执行转发操作。

选项 C：交换机在 MAC 地址表中查到了这个帧的目的 MAC 地址，并且表中对应的端口号是这个帧从传输介质进入交换机的那个端口号，则交换机对该单播帧执行丢弃操作。

选项 D：对于未知单播帧，交换机会执行泛洪操作。选项 D 正确。

【答案】D

12.【单选题】在网络运维中，Telnet 是用于连接远程设备的协议之一。那么以下哪种设备不支持通过 Telnet 协议进行远程连接？

A. AR　　B. AC

C. PC　　D. AP

【解析】目前主流的网络设备，如 AC（Access Controller，无线控制器）、AP（Access Point，接入点）、防火墙、路由器、交换机和服务器等都支持用作 Telnet 服务器端，同时也都支持用作 Telnet 客户端。

选项 A：AR 支持通过 Telnet 协议进行远程连接。

选项 B：AC 支持通过 Telnet 协议进行远程连接。

选项 C：PC 不支持通过 Telnet 协议进行远程连接。选项 C 正确。

选项 D：AP 支持通过 Telnet 协议进行远程连接。

【答案】C

13.【单选题】某网络管理员为便于远程管理设备，在路由器上配置了 Telnet 服务器功能，其配置命令如下。以下关于该配置命令的描述中，错误的是哪一项？

```
<Huawei> system-view
[Huawei] telnet server enable
[Huawei] aaa
[Huawei-aaa] local-user huawei password irreversible-cipher Huawei@123
[Huawei-aaa] local-user huawei privilege level 15
[Huawei-aaa] local-user huawei service-type telnet
[Huawei-aaa] quit
[Huawei] user-interface vty 0 4
[Huawei-ui-vty0-4] authentication-mode aaa
```

A. 用户目前只能通过 AAA 用户登录该设备

B. 用户可以通过 huawei 账号登录设备

C. 用户可通过命令 authentication-mode 更改设备的认证方式

D. 用户 huawei 只可执行基本查看命令，不能执行配置命令

【解析】用户 huawei 除了可执行基本查看命令，还能执行配置命令。

选项 A：authentication-mode aaa 命令用于配置认证方式为 AAA 本地认证。选项 A 正确。

选项 B：local-user huawei password irreversible-cipher Huawei@123 命令用于在本地创建名为 huawei 的账号，密码为 Huawei@123。选项 B 正确。

选项 C：authentication-mode 命令用于更改设备的认证方式。选项 C 正确。

选项 D：用户 huawei 可以执行配置命令。选项 D 错误。

【答案】D

14. 【单选题】OSPF 有多种报文，其中有完整 LSA 的是以下哪种类型的报文？

A. Hello　　B. DD

C. LSR　　D. LSU

【解析】LSU 报文中包含被请求的 LSA 的详细信息。

选项 A：Hello 报文被周期性发送，用来发现和维护 OSPF 邻居关系。

选项 B：DD 报文用于描述本地 LSDB 的摘要信息，用于两台设备进行数据库同步。

选项 C：LSR 报文用于向对方请求所需要的 LSA。

选项 D：LSU 报文用于向对方发送其所需要的 LSA，其中包含被请求的链路状态的详细信息。选项 D 正确。

【答案】D

15. 【单选题】某 OSPF 网络中有两台路由器，互联链路的链路类型为 Broadcast。若两台路由器刚通过 Hello 报文建立完邻居关系，则通过 display ospf peer brief 命令查看到的邻居状态，应为以下哪一项？

A. 2-Way　　B. Exstart

C. Exchange　　D. Full

【解析】当 OSPF 网络中的路由器收到的 Hello 报文中的邻居字段包含自己的 Router ID 时，建立邻居关系，路由器状态从 Init 状态切换为 2-Way 状态。

【答案】A

16. 【单选题】某公司为节约地址，进行了子网划分，划分后的网段为 172.16.0.0/17。那么该子网的广播地址是以下哪一个？

A. 172.16.255.255　　B. 172.16.0.255

C. 172.16.127.255　　D. 172.16.128.255

【解析】172.16.0.0 是一个 B 类 IP 地址，默认情况下，子网掩码为 16 位（即 16 位用于表示网络位，剩下的 16 位用于表示主机位）。现在，将原有的 16 位网络位向主机位“借”1 位，这样网络位就扩充到了 17 位，主机位就减少到了 15 位，而借过来的这 1 位就是子网位，此时子网掩码变成了 17 位，即 255.255.128.0 或/17。所以当 15 位主机位全为 1 时，可得到子网的广播地址：172.16.127.255。

选项 A：错误。

选项 B：错误。

选项 C：172.16.127.255 是该子网的广播地址。选项 C 正确。

选项 D：错误。

【答案】C

17. 【单选题】ACL 基于 ACL 规则定义的方式可以分为基本 ACL、高级 ACL、用户自定义 ACL 等。其中，基本 ACL 对应的编号范围是以下哪一项？

A. 1000～1999　　B. 2000～2999

C. 3000～3999　　D. 4000～4999

【解析】在网络设备上配置 ACL（Access Control List，访问控制列表）时，每个 ACL 都需要分配一个编号，这个编号称为 ACL 编号，用来标识 ACL。不同类型的 ACL 编号范围不同，基本 ACL 对应的编号范围是 2000～2999。

选项 A：该编号范围对应的 ACL 是接口 ACL，其根据接收报文的入接口定义规则。

选项 B：该编号范围对应的 ACL 是基本 ACL，其仅使用报文的源 IP 地址、分片信息和生效时间段信息来定义规则。

选项 C：该编号范围对应的 ACL 是高级 ACL，其可使用报文的源 IP 地址、目的 IP 地址、IP 协议类型、ICMP（Internet Control Message Protocol，互联网控制报文协议）类型、TCP 源/目的端口号、UDP 源/目的端口号、生效时间段等来定义规则。

选项 D：该编号范围对应的 ACL 是二层 ACL，其使用报文的以太网帧头信息来定义规则，如根据源 MAC 地址、目的 MAC 地址和二层协议类型等来定义。

【答案】B

18.【单选题】网络工程师在设计和规划网络时，经常使用虚拟局域网技术，该技术的主要作用是以下哪一项？

A. 增强保密性　　B. 隔离广播域

C. 组网灵活　　D. 扩展性好

【解析】通过在交换机上部署虚拟局域网，可以将一个规模较大的广播域在逻辑上划分成若干个不同的、规模较小的广播域，由此可以有效地提升网络的安全性，同时减少垃圾流量并节约网络资源。所以选项 B 正确，虚拟局域网的主要作用是隔离广播域。

【答案】B

19.【单选题】网络中每张网卡都有一个唯一的网络标识，即 MAC 地址，由网络设备制造商在生产时写在硬件内部。MAC 地址通常由多少位十六进制数字组成？

A. 8　　B. 10

C. 12　　D. 24

【解析】MAC 地址长度为 48 位（6 字节），由 12 位十六进制数字组成。例如 48-A4-72-1C-8F-4F。

【答案】C

20.【单选题】在网络设备上配置 ACL 时，一条 ACL 中可以设置多条规则。当设备接收报文后，会将该报文与 ACL 中的规则按照匹配机制进行匹配，以下关于 ACL 匹配机制的描述，错误的是哪一项？

A. 缺省情况下，ACL 的匹配顺序是 config 模式

B. 缺省情况下，按照精确度从高到低的顺序进行报文匹配

C. 若报文一旦匹配到规则，则不会匹配该条规则下面的规则

D. 不管匹配动作是 permit 还是 deny，都称为匹配

【解析】华为设备支持两种匹配顺序：自动排序（auto 模式）和配置顺序（config 模式）。缺省的 ACL 的匹配顺序是 config 模式，配置顺序是指系统按照 ACL 规则编号从小到大的顺序进行报文匹配的顺序，规

则编号越小越容易被匹配。自动排序，是指系统使用“深度优先”的原则，将规则按照精确度从高到低的顺序进行排列并按此顺序进行报文匹配。

选项 A：缺省的 ACL 的匹配顺序是 config 模式。选项 A 正确。

选项 B：缺省情况下，系统按照 ACL 规则编号从小到大的顺序进行报文匹配。选项 B 错误。

选项 C：匹配原则是一旦命中即停止匹配。选项 C 正确。

选项 D：不管匹配动作是 permit 还是 deny，都称为匹配。选项 D 正确。

【答案】B

21.【多选题】NFV 在重构电信网络的同时，给运营商带来的价值主要有以下哪些?

A. 缩短业务上线时间

B. 降低建网成本

C. 提升网络运维效率

D. 构建开放的生态系统

【解析】NFV（Network Function Virtualization，网络功能虚拟化）是运营商为了解决电信网络硬件繁多、部署运维复杂、业务创新困难等问题而提出的。

选项 A：在 NFV 架构的电信网络中，增加新的业务节点变得异常简单，不再需要复杂的工程勘察、硬件安装过程。业务部署只需申请虚拟化资源（如计算、存储、网络等资源），加载软件即可，这使得网络部署变得更加简单。同时，如果需要更新业务逻辑，也只需要更新软件或加载新业务模块，完成业务编排即可，业务创新变得更加简单。选项 A 正确。

选项 B：首先，虚拟化后的网元能够合并到商用现货（Commercial Off-The-Shelf，COTS）中，以获取规模经济效应。其次，NFV 能够提升网络资源利用率和能效，降低建网成本。NFV 采用云计算技术，利用通用化硬件构建统一的资源池，根据业务的实际需要动态按需分配资源，实现资源共享，提高了资源利用率。如通过自动扩缩容解决业务潮汐效应下的资源利用问题。选项 B 正确。

选项 C：自动化集中式管理有助于提升运营效率、降低运维成本。例如数据中心的硬件单元的自动化集中式管理，是基于 MANO 的应用生命周期管理的自动化，以及 NFV/SDN 协同的网络自动化。选项 C 正确。

选项 D：传统电信网络的专有软硬件的模式，决定了它是一个封闭系统。NFV 架构的电信网络，基于标准的硬件平台和虚拟化软件架构，更易于开放平台和开放接口，有利于引入第三方开发者，这使得运营商可以和第三方合作伙伴共建开放的生态系统。选项 D 正确。

【答案】ABCD

22.【多选题】良好的编码规范有助于提高代码的可读性，便于代码的维护和修改。以下关于 Python 编码规范的描述，正确的有哪些?

A. 对于分号，Python 程序允许在行尾添加分号，但不建议使用分号隔离语句

B. Python 标识符通常由字母、数字和下画线组成，但不能以数字开头

C. Python 标识符不区分大小写，但不允许重名

D. 使用 Python 编写代码时，建议使用 4 个空格来生成缩进

【解析】Python 编码规范包含使用 Python 编写代码时应遵守的命名规则、代码缩进、代码和语句分隔方式等内容。

选项 A：Python 程序允许在行尾添加分号，但不建议使用分号隔离语句，建议每条语句单独占一行。

选项 A 正确。

选项 B：Python 标识符用于表示常量、变量、函数以及其他对象的名称。Python 标识符通常由字母、数字和下画线组成，但不能以数字开头。选项 B 正确。

选项 C：Python 标识符对大小写敏感，不允许重名。选项 C 错误。

选项 D：对于 Python 而言，代码缩进是一种语法规则，它使用代码缩进和冒号来区分代码之间的层次。使用 Python 编写代码时，建议使用 4 个空格来生成缩进。选项 D 正确。

【答案】ABD

23.【多选题】以下高级编程语言中，属于解释型语言的有哪些？

A. Go 语言　　B. C++语言

C. Java 语言　　D. Python 语言

【解析】按照使用高级编程语言编写的程序在执行之前是否需要编译，可以将高级编程语言分为需要编译的编译型语言和不需要编译的解释型语言。使用编译型语言编写的程序在执行之前有一个编译过程，用于把程序编译成机器语言程序，在运行程序的时候不需要重新翻译，直接使用编译结果。使用解释型语言编写的程序在运行之前不需要编译，在运行程序的时候逐行翻译。

选项 A：Go 源码需要先由编译器、汇编器翻译成机器指令，再通过链接器链接库函数生成机器语言程序。选项 A 错误。

选项 B：C++源码需要先由编译器、汇编器翻译成机器指令，再通过链接器链接库函数生成机器语言程序。选项 B 错误。

选项 C：Java 源码需要先由编译器生成类文件（字节码），再由 JVM（Java Virtual Machine，Java 虚拟机）解释执行。选项 C 正确。

选项 D：Python 源码需要先由编译器生成.pyc 文件（字节码），再由 PVM（Python Virtual Machine，Python 虚拟机）解释执行。选项 D 正确。

【答案】CD

24.【多选题】在 PPP 网络中，两台路由器通过串口相连，配置接口如下。以下关于该配置的描述，正确的是哪些选项？

```
[R1] aaa
[R1-aaa] local-user huawei password cipher huawei123
[R1-aaa] local-user huawei service-type ppp
[R1] interface Serial 1/0/0
[R1-Serial1/0/0] link-protocol ppp
[R1-Serial1/0/0] ppp authentication-mode chap
[R2] interface Serial 1/0/0
[R2-Serial1/0/0] link-protocol ppp
[R2-Serial1/0/0] ppp chap user Huawei
[R2-Serial1/0/0] ppp chap password cipher huawei1234
```

A. R1 和 R2 之间的 PPP 链路上启用的是 CHAP 认证

B. R1 是被认证方

C. R2 可采用所配置的用户名和密码进行认证

D. R1 和 R2 之间的 PPP 链路无法成功建立

【解析】在配置 PPP 的 CHAP 认证时，需要配置认证方以 CHAP 方式认证对端，以及配置被认证方以 CHAP 方式被对端认证，包括配置本地用户名、本地被对端以 CHAP 方式认证时的口令。

选项 A：[R1-Serial1/0/0]ppp authentication-mode chap 命令启用了 CHAP 认证。选项 A 正确。

选项 B：[R1-Serial1/0/0]ppp authentication-mode chap 命令配置了 R1 以 CHAP 方式认证对端，所以 R1 是认证方，R2 是被认证方。选项 B 错误。

选项 C：[R2-Serial1/0/0]ppp chap user Huawei 命令配置了 R2 以 CHAP 方式被对端认证。选项 C 错误。

选项 D：R1 和 R2 上配置的口令不相同，因此 CHAP 认证失败，PPP 链路无法成功建立。选项 D 正确。

【答案】AD

25.【多选题】每台以太网设备在出厂时都有一个唯一的 MAC 地址，以下关于 MAC 地址的描述，正确的有哪些选项？

A. MAC 地址唯一，且不可变

B. MAC 地址共 48 位，通常采用“十六进制”表示

C. 单播 MAC 地址的 1 字节中第 8 位固定为 1

D. 48 位全为 1 的 MAC 地址为广播 MAC 地址

【解析】MAC 地址是在 IEEE 802 标准中被定义并规范的，凡是符合 IEEE 802 标准的以太网卡，都必须拥有一个 MAC 地址，并使用 MAC 地址来定义网络设备的位置。不同的以太网卡，MAC 地址也不同。

选项 A：MAC 地址在网络中唯一标识一个以太网卡，每个以太网卡都需要有且会有唯一的一个 MAC 地址。MAC 地址不可变。选项 A 正确。

选项 B：一个 MAC 地址有 48 位（6 字节）。MAC 地址通常采用“十六进制”+“-”表示。选项 B 正确。

选项 C：单播 MAC 地址的 1 字节中第 8 位固定为 0。选项 C 错误。

选项 D：广播 MAC 地址是为全 1 的 MAC 地址（FF-FF-FF-FF-FF-FF），用来表示局域网上的所有终端设备。选项 D 正确。

【答案】ABD

26.【多选题】为了方便 IP 地址的管理及组网，IP 地址分为了 A、B、C、D、E 这 5 类。那么以下地址中属于 B 类地址的有哪些？

A. 118.105.114.12　　B. 127.201.120.111

C. 130.222.111.201　　D. 191.252.234.111

【解析】A 类地址的网络号为 8 位，首位恒定为 0，地址空间为 0.0.0.0～127.255.255.255。B 类地址的网络号为 16 位，首两位恒定为 10，地址空间为 128.0.0.0～191.255.255.255。

选项 A：118.105.114.12 的地址首位为 0，属于 A 类地址。选项 A 错误。

选项 B：127.201.120.111 的地址首位为 0，属于 A 类地址。选项 B 错误。

选项 C：130.222.111.201 的地址首两位为 10，属于 B 类地址。选项 C 正确。

选项 D：191.252.234.111 的地址首两位为 10，属于 B 类地址。选项 D 正确。

【答案】CD

27.【多选题】在中大型园区网络中，可以采用 OSPF 多区域的部署方式，其主要优势包括以下哪些选项？

A. 减小 LSA 泛洪的范围

B. 避免区域间出现路由环路

C. 在区域边界可以进行路由汇总，进一步减小路由表规模

D. 可以设置多个骨干区域，利于组建大规模的网络

【解析】OSPF 引入区域（Area）的概念，将一个 OSPF 域划分成多个区域，使 OSPF 支撑更大规模的组网。区域可以分为骨干区域与非骨干区域。骨干区域即 Area0，除 Area0 以外的其他区域称为非骨干区域。

选项 A：OSPF 多区域的设计减小了 LSA 泛洪的范围，有效地把拓扑变化的影响控制在区域内，达到网络优化的目的。选项 A 正确。

选项 B：为防止 OSPF 多区域间出现路由环路，OSPF 规定了多区域互联原则：非骨干区域与非骨干区域不能直接相连，所有非骨干区域必须与骨干区域相连。选项 B 错误。

选项 C：在区域边界可以进行路由汇总，以减小路由表规模。选项 C 正确。

选项 D：基于防止区域间出现路由环路的考虑，非骨干区域与非骨干区域不能直接相连，所有非骨干区域必须与骨干区域相连。因此骨干区域有且只有一个。选项 D 错误。

【答案】AC

28.【多选题】在 MA 网络中，通常会采用选举 DR 和 BDR 的方式来减少邻接关系，减轻 OSPF 设备的负担。其中，OSPF 中不属于 MA 网络的有以下哪些网络类型？

A. Broadcast　　B. NBMA

C. P2P　　D. P2MP

【解析】OSPF 有 4 种网络类型：BMA（Broadcast Multiple Access，广播式多路访问）、NBMA（Non-Broadcast Multiple Access，非广播式多路访问）、P2P（Point-to-Point，点对点）和 P2MP（Point to Multi-Point，点到多点）。MA（Multi-Access，多路访问）网络即多路访问网络。

选项 A：BMA 也被称为 Broadcast，指的是一个允许多台网络设备接入的、支持广播的环境。选项 A 错误。

选项 B：NBMA 指的是一个允许多台网络设备接入且不支持广播的网络。选项 B 错误。

选项 C：P2P 指的是在一段链路上只能连接两台网络设备的网络。选项 C 正确。

选项 D：P2MP 相当于将多条 P2P 链路的一端进行捆绑得到的网络。选项 D 正确。

【答案】CD

29.【多选题】AAA 是网络安全的一种管理机制，提供了认证、授权、计费这 3 种安全功能。其中，AAA 支持的认证方式包括以下哪些？

A. 不认证　　B. 用户认证

C. 本地认证　　D. 远端认证

【解析】AAA 支持 3 种认证方式，分别是不认证、本地认证和远端认证。

选项 A：不认证指完全信任用户，不对用户身份进行合法性检查。鉴于对安全的考虑，这种认证方式很少被采用。选项 A 正确。

选项 B：错误。

选项 C：本地认证将本地用户信息（包括用户名、密码和各种属性）配置在 NAS 上，此时 NAS 就是

AAA 服务器。本地认证的优点是处理速度快、运营成本低；缺点是存储信息量受设备硬件条件限制。这种认证方式常用于对用户（如 Telnet、FTP 用户等）登录设备进行管理。选项 C 正确。

选项 D：远端认证将用户信息（包括用户名、密码和各种属性）配置在认证服务器上，支持通过 RADIUS 或 HWTACACS 协议进行远端认证。NAS 作为客户端，与 RADIUS 服务器或 HWTACACS 服务器进行通信。选项 D 正确。

【答案】ACD

30.**【多选题】**TCP/IP 协议栈定义了一系列的标准协议。其中，属于网络层的有以下哪些协议？

A. SNMP　　B. ICMP

C. IGMP　　D. PPP

【解析】TCP/IP 标准参考模型（因特网参考模型）分为应用层、传输层、网络层、数据链路层和物理层。

选项 A：SNMP 用于管理网元设备，属于应用层协议。选项 A 错误。

选项 B：ICMP 基于 IP 在网络中发送控制消息，提供对可能发生在通信环境中的各种问题的反馈。通过这些信息，管理者可以对通信环境中所发生的问题做出诊断，然后采取适当的措施来解决。ICMP 属于网络层协议。选项 B 正确。

选项 C：IGMP 是负责管理 IP 组播成员的协议。它用来在 IP 主机和与其直接相邻的组播路由器之间建立、维护 IP 组播成员关系。IGMP 属于网络层协议。选项 C 正确。

选项 D：PPP 是采用点到点模式的协议，属于数据链路层协议，多用于广域网。选项 D 错误。

【答案】BC

2.2 安全模块真题解析

1.**【判断题】**IPsec 体系中的 ESP 安全协议无法对 IP 报文头进行认证。

【解析】ESP 安全协议将数据中的有效载荷进行加密后封装到数据包中，以保证数据的机密性，但 ESP 安全协议没有对 IP 报文头的内容进行保护，不对 IP 报文头进行认证。因此该题是正确的。

【答案】正确

2.**【判断题】**HTTPS 采用非对称加密与对称加密结合的方式加密报文，首先通过对称加密交换非对称加密的密钥，然后使用非对称加密算法加密业务数据。

【解析】对称加密算法的加密效率高，非对称加密算法能解决密钥分发的问题。HTTPS 首先通过非对称加密交换对称加密的密钥，然后用对称加密算法加密业务数据。因此该题是错误的。

【答案】错误

3.**【判断题】**在防火墙配置入侵防御功能时，需调用相应签名。签名若同时命中签名过滤器和例外签名，则以例外签名的响应动作为准。

【解析】例外签名的响应动作优先级高于签名过滤器的响应动作优先级。如果一个签名同时命中例外签名和签名过滤器，则以例外签名的响应动作为准。该题是正确的。

【答案】正确

4.【判断题】在防火墙主备模式下的双机热备组网中，必须开启会话快速备份功能，从而应对报文来回路径不一致的场景。

【解析】一般情况下，负载分担和业务接口未启用 VRRP 的双机热备组网，容易出现报文来回路径不一致的情况，需要开启会话快速备份功能。防火墙（Firewall，FW）主备模式下的双机热备组网，并非必须开启会话快速备份功能，实际上是否存在报文来回路径不一致的情况，要根据组网和业务来判断，开启会话快速备份功能对设备性能会有一定影响。因此该题是错误的。

【答案】错误

5.【单选题】防火墙会话表是一个记录协议连接状态、实现报文正常转发的重要表项。通过 display firewall session table verbose 命令查看会话表，输出的信息不包含以下哪一项？

A. 会话表项的老化时间　　B. 命中的安全策略名称

C. 会话 ID　　D. 数据流的源 MAC 地址

【解析】防火墙会话表包含会话表项的老化时间、剩余时间、协议名称、命中的安全策略名称、会话 ID、VPN 实例、源/目的区域和源/目的 IP 地址等信息，但不包含数据流的源 MAC 地址信息。如下所示是一个防火墙会话表的查询结果：

```
<FW> display firewall session table verbose
Current total sessions:1
icmp VPN:public-->public ID: a48f3648905d02c0553591da1
Zone:local-->trust Remote TTL:00:00:20 Left:00:00:08
Interface: GigabitEthernet1/0/1  Nexthop: 10.1.1.1  MAC:000f-e225-db4f
<-- packets:6 bytes:390 -->packets:8 bytes:340
10.1.1.1:43981-->10.1.1.10:43981 PolicyName: test
```

选项 A：查询结果中的 TTL 表示会话表项的老化时间。选项 A 正确。

选项 B：查询结果中的 PolicyName 表示命中的安全策略名称。选项 B 正确。

选项 C：查询结果中的 ID 表示会话 ID。选项 C 正确。

选项 D：查询结果中没有数据流的源 MAC 地址，只有下一跳的 MAC 地址。防火墙会话表输出的信息不包含的是选项 D。

【答案】D

6.【单选题】蠕虫是一种常见的计算机病毒，是无须计算机使用者干预即可运行的独立程序。以下不属于蠕虫特点的是哪一项？

A. 利用应用软件漏洞大肆传播　　B. 信息窃取

C. 消耗网络带宽　　D. 破坏重要数据

【解析】

选项 A：蠕虫是一种常见的计算机病毒，是无须计算机使用者干预即可运行的独立程序，它通过不停地获得网络中存在应用软件漏洞的计算机上的部分或全部控制权来传播。选项 A 正确。

选项 B：蠕虫一般会在传播后直接进行破坏行为，但不具备信息窃取等功能。因此不属于蠕虫的特点的是选项 B。

选项 C：蠕虫感染并完全控制一台计算机之后，就会把这台计算机作为宿主，进而扫描并感染其他计算机。当这些新的被蠕虫感染的计算机被完全控制之后，蠕虫会以这些计算机为宿主继续扫描并感染其他计算机，这种行为会一直持续。蠕虫使用这种递归的方法进行传播，按照指数增长的规律进行分布，进而控制越来越多的计算机。蠕虫在传播过程中会消耗大量网络带宽。选项 C 正确。

选项 D：2007 年年初曾流行的“熊猫烧香”及其变种也是蠕虫。这一病毒利用了微软视窗操作系统的漏洞，计算机感染这一病毒后，会不断自动拨号上网，并利用文件中的地址信息或者网络共享进行传播，最终破坏用户的大部分重要数据。选项 D 正确。

【答案】B

7.【单选题】在华为防火墙上，每个安全区域都有一个唯一的优先级，表示优先级的数字越大，该区域内的网络越可信。默认情况下，以下安全区域的优先级从高到低排列正确的是哪一项？

A. Local 区域 >Trust 区域 >DMZ 区域 >Untrust 区域

B. DMZ 区域 >Trust 区域 >Local 区域 >Untrust 区域

C. Trust 区域 >Local 区域 >Untrust 区域 >DMZ 区域

D. Trust 区域 >DMZ 区域 >Local 区域 >Untrust 区域

【解析】华为防火墙上保留 4 个缺省的安全区域，分别是本地区域（Local 区域，优先级为 100）、受信区域（Trust 区域，优先级为 85）、非军事区域（DMZ 区域，优先级为 50）和非受信区域（Untrust 区域，优先级为 5）。

选项 A：安全区域的优先级是按照从高到低的顺序排列的。选项 A 正确。

选项 B：Local 区域优先级最高。选项 B 错误。

选项 C：Local 区域优先级最高。选项 C 错误。

选项 D：Local 区域优先级最高。选项 D 错误。

【答案】A

8.【单选题】NAT 是一种地址转换技术，可以将报文头中的 IP 地址转换为另一个 IP 地址。以下哪一项不是 NAT 技术的优点？

A. 节约 IP 地址

B. 对内网用户提供隐私保护

C. 地址转换过程对用户透明

D. 提高端到端通信效率

【解析】

选项 A：NAT 技术通过多对一的转换，可以将多个私网地址转换为一个公网地址，起到节约 IP 地址的作用。选项 A 正确。

选项 B：地址转换后，内网用户原本的 IP 地址不会暴露，NAT 能够起到保护隐私的作用。选项 B 正确。

选项 C：地址转换过程是在路由器或者防火墙等网关设备上进行的，对用户而言是透明且无感知的。选项 C 正确。

选项 D：地址转换过程会在一定程度上降低端到端通信效率。不是 NAT 技术优点的是选项 D。

【答案】D

9.【单选题】免费 ARP 报文是一种特殊的 ARP 报文，当有新的用户主机接入网络时，该用户主机会以广播的方式发送免费 ARP 报文，来确认广播域中有无其他设备与自己的 IP 地址冲突。以下关于免费 ARP 报文的特点的描述，错误的是哪一项?

A. 免费 ARP 报文属于 ARP 请求报文

B. 免费 ARP 报文为单播报文

C. 攻击者可以使用伪造的免费 ARP 报文进行中间人攻击

D. 发送免费 ARP 报文可以确认 IP 地址是否冲突

【解析】

选项 A：设备主动使用自己的 IP 地址作为目的地址发送 ARP 请求报文，此种报文称为免费 ARP 报文。选项 A 正确。

选项 B：ARP 请求报文是以广播的方式发送的。选项 B 错误。

选项 C：攻击者如果伪造免费 ARP 报文，会使网络中其他设备存储的 ARP 表中的 IP 地址与 MAC 地址的映射关系是错误的，从而形成中间人攻击。选项 C 正确。

选项 D：用户发送免费 ARP 报文后，正常情况下应当不会收到 ARP 回应，如果收到 ARP 回应，则表明本网络中存在与自身 IP 地址重复的地址。选项 D 正确。

【答案】B

10.【单选题】入侵防御是一种基于攻击特征库检测入侵行为，并采取一定的措施实时中止入侵的安全机制。以下关于入侵防御的描述，错误的是哪一项?

A. 防火墙的入侵防御功能对所有通过防火墙的报文进行检测分析，并实时决定是允许其通过还是阻止其通过

B. 预定义签名的内容不是固定的，可以创建、修改或删除

C. 入侵防御签名用来描述网络中存在的入侵行为的特征，以及设备需要对其采取的动作

D. 防火墙/IPS 设备通常部署在网络出口处，抵挡来自互联网的威胁

【解析】

选项 A：入侵防御通过完善的检测机制对所有通过防火墙的报文进行检测分析，并实时决定是允许其通过还是阻止其通过。选项 A 正确。

选项 B：预定义签名的内容不能被修改，但可通过查看其内容了解入侵防御所检测的入侵行为的特征，方便后续进行配置签名过滤器或例外签名进行排除。选项 B 错误。

选项 C：入侵防御签名用来描述网络中存在的入侵行为的特征，防火墙通过将数据流和入侵防御签名进行比较来检测和防范入侵行为，入侵防御签名包含入侵行为的特征和采取的动作两部分。选项 C 正确。

选项 D：防火墙/IPS 设备一般都直路部署在网络出口处，这样才能保证所有进出的数据包都经过防火墙/IPS 设备的检查和审核，以抵挡攻击和威胁。如果旁路部署防火墙/IPS 设备，一般只能起到审计的作用。选项 D 正确。

【答案】B

11.【单选题】SYN Flood 攻击是一种利用 TCP 的三次握手机制向目标计算机发动的攻击。以下关于华为防火墙对 SYN Flood 攻击防御技术的描述，错误的是哪一项?

A. 限制 TCP 半连接数可以防御 SYN Flood 攻击

B. 连续一段时间内收到的具有同一目的地址的 SYN 报文超过阈值就启动源认证，可以防御 SYN Flood 攻击

C. 对于不同类型的 DoS 攻击，有源认证、限流等不同的防御方式

D. 通过配置防火墙域间安全策略可以防御 SYN Flood 攻击

【解析】SYN Flood 攻击利用了 TCP 的三次握手机制。攻击者向服务器发送大量的 SYN 报文请求，当服务器回应 SYN-ACK 报文时，不再继续回应 ACK 报文，导致服务器上建立大量的 TCP 半连接，直至其老化。这样，服务器的资源会被这些 TCP 半连接耗尽，导致服务器无法回应正常的请求。

选项 A：限制 TCP 半连接数可以将服务器上的 TCP 半连接数限制在合理范围内，用来防御 SYN Flood 攻击。选项 A 正确。

选项 B：华为防火墙可以统计连续一段时间内收到的具有同一目的地址的 SYN 报文，当统计的报文流量超过阈值时，防火墙启动源认证。防火墙会对 SYN 报文的源 IP 地址进行探测，来自真实源 IP 地址的 SYN 报文将被转发，来自虚假源 IP 地址的 SYN 报文将被丢弃。通过这种方式可以防御 SYN Flood 攻击。选项 B 正确。

选项 C：针对 SYN Flood、HTTP Flood、HTTPS Flood、DNS Request Flood、DNS Reply Flood 和 SIP Flood 等 DoS 攻击，可以采用源认证进行防御。针对 ICMP Flood 和 UDP Flood 等攻击，可以采用限流进行防御。选项 C 正确。

选项 D：SYN Flood 攻击是利用了正常的 TCP 三次握手机制发动的攻击，攻击者发送的是正常的 SYN 报文，因此配置防火墙域间安全策略对这种正常的 SYN 报文是无法发挥防御作用的。选项 D 错误。

【答案】D

12.【单选题】组建了双机热备系统的华为防火墙，在重启后一定不会同步以下哪种配置？

A. Session Table

B. IP-Link

C. 安全策略

D. NAT 策略

【解析】在双机热备组网中，支持备份的配置包括会话表（Session Table）、安全策略和 NAT 策略。

选项 A：在重启后一定会同步会话表，以保证会话连接不中断。选项 A 正确。

选项 B：IP-Link 由于与接口以及探测到的链路和目的 IP 地址有关，因此不支持备份和同步。在重启后不会同步的是选项 B。

选项 C：安全策略需要在双机热备的两台设备间保持一致，因此在重启后一定会同步。选项 C 正确。

选项 D：NAT 策略需要在双机热备的两台设备间保持一致，因此在重启后一定会同步。选项 D 正确。

【答案】B

13.【多选题】IPsec 是 IETF 制定的一组开放的网络安全协议。它并不是一个单独的协议，而是一系列为 IP 网络提供安全性的协议和服务的集合，包括认证头（AH）和封装安全载荷（ESP）两个安全协议。以下对于 AH 和 ESP 的描述，正确的是哪些选项？

A. AH 可以提供数据完整性校验和加密

B. 隧道模式下，AH 对新的 IP 头也要进行验证，所以 AH 无法应用在 IPsec VPN 中有 NAT 的场景中

C. AH 可以提供 ESP 除了数据加密外的所有功能

D. 隧道模式下，ESP 报文不对新 IP 头进行验证

【解析】

选项 A：AH（Authentication Header，认证头）仅支持认证功能，不支持加密功能。选项 A 错误。

选项 B：AH 的数据完整性验证范围为整个 IP 报文。在隧道模式下，AH 对新的报文头也要进行验证，当 IPsec （Internet Protocol Security，互联网络层安全协议）VPN 的组网环境中有 NAT 时，新的 IP 头中的 IP 地址会发生变化，导致 AH 验证失败，所以 AH 不适用于有 NAT 的 IPsec VPN 场景。选项 B 正确。

选项 C：AH 支持数据完整性校验、数据源认证和防重放攻击，ESP（Encapsulating Security Payload，封装安全载荷）支持数据完整性校验、数据源认证、数据加密和防重放攻击。选项 C 正确。

选项 D：与 AH 不同的是，ESP 将数据中的有效载荷进行加密后封装到数据包中，以保证数据的机密性，但 ESP 没有对 IP 头的内容进行保护，因此在隧道模式下，ESP 是不验证新的 IP 头的。选项 D 正确。

【答案】BCD

14.【多选题】以下哪些是杀毒软件的组成部分？

A. 扫描器　　B. 病毒库

C. 虚拟机　　D. 分析器

【解析】杀毒软件通常由扫描器、病毒库和虚拟机组成，并且由主程序将它们结合为一体。这些组成部分共同工作，以实现对计算机病毒、特洛伊木马和其他恶意软件的检测和清除。

选项 A：扫描器是杀毒软件的主要组成部分，负责扫描文件以识别病毒。其编译技术和算法的先进程度直接影响杀毒软件的效果。选项 A 正确。

选项 B：病毒库包含已知病毒的特征码，该特征码用于与扫描器发现的文件进行比对，以确定文件是否包含病毒。选项 B 正确。

选项 C：虚拟机用于在隔离的环境中运行疑似被病毒感染的文件，以模拟病毒执行过程，从而在不损害系统的情况下分析文件是否包含病毒。选项 C 正确。

选项 D：杀毒软件的组成部分不包含分析器。选项 D 错误。

【答案】ABC

15.【多选题】SSL VPN 是通过 SSL 协议实现远程安全接入的 VPN 技术。那么 SSL VPN 的业务功能包括以下哪些？

A. Web 代理　　B. 网络扩展

C. 端口共享　　D. 文件共享

【解析】SSL VPN 的业务功能包括 Web 代理、文件共享、端口转发和网络扩展。

选项 A：正确。

选项 B：正确。

选项 C：错误。端口共享这种说法是错误的，应该是端口转发。

选项 D：正确。

【答案】ABD

16.【多选题】防火墙会话表是实现状态检测机制的重要表项。以下关于会话表的描述，正确的是哪些选项？

A. 会话表老化是为了节约系统资源

B. 防火墙可以提供会话快速老化功能

C. 会话表老化时间设置得越长越好

D. 会话表老化时间设置得越短越好

【解析】

选项 A：对于一条已经建立的会话表项，只有当它不断被报文匹配时才有存在的必要。如果某条会话表项长时间没有被报文匹配，则说明通信双方可能已经断开了连接，不再需要该条会话表项了。此时，为了节约系统资源，系统会在一条会话表项连续一段时间未被报文匹配后，将其删除，即会话表项已经老化。选项 A 正确。

选项 B：在某些场景下，当网络中发生某些攻击时，防火墙上的并发会话数会快速增长，可能导致正常业务无法创建新的会话。防火墙提供会话快速老化功能，在并发会话数或内存使用率达到一定条件后，防火墙会加快会话老化进程，提前老化会话，快速降低会话表使用率。选项 B 正确。

选项 C：如果在会话表项老化之后，又有和这条已被老化的会话表项相同的五元组的报文通过，则系统会重新根据安全策略决定是否为其建立会话表项。如果不能建立会话表项，则这个报文是不能被转发的。所以会话表老化时间过长会导致系统中存在很多已经断开的连接的会话表，占用系统资源，并且有可能导致新的会话表项不能正常建立，影响其他业务的转发。因此会话表老化时间不是越长越好。选项 C 错误。

选项 D：如果会话表老化时间过短，会导致一些可能需要长时间才收发一次报文的连接被系统强行中断，影响这些连接对应的业务的转发。因此会话表老化时间也不是越短越好。选项 D 错误。

【答案】AB

17.【多选题】安全区域是网络安全设备以接口为单位按需划分的逻辑网络片区。以下关于防火墙安全区域的特点的描述，正确的是哪些选项？

A. 防火墙的一个接口可以属于多个安全区域

B. 在同一安全区域下的用户互访不受安全策略的控制

C. Local 区域中不能添加任何接口，但防火墙上的所有业务接口本身都属于 Local 区域

D. 防火墙上提供的 Local 区域，代表防火墙本身

【解析】

选项 A：一个安全区域是若干接口所连网络的集合，这些网络中的用户具有相同的安全属性。一个接口只能属于一个安全区域。选项 A 错误。

选项 B：只有当不同安全区域之间发生数据流动时，才会触发安全检查。在同一安全区域下的用户互访不受安全策略的控制。选项 B 正确。

选项 C：Local 区域定义的是设备本身，包括设备的各接口。用户不能改变 Local 区域本身的任何配置，包括向其中添加接口。选项 C 正确。

选项 D：Local 区域定义的是设备本身，包括设备的各接口。选项 D 正确。

【答案】BCD

18.【多选题】以下关于 IKE SA 协商过程中的主模式与野蛮模式的区别的描述，正确的是哪些选项？

A. 与主模式相比，野蛮模式的优点是建立 IKE SA 的速度较快

B. 野蛮模式无法提供身份保护

C. IKEv2 的野蛮模式比 IKEv1 的野蛮模式的报文交互效率高

D. 如果发起者已知响应者的策略，或者对响应者的策略有全面的了解，采用野蛮模式能够更快地创建 IKE SA

【解析】IKEv1 协商分为两个阶段，其中第一阶段定义了两种模式：主模式和野蛮模式。

选项 A：主模式和野蛮模式的区别在于主模式需要使用 6 个报文，野蛮模式需要使用 3 个报文，野蛮模式效率高、速度快。选项 A 正确。

选项 B：主模式能保护身份，野蛮模式的身份是明文发送的，不能保护身份。选项 B 正确。

选项 C：IKEv2 简化了 SA（Security Association，安全联盟）的协商过程。IKEv2 在正常情况下使用 2 次交换共 4 条消息就可以完成一个 IKE SA 和一对 IPsec SA，IKEv2 中没有野蛮模式这种说法。选项 C 错误。

选项 D：如果发起者已知响应者的策略，或者对响应者的策略有全面的了解，采用野蛮模式确实能够更快地创建 IKE SA。选项 D 正确。

【答案】ABD

2.3 WLAN 模块真题解析

1.【判断题】为保证网络安全，通过网络接入控制对接入网络的客户端和用户进行的认证，主要包括 3 种认证方式：802.1X 认证、MAC 认证和 Portal 认证。其中 802.1X 认证的安全性最高，需登记终端的 MAC 地址，只有在终端设备列表中的终端才能通过认证。

【解析】MAC 认证需登记终端的 MAC 地址，只有在终端设备列表中的终端才能通过认证；而在 802.1X 认证中，用户在接入 WLAN 时需要输入用户名、密码进行认证。所以该题是错误的。

【答案】错误

2.【判断题】在 AC 上完成 AP 上线配置后，通过查看 AP 的状态，可以查看当前 AP 是否已在 AC 上上线。当 AP 的状态显示为“UP”时，表示 AP 正常上线。

【解析】display ap all 命令用来查看所有 AP 信息，输出的 AP 信息中 State 列表示 AP 的状态。其中，AP 的状态显示为“normal (nor)”，表示 AP 在 AC 上成功上线。所以，当 AP 的状态显示为“UP”时，表示 AP 正常上线，这句话表述错误。

【答案】错误

3.【判断题】80MHz 信道是将两个相邻的 40MHz 信道捆绑在一起形成的。在 80MHz 信道中，必须选一个 20MHz 信道作为主信道，那么这个主信道所在的 40MHz 信道中，剩余的 20MHz 信道称为辅 20MHz 信道，而不包含这个主信道的 40MHz 信道称为辅 40MHz 信道。

【解析】为了提高无线终端的无线网络速率，可以增加射频的信道工作带宽。如果把两个 20MHz 信道捆绑在一起形成一个 40MHz 信道，同时向一个无线终端发送数据，理论上数据的信道加宽了一倍，速率也会提高一倍。如果捆绑两个 40MHz 信道，速率会再次加倍，以此类推。按照不同的信道捆绑方法，信道工作带宽可以分为 40MHz+、40MHz−、80MHz、80MHz+80MHz、160MHz、320MHz 这几种类型。

80MHz 信道是将两个相邻的 40MHz 信道捆绑在一起形成的。在 80MHz 信道中，必须选一个 20MHz 信道作为主信道，那么这个主信道所在的 40MHz 信道中，剩余的 20MHz 信道称为辅 20MHz 信道，而不包含这个主信道的 40MHz 信道称为辅 40MHz 信道。所以，该题描述正确。

【答案】正确

4.【单选题】以下关于 CAPWAP 隧道的描述，错误的是哪一项？

A. CAPWAP 控制报文主要用于转发用户业务数据

B. AC 主要通过 CAPWAP 隧道实现对 AP 的集中管理和控制

C. 建立 CAPWAP 隧道的第一步是让 AP 获取到 IP 地址

D. CAPWAP 隧道建立完成，则意味着 AP 已成功上线

【解析】为满足大规模组网的要求，需要对网络中的多个 AP 进行统一管理，传统的 WLAN 体系结构已无法满足大规模组网的要求，因此，IETF 成立了 CAPWAP 工作组，最终制定了 CAPWAP（Control And Provisioning of Wireless Access Point，无线接入点控制和配置）协议。

选项 A：CAPWAP 数据报文主要用于转发用户业务数据，CAPWAP 控制报文主要用于管理 AP。选项 A 错误。

选项 B：CAPWAP 协议定义了如何对 AP 进行管理和业务配置，即 AC 主要通过 CAPWAP 隧道来实现对 AP 的集中管理和控制。选项 B 正确。

选项 C：AP 必须获得 IP 地址才能够与 AC 通信，这也是无线网络通信的第一步。选项 C 正确。

选项 D：CAPWAP 隧道建立完成意味着 AP 已成功上线，如果业务配置正常就能够释放出 SSID。选项 D 正确。

【答案】A

5.【单选题】在图 2-1 所示的 WLAN 组网拓扑中，STA 在 AC 间进行三层漫游，图中两台 AC 上配置的用户数据转发方式均为直接转发，业务 VLAN 的网关分别位于两台交换机上。家乡代理使用缺省配置，则以下关于终端漫游后访问 Internet 的数据的转发路径的描述，正确的是哪一项？

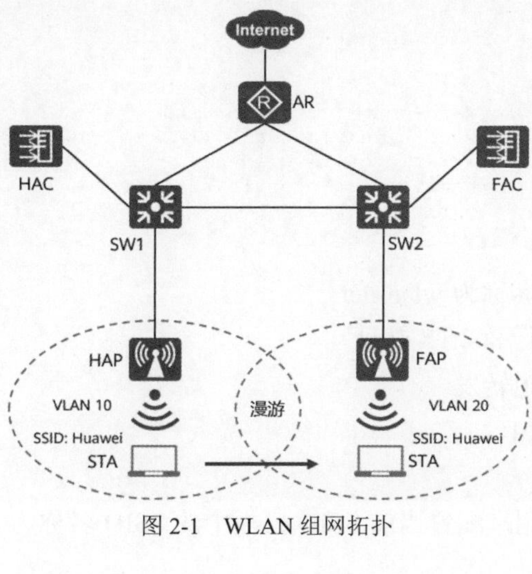

图 2-1 WLAN 组网拓扑

A. FAP→FAC→SW2→AR→Internet

B. FAP→FAC→HAC→HAP→SW1→AR→Internet

C. FAP→FAC→HAC→SW1→AR→Internet

D. FAP→SW2→AR→Internet

【解析】三层漫游时，用户漫游前后不在同一个子网中，为了支持用户漫游后仍能正常访问漫游前的网络，需要将用户流量通过隧道转发到原来的子网进行中转。

在直接转发模式下，HAP 和 HAC 之间的业务报文不通过 CAPWAP 隧道封装，无法判定 HAP 和 HAC 是否在同一个子网内，此时设备默认报文需要返回 HAP 进行中转。

在三层漫游的直接转发模式下，漫游前，访问 Internet 的数据的转发路径为：STA 发送业务报文给 HAP；HAP 接收到 STA 发送的业务报文后直接将业务报文发送给上层网络。漫游后，访问 Internet 的数据的转发路径为：STA 发送业务报文给 FAP；FAP 接收 STA 发送的业务报文并通过 CAPWAP 隧道将其发送给 FAC；FAC 通过 HAC 和 FAC 之间的 AC 间隧道将业务报文转发给 HAC；HAC 通过 CAPWAP 隧道将业务报文发送给 HAP；HAP 直接将业务报文发送给上层网络。

因此，在图 2-1 所示的 WLAN 组网拓扑中，漫游后，访问 Internet 的数据的转发路径为 FAP→FAC→HAC→HAP→SW1→ AR→Internet。

选项 A：转发路径错误。

选项 B：转发路径正确。

选项 C：转发路径错误。

选项 D：转发路径错误。

【答案】B

6.【单选题】以下关于 CAPWAP 隧道的描述，错误的是哪一项？工程师正在无线控制器上配置无线业务，配置命令如下，那么以下关于该配置的描述，错误的是哪一项？

```
[AC-wlan-view] security-profile name wlan-net
[AC-wlan-sec-prof-wlan-net] security wpa-wpa2 dot1x aes
[AC-wlan-sec-prof-wlan-net] quit
[AC-wlan-view] ssid-profile name wlan-net
[AC-wlan-ssid-prof-wlan-net] ssid wlan-net
[AC-wlan-ssid-prof-wlan-net] quit
[AC-wlan-view] vap-profile name wlan-net
[AC-wlan-vap-prof-wlan-net] forward-mode direct-forward
[AC-wlan-vap-prof-wlan-net] service-vlan vlan-id 101
[AC-wlan-vap-prof-wlan-net] security-profile wlan-net
[AC-wlan-vap-prof-wlan-net] authentication-profile wlan-net
[AC-wlan-vap-prof-wlan-net] ssid-profile wlan-net
[AC-wlan-vap-prof-wlan-net] quit
```

A. 当前配置的无线信号的名称为 wlan-net

B. 终端接入无线网络需进行 802.1X 认证

C. 用户数据转发方式为隧道转发

D. 用户的业务 VLAN 为 101

【解析】

选项 A：ssid wlan-net 命令用来配置当前 SSID 模板中的 SSID 名称为 wlan-net。选项 A 正确。

选项 B：security dot1x 命令用来配置 WPA/WPA2 的 802.1X 认证和加密。security wpa-wpa2 dot1x aes 命令用来配置接入无线网络时使用 WPA 和 WPA2 混合方式的 802.1X 认证，使用 AES（一种对称加密算法）加密数据。选项 B 正确。

选项 C：forward-mode 命令用来配置 VAP 模板下的数据转发方式。direct-forward 用于指定数据转发方式为直接转发；tunnel 用于指定数据转发方式为隧道转发。而配置命令 forward-mode direct-forward 用来配置该隧道的数据转发方式为直接转发。选项 C 错误。

选项 D：service-vlan 命令用来配置 VAP 的业务 VLAN。而命令 service-vlan vlan-id 101 用来配置业务 VLAN 为 101。选项 D 正确。

【答案】C

7.【单选题】某客户现网正在部署无线网络，客户要求终端接入认证采用 802.1X 认证。为满足该需求，需在无线控制器上配置对应的安全策略，那么以下安全策略的配置命令，正确的是哪一项？

A. [HUAWEI-wlan-view] security-profile name p1

```
[HUAWEI-wlan-sec-prof-p1] security wpa-wpa2 dot1x aes
```

B. [HUAWEI-wlan-view] security-profile name p1

```
[HUAWEI-wlan-sec-prof-p1] security wpa-wpa2 ppsk dot1x
```

C. [HUAWEI-wlan-view] security-profile name p1

```
[HUAWEI-wlan-sec-prof-p1] security wpa ppsk dot1x
```

D. [HUAWEI-wlan-view] security-profile name p1

```
[HUAWEI-wlan-sec-prof-p1] security wpa psk dot1x aes
```

【解析】security dot1x 命令用来配置 WPA/WPA2 的 802.1X 认证和加密。

选项 A：security wpa-wpa2 dot1x aes 命令用来配置接入无线网络时使用 WPA 和 WPA2 混合方式的 802.1X 认证，使用 AES 加密数据。选项 A 正确。

选项 B：security wpa-wpa2 ppsk dot1x 命令错误，无 ppsk 参数。选项 B 错误。

选项 C：security wpa ppsk dot1x 命令错误，无 ppsk 参数。选项 C 错误。

选项 D：security wpa psk dot1x aes 命令错误，无 psk 参数。选项 D 错误。

【答案】A

8.【单选题】某客户现网部署华为 WLAN 网络后，出现终端无法关联无线信号的问题。工程师在定位过程中，可以在无线控制器上通过以下哪个命令查看用户上线失败的原因？

A. <HUAWEI> display station online-fail-record all

B. <HUAWEI> display station offline-record all

C. <HUAWEI> display station online-track all

D. <HUAWEI> display station roam-track all

【解析】

选项 A：display station online-fail-record all 命令用来查看 STA 上线失败的记录。选项 A 正确。

选项 B：display station offline-record all 命令用来查看用户下线的记录。选项 B 错误。

选项 C：display station online-track all 命令用来查看 STA 的上线时间信息。选项 C 错误。

选项 D：display station roam-track all 命令用来查看 STA 的漫游轨迹。选项 D 错误。

【答案】A

9.【多选题】以下关于 MAC 认证的描述，正确的是哪些选项？

A. MAC 认证一般用于哑终端接入，如打印机和传真机等哑终端

B. 用户终端不需要安装任何客户端软件

C. MAC 认证过程中，需要用户手动输入用户名和密码

D. 能够对不具备 802.1X 认证能力的终端进行认证

【解析】MAC 认证的优点包括：用户终端不需要安装任何客户端软件；MAC 认证过程中，不需要用户手动输入用户名和密码；能够对不具备 802.1X 认证能力的终端进行认证，如打印机和传真机等哑终端。

选项 A：该选项描述的是 MAC 认证的优点。选项 A 正确。

选项 B：该选项描述的是 MAC 认证的优点。选项 B 正确。

选项 C：MAC 认证过程中，不需要用户手动输入用户名和密码。选项 C 错误。

选项 D：该选项描述的是 MAC 认证的优点。选项 D 正确。

【答案】ABD

10.【多选题】某公司的 WLAN 组网拓扑如图 2-2 所示，AC 作为 DHCP 服务器为 AP 分配 IP 地址，终端的网关在 AC 上，AP 通过 CAPWAP 隧道在 AC 上成功上线，控制流量及数据流量的转发路径如图 2-2 中的箭头所示。以下关于该 WLAN 组网拓扑的描述，正确的是哪些选项？

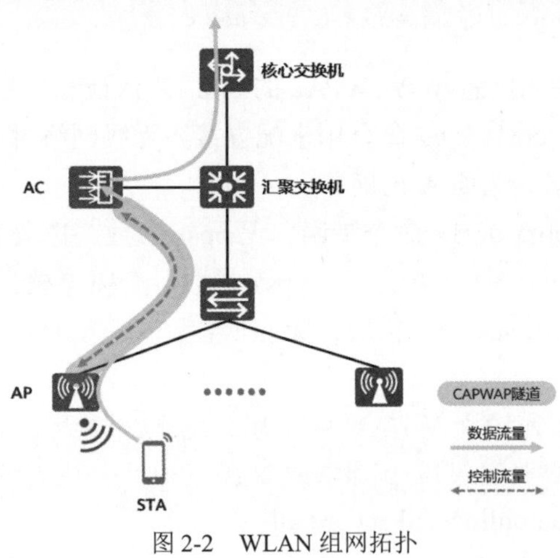

图 2-2　WLAN 组网拓扑

A. AC 组网方式：旁挂二层组网

B. AC 组网方式：直连二层组网

C. 用户数据转发方式：直接转发

D. 用户数据转发方式：隧道转发

【解析】终端的网关在 AC 上，则 AC 和 AP 在同一个广播域内，所以 AC 的组网方式属于二层组网。AC 旁挂在现有网络中，所以 AC 的组网方式属于旁挂组网。因此，AC 的组网方式为旁挂二层组网。

从图 2-2 中可以看出，用户的数据报文经过 CAPWAP 隧道封装后由 AC 转发到上层网络。所以用户数据转发方式为隧道转发。

选项 A：AC 的组网方式为旁挂二层组网。选项 A 正确。

选项 B：AC 的组网方式为旁挂二层组网。选项 B 错误。

选项 C：用户数据转发方式为隧道转发。选项 C 错误。

选项 D：用户数据转发方式为隧道转发。选项 D 正确。

【答案】AD

11. **【多选题】**在 WLAN 网络中，当 AP 成功在 AC 上线，完成无线业务配置后，用户就可以接入无线网络。用户接入无线网络的过程主要包括以下哪些阶段？

A. 扫描阶段　　B. 链路认证阶段

C. 关联阶段　　D. 数据加密阶段

【解析】在用户接入无线网络的过程中，CAPWAP 隧道建立完成后，用户就可以接入无线网络。用户接入无线网络的过程包括 3 个阶段：扫描阶段、链路认证阶段、关联阶段。

选项 A：该阶段属于用户接入无线网络的过程的 3 个阶段之一。选项 A 正确。

选项 B：该阶段属于用户接入无线网络的过程的 3 个阶段之一。选项 B 正确。

选项 C：该阶段属于用户接入无线网络的过程的 3 个阶段之一。选项 C 正确。

选项 D：该阶段不属于用户接入无线网络的过程的 3 个阶段之一。选项 D 错误。

【答案】ABC

12. **【多选题】**NAC 包括 3 种认证方式：802.1X 认证、MAC 认证和 Portal 认证。3 种认证方式的认证原理不同，各自适用的场景也有所差异。以下关于 Portal 认证的特点的描述，正确的是哪些选项？

A. 一般情况下，客户端不需要安装额外的软件，直接在 Web 页面上认证，简单方便

B. 便于运营，可以在 Portal 页面上进行业务拓展，如广告推送、企业宣传等

C. 技术成熟，被广泛应用于运营商、连锁快餐、酒店、学校等网络

D. 部署位置灵活，可以在接入层或关键数据的入口进行访问控制

【解析】Portal 认证通常也称为 Web 认证，一般将 Portal 认证网站称为门户网站。用户上网时，必须在门户网站进行认证，如果未认证成功，用户仅可以访问特定的网络资源，只有认证成功后，用户才可以访问其他网络资源。

选项 A：一般情况下，客户端不需要安装额外的软件，直接在 Web 页面上认证，简单方便。选项 A 正确。

选项 B：便于运营，可以在 Portal 页面上进行业务拓展，如广告推送、企业宣传等。选项 B 正确。

选项 C：技术成熟，被广泛应用于运营商、连锁快餐、酒店、学校等网络。选项 C 正确。

选项 D：部署位置灵活，可以在接入层或关键数据的入口进行访问控制。选项 D 正确。

【答案】ABCD

第 3 章

2023—2024 省赛复赛真题解析

省赛复赛的考查方式为理论考试，分为数通、安全和 WLAN 这 3 个模块，题型包括判断题、单选题和多选题。省赛复赛各模块的题型分布如表 3-1 所示。

表 3-1　省赛复赛各模块的题型分布

模块	判断题	单选题	多选题	合计
数通	9 道	20 道	14 道	43 道
安全	5 道	13 道	9 道	27 道
WLAN	6 道	7 道	7 道	20 道

3.1　数通模块真题解析

1.【判断题】Agent 是一个被管理对象的集合，是 NMS 同被管理设备进行沟通的桥梁，可以使网管软件和设备进行标准对接。

【解析】Agent（代理）是驻留在被管理设备上的一个进程，用于维护被管理设备的数据并响应来自 NMS 的请求，其会把被管理设备的数据汇报给发送请求的 NMS。因此，Agent 是 NMS 同被管理设备进行沟通的桥梁，可以使网管软件和设备进行标准对接，但 Agent 不是一个被管理对象的集合。

【答案】错误

2.【判断题】VXLAN 报文外层 UDP Header 的源端口号一般填内层报文头通过哈希算法计算后的值。

【解析】在 VXLAN（Virtual Extensible LAN，虚拟可扩展局域网）报文的封装过程中，原始报文先被添加一个 VXLAN 帧头，再被封装在 UDP 报头中，并使用承载网络的 IP 地址、MAC 地址作为外层头进行封装。其中，VXLAN 报文的外层 UDP 头（Outer UDP Header）封装的目的 UDP 端口号被设置为 4789，源 UDP 端口号是根据内层以太报文头通过哈希算法计算后的值。

【答案】正确

3.**【判断题】**VXLAN 网络中的 NVE 节点用 VTEP 进行标识，4 个 VTEP 可以确定一条 VXLAN 隧道。

【解析】VTEP（VXLAN Tunnel End Point，VXLAN 隧道端点）位于 NVE（Network Virtualization Edge，网络虚拟边缘）节点中，用于 VXLAN 报文的封装和解封装。VXLAN 报文中的源 IP 地址为本 NVE 节点的 VTEP 的 IP 地址，VXLAN 报文中的目的 IP 地址为对端 NVE 节点的 VTEP 的 IP 地址，两个 VTEP 地址可以确定一条 VXLAN 隧道。

【答案】错误

4.**【判断题】**VXLAN 三层网关的功能是允许租户接入 VXLAN 网络，实现相同 VXLAN 内部流量互访。

【解析】在 VXLAN 网络中，二层网关既可用于解决租户接入 VXLAN 网络的问题，也可用于 VXLAN 网络的同子网通信。而三层网关用于 VXLAN 网络的跨子网通信以及外部网络的访问。

【答案】错误

5.**【判断题】**软件定义网络的核心技术是通过将网络设备的控制平面与数据平面分离开来，从而实现了网络流量的灵活控制。

【解析】软件定义网络（Software Defined Network，SDN）的核心技术是通过将网络设备的控制平面和数据平面分离开来，从而实现了网络流量的灵活控制，为核心网络及应用的创新提供了良好的平台。

【答案】正确

6.**【判断题】**同时使用 NSR 与 NSF 协议，可以更好地保证网络中业务运行的连续性。

【解析】NSF（Non-Stopping Forwarding，不间断转发）和 NSR（Non-Stopping Routing，不间断路由）是两个具有高可靠性的解决方案。NSF 通过协议的 GR（Graceful Restart，优雅重启）机制，支持系统主备倒换时转发业务不中断。NSR 通过协议备份机制，实现系统主备倒换时控制平面（路由）和转发平面（业务）均不中断。由于 NSR 和 GR 机制是互斥的，所以 NSR 与 NSF 不能同时使用。

【答案】错误

7.**【判断题】**本地策略路由不仅对本机下发的报文起作用，而且对待转发的报文也起作用。

【解析】PBR（Policy-Based Routing，策略路由）使网络设备不仅能够基于报文的目的 IP 地址进行数据转发，而且能基于其他元素进行数据转发，例如源 IP 地址、源 MAC 地址、目的 MAC 地址、源端口号、目的端口号和 VLAN ID 等。策略路由分为接口策略路由和本地策略路由。其中，接口策略路由只对转发的报文起作用，对本地下发的报文无效。而本地策略路由对本地下发的报文起作用。

【答案】错误

8.**【判断题】**OSPFv3 只通过 Router ID 来标识邻居，且 Router ID 与 OSPFv2 定义的结构相同，即使没有配置 IPv6 全球单播地址，OSPFv3 的邻居关系也可以被建立并维护，从而达到“拓扑与地址分离”的目的。

【解析】OSPFv3 是运行在 IPv6 上的 IGP，其主要目的是用于开发一种独立于任何具体网络层的路由协议。Router ID 是一台 OSPFv3 设备在自治系统中的唯一标识。Router ID 的长度为 32 位，是本地标识符，与 IPv6 地址无关，用点分十进制表示法来表示。OSPFv3 是基于链路运行的，设备只要在同一链路上，就可以建立邻居关系，即使没有配置 IPv6 全球单播地址。

【答案】正确

9.【判断题】对于 BGP VPNv4 的路由，只有能够迭代到下一跳对应的隧道且隧道使用 32 位子网掩码，才能将此路由交叉进入实例路由或者传给 EBGP 的邻居。

【解析】出口 PE 在接收到 VPNv4 路由后，需要执行私网路由交叉和隧道迭代来选择路由。只有隧道迭代成功，该路由才会被放入对应的 VPN 实例路由表。华为 VRP 系统规定，PE 之间必须使用 32 位子网掩码的 Loopback 接口地址来建立 MP-IBGP 对等体关系，以便能够迭代到隧道。

【答案】正确

10.【单选题】令牌桶可以被看作一个存放一定数量令牌的容器，其算法主要有单速双桶和双速双桶两种。以下关于两种算法的描述，错误的是哪一项？

A. 单速双桶算法有 3 个参数，分别为 CIR、CBS 和 EBS

B. 双速双桶算法有 4 个参数，分别为 PIR、CIR、PBS 和 CBS

C. 在单速双桶算法中，若到达的报文小于 CBS 时，会被标记为绿色

D. 在双速双桶算法中，若到达的报文小于 PBS 时，会被标记为绿色

【解析】在双速双桶算法中，如果到达的报文小于 PBS 且 PBS 桶中有足够的令牌，报文会被标记为绿色。如果 PBS 桶中的令牌耗尽但 CBS 桶中的令牌仍足够，报文会被标记为黄色，而不是绿色。因此选项 D 错误。

【答案】D

11.【单选题】在 MPLS VPN 网络中，会为 VPN 实例地址族配置路由区分符（RD），以下关于 RD 的描述中，错误的是哪一项？

A. RD 值用来区分 PE 设备

B. RD 值可以控制 VPN 路由信息的发布与接收

C. RD 值需要保证全局唯一

D. RD 一旦配置后，将不能被修改或删除

【解析】RD（Route Distinguisher，路由区分符）的作用是使 VPNv4 路由前缀唯一化，以避免不同客户的 IP 地址冲突。RD 值不能直接控制 VPN 路由信息的发布与接收。

选项 A：在 MPLS（Multi-Protocol Label Switching，多协议标记交换）VPN 网络中，不同的 VPN 可能使用相同的 IP 地址，为了避免路由冲突，需要使用 RD 值来区分不同的 VPN 路由信息。选项 A 正确。

选项 B：选项 B 错误。

选项 C：每个客户的 VPN 路由都需要有一个唯一的标识符。RD 就是为每个 VPN 路由分配的唯一标识符。选项 C 正确。

选项 D：RD 在配置后不能被修改或删除。选项 D 正确。

【答案】B

12.【单选题】在 MPLS 网络中，标签是一个短而定长的、只具有本地意义的标识符，标签交换路由器对 MPLS 标签的处理方式不包括以下哪种操作？

A. 标签压入　　B. 标签交换

C. 标签嵌套　　D. 标签弹出

【解析】标签嵌套不是标准的 MPLS 标签处理操作。在 MPLS 中通常不称任何操作为“标签嵌套”。

选项 A：标签压入操作是指在 IP 报文的二层协议头和 IP 报文头之间插入一个 MPLS 标签。选项 A 正确。

选项 B：标签交换操作会在 Transit 节点发生。

选项 C：在 MPLS 中通常不称任何操作为“标签嵌套”。

选项 D：标签弹出操作会在倒数第二跳 Transit 节点或 Egress 节点发生。

【答案】C

13.【单选题】全球单播地址是接口上最常见的 IPv6 单播地址之一，且一个接口上可以配置多个。那么以下 IPv6 地址生成方法中，不可以生成全球单播地址的是哪一项？

A. 手动配置　　B. 系统生成

C. NDP　　D. DHCPv6

【解析】全球单播地址不可系统生成。

选项 A：全球单播地址可通过手动配置生成。选项 A 正确。

选项 B：全球单播地址不能通过系统生成。选项 B 错误。

选项 C：NDP 属于无状态自动配置，可生成全球单播地址。选项 C 正确。

选项 D：DHCPv6 属于有状态自动配置，可生成全球单播地址。选项 D 正确。

【答案】B

14.【单选题】OSPF 报文采用 IP 封装，当 IP Packet header 中的协议号为以下哪一数值时，则说明后面的报文为 OSPF 报文？

A. 69　　B. 89

C. 179　　D. 158

【解析】OSPF 报文在 IP 数据包中的协议号是 89。这个协议号用于指示 IP 数据包携带的是 OSPF 路由信息。

【答案】B

15.【单选题】网络中部署 SNMPv1 后，NMS 会向 Agent 发送哪些协议报文？

A. Trap, Get, Set　　B. Get, Set, GetNext

C. Get, Set, GetBulk　　D. Trap

【解析】Get-Request 用于 NMS 从被管理设备的代理进程的 MIB 中提取一个或多个参数值。Set-Request 用于 NMS 设置代理进程的 MIB 中的一个或多个参数值。Get-Next-Request 用于 NMS 从代理进程的 MIB 中按照字典排序提取下一个参数值。

【答案】B

16.【单选题】SNMP 中的哪个组件可以用来运行网络管理应用程序？

A. Agent　　B. NMS

C. MIB　　D. Management Object

【解析】NMS 通常是一台独立的设备，用于运行网络管理应用程序。

选项 A：Agent 是网络设备上运行的软件模块，负责收集和存储网络设备的管理信息，并响应管理站点的请求。

选项 B：NMS 是网络管理设备，用于运行网络管理应用程序。选项 B 正确。

选项 C：MIB 是一种层次化的数据库，用于存储网络设备的管理信息。MIB 定义了一系列 OID（Object IDentifier，对象标识符），每个 OID 对应一个特定的管理信息。

选项 D：Management Object 即被管理对象，一台设备可能包含多个 Management Object，Management Object 既可以是设备中的某个硬件，也可以是在硬件、软件（如路由选择协议）上配置的参数集合。

【答案】B

17.【单选题】为了提升网络管理的安全性，选用以下哪个 SNMP 版本？

A. SNMPv1　　B. SNMPv2

C. SNMPv2c　　D. SNMPv3

【解析】SNMPv3 提供了 USM（User-Based Security Model，基于用户的安全模型）的认证加密和 VACM（View-based Access Control Model，基于视图的访问控制模型）功能。

选项 A：SNMPv1 基于团体名认证，安全性较差，且返回报文的错误码也较少。

选项 B：SNMP 没有 SNMPv2 这个版本。

选项 C：1996 年，IETF 颁布了 RFC 1901，定义了 SNMP 的第二个版本 SNMPv2c。SNMPv2c 引入了 GetBulk 和 Inform 操作，支持更多的标准错误码信息，以及更多的数据类型（如 Counter64、Counter32），但是在安全性方面没有得到改善。

选项 D：SNMPv3 提供了 USM 的认证加密和 VACM 功能。选项 D 正确。

【答案】D

18.【单选题】NTP 默认使用以下哪个端口传输报文？

A. 23　　B. 123

C. 21　　D. 80

【解析】NTP（Network Time Protocol，网络时间协议）默认使用 UDP 端口 123 来传输报文。

【答案】B

19.【单选题】以下 NTP 的层数中，哪个表示的时钟最精确？

A. 2　　B. 3

C. 5　　D. 8

【解析】层数是针对时钟同步情况的一个分级标准，代表一个时钟的精确度，其取值范围为 1～15，数值越小，精确度越高。因此选项 A 正确。

【答案】A

20.【单选题】以下哪种 VXLAN 网关，可以用于 VXLAN 网络的跨子网通信以及外部网络的访问？

A. 二层网关　　B. 三层网关

C. 业务网关　　D. 应用层网关

【解析】二层网关既可用于解决租户接入 VXLAN 网络的问题，也可用于 VXLAN 网络的同子网通信。三层网关可用于 VXLAN 网络的跨子网通信以及外部网络的访问。所以选项 B 正确。

【答案】B

21.【单选题】以下无环二层环路设计方案中，哪一种是最优方案？

A. 堆叠+链路聚合　　B. TRILL+MSTP

C. 堆叠+MSTP　　D. 链路聚合+MSTP

【解析】堆叠（Stacking）是指通过物理或逻辑方式将多台交换机连接在一起，使其表现为一个单一的逻辑单位，堆叠简化了网络管理并提高了性能。链路聚合（Link Aggregation）是指将多个网络连接合并成单个链接，以增加带宽和提供链路冗余，从而提高容错能力。堆叠+链路聚合提供了较高的带宽和链路冗余，同时简化了网络管理。

【答案】A

22.【单选题】在 VXLAN 集中部署模式下，哪一类流量不经过核心转发？

A. 南北向流量

B. 不同的接入设备间的东西向流量

C. 同一台接入设备下的南北向流量

D. 同一台接入设备下的东西向流量

【解析】同一台接入设备下的东西向流量是指同一接入设备内部各服务器或服务之间的通信的流量。在 VXLAN 集中部署模式下，如果通信仅限于同一台接入设备内，这种通信的流量通常不需要经过核心转发设备，因为它们可以直接在接入层内部进行交换，不需要跨 VXLAN 网络封装或解封装。

选项 A：南北向流量，即数据中心外部用户和内部服务器之间交互的流量，需经过核心转发。

选项 B：不同的接入设备间的东西向流量需经过核心转发。

选项 C：同一台接入设备下的南北向流量需经过核心转发。

选项 D：同一台接入设备下的东西向流量不需经过核心转发。

【答案】D

23.【单选题】EVPN NLRI 中定义的 Ethernet Auto-Discovery (A-D) Route，可以用于实现以下哪种功能？

A. 水平分割　　B. 负载均衡

C. 路由优选　　D. 路由备份

【解析】Ethernet Auto-Discovery (A-D) Route 仅在通过 ESI 实现 Multihoming 接入时才需要，用于实现水平分割和快速收敛功能。

【答案】A

24.【单选题】以下哪类报文可以支持 VXLAN 使用 BGP EVPN 建立隧道？

A. Type 1　　B. Type 2

C. Type 3　　D. Type 4

【解析】在 VXLAN 控制平面中，Type 3 报文主要用于 VTEP 的自动发现和 VXLAN 隧道的动态建立。

选项 A：Type 1 报文用于自动发现功能。

选项 B：Type 2 报文主要用于广播 MAC 地址和可能关联的 IP 地址信息。它用于在 EVPN 环境中学习和传播 MAC 地址信息，但不直接用于隧道建立。

选项 C：Type 3 报文用于在参与者之间建立多播树，支持 VXLAN 隧道的建立和多点传输。这类报文是用来支持隧道建立的主要报文之一，因此是支持 VXLAN 使用 BGP EVPN 建立隧道的关键报文。

选项 D：Type 4 报文用于标识 Ethernet Segment 的存在和属性，以优化流量的转发和决策过程，而并非用于隧道的直接建立。

【答案】C

25.【单选题】以下哪类报文可以在 BGP EVPN 分布式网关场景下实现虚拟机迁移？

A. Type 1　　B. Type 2

C. Type 3　　D. Type 4

【解析】Type 2 报文用于在 BGP EVPN 分布式网关场景下交换虚拟机的 MAC 地址和 IP 地址信息。当虚拟机在网络中迁移时，新的 MAC 地址和 IP 地址信息会通过 Type 2 报文被广播给其他设备。通过 Type 2 报文的广播，BGP EVPN 分布式网关场景下的设备可以动态更新虚拟机的位置信息，确保流量能够被正确转发到位于新位置的虚拟机。

选项 A：Type 1 报文用于自动发现功能。

选项 B：Type 2 报文用于广播 MAC 地址以及相关的 IP 地址信息。在迁移虚拟机时，为了确保虚拟机在迁移到新位置后仍能被正确识别和访问，需要更新和广播它的新的位置信息（即 MAC 地址和 IP 地址）。Type 2 报文正是用于达到此目的的报文，它确保了虚拟机迁移后，其位置信息能够被快速更新和广播到整个网络中。选项 B 正确。

选项 C：Type 3 报文主要用于建立多播树，支持 VXLAN 隧道的建立，其更关注数据中心内的广播、未知单播和多播流量的处理，与对虚拟机迁移的直接支持关系不大。

选项 D：Type 4 报文用于标识 Ethernet Segment 的存在和属性，以优化流量的转发和决策过程。

【答案】B

26.【单选题】在 VXLAN 网络中，以下哪个参数用来标识一个虚拟网络？

A. VTEP　　B. EOF

C. NVE　　D. VNI

【解析】VNI（VXLAN Network Identifier，VXLAN 网络标识符）是一个 24 位标识符，用于在 VXLAN 网络中区分不同的虚拟网络。每个 VNI 代表一个独立的二层广播域，不同 VNI 之间的流量是隔离的。

选项 A：VTEP 是 VXLAN 网络中的一个端点，用于封装和解封装到达的数据包。VTEP 的主要功能是在原始数据包内封装 VXLAN 头部，使数据包可以在不同的网络间传输，但它并不用来标识虚拟网络。

选项 B：EOF（End of Frame）参数通常不直接与 VXLAN 关联。EOF 在其他通信协议中表示帧的结束，但在 VXLAN 的上下文中，它不是用来标识虚拟网络的参数。

选项 C：NVE 节点负责管理虚拟网络接口和虚拟机之间的网络流量。虽然 NVE 节点是 VXLAN 网络的重要组成部分，但它本身并不用来标识虚拟网络。

选项 D：VNI 用于在 VXLAN 网络中标识不同的虚拟网络。每一个 VXLAN 数据包都包含一个 VNI，用于说明该数据包属于哪个虚拟网络。VNI 是确保在 VXLAN 环境中实现多租户隔离的关键参数。

【答案】D

27.【单选题】以下选项中，哪个属于 NVO3 技术？

A. GRE　　B. IPsec

C. VXLAN　　D. MPLS

【解析】VXLAN 是一种网络虚拟化技术，属于 NVO3（Network Virtualization Over Layer 3，跨三层网络虚拟化）技术，主要用于在数据中心内部实现跨不同网络设备的虚拟网络的隔离和通信。

选项 A：GRE（Generic Routing Encapsulation，通用路由封装）是一种常用的封装技术，用于在不同网络间封装多种网络层协议，从而创建点到点连接。

选项 B：IPsec 是一种安全协议，用于在 IP 通信过程中确保数据的完整性、认证以及加密。它主要用于保障数据传输的安全，并非专门用于网络虚拟化。

选项 C：VXLAN 专门用于在数据中心内部实现大规模多租户环境的网络隔离。

选项 D：MPLS 是一种数据携带服务，它使用短路径标签来进行数据转发决策。

【答案】C

28.【单选题】以下哪个不属于 VXLAN 的 Overlay 组网方案？

A. Network Overlay 方案　　B. Host Overlay 方案

C. Switch Overlay 方案　　D. Hybrid Overlay 方案

【解析】Overlay 组网方案包括 Network Overlay 方案、Host Overlay 方案和 Hybrid Overlay 方案。所以选项 C 不属于 VXLAN 的 Overlay 组网方案。

【答案】C

29.【单选题】在 MPLS BGP VPN 跨域解决方案中，哪一种解决方案的域间传递的是 IPv4 路由信息？

A. Option A　　B. Option B

C. Option C　　D. Option D

【解析】在 Option A 中，ASBR 之间传递的是 IPv4 路由信息。

选项 A：在 Option A 中，ASBR 之间是普通的 IPv4 IGP 或者 BGP 邻居关系，传递的是 IPv4 路由信息。

选项 B：在 Option B 中，ASBR 之间传递带标签的 VPNv4 路由信息。

选项 C：在 Option C 中，直接传递 VPNv4 路由信息。

选项 D：Option D 不是一个标准的 MPLS BGP VPN 跨域解决方案。

【答案】A

30.【多选题】在 OSPF 网络中，Router ID 用于在自治系统中唯一标识一台运行 OSPF 的路由器，它是一个 32 位的无符号整数。那么以下哪些 IP 地址可能被选举为一台路由器的 Router ID？

A. 配置 OSPF 时使用 router-id 参数配置的 IP 地址

B. Loopback 接口中最小的 IP 地址

C. 物理接口中最大的 IP 地址

D. 该路由器的路由表中存在的最大的 IP 地址

【解析】Router ID 选举规则如下。

- 手动配置运行 OSPF 的路由器的 Router ID（建议手动配置）。
- 如果没有手动配置 Router ID，则路由器使用 Loopback 接口中最大的 IP 地址作为 Router ID。

- 如果没有配置 Loopback 接口，则路由器使用物理接口中最大的 IP 地址作为 Router ID。

选项 A：可以使用 router-id 参数手动配置运行 OSPF 的路由器的 Router ID。选项 A 正确。

选项 B：在没有手动配置 Router ID 时，路由器使用 Loopback 接口中最大的 IP 地址，不是最小的 IP 地址作为 Router ID。选项 B 错误。

选项 C：在没有手动配置 Router ID 和 Loopback 接口时，路由器使用物理接口中最大的 IP 地址作为 Router ID。选项 C 正确。

选项 D：选项 D 错误。

【答案】AC

31.【多选题】在现网中，OSPF 是常用的一种动态路由协议，具有许多优点。以下关于 OSPF 的优点的描述，错误的有哪些选项？

A. 支持区域划分和报文认证

B. 基于 SPF 算法，确保 OSPF 区域间无环

C. 采用广播形式收发部分协议报文

D. 支持对等价路由进行负载分担

【解析】OSPF 是 IETF 定义的一种基于链路状态的内部网关路由协议。

选项 A：OSPF 引入区域的概念，将一个 OSPF 域划分成多个 OSPF 区域，这样可以使 OSPF 支撑更大规模的组网。OSPF 支持报文认证功能，只有通过认证的 OSPF 报文才能被接收。选项 A 正确。

选项 B：SPF 算法用于计算路由器到达目的地的最短路径，可以确保 OSPF 区域内无环。确保 OSPF 区域间无环是通过以下机制实现的：所有的非骨干区域必须与骨干区域直接相连，区域间路由需经由骨干区域中转；ABR 不会将描述到达某个区域内网段路由的 3 类 LSA 再注入回该区域；ABR 从非骨干区域收到的 3 类 LSA 不能用于区域间路由的计算。选项 B 错误。

选项 C：OSPF 通过组播或单播形式收发协议报文，没有使用广播形式。选项 C 错误。

选项 D：OSPF 可以通过 maximum load-balancing number 命令设置进行负载分担的等价路由的最大数量，设备将按照负载分担的方式将报文从多条等价路由发送到同一目的地。选项 D 正确。

【答案】BC

32.【多选题】华为路由器收到业务报文后，会查找路由表进行转发。以下关于路由表的描述，正确的是哪些选项？

A. 路由表主要分为本地核心路由表和协议路由表

B. 协议路由表中存放着该协议发现的路由信息

C. 本地核心路由表中的最优路由，是依据各种路由协议的优先级和度量值来选取的

D. 路由器转发芯片是根据本地核心路由表转发报文的

【解析】具有路由功能的网络设备都会维护两种重要的数据表：一是 RIB（Routing Information Base，路由器信息库）表；二是 FIB（Forwarding Information Base，转发信息库）表。可以将路由表视为路由器的控制平面，实际上路由表并不直接指导数据转发。将 FIB 表视为路由器的数据平面，亦被称为转发表，该表中的每条转发表项（即路由条目）指定要到达某个目的地所需通过的出接口以及下一跳 IP

地址等信息。

选项 A：路由表分为本地核心路由表和协议路由表。路由器对各个协议路由表中相同的转发表项进行优选，得到本地核心路由表。选项 A 正确。

选项 B：协议路由表中存放着该协议发现的路由信息，如 OSPF 路由表等。选项 B 正确。

选项 C：本地核心路由表中的最优路由，是依据各种路由协议的优先级和度量值来选取的。选项 C 正确。

选项 D：路由器将本地核心路由表中的最优路由下发到 FIB 表。路由器转发芯片根据 FIB 表转发报文。选项 D 错误。

【答案】ABC

33.【多选题】华为框式交换机内部由多个功能模块组成，且各模块所负责的功能各不相同。其中，主控板的功能主要包括以下哪些内容？

A. 负责整个系统的控制平面

B. 负责整个系统的数据平面

C. 负责整个系统的管理平面

D. 用于提供数据转发功能的模块

【解析】典型的网络设备包括主控板、交换网板和接口板。

选项 A：主控板负责整个系统的控制平面。控制平面实现系统的协议处理、业务处理、路由运算、转发控制、业务调度、流量统计、安全保障等功能。选项 A 正确。

选项 B：交换网板负责整个系统的数据平面。数据平面提供高速、无阻塞的数据通道，实现各个业务模块之间的业务交换功能。接口板和主控板之间通过交换网板完成通信。选项 B 错误。

选项 C：主控板负责整个系统的管理平面。管理平面实现系统的运行状态监控、环境监控、日志和告警信息处理、加载、升级等功能。选项 C 正确。

选项 D：接口板上的线路处理单元是物理设备上用于提供数据转发功能的模块，提供不同速率的光口、电口。选项 D 错误。

【答案】AC

34.【多选题】框式交换机在收到业务报文后，业务报文会从接口进入上行接口板处理，主要包括光电信号转换、PFE 和切片处理。其中，上行接口板的 PFE 的动作主要包括以下哪些选项？

A. 查表转发　　B. 报文解析

C. 获取封装信息　　D. 报文重组

【解析】PFE 为包转发引擎。业务报文从接口进入上行接口板进行处理之后，通过框式交换机内部总线交给交换网板，交换网板将业务报文交由下行接口板处理之后从接口发出去。

选项 A：上行接口板的 PFE 的动作主要包括查表转发和报文解析。选项 A 正确。

选项 B：上行接口板的 PFE 的动作主要包括查表转发和报文解析。选项 B 正确。

选项 C：获取封装信息属于下行接口板的 PFE 的动作。选项 C 错误。

选项 D：报文重组属于下行接口板的 PFE 的动作。选项 D 错误。

【答案】AB

35.【多选题】如图 3-1 所示，图中有 3 台路由器，接口的 IP 地址已配置完成，网络管理员在 RTA 上配置了两条静态路由。若设备和链路都正常运行，以下关于 RTA 路由表的描述，错误的是哪些选项？

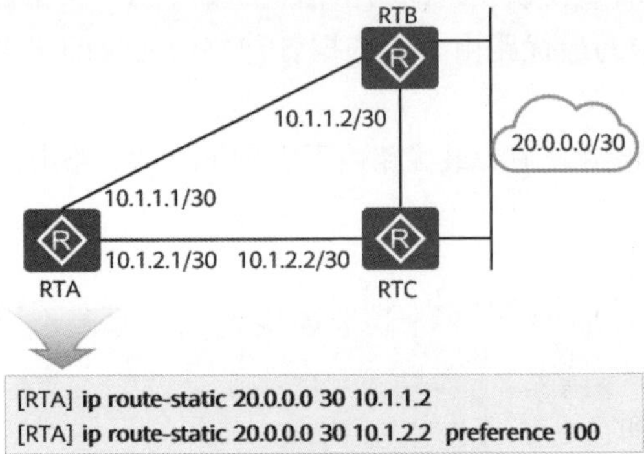

图 3-1　静态路由网络拓扑

A. RTA 路由表中只存在目的网段为 20.0.0.0/30，下一跳地址为 10.1.1.2 的路由条目

B. RTA 路由表中只存在目的网段为 20.0.0.0/30，下一跳地址为 10.1.2.2 的路由条目

C. RTA 路由表中会存在两条目的网段为 20.0.0.0/30，下一跳地址分别为 10.1.1.2 和 10.1.2.2 的路由条目

D. 因路由冲突，RTA 路由表中不存在任何去往 20.0.0.0/30 的路由条目

【解析】每台路由器都有路由表，而路由表又分为本地核心路由表和协议路由表。每台路由器中都保存着一张设备的本地核心路由表，也就是我们通常所说的设备的路由表。路由器对各个协议路由表中相同的路由条目进行优选，得到本地核心路由表，并把本地核心路由下发到 FIB 表，用于指导转发。协议路由表则存放该协议发现的路由信息。

选项 A：由于静态路由的默认优先级是 60，小于 100，所以第一条静态路由更优，因此 RTA 路由表中只存在目的网段为 20.0.0.0/30，下一跳地址为 10.1.1.2 的路由条目。选项 A 正确。

选项 B：参考选项 A 的解析，RTA 路由表中只存在目的网段为 20.0.0.0/30，下一跳地址为 10.1.1.2 的路由条目。选项 B 错误。

选项 C：路由器会对各个协议路由表（如静态路由表）中相同的路由条目进行优选，得到本地核心路由表。因此，RTA 会从配置的两条静态路由中优选出一条，RTA 路由表不会同时存在两条目的网段为 20.0.0.0/30 的静态路由条目。选项 C 错误。

选项 D：RTA 会从配置的两条静态路由中优选出一条，因此 RTA 路由表会存在一条去往 20.0.0.0/30 的路由条目。选项 D 错误。

【答案】BCD

36.【多选题】在网络设备上配置 ACL 时，一条 ACL 中可以设置多条规则。当设备接收报文后，会将该报文与 ACL 中的规则按照匹配机制进行匹配。那么以下关于 ACL 匹配机制的描述，正确的是哪些选项？

A. 缺省情况下，ACL 的匹配顺序是 config 模式

B. 缺省情况下，按照精确度从高到低的顺序进行报文匹配

C. 若报文一旦匹配到规则，则不会匹配该条规则下面的规则

D. 不管匹配动作是 permit 还是 deny，都称为匹配

【解析】ACL 是一个匹配工具，能够对报文及路由进行匹配和区分。ACL 由若干条包含 permit 或 deny 的语句组成。一条语句就是该 ACL 的一条规则，每条语句中的 permit 或 deny 就是与其规则相对应的处理动作。

选项 A：华为设备支持两种 ACL 匹配顺序：auto 模式和 config 模式。缺省的 ACL 匹配顺序是 config 模式，即系统按照 ACL 规则编号从小到大的顺序进行报文匹配，规则编号越小越容易被匹配。选项 A 正确。

选项 B：按照精确度从高到低的顺序进行报文匹配的 ACL 的匹配顺序是 auto 模式。缺省的 ACL 匹配顺序是 config 模式。选项 B 错误。

选项 C：配置 ACL 的设备接收报文后，会将该报文与 ACL 中的规则逐条进行匹配，如果匹配失败，就会继续尝试匹配下一条规则。一旦匹配成功，设备会对该报文执行这条规则中定义的处理动作，并且不再尝试与后续规则进行匹配。选项 C 正确。

选项 D：匹配是指存在 ACL，且在 ACL 中查找到了符合匹配条件的规则。不论匹配到的动作是 permit 还是 deny，都称为“匹配”，而不是只有与定义 permit 动作的规则匹配成功才称为“匹配”。选项 D 正确。

【答案】ACD

37.【多选题】如图 3-2 所示，路由器 R1、R2 和 R3 在 AS 100 中，内部启用 OSPF 实现内网通信。现需在路由器之间建立 BGP 对等体关系，以下关于建立 BGP 对等体关系的描述，正确的是哪些选项？

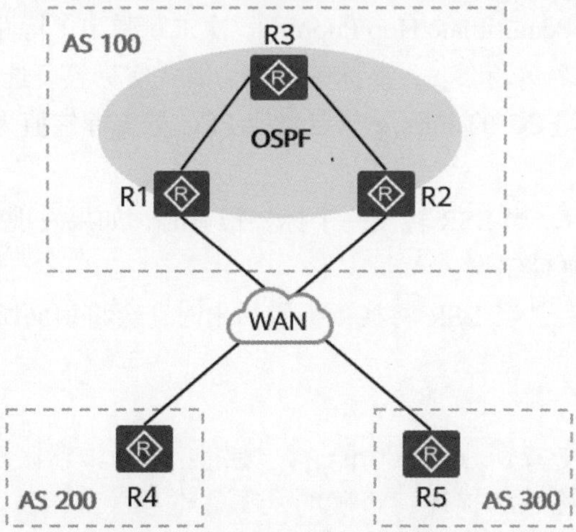

图 3-2　建立 BGP 对等体关系网络拓扑

A. R1 和 R3 之间可以建立 IBGP 对等体关系

B. R2 和 R5 之间可以建立 EBGP 对等体关系

C. R1 和 R2 之间可以建立 EBGP 对等体关系

D. R4 和 R5 之间可以建立 EBGP 对等体关系

【解析】BGP 存在两种对等体关系：EBGP 对等体关系和 IBGP 对等体关系。

- EBPG 对等体关系：位于不同 AS 的 BGP 路由器之间的 BGP 对等体关系。两台路由器之间要建立 EBGP 对等体关系，必须满足两个条件：两台路由器所属 AS 不同；在配置 EBGP 对等体关系时，对于 Peer 命令所指定的对等体 IP 地址，要求路由可达并且能够正确建立 TCP 连接。
- IBGP 对等体关系：位于相同 AS 的 BGP 路由器之间的 BGP 对等体关系。

选项 A：R1 和 R3 都在 AS 100 中，所以能建立 IBGP 对等体关系。选项 A 正确。

选项 B：R2 和 R5 位于不同 AS，所以可以建立 EBGP 对等体关系。选项 B 正确。

选项 C：R1 和 R2 都在 AS 100 中，所以只能建立 IBGP 对等体关系，不能建立 EBGP 对等体关系。选项 C 错误。

选项 D：R4 和 R5 位于不同 AS，所以可以建立 EBGP 对等体关系。选项 D 正确。

【答案】ABD

38.【多选题】在 MPLS 网络中，在 LSP 的最后一跳节点上实际上无须进行标签交换，此时可以配置 PHP 特性。以下关于该特性的描述中，错误的是哪些选项?

A. PHP 称为次末跳弹出，该特性被激活后，会为本地路由分配一个特殊标签

B. PHP 的工作原理是倒数第二个节点在标签发布时，会为该 FEC 分配一个标签值为 3 的标签

C. 当 LSR 转发一个标签报文时，如果发现报文中的标签值为 1，会将栈顶标签弹出

D. 当 LSR 将栈顶标签弹出后，会将里面所封装的数据转发给下游 LSR

【解析】

选项 A：如果激活了 PHP（Penultimate Hop Popping，次末跳弹出）特性，那么 Egress 节点在为本地路由分配标签的时候，会分配一个特殊标签 3，该标签被称为隐式空标签。选项 A 正确。

选项 B：在标签发布时，由 FEC 的 Egress 节点为该 FEC 分配标签值为 3 的标签，而不是由倒数第二个节点分配。选项 B 错误。

选项 C：在激活 PHP 特性后，当 LSR 转发一个标签报文时，如果发现对应的出标签值为 3（不是 1），则 LSR 会将栈顶标签弹出。选项 C 错误。

选项 D：在激活 PHP 特性后，当 LSR 将栈顶标签弹出时，会将里面所封装的数据转发给下游 LSR。选项 D 正确。

【答案】BC

39.【多选题】OSPF 网络支持划分区域功能，区域主要分为传输区域和末端区域，而 Stub 区域是末端区域的一种。以下关于该区域的描述，正确的是哪些选项?

A. Stub 区域只有 1 类、2 类、3 类 LSA

B. Area 0 不能被配置为 Stub 区域

C. Stub 区域能引入 AS 外部路由

D. 虚连接不能穿越 Stub 区域

【解析】Stub 区域只承载本区域发起的流量和访问本区域的流量。Stub 区域的 ABR 不会向 Stub 区域内传播它接收到的 AS 外部路由，因此 Stub 区域中的路由器的 LSDB、路由表规模都会大大减小。

选项 A：为保证 Stub 区域中的流量能够到达 AS 外部，Stub 区域的 ABR 将生成一条缺省路由（使用 3 类 LSA 进行描述）。因此，Stub 区域只有 1 类、2 类、3 类 LSA。选项 A 正确。

选项 B：配置 Stub 区域时需要注意，Area 0 不能被配置为 Stub 区域。选项 B 正确。

选项 C：配置 Stub 区域时需要注意，Stub 区域不能引入也不能接收 AS 外部路由。选项 C 错误。

选项 D：配置 Stub 区域时需要注意，虚连接不能穿越 Stub 区域。选项 D 正确。

【答案】ABD

40.【多选题】在以太网链路上，OSPF 为增强网络安全和防止广播报文消耗设备资源，通常以组播形式发送 Hello 报文。其中，Hello 报文常用的组播地址包括以下哪些？

A. 224.0.0.1　　B. 224.0.0.2

C. 224.0.0.5　　D. 224.0.0.6

【解析】OSPF 使用 Hello 报文发现和建立邻居关系。在以太网链路上，OSPF 通常以组播形式发送 Hello 报文。

选项 A：组播地址 224.0.0.1 代表网络内所有主机。选项 A 错误。

选项 B：组播地址 224.0.0.2 代表网络内所有路由器。选项 B 错误。

选项 C：组播地址 224.0.0.5 为 OSPF 设备的预留 IP 组播地址。选项 C 正确。

选项 D：组播地址 224.0.0.6 为 OSPF DR（Designated Router，指定路由器）/BDR（Backup Designated Router，备份指定路由器）的预留 IP 组播地址。选项 D 正确。

【答案】CD

41.【多选题】OSPF 一共定义了 5 种类型的报文，每种报文的作用各不相同。其中，Hello 报文的作用主要包括以下哪些内容？

A. 自动发现邻居路由　　B. 建立邻居关系

C. 检测邻居运行状态　　D. 更新 LSA、同步 LSDB

【解析】OSPF 一共定义了 5 种类型的报文：Hello、Database Description、Link State Request、Link State Update 和 Link State Ack。

选项 A：Hello 报文的作用主要包括邻居发现，即自动发现邻居路由器。选项 A 正确。

选项 B：Hello 报文的作用主要包括邻居关系建立，即完成 Hello 报文中的参数协商，建立邻居关系。选项 B 正确。

选项 C：Hello 报文的作用主要包括邻居保持，即通过周期性发送和接收 Hello 报文，检测邻居运行状态。选项 C 正确。

选项 D：更新 LSA、同步 LSDB 是通过 Link State Request、Link State Update 和 Link State Ack 报文实现的。选项 D 错误。

【答案】ABC

42.【多选题】在 MA 网络中，有 DR、DBR 和 DR Other 这 3 种角色。那么以下哪些角色之间可以建立邻接关系？

A. DR 和 BDR
B. DR 和 DR Other
C. BDR 和 DR Other
D. DR Other 和 DR Other

【解析】在 MA 网络中，DR 负责在 MA 网络中建立和维护邻接关系并负责 LSA 的同步。为了规避单点故障风险，需要选举 BDR，BDR 会在 DR 失效时快速接管 DR 的工作。而既不是 DR 也不是 BDR 的路由器就是 DR Other 路由器。

选项 A：DR 与其他所有路由器（包括 BDR）建立邻接关系并交换链路状态信息，其他所有路由器之间不直接交换链路状态信息。选项 A 正确。

选项 B：参考选项 A 的解析，DR 会与 DR Other 建立邻接关系并交换链路状态信息。选项 B 正确。

选项 C：BDR 会在 DR 失效时快速接管 DR 的工作，因此 BDR 也会与其他所有路由器建立邻接关系并交换链路状态信息。选项 C 正确。

选项 D：DR Other 路由器之间不直接交换链路状态信息，只建立邻居关系。选项 D 错误。

【答案】ABC

43.【多选题】某两台路由器之间建立了 LDP 会话，在其中一台路由器上通过命令 display mpls ldp session 查看的信息如下。以下关于该会话的描述中，正确的是哪些选项？

```
<R1> display mpls ldp session
LDP Session(s) in Public Network
Codes: LAM(Label Advertisement Mode), SsnAge Unit(DDDD:HH:MM) A '*' before a session means the
                                       session is being deleted.
------------------------------------------------------------------------------
PeerID          Status           LAM    SsnRole         SsnAge        KASent/Rcv
 ------------------------------------------------------------------------------
2.2.2.2:0       Operational      DU     Passive         0000:00:33    133/133
------------------------------------------------------------------------------
TOTAL: 1 session(s) Found.
```

A. 该设备的邻居 LSR ID 是 2.2.2.2
B. 该会话已成功建立
C. 该设备在会话关系中的角色为主动方
D. 该设备的标签发布模式为下游自主模式

【解析】LDP 是 MPLS 的一种控制协议，相当于传统网络中的信令协议，负责 FEC 的分类、标签的分配以及 LSP 的建立和维护等。LSR 之间交互标签绑定消息之前必须建立 LDP 会话。

选项 A：PeerID 为 LDP 邻居的 LDP ID，LDP ID 由 32 位 LSR ID 和 16 位标签空间标识符构成，以“LSR ID：标签空间标识符”的形式呈现。因此，2.2.2.2 代表邻居节点的 LSR ID。选项 A 正确。

选项 B：Status 为 LDP 会话的状态。Operational 表示 LDP 会话建立成功。选项 B 正确。

选项 C：SsnRole 为 LSR 在 LDP 会话中的角色。Active 表示建立 LDP 会话的主动方，Passive 表示建立 LDP 会话的被动方。选项 C 错误。

选项 D：LAM 为标签发布模式，包括 DU（Downstream Unsolicited，下游自主）和 DoD（Downstream on Demand，下游按需）两种模式。选项 D 正确。

【答案】ABD

3.2　安全模块真题解析

1.【判断题】如果智能选路方式为根据链路质量负载分担，则 FW 会通过健康的链路向业务服务器发送链路质量探测报文，以获取各链路的传输质量信息。如果使用其他智能选路方式，则 FW 不需要进行链路质量探测。

【解析】根据 FW 智能选路流程，如果智能选路方式为根据链路质量负载分担，则 FW 会通过健康的链路向业务服务器发送链路质量探测报文，以获取各链路的传输质量信息。如果使用其他智能选路方式，则 FW 不需要进行链路质量探测。本题是正确的。

【答案】正确

2.【判断题】在智能选路前，防火墙会检测各出口链路是否可用，使故障链路不能参与智能选路。在所有成员接口都不符合要求的情况下，防火墙会在不符合链路质量指标要求和出口带宽达到阈值的这两类链路中进行智能选路。

【解析】根据防火墙智能选路流程，在智能选路前，防火墙要检测各出口链路是否可用，使故障链路不能参与智能选路。检测过程如下。

（1）出口物理层状态为 DOWN，排除该出口链路。

（2）出口协议层状态为 DOWN，排除该出口链路。

（3）出口引用的健康检查状态为 DOWN（如果出口引用了健康检查），排除该出口链路。

（4）出口链路不符合链路质量指标要求（如果智能选路策略引用了健康检查和链路质量指标），排除该出口链路。

（5）出口链路带宽达到过载阈值（如果出口链路接口配置了过载保护），排除该出口链路。

（6）在剩余出口链路中按照配置的智能选路方式选择最优出口链路。如果成员接口都被以上步骤排除了，则在第（4）步和第（5）步排除的出口链路中进行智能选路。

因此，该题描述是正确的。

【答案】正确

3.【判断题】PFS（Perfect Forward Secrecy）是一种安全特性，指一个密钥被破解，并不影响其他密钥的安全性，因为这些密钥之间没有派生关系，PFS 由 SM3 算法保障安全性。

【解析】PFS，即完美的前向安全性，通过执行一次额外的 DH 交换，确保即使 IKE SA 中使用的密钥被破解，IPsec SA 中使用的密钥也不会被影响。PFS 主要依赖于 Diffie-Hellman 密钥交换算法，而不是 SM3 算法。本题是错误的。

【答案】错误

4.【判断题】分支机构之间如果想使用动态路由协议，可以采用 GRE over IPsec 方案来传递协议报文。

【解析】IPsec 本身不支持封装组播、广播和非 IP 报文。GRE over IPsec 方案利用了 GRE 和 IPsec 的优势，通过 GRE 将组播、广播和非 IP 报文封装成普通的 IP 报文，通过 IPsec 为封装后的 IP 报文提供安全通信，进而可以提供在分支机构之间安全地传送广播业务、组播业务，例如召开视频会议或传递动态路由协议消息等。本题是正确的。

【答案】正确

5.**【判断题】**活动目录是 LDAP 的一个实现，提供 LDAP 认证、TACACS 认证和 NTML 认证。

【解析】活动目录只是 LDAP 的一个实现，提供 LDAP 认证、Radius 认证和 NTML 认证，这些都是标准认证方式。本题是错误的。

【答案】错误

6.**【单选题】**如果防火墙配置了虚拟系统，报文在进入防火墙后，通过分流进入正确的虚拟系统进行处理。华为防火墙不支持以下哪一种分流方式？

A. 基于三层物理接口的分流方式

B. 基于 VLAN 的分流方式

C. 基于 VNI 的分流方式

D. 基于报文 DSCP 优先级的分流方式

【解析】防火墙配置了虚拟系统时，每个虚拟系统都相当于一台独立的设备，虚拟系统仅依据其内的策略和表项对报文进行处理。因此，报文进入防火墙后，防火墙首先要确定报文与虚拟系统的归属关系，以决定报文进入哪个虚拟系统进行处理。我们将确定报文与虚拟系统的归属关系的过程称为分流。防火墙支持基于接口分流、基于 VLAN 分流和基于 VNI 分流这 3 种分流方式。

选项 A：正确。

选项 B：正确。

选项 C：正确。

选项 D：错误。

【答案】D

7.**【单选题】**防火墙虚拟系统技术可以从逻辑上将一台防火墙划分为多个虚拟系统。虚拟系统中的接口由根墙分配，那么以下哪一种类型的接口不支持分配给虚拟系统？

A. VLANIF 接口　　B. 三层以太网接口

C. Eth-Trunk 接口　　D. 设备管理 Meth 接口

【解析】根墙分配接口给虚拟系统时，可分配的接口包括未被其他虚拟系统使用的三层以太网接口、三层以太网子接口、三层 Eth-Trunk 接口、三层 Eth-Trunk 子接口、POS 接口、IP-Trunk 接口、Tunnel 接口、Virtual-Template 接口、Loopback 接口和 VLANIF 接口。

选项 A：VLANIF 接口支持分配给虚拟系统。选项 A 正确。

选项 B：三层以太网接口支持分配给虚拟系统。选项 B 正确。

选项 C：Eth-Trunk 接口支持分配给虚拟系统。选项 C 正确。

选项 D：设备管理 Meth 接口不支持分配给虚拟系统。选项 D 错误。

【答案】D

8.**【单选题】**为满足客户多样化的带宽管理需求，华为防火墙的带宽管理功能支持配置多级带宽策略，即在一条带宽策略下，可以配置多条带宽子策略。目前，华为防火墙可支持几级带宽策略嵌套？

A. 2　　B. 3

C. 4　　D. 5

【解析】华为防火墙的带宽管理功能支持多级带宽策略，即在一条带宽策略下，可以配置多条带宽子策略。目前，华为防火墙支持 4 级带宽策略嵌套。

选项 A：错误。

选项 B：错误。

选项 C：正确。

选项 D：错误。

【答案】C

9.【单选题】以下关于防火墙链路高可靠性技术的描述，错误的是哪一项？

A. Trunk 技术通过将多条以太网物理链路捆绑在一起形成一条逻辑链路，实现增加带宽、提高链路可靠性的效果

B. IP-Link 技术用于检测非直连链路的故障，其与防火墙双机热备技术结合使用，可以进一步提高网络可靠性

C. BFD 探测技术用于快速检测设备之间的通信故障，其基于 TCP 报文进行探测，需要通信两端的设备均支持 BFD 协议

D. 在防火墙双机热备组网中，配置 Link-Group 功能可以使防火墙直连的网络设备感知防火墙的主备切换，从而切换路由，保证业务平稳运行

【解析】

选项 A：Trunk 技术通过将多条以太网物理链路捆绑在一起形成一条逻辑链路，实现增加带宽、提高链路可靠性的效果。选项 A 正确。

选项 B：IP-Link 技术是指防火墙通过向指定的目的 IP 地址周期性地发送探测报文并等待响应报文，来判断当前链路是否发生故障。防火墙发送探测报文后，在 3 个探测周期（每个探测周期默认为 5s，3 个探测周期默认为 15s）内未收到响应报文，则认为当前链路发生故障，IP-Link 的状态变为 Down。随后，防火墙会进行与 IP-Link Down 相关的后续操作，例如双机热备主备切换等。IP-Link 技术主要用于对业务链路是否发生故障进行自动探测，可以检测与防火墙不直接相连的链路状态，以便保证业务持续、通畅地运行。选项 B 正确。

选项 C：BFD 报文被封装在 UDP 报文中进行传送，其 UDP 目的端口号为 3784。本选项中提到基于 TCP 报文进行探测，是错误的。选项 C 错误。

选项 D：Link-Group 功能是指将多个接口的状态相互绑定，并使这些接口组成一个逻辑组。当组内任一接口出现故障时，系统会将组内其他接口的状态设置为 Down。当组内所有接口恢复正常后，整个组内的接口状态才被重新设置为 Up。配置 Link-Group 功能后，与防火墙直连的网络设备可以感知到防火墙的主备切换。选项 D 正确。

【答案】C

10.【单选题】以下关于防火墙双机热备的描述，错误的是哪一项？

A. 基于 VRRP 的双机热备要求防火墙的上下行接口与二层网络互联，并且防火墙运行 VRRP

B. 基于路由协议的双机热备要求防火墙的上下行接口与三层网络互联，并且防火墙运行 OSPF

C. 基于 VGMP 透明模式的双机热备中，防火墙的上下行业务接口需要分别加入不同的 VLAN

D. 基于路由协议的防火墙双机热备支持主备备份和负载分担两种工作模式

【解析】

选项 A：当防火墙的业务接口作为三层接口并连接交换机时，可以在防火墙上配置 VRRP（Virtual Router Redundancy Protocol，虚拟路由冗余协议）来实现双机热备。由于 VRRP 是组播报文，因此防火墙上下行接口要连接二层设备。选项 A 正确。

选项 B：基于路由协议实现双机热备时，防火墙的上下行接口要连接三层设备，设备之间通过动态路由协议来实现收敛。选项 B 正确。

选项 C：基于 VGMP 透明模式的双机热备中，防火墙的上下行业务接口必须加入同一个 VLAN，以便防火墙能根据 VGMP 组状态启用或禁用 VLAN。选项 C 错误。

选项 D：基于路由协议的防火墙双机热备支持主备备份和负载分担两种工作模式。在主备备份工作模式下，需要在一台防火墙上配置 hrp standby-device 命令，将其指定为备设备。主设备按照 OSPF 配置正常发布路由，备设备发布的 OSPF 路由开销值则被调整为 65500（缺省值，可修改为其他数值）。在负载分担工作模式下，需要在防火墙和上下行路由器上合理配置 OSPF 路由开销值，将流量均匀地引导到两台防火墙上进行处理。选项 D 正确。

【答案】C

11.【单选题】在常见的网络攻击中，某些攻击并不具有直接的破坏行为，它仅进行网络探测，从而为后续发动真正的网络攻击做准备。请问以下哪一种攻击属于这种类型的攻击？

A. DDoS 攻击　　B. Smurf 攻击

C. Ping of Death　　D. Tracert 攻击

【解析】

选项 A：DDoS 攻击即分布式拒绝服务攻击，会导致被攻击目标资源耗竭或者服务不可用。选项 A 不属于本题所描述的攻击。

选项 B：Smurf 攻击是指攻击者向目标网络发送源地址为目标主机地址、目的地址为目标网络广播地址的 ICMP 请求报文，目标网络中的所有主机接收到该报文后，都会向目标主机发送 ICMP 响应报文，导致目标主机收到过多报文而消耗大量资源，甚至导致设备瘫痪或网络阻塞。选项 B 不属于本题所描述的攻击。

选项 C：Ping of Death 是一种拒绝服务攻击，攻击原理是攻击者发送一些尺寸较大（数据部分长度超过 65535 字节）的 ICMP 报文对设备进行攻击。设备在收到这样一个尺寸较大的 ICMP 报文后，如果处理不当，会造成协议栈崩溃。选项 C 不属于本题所描述的攻击。

选项 D：Tracert 攻击是指攻击者利用 TTL 为 0 时返回的 ICMP 超时报文和达到目的地址时返回的 ICMP 端口不可达报文，来发现报文到达目的地所经过的路径，它可以窥探网络的结构，不具有直接的破坏行为。选项 D 属于本题所描述的攻击。

【答案】D

12.【单选题】为保证在外办公的员工可以灵活接入企业内网进行远程办公或信息获取，企业通常会选择在出口防火墙上部署 SSL VPN 虚拟网关并开启网络扩展功能。出口防火墙的安全区域划分拓扑如图 3-3 所示，要保证企业在外办公的员工可以正常访问企业内部服务器，则需要在防火墙上配置相关安全策略。以下关于防火墙安全策略的配置，正确的是哪一项？

图 3-3 出口防火墙的安全区域划分拓扑

A. 配置安全策略放行 Untrust 区域至 Local 区域的流量，同时放行 Untrust 区域至 Trust 区域的流量

B. 配置安全策略放行 Untrust 区域至 Local 区域的流量，同时放行 Local 区域至 Trust 区域的流量

C. 配置安全策略仅放行 Untrust 区域至 Trust 区域的流量

D. 配置安全策略放行 Untrust 区域至 Trust 区域的流量，同时放行 Local 区域至 Trust 区域的流量

【解析】首先，需要配置从 Untrust 区域到 Local 区域的安全策略，允许在外办公的员工登录 SSL VPN 虚拟网关。然后，由于开启了网络扩展功能，因此需要配置安全策略放行 Untrust 区域至 Trust 区域，从网络扩展地址池访问到企业内部服务器的流量。

选项 A：正确。

选项 B：错误。

选项 C：错误。

选项 D：错误。

【答案】A

13.【单选题】采用策略模板的方式来部署 IPsec 安全策略，可以简化 IPsec 隧道的部署工作。在基于策略模板部署 IPsec VPN 时，以下哪个操作不是必选项？

A. 在策略模板配置中，引用 IPsec 安全提议

B. 在策略模板配置中，引用 IKE 对等体

C. 在策略模板配置中，引用 ACL（指定需要保护的数据流）

D. 在 IPsec 安全策略中，引用策略模板

【解析】

选项 A：在策略模板配置中，必须引用 IPsec 安全提议。选项 A 正确。

选项 B：在策略模板配置中，必须引用 IKE 对等体。选项 B 正确。

选项 C：在策略模板配置中，引用 ACL 是可选的。在不指定需要保护的数据流时，响应方接收发起方定义的需要保护的数据流的范围；在指定了需要保护的数据流时，响应方则需要与发起方镜像配置或者包含发起方定义的需要保护的数据流的范围。选项 C 错误。

选项 D：在 IPsec 安全策略中，必须引用策略模板来创建 IPsec 策略。选项 D 正确。

【答案】C

14.【单选题】某企业总部和分部之间存在组播业务，客户希望使用 IPsec VPN 对这部分业务流量进行加密，而传统点到点 IPsec VPN 无法传输组播报文，使用以下哪一项 IPsec VPN 增强应用能够满足这一需求？

A. GRE over IPsec　　B. L2TP over IPsec
C. 点到多点 IPsec VPN　　D. NAT 穿越场景下的 IPsec VPN

【解析】

选项 A：GRE over IPsec 利用了 GRE 和 IPsec 的优势，通过 GRE 将组播、广播和非 IP 报文封装成普通的 IP 报文，通过 IPsec 为封装后的 IP 报文提供安全通信，进而可以提供在总部和分部之间安全地传送广播业务、组播业务，例如召开视频会议或传递动态路由协议消息等。选项 A 正确。

选项 B：L2TP over IPsec 是 IPsec 应用中一种常见的扩展应用，它综合了两种 VPN 的优势，通过 L2TP 实现用户验证和地址分配，利用 IPsec 保障安全性，但不能传输组播报文。选项 B 错误。

选项 C：在点到多点 IPsec VPN 场景中，本端希望与多台 VPN 网关、客户端（如便携式计算机、手机、平板电脑等设备）同时建立多条 IPsec 隧道，实现本端与 VPN 网关所连私网、客户端的互联。这些设备的 IP 地址通常是不固定的，也没有可用的域名。隧道封装的报文依然是标准的 IP 报文。选项 C 错误。

选项 D：NAT 穿越场景下的 IPsec VPN 解决的是建立隧道的 VPN 设备在企业内网，并且报文需要进行 NAT 的问题。这种应用封装的报文也是标准 IP 报文。选项 D 错误。

【答案】A

15.【单选题】企业通过部署 WAF 可以阻挡绝大部分的 HTTP/HTTPS 流量中的应用层攻击，有效保护企业内网 Web 应用安全。针对不同场景，可采用不同的部署方式。那么以下哪一种部署方式会修改数据包的目的地址？

A. 代理模式的反向代理　　B. 牵引模式的反向代理
C. 桥模式透传部署　　D. 旁路监控

【解析】

选项 A：WAF 采用代理模式的反向代理以旁路的方式接入网络，需要更改网络防火墙的目的映射表，将服务器的 IP 地址映射为 WAF 的业务口地址，隐藏服务器的 IP 地址。因此，这种方式会修改数据包的目的地址。选项 A 正确。

选项 B：牵引模式的反向代理一般通过策略路由将客户端访问服务器的流量牵引到 WAF 上，不会修改数据包的目的地址。选项 B 错误。

选项 C：桥模式透传部署是真正意义上的纯透明部署方式，不会修改数据包的任何内容。选项 C 错误。

选项 D：采用旁路监听模式时，交换机会进行服务器端口镜像，将流量复制一份到 WAF 上，部署 WAF 时不影响在线业务，也不会修改数据包的目的地址。选项 D 错误。

【答案】A

16.【单选题】以下有关 L2TP VPN 的描述，错误的是哪项？

A. L2TP VPN 功能不受 License 控制
B. 在 Call-LNS 场景中，LNS 不支持 LAC 使用 EAP 认证方式接入
C. LNS 支持多个 LAC 端使用相同地址向其拨号
D. L2TP 不支持业务板扩容

【解析】

选项 A：根据产品手册，L2TP VPN 功能不受 License 控制。选项 A 正确。

选项 B：在 NAS-Initiated 和 Client-Initiated 场景中，LNS 支持 PC 用户使用 EAP 认证方式接入，但不支持手机（包括 Android 和 iOS 系统手机）用户使用 EAP 认证方式接入。在 Call-LNS 场景中，LNS 不支持 LAC 使用 EAP 认证方式接入。选项 B 正确。

选项 C：根据产品手册，LNS 不支持多个 LAC 端使用相同地址向其拨号。选项 C 错误。

选项 D：L2TP 不支持业务板扩容。业务板扩容会导致已上线的 L2TP 用户异常下线。选项 D 正确。

【答案】C

17.【单选题】以下关于在 IPsec 中配置 ACL 的描述，正确的有哪些？

A. 隧道两端必须配置成镜像

B. IKEv1 要求响应方配置的 ACL 规则是发起方的子集

C. IKEv2 要求发起方配置的 ACL 为响应方的子集

D. IKEv2 会取双方 ACL 规则的交集作为协商结果

【解析】当 IPsec 隧道两端的 ACL 规则镜像配置时，任意一方发起协商都能保证 SA 成功建立；当 IPsec 隧道两端的 ACL 规则非镜像配置时，只有发起方配置的 ACL 规则定义的范围是响应方的子集或两端的 ACL 规则存在交集时，SA 才能成功建立。

选项 A：对于 IKEv1，镜像不是必要条件。选项 A 错误。

选项 B：对于 IKEv1，镜像不是必要条件，只要发起方配置的 ACL 规则范围是响应方的子集即可。选项 B 错误。

选项 C：对于 IKEv2，镜像不是必要条件，只要两端的 ACL 规则存在交集即可。协商时，取双方 ACL 规则的交集作为协商结果。选项 C 错误。

选项 D：对于 IKEv2，镜像不是必要条件，只要两端的 ACL 规则存在交集即可。协商时，取双方 ACL 规则的交集作为协商结果。选项 D 正确。

【答案】D

18.【单选题】HTTP 调度策略是根据 HTTP 协议首部字段来制定的，无法使用以下哪个字段来制定调度策略？

A. URL　　B. Referer

C. Cookie　　D. Connection

【解析】HTTP 调度策略是根据 HTTP 首部字段来制定的，可以使用的字段包括 URL、Referer、Host 和 Cookie。

选项 A：可以使用该字段。

选项 B：可以使用该字段。

选项 C：可以使用该字段。

选项 D：无法使用该字段。

【答案】D

19.【多选题】如图 3-4 所示，某企业由于业务需求，需要在网关 1 和网关 2 之间建立 IPsec VPN，由于网关之间存在 NAT 设备，因此需要在网关上部署 NAT 穿越。在此场景下，网关可使用以下哪些数据封装方式和安全协议？

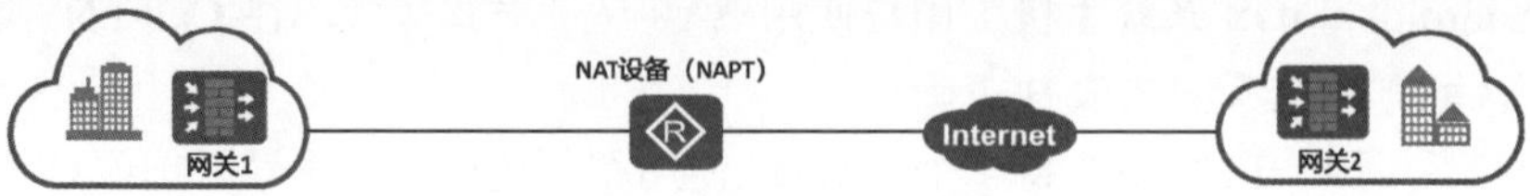

图 3-4　IPsec VPN 网络拓扑

A. 数据封装方式为隧道模式，安全协议使用 ESP

B. 数据封装方式为隧道模式，安全协议使用 AH+ESP

C. 数据封装方式为传输模式，安全协议使用 ESP

D. 数据封装方式为传输模式，安全协议使用 AH+ESP

【解析】由于 AH 的认证部分包含 IP 报文头，因此在有 NAT 的场景下，无论是传输模式下的原 IP 报文头还是隧道模式下的新 IP 报文头中的 IP 地址都会发生变化，从而导致 AH 认证失败。因此，在部署 NAT 穿越时，只能选择 ESP，ESP 的认证部分不包含 IP 报文头，ESP 报文穿越 NAT 设备后报文的认证不受影响。

选项 A：安全协议使用了 ESP。选项 A 正确。

选项 B：安全协议还使用了 AH。选项 B 错误。

选项 C：安全协议使用了 ESP。选项 C 正确。

选项 D：安全协议还使用了 AH。选项 D 错误。

【答案】AC

20.【多选题】某企业有多个分支机构，且分支机构出口 IP 地址不固定，为保证数据传输安全性，需要部署 IPsec VPN 隧道。该场景下关于 IPsec VPN 配置规划的描述，错误的是哪些选项？

A. 总部与分支机构均以策略模板的方式部署 IPsec VPN

B. 只有总部需要以策略模板的方式部署 IPsec VPN

C. 总部与分支机构在建立 IPsec 隧道时，总部只能作为协商响应方接收对端的响应请求

D. 总部与分支机构在建立 IPsec 隧道时，总部可以同时作为协商响应方和发起方，发起或接收对端的安全提议

【解析】策略模板方式的 IPsec 安全策略的配置原则：IPsec 隧道的两端中只能有一端配置策略模板方式的 IPsec 安全策略（作为协商响应方），另一端必须配置 ISAKMP 方式的 IPsec 安全策略（作为协商发起方）。

选项 A：分支机构的出口 IP 地址不固定，因此总部只能作为协商响应方采用策略模板方式部署，分支机构作为协商发起方需要配置 ISAKMP 方式的 IPsec 安全策略。选项 A 错误。

选项 B：分支机构的出口 IP 地址不固定，因此总部只能作为协商响应方采用策略模板方式部署，分支机构作为协商发起方需要配置 ISAKMP 方式的 IPsec 安全策略。选项 B 正确。

选项 C：总部配置了策略模板方式的 IPsec 安全策略时不能发起协商，只能作为协商响应方接收对端的协商请求。选项 C 正确。

选项 D：总部配置了策略模板方式的 IPsec 安全策略时不能发起协商，只能作为协商响应方接收对端的

协商请求。选项 D 错误。

【答案】AD

21.【多选题】防火墙的智能选路功能可以有效地提高链路资源的利用率以及用户体验。智能选路支持多种实现方式。当选用全局选路策略时，支持通过以下哪些方式进行选路？

A. 基于链路质量的负载分担方式

B. 基于链路数量的负载分担方式

C. 基于链路权重的负载分担方式

D. 基于链路带宽的负载分担方式

【解析】当到达目的网络有多条等价路由或者缺省路由时，全局选路策略可以根据不同的智能选路方式，即基于链路带宽、权重、优先级和自动探测到的链路质量，选择接口链路，并根据各条链路的实时状态动态调整分配结果，实现链路资源的合理利用，提升用户体验。全局选路策略不支持通过基于链路数量的负载分担方式进行选路。

选项 A：选项 A 正确。

选项 B：选项 B 错误。

选项 C：选项 C 正确。

选项 D：选项 D 正确。

【答案】ACD

22.【多选题】IPsec 作为一套 IP 安全通信体系，包含 AH 和 ESP 这两个安全协议以及 IKE 密钥交换协议等组件。为保证 IP 通信的安全性，IPsec 可选择安全协议对原始数据进行封装。以下哪些封装方式可以保证数据的机密性？

A. 使用 ESP 安全协议按照传输模式封装

B. 使用 AH 安全协议按照传输模式封装

C. 使用 ESP 安全协议按照隧道模式封装

D. 使用 AH+ESP 安全协议按照隧道模式封装

【解析】AH 安全协议支持数据完整性校验、数据源认证和防重放攻击，不支持数据加密。ESP 安全协议支持数据完整性、数据源认证、数据加密和防重放攻击。

选项 A：使用了 ESP 安全协议，支持数据加密。选项 A 正确。

选项 B：使用了 AH 安全协议，不支持数据加密。选项 B 错误。

选项 C：使用了 ESP 安全协议，支持数据加密。选项 C 正确。

选项 D：使用了 AH 安全协议和 ESP 安全协议，先用 AH 安全协议进行封装，再用 ESP 安全协议进行封装，支持数据加密。选项 D 正确。

【答案】ACD

23.【多选题】企业通过部署 NAC，可以实现对接入网络的客户端进行身份认证，从而保证网络的安全。以下关于华为安全设备实现 AAA 的技术方案中，基于 TCP 进行交互的是哪些选项？

A. RADIUS

B. HWTACACS

C. LDAP

D. AD

【解析】

选项 A：RADIUS 是目前使用最广泛，也是最流行的用于实现对远程电话拨号用户的身份认证、授权和计费的协议之一。RADIUS 基于 UDP，其认证端口为 1812、计费端口为 1813。选项 A 错误。

选项 B：HWTACACS 是在 TACACS+基础上进行了功能增强的一种安全协议。该协议与 RADIUS 类似，通过客户端/服务器模式与 HWTACACS 服务器通信来实现 AAA 功能，主要用于登录用户的身份认证、授权和计费。HWTACACS 使用 TCP，相对于使用 UDP 的 RADIUS，其网络传输更可靠。选项 B 正确。

选项 C：LDAP 即轻量目录访问协议，是一种基于 TCP 的访问在线目录服务的协议。LDAP 的典型应用是保存系统的用户信息，用于用户登录时的身份认证和授权。选项 C 正确。

选项 D：AD 服务器认证与 LDAP 服务器认证类似，两者的差别在于，AD 服务器认证包含 Kerberos 认证和标准的 LDAP 认证过程，而 LDAP 服务器认证只包含 LDAP 认证过程。AD 服务器认证也是基于 TCP 的。选项 D 正确。

【答案】BCD

24.【多选题】以下选项中，关于防火墙智能选路的描述，正确的是哪些？

A. 健康检查的探测报文不受安全策略控制，默认放行

B. 配置健康检查的协议和端口时，要确认对端是否放开了相应的协议和端口，否则检测必然失败

C. 指定链路健康检查的出接口后，健康探测报文的出接口可能与回应报文的入接口不一致

D. 配置健康检查的协议和端口时，如果对端是网络设备，建议使用 ICMP

【解析】

选项 A：对于 V500R001C80 及之后的版本，健康检查的探测报文不受安全策略控制，默认放行，无须配置相应安全策略。选项 A 正确。

选项 B：防火墙可以根据不同类型的目的设备发送相应协议的探测报文，通过分析应答报文即可判断链路的可用性。防火墙支持发送 DNS、HTTP、ICMP、Radius、TCP 等类型的探测报文。配置健康检查的协议和端口时，要确认对端是否放开了相应的协议和端口，否则检测必然失败。选项 B 正确。

选项 C：指定链路健康检查的出接口后，健康探测报文的出接口可能与回应报文的入接口不一致，如果希望出接口和入接口一致，可以使用 source-ip ip-address 命令指定探测报文的源 IP 地址为出接口的 IP 地址。选项 C 正确。

选项 D：配置健康检查的协议和端口时，如果对端是网络设备，建议使用 ICMP。选项 D 正确。

【答案】ABCD

25.【多选题】在华为防火墙双机热备组网情况下，配置 IPsec VPN 需要注意什么？

A. 防火墙的上下行业务接口必须为三层接口

B. 先建立双机热备状态，再配置 IPsec VPN

C. 如果防火墙作为 IPsec 隧道的发起方，必须执行命令 tunnel local ip-address，设置本端发起协商的地址为 VRRP 备份组的虚拟 IP 地址

D. 配置 DPD，在状态倒换后自动删除主用防火墙上已建立的隧道，以免业务流量被丢弃

【解析】

选项 A：根据华为防火墙产品手册，双机热备组网时，配置 IPsec VPN 时，防火墙的上下行业务接口必须为三层接口（包括 VLANIF 接口）。选项 A 正确。

选项 B：先建立双机热备状态，再配置 IPsec VPN。在主用防火墙上配置的 IPsec 策略会自动备份到备用防火墙上。在备用防火墙上，只需要在出接口上应用从主用防火墙上备份过来的 IPsec 策略即可。选项 B 正确。

选项 C：如果防火墙作为 IPsec 隧道的发起方，必须执行命令 tunnel local ip-address，设置本端发起协商的地址为 VRRP 备份组的虚拟 IP 地址。如果不执行该命令，则本端发起协商的地址默认为接口的 IP 地址，这会导致双机主备倒换后 IPsec 业务中断。选项 C 正确。

选项 D：配置 DPD，在状态倒换后自动删除主用防火墙上已建立的隧道，以免业务流量被丢弃。选项 D 正确。

【答案】ABCD

26.【多选题】NTP 网络结构由以下哪些部分构成？

A. 同步子网　　B. 主时间服务器

C. 二级时间服务器　　D. 层数

【解析】NTP 网络结构主要包含：同步子网、主时间服务器、二级时间服务器、层数（Stratum）。

选项 A：同步子网由主时间服务器、二级时间服务器、PC 客户端和它们之间互连的传输路径组成。选项 A 正确。

选项 B：主时间服务器通过线缆或无线电直接同步为标准参考时钟，标准参考时钟通常是 Radio Clock（无线电时钟）或卫星定位系统等。选项 B 正确。

选项 C：二级时间服务器通过网络中的主时间服务器或者其他二级服务器实现同步。二级时间服务器通过 NTP 将时间信息传送到局域网内部的其他主机。选项 C 正确。

选项 D：层数是针对时钟同步情况的一个分级标准，表示一个时钟的精确度，其取值范围为 1～16，数值越小，精确度越高。1 表示时钟精确度最高，16 表示时钟未同步。选项 D 正确。

【答案】ABCD

27.【多选题】相比 SNMPv1，SNMPv2c 新增了哪些操作？

A. SetRequest　　B. GetRequest

C. GetbulkRequest　　D. InformRequest

【解析】SNMPv1 PDU 包括 GetRequest PDU、GetNextRequest PDU、SetRequest PDU、Response PDU 和 Trap PDU。SNMPv2c PDU 在 SNMPv1 PDU 的基础上新增了 GetBulkRequest PDU 和 InformRequest PDU。

选项 A：选项 A 错误。

选项 B：选项 B 错误。

选项 C：选项 C 正确。

选项 D：选项 D 正确。

【答案】CD

3.3 WLAN 模块真题解析

1.【判断题】为了提升隐私保护能力，部分主流智能终端（如安卓智能终端）支持使用随机 MAC 地址关联无线网络。由于智能终端在关联时使用的 MAC 地址可能不是真实的物理 MAC 地址，基于 MAC 地址的业务将无法生效，故请勿对智能终端配置无线 MAC 认证业务。

【解析】为了提升隐私保护能力，部分主流智能终端（如安卓智能终端）支持使用随机 MAC 地址关联无线网络。由于智能终端在关联时使用的 MAC 地址可能不是真实的物理 MAC 地址，基于 MAC 地址的业务将无法生效。（因此，该题描述是正确的。）

- MAC 认证：一般用于哑终端接入。请勿对智能终端配置 MAC 认证业务。
- DHCP 地址池静态绑定：请勿对智能终端配置静态 IP-MAC 绑定功能。
- DHCP Snooping 静态绑定：请勿对智能终端配置静态 IP-MAC 绑定功能。
- MAC 优先的 Portal 认证：在加密方式不变的情况下，智能终端会以固定的 MAC 地址接入相同 SSID。一般情况下，MAC 优先的 Portal 认证功能不受 MAC 地址随机化的影响。
- STA 黑白名单：请勿对智能终端配置 STA 黑白名单业务。

【答案】正确

2.【判断题】在无线 802.1X 认证场景下，由于 EAP 报文属于控制报文，需要通过 CAPWAP 隧道转发到 AC，所以不管是直接转发还是隧道转发，都需要保证在 AC 上创建相应的业务 VLAN。

【解析】在 802.1X 认证中，EAP 报文属于控制报文。而在 WLAN 组网中，不管是直接转发还是隧道转发，控制报文都需要通过 CAPWAP 隧道转发到 AC 上，所以，对于无线 802.1X 认证场景，不管是直接转发还是隧道转发，都需要保证在 AC 上创建相应的业务 VLAN。

【答案】正确

3.【判断题】在酒店行业的顾客接入场景中，可采用 WPA/WPA2-PPSK 认证方式，对顾客进行认证和授权。同时连接到同一 SSID 的每个用户可以有不同的密钥，从而保证顾客业务安全。

【解析】酒店为入住的顾客提供无线上网服务，如果所有顾客都使用相同的密码，容易造成密码泄露，使非法用户接入网络。为了提升网络的安全性，酒店可以为不同的顾客分配不同的密码，保证顾客业务安全。

WPA/WPA2-PPSK（Private PSK）认证继承了 WPA/WPA2-PSK 认证的优点，部署简单，同时实现了为不同的客户端提供不同的预共享密钥，有效提升了网络的安全性。WPA/WPA2-PSK 认证对于连接到指定 SSID 的所有客户端提供相同密钥，因此可能存在安全风险。而使用 WPA/WPA2-PPSK 认证时，连接到同一 SSID 的每个用户都可以有不同的密钥，该认证根据不同的用户可以给予不同的授权，并且如果一个用户拥有多台终端设备，这些终端设备也可以通过同一个 PPSK 账号连接到网络。所以，该题描述是正确的。

【答案】正确

4.【判断题】在无线网络中，当 AC 采用 VRRP 热备份或双链路热备份方案部署时，支持无线配置同步，能够实现自动同步主备 AC 配置，即启用无线配置同步功能后，主 AC 上的所有配置均能同步到备 AC 上。

【解析】当采用 VRRP 热备份时，主 AC 备份 AP 信息、STA 信息和 CAPWAP 链路信息，并通过 HSB 主备服务将信息同步给备 AC。主 AC 故障后，备 AC 直接接替主 AC 工作。而采用双链路热备份时，主 AC 仅备份 STA 信息，并通过 HSB 主备服务将信息同步给备 AC。主 AC 故障后，AP 切换到备链路上，备 AC 接替主 AC 工作。

【答案】错误

5.**【判断题】**在 AC VRRP 热备份组网架构中，单个 AP 分别和主备 AC 建立 CAPWAP 链路，包括一条主链路和一条备链路。当主 AC 出现故障时，需等待检测到 CAPWAP 断链超时后才会进行主备切换，但主备切换后 STA 不需要掉线重连。

【解析】在 VRRP 热备份、双链路热备份、双链路冷备份和 *N*+1 备份中，除了双链路热备份不需要 STA 在主备切换后掉线重连，其他备份方式均需要 STA 在主备切换后重新连接。因此，该题描述是错误的。

【答案】错误

6.**【判断题】**在 Leader AP+FIT AP 组网架构中，一台 AP 工作在 FAT AP 模式，其余 AP 工作在 FIT AP 模式。工作在 FAT AP 模式的 AP 被称为 Leader AP。Leader AP 的作用类似于无线控制器，使用 CAPWAP 协议对其余的 FIT AP 进行统一管理和配置。

【解析】Leader AP 是 FAT AP 的一个扩展功能，是指 FAT AP 能够像 WAC 一样，可以和多个 FIT AP 一起组建 WLAN，由 FAT AP 统一管理和配置 FIT AP，为用户提供一个可漫游的无线网络。

Leader AP 在组网中承担 WAC 的角色，管理多个 FIT AP。Leader AP 和每个 FIT AP 建立 CAPWAP 隧道，管理报文通过隧道传输。FIT AP 在 Leader AP 上可以零配置上线，所有配置由 Leader AP 统一下发给 FIT AP。

因此，该题描述是正确的。

【答案】正确

7.**【单选题】**某企业正在新建无线办公网络，用户相对集中，且用户对网络安全要求较高。那么在部署办公人员接入的无线网络时，推荐使用以下哪种接入认证方式？

A. Portal 认证　　B. 802.1X 认证

C. MAC 认证　　D. MAC 优先的 Portal 认证

【解析】

选项 A：Portal 认证通常也称为 Web 认证，用户上网时，必须在 Portal 页面进行认证，只有认证通过后才可以使用网络资源，同时服务提供商可以在 Portal 页面上开展业务拓展，如展示商家广告等。该接入认证方式的适用场景：用户分散、用户流动性大的场景。所以，该接入认证方式不适用于本题描述的场景。

选项 B：802.1X 认证使用 EAP（Extensible Authentication Protocol，可扩展认证协议）来实现客户端、设备端和认证服务器之间的信息交互。EAP 可以运行在各种底层，包括数据链路层和上层协议（如 UDP、TCP 等），而不需要使用 IP 地址。因此，使用 EAP 的 802.1X 认证具有良好的灵活性。该接入认证方式的适用场景：新建网络、用户集中、信息安全要求高的场景。所以，该接入认证方式适用于本题描述的场景。

选项 C：MAC 认证是一种基于 MAC 地址对用户的网络访问权限进行控制的接入认证方式，它不需要用户安装任何客户端软件。该接入认证方式的适用场景：打印机、传真机等哑终端接入认证的场景。所以，该接入认证方式不适用于本题描述的场景。

选项 D：MAC 优先的 Portal 认证是指用户进行 Portal 认证成功后，在一定时间内断开网络重新连接时，能够直接通过 MAC 认证接入，无须输入用户名、密码重新进行 Portal 认证。使用 MAC 优先的 Portal 认证主要是为了节省用户每次认证时都要花费的进行获取短信、关注公众号等额外操作的时间。所以，该接入认证方式不适用于本题描述的场景。

【答案】B

8.【单选题】在华为 Leader AP+FIT AP 组网方案中，如果存在独立网关，那么，对于 Leader AP，推荐使用以下哪种模式？

A. 桥接模式　　B. 网关模式

C. 传统模式　　D. 智能模式

【解析】Leader AP 根据是否承担网关的角色，可使用桥接模式和网关模式两种组网模式中的一种模式。

桥接模式是指 Leader AP 不作为网关，起桥接作用，Leader AP 上行方向使用一个独立网关，Leader AP 和 FIT AP 在一个二层网络内互通。独立网关开启 DHCP 服务为用户和 AP 分配 IP 地址，业务的转发方式为直接转发，这样流量不会全部经过 Leader AP 并由 Leader AP 进行处理，减轻了 Leader AP 的负担，从而使得 Leader AP 可以管理更多的 FIT AP，推荐使用该组网模式。

网关模式是指 Leader AP 作为网关，不使用独立网关，Leader AP 和 FIT AP 在一个二层网络内互通。Leader AP 上行连接外网，开启 NAT，下行连接交换机，Leader AP 开启 DHCP 服务为 FIT AP 和用户分配 IP 地址。业务的转发方式为隧道转发，流量会全部经过 Leader AP 并由 Leader AP 进行处理，所以 Leader AP 的负担较重，能够管理的 FIT AP 数量有限。业务量大时，Leader AP 可能成为业务转发的瓶颈。

该题描述的组网方案中，存在独立网关，所以推荐使用桥接模式。

选项 A：正确。

选项 B：错误。

选项 C：错误。

选项 D：错误。

【答案】A

9.【单选题】某些地区的雷达系统工作在 5G 频段，其雷达信号与工作在 5G 频段的 AP 射频信号会存在干扰，故在规划 AP 工作信道时注意避开雷达信道。那么以下哪个信道为雷达信道？

A. 11　　B. 36

C. 44　　D. 52

【解析】5G 频段资源更丰富，比 2.4G 频段拥有更多的 20MHz 信道。

某些地区的雷达系统工作在 5G 频段，其雷达信号与工作在 5G 频段的 AP 射频信号会存在干扰。雷达信号可能会对 52、56、60、64、100、104、108、112、116、120、124、128、132、136、140、144 信道产生干扰（其中，120、124、128 信道是天气雷达信道）。

选项 A：11 信道没有包含在可能被干扰的信道中，选项 A 错误。

选项 B：36 信道没有包含在可能被干扰的信道中，选项 B 错误。

选项 C：44 信道没有包含在可能被干扰的信道中，选项 C 错误。

选项 D：52 信道包含在可能被干扰的信道中，选项 D 正确。

【答案】D

10.【单选题】工程师正在使用 WLAN Planner 进行室外场景的无线网络规划与设计，在新增区域时需要导入项目图纸。那么当前平台不支持的平面图纸类型是以下哪一项？

A. PDF　　B. JPG

C. DWG　　D. PNG

【解析】WLAN Planner 中的“新增区域：室外区域”支持平面图纸（不支持 DWG 文件）、高德地图、谷歌地图。

选项 A：PDF 为支持的平面图纸类型。选项 A 错误。

选项 B：JPG 为支持的平面图纸类型。选项 B 错误。

选项 C：DWG 为不支持的平面图纸类型。选项 C 正确。

选项 D：PNG 为支持的平面图纸类型。选项 D 错误。

【答案】C

11.【单选题】工程师使用 WLAN Planner 完成 WLAN 网络规划与设计后，可导出图纸。若导出图纸类型为 CAD，则 CAD 图纸不包含以下哪个信息？

A. 仿真效果　　B. AP 名称

C. AP 类型　　D. 障碍物

【解析】在 WLAN Planner 的“导出报告”→“网规报告”→“报告内容”→“附件设置”→“导出 CAD 图纸”中，“CAD 图纸包含的信息”中可选择的仅有“AP 名称”“AP 类型”和“障碍物”，不包括“仿真效果”。

选项 A：仿真效果没有包含在 CAD 图纸信息中。选项 A 正确。

选项 B：AP 名称包含在 CAD 图纸信息中。选项 B 错误。

选项 C：AP 类型包含在 CAD 图纸信息中。选项 C 错误。

选项 D：障碍物包含在 CAD 图纸信息中。选项 D 错误。

【答案】A

12.【单选题】在 Wi-Fi 协议标准中，从以下哪个标准开始，可以实现将 8 个信道捆绑成 160MHz，使传输速率突破千兆？

A. 802.11a　　B. 802.11n

C. 802.11ac　　D. 802.11ax

【解析】

选项 A：802.11a 的信道带宽只有 20MHz，最高理论传输速率为 54Mbit/s。

选项 B：802.11n 的信道带宽有 20MHz、40MHz，最高理论传输速率为 600Mbit/s。

选项 C：802.11ac 的信道带宽有 20MHz、40MHz、80MHz、80MHz+80MHz、160MHz，最高理论传输速率为 6933.33Mbit/s。

选项 D：802.11ax 的信道带宽有 20MHz、40MHz、80MHz、80MHz+80MHz、160MHz，最高理论传输速率为 9607.8Mbit/s。

而 802.11ac 正式发布于 2013 年，802.11ax 正式发布于 2019 年，所以答案是选项 C。

【答案】C

13.【单选题】在华为高教园区项目设计与实施时，可以使用 WLAN Planner 和 CloudCampus App 两款工具。以下不属于 WLAN Planner 功能的是哪一项？

A. 现场环境规划　　B. AP 布放

C. 网络信号仿真　　D. 项目验收

【解析】WLAN Planner 是一款网页版的 WLAN 网络规划工具，主要在 WLAN 项目的售前、售后阶段使用。

选项 A：WLAN Planner 主要包括现场环境规划、AP 布放、网络信号仿真和生成网规报告等功能。所以，WLAN Planner 功能包括该选项。

选项 B：WLAN Planner 主要包括现场环境规划、AP 布放、网络信号仿真和生成网规报告等功能。所以，WLAN Planner 功能包括该选项。

选项 C：WLAN Planner 主要包括现场环境规划、AP 布放、网络信号仿真和生成网规报告等功能。所以，WLAN Planner 功能包括该选项。

选项 D：WLAN Planner 主要包括现场环境规划、AP 布放、网络信号仿真和生成网规报告等功能。所以，WLAN Planner 功能不包括该选项。

【答案】D

14.【多选题】某工程师在进行无线网络优化时，为了避免非关键业务占用过多网络资源，在无线控制器上配置基于应用协议的 QoS 策略，具体配置如下。那么以下关于该配置的描述，正确的是哪些选项？

```
[AC] wlan
[AC-wlan-view] sac-profile name wlan-sac
[AC-wlan-sac-prof-wlan-sac] vap-protocol-statistic enable
[AC-wlan-sac-prof-wlan-sac] application-group instant_message app-protocol skypeforbusiness
                            remark dscp 40
[AC-wlan-sac-prof-wlan-sac] application-group voip app-protocol facetime deny
[AC-wlan-sac-prof-wlan-sac] quit
```

A. skypeforbusiness 的 DSCP 优先级为 40

B. 可以查看基于用户的协议统计

C. 可以查看基于 VAP 下的协议统计

D. 指定应用列表中所有应用丢弃 FaceTime 的报文

【解析】

选项 A：命令 application-group instant_message app-protocol skypeforbusiness remark dscp 40 用于配置 skypeforbusiness 的 DSCP 优先级为 40。选项 A 正确。

选项 B：命令 vap-protocol-statistic enable 用于配置基于 VAP 下的协议统计功能。选项 B 错误。

选项 C：命令 vap-protocol-statistic enable 用于配置基于 VAP 下的协议统计功能。选项 C 正确。

选项 D：命令 application-group voip app-protocol facetime deny 用于配置丢弃 FaceTime 的报文。选项 D 正确。

【答案】ACD

15.【多选题】某企业网点正在新建无线网络，需要部署的 AP 数量较少，为保证体验测试时有较好的体验效果，建议手动配置 AP 工作信道和功率。那么工程师在手动配置 AP 工作信道和功率时，可能主要涉及以下哪些命令？

A. undo calibrate enable

B. calibrate auto-channel-select disable

C. calibrate auto-txpower-select disable

D. user-isolate l2

【解析】

选项 A：undo calibrate enable 命令用来去使能射频调优功能。配置射频调优功能，可以动态调整 AP 的工作信道、带宽和发送功率，也可以使同一 AC 管理的各 AP 保持相对平衡，保证 AP 工作在一个最佳状态。而该题要求手动配置，因此要关闭射频调优功能。选项 A 正确。

选项 B：calibrate auto-channel-select disable 命令用来去使能工作信道自动选择功能。因此，手动配置 AP 工作信道时需关闭此功能。选项 B 正确。

选项 C：calibrate auto-txpower-select disable 命令用来去使能发送功率自动选择功能。因此，手动配置功率时需关闭此功能。选项 C 正确。

选项 D：user-isolate l2 命令用来指定流量模板下用户隔离模式为二层隔离三层互通，与手动配置 AP 工作信道和功率无关。选项 D 错误。

【答案】ABC

16.【多选题】WLAN Planner 在五步网规的“设备布放”步骤中，支持“自动布放”功能。现有一工程项目无法进行自动布放，可能是以下哪些原因导致的？

A. 该项目场景是室外场景

B. 该项目选择的 AP 是定向天线的款型

C. 该项目绘制的区域中没有障碍物

D. 该项目中未框选自动布放区域

【解析】自动布放需要满足以下几个条件：室内场景、选择的 AP 是室内全向天线的款型，以及绘制的覆盖区域或楼层中存在多个障碍物。

选项 A：该选项是可能导致无法自动布放的原因。

选项 B：该选项是可能导致无法自动布放的原因。

选项 C：该选项是可能导致无法自动布放的原因。

选项 D：该选项不是可能导致无法自动布放的原因。

【答案】ABC

17.【多选题】WLAN Planner 在进行环境设置时，可根据图纸自动识别墙体并绘制障碍物，只需单击环境设置页面右侧工具栏中的“自动识别”按钮。支持自动识别功能的图纸类型包括以下哪些？

A. CAD

B. JPG

C. PNG

D. PDF

【解析】图纸类型包括 CAD 图纸和普通图纸（如 PDF、PNG、JPG 等类型的图纸）。而在 WLAN Planner 环境设置中，设置环境中的障碍物可以自动识别障碍物（非 CAD 图纸）后手动调整，也可以手动绘制障碍物。因此，支持自动识别功能的图纸类型不包括 CAD。

选项 A：CAD 是不支持自动识别功能的图纸类型。

选项 B：JPG 是支持自动识别功能的图纸类型。

选项 C：PNG 是支持自动识别功能的图纸类型。

选项 D：PDF 是支持自动识别功能的图纸类型。

【答案】BCD

18.【多选题】在 WLAN 网络规划与设计中，可使用 CloudCampus App 辅助进行项目验收。当工程师使用 CloudCampus App 进行 Wi-Fi 体验和漫游测试时，SSID 显示为“unknown ssid”。那么造成该问题的原因不可能是以下哪些选项？

A. 手机蓝牙开关未打开

B. 手机无线功能开关未打开

C. AP 上行未连接 4G 路由器

D. 手机位置信息开关未打开

【解析】在进行 Wi-Fi 体验和漫游测试时，如果手机位置信息开关未打开，SSID 会显示为“unknown ssid”。

选项 A：造成 SSID 显示为“unknown ssid”，可能的原因是手机位置信息开关未打开。因此，该选项不是造成此问题的原因。

选项 B：造成 SSID 显示为“unknown ssid”，可能的原因是手机位置信息开关未打开。因此，该选项不是造成此问题的原因。

选项 C：造成 SSID 显示为“unknown ssid”，可能的原因是手机位置信息开关未打开。因此，该选项不是造成此问题的原因。

选项 D：造成 SSID 显示为“unknown ssid”，可能的原因是手机位置信息开关未打开。因此，该选项是造成此问题的原因。

【答案】ABC

19.【多选题】在搭建无线网络的过程中，在无法使用 PoE 交换机为 AP 供电的情况下，可以使用 PoE 适配器为 AP 供电。以下关于 AP 采用 PoE 适配器供电的描述，正确的是哪些选项？

A. 从以太网交换机到 AP 的以太网线总长度不得超过 100 米

B. PoE 适配器无防水能力，一般用于室内场景

C. 连线方法为：PoE 适配器的 DATA 口连接 AP、PoE 口连接上行设备

D. 室外使用 PoE 适配器供电时，需要将 PoE 适配器横向安装在防水箱中，同时还需搭配 PoE 防雷器和 AC 防雷器使用

【解析】

选项 A：使用 PoE 适配器供电时，从以太网交换机到 AP 的以太网线总长度不得超过 100 米。选项 A 正确。

选项 B：特别需要注意的是，PoE 适配器无防水能力，原则上只能用于室内。选项 B 正确。

选项 C：连线方法为：PoE 适配器的 DATA 口连接上行设备、PoE 口连接 AP。选项 C 错误。

选项 D：在室外和轨交场景中，如果使用 PoE 适配器，请务必将 PoE 适配器横向安装在防水箱中，并确保防水箱内的温度满足 PoE 适配器的工作温度要求。室外使用 PoE 适配器供电时，还必须搭配 PoE 防雷器和 AC 防雷器使用。选项 D 正确。

【答案】ABD

20.【多选题】在 WLAN 网络中，网络管理员日常会登录 Web 网管，查看 AC 告警信息。若发现以下哪些级别的告警信息时，需立即采集相应动作？

A. 重要级别　　B. 紧急级别

C. 次要级别　　D. 不确定级别

【解析】告警级别按严重程度从高到低为 Critical、Major、Minor、Warning、Indeterminate 和 Cleared。在日常维护中，对于 Critical（紧急）和 Major（重要）级别的告警信息，网络管理员需要立即对其进行处理。

选项 A：对于重要级别的告警信息，需要立即采集相应动作。

选项 B：对于紧急级别的告警信息，需要立即采集相应动作。

选项 C：对于次要级别的告警信息，不需要立即采集相应动作。

选项 D：对于不确定级别的告警信息，不需要立即采集相应动作。

【答案】AB

第 4 章

2023—2024 全国总决赛真题解析

全国总决赛的考查方式为理论考试和实验考试，比赛形式为 3 人一队。理论考试分为高职组和本科组，考试时长为 60 分钟。实验考试时长为 4 小时，考试内容包括基础数据配置、运营商城域网 IGP&BGP 部署、企业总部网络部署、企业分部网络部署、数据中心网络部署、企业总部与企业数据中心互通、企业分部通过 IPsec 访问企业内部资源、移动办公用户通过 SSL VPN 访问企业 OA Server 等。

4.1 理论考试真题解析

全国总决赛理论考试试题分为数通、安全和 WLAN 这 3 个模块试题，题型包括单选题和多选题。全国总决赛各分组和各个模块的题型分布如表 4-1 所示。

表 4-1 全国总决赛各分组和各模块的题型分布

分组	模块	单选题	多选题	合计
高职组	数通	5 道	5 道	10 道
	安全	3 道	4 道	7 道
	WLAN	2 道	1 道	3 道
本科组	数通	5 道	5 道	10 道
	安全	2 道	5 道	7 道
	WLAN	1 道	2 道	3 道

4.1.1 高职组理论考试真题解析

1. 数通模块试题解析

1.【单选题】如图 4-1 所示，路由器所有接口开启 OSPF，链路的 Cost 值（即路径开销）见图中标识，R2 的 Loopback0 接口通告在区域 1（Area1），则以下关于 R1 和 R3 访问 2.2.2.2/32 的路径的描述，正确的是哪一项？

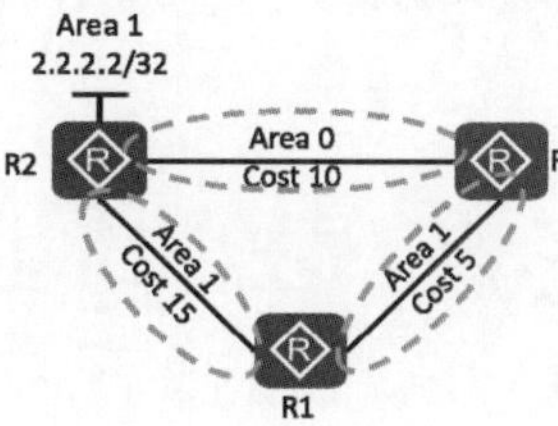

图 4-1 OSPF 网络拓扑

A. R1 访问 2.2.2.2/32 的路径为 R1-R2 或 R1-R3-R2，两条路径等价

B. R3 访问 2.2.2.2/32 的路径开销为 10

C. R3 访问 2.2.2.2/32 的路径开销为 20

D. 若将 R1 和 R2 之间的链路的路径开销修改为 20，此时 R1 访问 2.2.2.2/32 将优选 R1-R3-R2 路径

【解析】本题考查 OSPF 路由的计算方式。OSPF 计算路由时，区域内路由优于区域间路由，区域间路由优于外部路由。

选项 A：虽然两条路径的路径开销相同，但是 OSPF 会优选区域 1 内的路由。选项 A 错误。

选项 B：R3 学习到的两条路径的路径开销分别为 10 和 20，OSPF 会优选区域 1 内的路由。选项 B 错误。

选项 C：参考选项 B 的解析，选项 C 正确。

选项 D：因为 2.2.2.2/32 通告在区域 1，所以 R1 始终优选 R2 传来的路由。选项 D 错误。

【答案】C

2.【单选题】在 MPLS VPN 跨域 Option B 方案中，ASBR 运行的 BGP 不包含下列哪个功能？

A. 向对端 ASBR，分发私网标签

B. 向本 AS 的 PE&RR，分发私网标签

C. 向对端 ASBR，通告本 AS 的 VPN 路由

D. 向对端 ASBR，通告本 AS 的 PE&RR Loopback0 路由

【解析】

选项 A：在 Option B 方案中，ASBR 之间的流量通过私网标签来区分 VPN，该私网标签由 BGP 分发。选项 A 正确。

选项 B：在 Option B 方案中，ASBR 承担 PE 的角色，所以会向本 AS 的 PE&RR 分发私网标签。选项 B 正确。

选项 C：ASBR 之间的 VPN 路由由 BGP 分发。选项 C 正确。

选项 D：向对端 ASBR 通告本 AS 的 PE&RR Loopback0 路由是 Option C 方案的特征。选项 D 错误。

【答案】D

3.【单选题】如图 4-2 所示，R1 与 R3、R1 与 R2 建立 EBGP 邻居关系，3 台路由器属于不同的 AS。R3 有 BGP 路由 10.1.3.0/24、10.1.13.0/28，通过 BGP 传递给了 R1，R1 又传递给了 R2。在 R1、R2 的 IP 路由表中，可看到这 2 条路由。现在在 R1 上配置并下发如下命令：

```
acl 2000
   rule 5 deny source 10.1.3.0 0.0.0.255
#
route-policy ex permit node 10
   if-match acl 2000
#
BGP 65101
peer 10.0.12.2 route-policy ex export //10.0.12.2 是 R2 的 BGP 邻居地址
```

那么此时，关于 R2 从 R3 学习到的路由的描述，下列哪项是正确的？

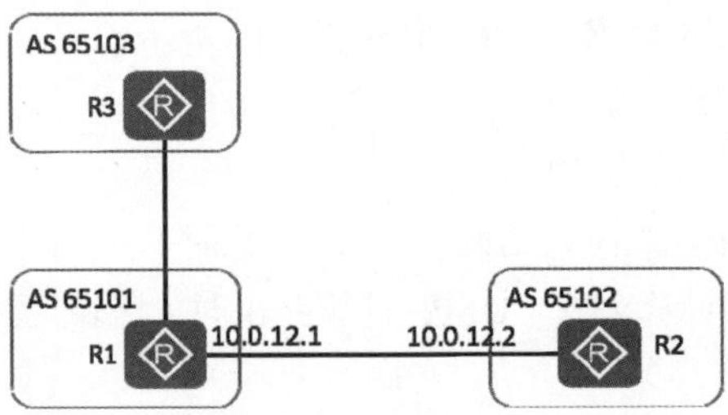

图 4-2　建立 EBGP 邻居关系的网络拓扑

A. 只有 10.1.3.0/24

B. 只有 10.1.13.0/28

C. 既没有 10.1.3.0/24，也没有 10.1.13.0/28

D. 只有 10.1.13.0/24

【解析】在 ACL 中已经配置 deny 10.1.3.0/24，而且 route-policy 未创建允许 ACL 规则外的路由通过 node 20 的规则，所以 R3 无法学习到 10.1.3.0/24 和 10.1.13.0/28 的 BGP 路由。

【答案】C

4.【单选题】如图 4-3 所示，在此 L3VPNv4 over SRv6 BE 的组网中，PE1 配置如下：

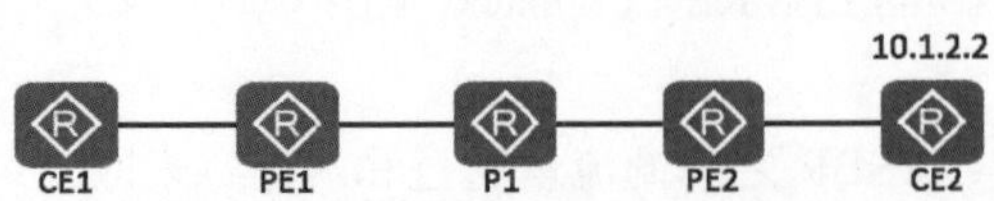

图 4-3　L3VPNv4 over SRv6 BE 组网拓扑

```
segment-routing ipv6
   encapsulation source-address 2001::1:1            // 2001::1:1 是 PE1 的 Loopback0 的 IPv6 地址
   locator SRv6 ipv6-prefix 3001:1:: 96 static 16
```

在 PE1 上查看访问 10.1.2.2 的路由信息，显示如下：

```
display bgp vpnv4 all routing-table 10.1.2.2        //10.1.2.2 是 CE2 的业务地址
   Original nexthop: 2001::2:2                      //2001::2:2 是 PE2 的 Loopback0 的 IPv6 地址
   Prefix-sid: 3001:2::1:0
   ……
```

假设 CE1 与 CE2 能够成功互访。那么从 CE1 访问 10.1.2.2 时，在 PE1 和 P1 之间抓包分析，报文的源/目的 IPv6 地址为以下哪项？

A. 源 IPv6 地址=3001:1::1，目的 IPv6 地址=3001:2::1:0

B. 源 IPv6 地址=2001::1:1，目的 IPv6 地址=3001:2::1:0

C. 源 IPv6 地址=3001:1::1，目的 IPv6 地址=2001::2:2

D. 源 IPv6 地址=2001::1:1，目的 IPv6 地址=2001::2:2

【解析】encapsulation source-address 指定了基于 SRv6（Segment Routing IPv6，IPv6 分段路由）BE 的源 IPv6 地址。10.1.2.2 对应的 SID 为 3001:2::1:0，这是 PE1→PE2 的目的 IPv6 地址。

【答案】B

5.【单选题】以下关于配置认证模板的描述中，正确的是哪一项？

A. 在同一设备的同一接口下接入的所有用户，只能在相同的默认域或强制域中进行认证

B. 若认证模板下同时绑定 802.1X 认证接入模板和 MAC 认证接入模板，则不论收到何种报文都将优先触发 802.1X 认证

C. 若配置了用户的强制域，则用户都会在强制域中进行认证

D. 用户缺省都属于 default 域，不能配置用户属于其他域

【解析】

选项 A：配置默认域时，设备根据用户名中携带的域名进行认证，如果未携带域名则在默认域中对该用户进行认证。选项 A 错误。

选项 B：可以在认证模板下根据需要绑定相应的接入模板。当绑定超过一个接入模板，即采用混合认证时，绑定接入模板的顺序没有限制，设备先接收到哪种认证报文，就优先触发哪种认证。选项 B 错误。

选项 C：配置强制域时，无论用户名中是否携带域名，都会在强制域中对用户进行认证。选项 C 正确。

选项 D：参考选项 A 的解析，选项 D 错误。

【答案】C

6.【多选题】如图 4-4 所示，R1 与 R3、R1 与 R2 建立 EBGP 邻居关系，3 台路由器属于不同的 AS。R3 和 R2 属于不同的 ISP，R1 为某数据中心的出口路由器。R3 和 R2 都从 Internet 学习到了 17.1.1.0/27 的路由，且都通告给了 R1，R2 与 R3 的各路径属性都保持为缺省值。目前 R1 因为 R2 的 IP 地址更小优选了 R2 传来的路由，若希望 R1 访问 17.1.1.0/27 的下一跳优选 R3，可在 R1 上增加如下路由策略配置来实现。关于该路由策略，以下说法正确的包括哪些选项？

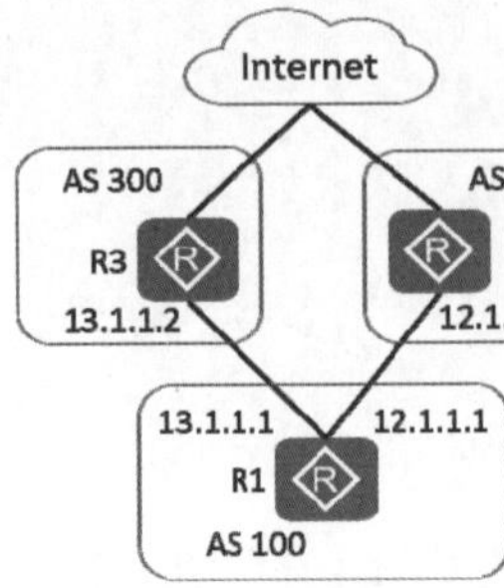

图 4-4　建立 EBGP 邻居关系的网络拓扑

```
ip ip-prefix 1 permit 17.1.1.0 24 greater-equal 24 less-equal 24
route-policy icp permit node 10
if-match ip-prefix 1
①
route-policy icp permit node 20
```

A. 在①处配置 apply preferred-value 10，且从 R3 对等体接收路由时应用该路由策略

B. 在①处配置 apply local-preference 50，且从 R2 对等体接收路由时应用该路由策略

C. 在①处配置 apply as-path 200 additive，且从 R2 对等体接收路由时应用该路由策略

D. 在①处配置 apply cost 10，且向 R2 发布路由时应用该路由策略

【解析】首先注意题干中的隐藏条件，题干中表明了“目前 R1 因为 R2 的 IP 地址更小优选了 R2 传来的路由”，说明 R2 和 R3 传来的路由中的 local-preference 属性值、as-path 属性值、med 属性值等都相等。

选项 A：考查 preferred-value 属性影响路由选路的情况，preferred-value 属性缺省值为 0，值越大越优，选项 A 中修改了从 R3 收到的路由的 preferred-value 属性值。选项 A 正确。

选项 B：考查 local-preference 属性影响路由选路的情况，local-preference 属性缺省值为 100，值越大越优，选项 B 中将从 R2 收到的路由的 local-preference 属性值修改得更小。选项 B 正确。

选项 C：考查 as-path 属性影响路由选路的情况，as-path 属性长度越短越优，选项 C 中针对从 R2 接收的路由，将其 as-path 属性修改得更长。选项 C 正确。

选项 D：考查 med 属性影响路由选路的情况，med 属性影响由其他 AS 的路由进入本 AS 的流量，而选项 D 描述的路由策略将应用在 R1 上。选项 D 错误。

【答案】ABC

7.【多选题】在 MPLS VPN 中，为了区分使用相同地址空间的 IPv4 地址前缀，PE 设备从 CE 设备接收到 IPv4 路由后在 IPv4 地址前缀前加上 RD，使其变成唯一的 VPNv4 路由在公网上进行传播。以下关于 RD 的描述，正确的包括哪些选项？

A. RD 为 8 字节，故 VPNv4 地址为 12 字节

B. 在 PE 设备上，每一个 VPN 实例都对应一个 RD 值；在同一 PE 设备上，必须保证 RD 值唯一

C. 对端 PE 设备收到 VPNv4 路由后，将依据 RD 值判断该路由所属 VPN 实例

D. RD 值通过 MP_REACH_NLRI 属性携带

【解析】PE 设备收到不同 VPN 的 CE 设备发来的 IPv4 地址前缀后，在本地根据 VPN 实例配置来区分这些地址前缀。但是 VPN 实例只是一个本地的概念，PE 设备无法将 VPN 实例信息传递到对端 PE 设备，故有了 RD。

选项 A：RD 为 8 字节，用于区分使用相同地址空间的 IPv4 地址前缀。VPNv4 地址共 12 字节，包括 8 字节的 RD 和 4 字节的 IPv4 地址前缀。选项 A 正确。

选项 B：PE 设备从 CE 设备接收到 IPv4 路由后，在 IPv4 地址前缀前加上 RD，将其转换为全局唯一的 VPN-IPv4 路由。选项 B 正确。

选项 C：对端 PE 设备收到 VPNv4 路由后，将依据 RT 值判断该路由所属 VPN 实例。选项 C 错误。

选项 D：MP_REACH_NLRI 属性用于发布可达路由及下一跳信息。该属性由一个或多个三元组(地址族信息,下一跳信息,网络层可达性信息)组成。其中，网络层可达性信息（Network Layer Reachability Information，NLRI）域由一个或多个三元组(长度,标签,前缀)组成，前缀域由 RD 和 IPv4 地址前缀组成。选项 D 正确。

【答案】ABD

8.【多选题】某设备的部分配置如下，关于该设备上运行的 OSPF，以下描述正确的有哪些选项？

```
ospf 1 router-id 1.1.1.1
  area 0.0.0.0
    network 172.16.1.1 0.0.0.0
    network 172.16.2.1 0.0.0.0
    network 1.1.1.1 0.0.0.0
#
ospf 2 vpn-instance vpnb
```

A. OSPF 进程 1 和 OSPF 进程 2 的 OSPF LSDB 其区域 0 内 LSA 不一致

B. 可以再创建一个 VPN 实例，将 OSPF 进程 2 也绑定进该实例

C. OSPF 进程 1 属于 public 实例，OSPF 进程 2 属于 vpnb 实例

D. vpnb 实例的路由信息不会出现在 OSPF 进程 1 的路由表中

【解析】

选项 A：OSPF 支持多进程，在同一台设备上可以运行多个不同的 OSPF 进程，它们之间互不影响，彼此独立。选项 A 正确。

选项 B：OSPF 的一个实例下可以绑定多个 OSPF 进程，但是一个 OSPF 进程只能绑定进一个实例。选项 B 错误。

选项 C：在执行命令 ospf，启动 OSPF 进程时，如果指定了 VPN 实例，那么此 OSPF 进程属于指定的 VPN 实例，如果未指定 VPN 实例则此 OSPF 进程属于公网实例即 public 实例。选项 C 正确。

选项 D：OSPF 的多实例之间互相隔离，所以选项 D 正确。

【答案】ACD

9.【多选题】如图 4-5 所示，各路由器部署 IS-IS。R2 有业务地址 2.2.2.2/32，终端可以正常访问 2.2.2.2。在 R1 上新增配置：

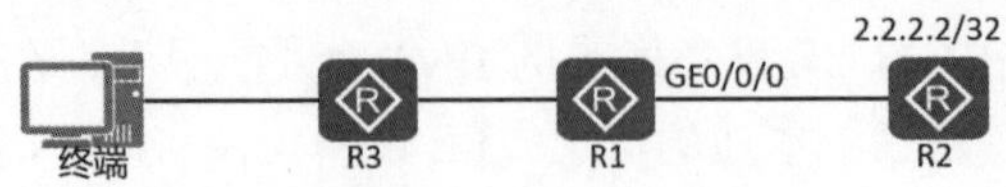

图 4-5　IS-IS 部署网络拓扑

```
acl 2004
  rule 5 deny source 10.0.1.128 0.7.0.127
  rule 10 permit
interface GE 0/0/0
  traffic-filter outbound acl 2004
```

那么，具有以下哪些 IP 地址的终端，在路由正常的情况下，将因为流量过滤而无法访问 2.2.2.2？

A. 10.2.1.10　　B. 10.2.1.253

C. 10.6.1.130　　D. 10.4.1.220

【解析】ACL 的通配符是一个长度为 32 位的数值，用于指示 IP 地址中哪些位需要严格匹配，哪些位无须匹配。通配符通常采用类似网络掩码的点分十进制形式表示，将其换算成二进制形式后，“0”表示“匹配”，“1”表示“不匹配”。根据题干中的 ACL 配置可知，10.0.1.128 的第一段数值是固定值 10，第二段数值的取值范围为 0～7，第三段数值是固定值 1，第四段数值的取值范围为 128～255。因此，选项 B、C、D 匹配 ACL 2004 的 rule 5，会因为流量过滤而无法访问 2.2.2.2。

【答案】BCD

10.【多选题】某网络运行 SR-MPLS，R1 访问 R7 时封装的标签栈如图 4-6 所示，以下关于 SR-MPLS 标签的描述，正确的包括哪些选项？

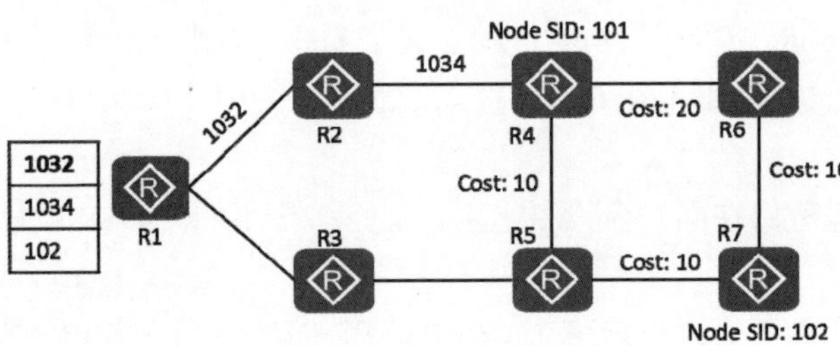

图 4-6　SR-MPLS 网络拓扑

A. 1032 为邻接标签，由源节点动态生成，全局可见，仅具有本地意义

B. 102 为节点标签，是一种特殊的前缀标签，需要手动配置生成，全局可见，且全局唯一

C. R1 访问 R7 的路径可能为 R1-R2-R4-R6-R7 或者 R1-R2-R4-R5-R7

D. 1032 标签由 R2 生成并通告给 R1

【解析】本题考查 SR-MPLS 标签的相关知识。

选项 A：1032 和 1034 均为邻接标签，邻接标签用于标识网络中的某个邻接，由源节点动态生成，然后通过 IGP 扩散到其他网元，全局可见，但是仅本地有效。选项 A 正确。

选项 B：102 为节点标签，节点标签是一种特殊的前缀标签，手动配置生成，然后通过 IGP 扩散到其他网元，全局可见且全局唯一。选项 B 正确。

选项 C：R1 访问 R7 时，封装图 4-6 所示的标签后，顶层标签为 1032，R1 将弹出此标签并将此报文发送至 R2。R2 收到的报文的顶层标签为 1034，此时 R2 将弹出此标签并将此报文发送至 R4。R4 收到的报文的顶层标签为 102，其对应 R7 的节点标签，此时 R4 会通过最短路径转发将报文转发至 R7。根据图 4-6 中的 Cost 值，R4 将优选 R4-R5-R7 路径。选项 C 错误。

选项 D：参考选项 A 的解析，选项 D 错误。

【答案】AB

2. 安全模块试题解析

1.【单选题】为保证企业总部与分支机构间的数据在 Internet 上安全传输，通常在企业总部出口防火墙与分支机构出口防火墙之间部署 IPsec VPN。IPsec VPN 安全传输数据的前提是在 IPsec 对等体之间成功建立 IPsec SA。关于建立 IPsec SA，以下描述错误的是哪一项？

A. IPsec SA 用于数据安全传输，用于数据安全传输的协议包括 AH 和 ESP

B. IPsec SA 由三元组唯一标识，三元组包括 SPI、目的 IP 地址和安全协议

C. 当同时使用 AH 和 ESP 作为安全协议时，IPsec 对等体间将建立 2 个 IPsec SA

D. 当总部需要和多个分支机构建立 IPsec 隧道时，推荐通过策略模板方式建立 IPSec 隧道

【解析】IPsec SA 具有单向性，若使用 AH 或 ESP 作为安全协议，此时 IPsec 对等体间需建立 2 个 IPsec SA（每个方向上一个）；若同时使用 AH 和 ESP 作为安全协议，此时 IPsec 对等体间需建立 4 个 IPsec SA（每个方向上两个，分别对应 AH 和 ESP），因此选项 C 错误。

【答案】C

2.【单选题】NAT Server 技术在现网中应用很广泛。当面临多通道协议时，NAT Server 需要开启 NAT ALG 功能。假设现在有一个 FTP Server，设置为主动模式，如图 4-7 所示。为了使 FTP Client 能够从 FTP Server 上下载数据，已知 FW A 与 FW B 已经部署了 SNAT，请问以下哪个关于 NAT ALG 或 NAT Server 的部署的描述是正确的？

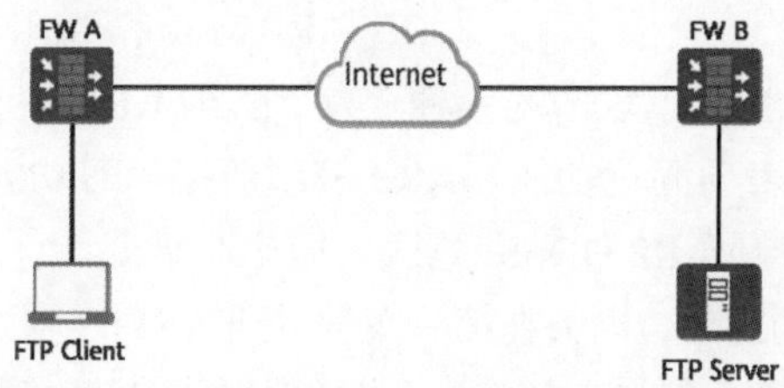

图 4-7 NAT Server 开启 NAT ALG 功能网络拓扑

A. 在 FW A 上部署 NAT Server 并使能 NAT ALG 功能

B. 在 FW B 上部署 NAT ALG，在 FW A 上使能 NAT Server 功能

C. 在 FW B 上部署 NAT Server 并使能 NAT ALG 功能

D. 开启 NAT ALG 功能的命令为 nat alg ftp both

【解析】FTP Server 在防火墙后，首先需要将 21 号端口映射出去，由于 FTP Server 主动模式需要通过服务器端主动发起 FTP 数据通道建立请求，因此客户端侧的防火墙需要开启 NAT ALG 功能。开启 NAT ALG 功能的命令为 firewall detect ftp，并在域间部署 detect ftp。选项 A 正确。

【答案】A

3.【单选题】Internet 上存在着大量的攻击流量，特别是针对触手可及的网络服务，比如 Web 服务。针对 Web 服务的攻击种类有很多，因此在数据中心中一般需要部署 WAF 服务，WAF 的全称为 Web Application Firewall，通常部署在 Web 服务器前以保护网站应用免遭来自外部和内部的攻击。但是 WAF 并不能防御所有针对 Web 服务的攻击。请问对于以下哪一类攻击，WAF 是无法防御的？

A. 攻击者在应用程序的输入字段（如登录表单）中注入恶意的 SQL 代码

B. 攻击者通过网页服务器漏洞，篡改网页

C. 攻击者通过爬虫不断抓取购票网站页面，导致普通用户无法购票

D. 攻击者通过零日漏洞攻击网络

【解析】WAF 根据对请求进行规则匹配、行为分析等操作，判断请求是否具有恶意，来执行相关动作，这些动作包括留存、拦截、警报等。WAF 可以屏蔽常见的网站漏洞，其原理是每一段会话都要经过一系列测试才能通过，否则就会被当作非法入侵被拒绝访问。基于规则的 WAF 测试很容易构造，并且能有效地防范威胁，由于这类测试需要先确认每一个威胁的特点，因此要构建一个能支持规则的数据库。WAF 无法有效地防御网络层 DDoS 攻击，因为 WAF 是工作在应用层的设备，无法较好地识别网络层 DDoS 攻击，若要识别网络层 DDoS 攻击，需要配合 Anti-DDoS 设备使用。但 WAF 能防御 CC 攻击，即应用层 DDoS 攻击。

【答案】D

4.【多选题】园区网接入层较容易受到攻击，比如攻击者通过伪装成 DHCP 服务器来劫持流量或通过修改终端设备 ARP 表项从而劫持流量等。其中，ARP 中间人攻击是篡改终端设备 ARP 表项的一种常见方法。ARP 中间人攻击的实现非常简单，攻击成本很低。请问，通过以下哪些功能可以防御 ARP 中间人攻击？

A. ARP 报文限速

B. ARP 表项固化

C. ARP 表项严格学习

D. ARP Miss 消息限速

【解析】ARP 中间人攻击是 ARP 欺骗攻击的一种。为了防御 ARP 欺骗攻击，可以在网关设备上部署防御 ARP 欺骗攻击功能，包括 ARP 表项固化功能、ARP 表项严格学习功能、发送免费 ARP 报文功能等。

选项 A：ARP 报文限速用于防御 ARP DDoS 攻击。选项 A 错误。

选项 B：部署 ARP 表项固化功能后，网关在第一次学习到 ARP 表项之后，不再允许用户更新此 ARP 表项或只允许用户更新此 ARP 表项的部分信息，或者通过发送单播 ARP 请求报文的方式对更新 ARP 表项的报文进行合法性确认，这样可以防止攻击者通过伪造 ARP 报文来修改网关上其他用户的 ARP 表项。选项 B 正确。

选项 C：部署 ARP 表项严格学习功能后，网关仅仅学习自己向 UserA、UserB 或 UserC 发送的 ARP 请求报文的应答报文，不学习攻击者主动向网关发送的 ARP 报文，并且不允许攻击者主动发送的 ARP 报文更

新网关上现有的 ARP 表项，这样可以防止攻击者伪装成其他用户修改网关上对应的 ARP 表项。选项 C 正确。

选项 D：ARP Miss 消息限速用于防止 ARP DDoS 攻击。选项 D 错误。

【答案】BC

5.【多选题】如图 4-8 所示，某企业通过千兆光纤组建公司网络，为保障业务连续，企业决定通过双机热备实现高可用性，企业预采用主备备份方式实现双机热备功能，已知双机热备已部署完毕，为了让往返方向的流量的主路径如图 4-8 所示，请问需要控制以下哪些参数？

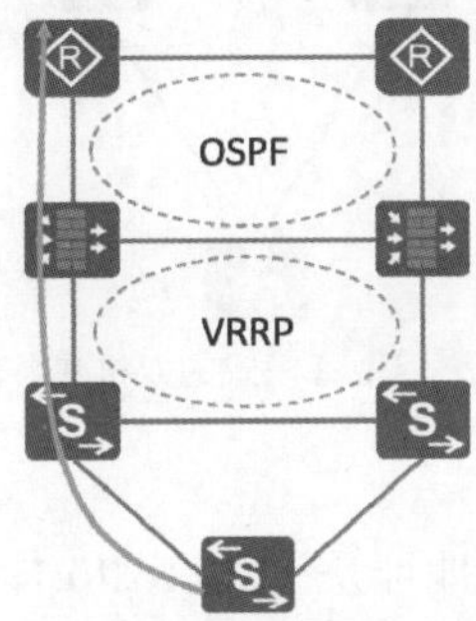

图 4-8　双机热备实现高可用性网络拓扑

A. VRRP 优先级　　B. OSPF Cost

C. OSPF Pre　　D. STP 桥优先级

【解析】

选项 A：流量需要先经过图 4-8 中左侧的交换机，因此需要控制 VRRP 优先级。选项 A 正确。

选项 B：为确保流量回程时能够回到主设备，需要控制 OSPF Cost。选项 B 正确。

选项 C：选项 C 错误。

选项 D：为了保证流量按照图 4-8 所示的主路径发送，需要控制 STP 桥 ID，这样，回程的流量无论是从主防火墙返回还是从备防火墙返回，都有相应会话，因此都可以回程。选项 D 正确。

【答案】ABD

6.【多选题】FW1 与 FW2 构建了一个主备模式的双机热备系统，FW1 为主，如图 4-9 所示。网络管理员进行日常维护时，在防火墙上查看到了以下会话信息，则关于该会话信息，以下描述正确的包括哪些选项？

```
ftp-data  VPN: vsysa --> public  ID: c487f38f39a94d83b1a63e881cd
 Zone: trust --> untrust  TTL: 00:00:10  Left: 00:00:04
 Recv Interface: GigabitEthernet1/0/2
 Interface: GigabitEthernet1/0/0  NextHop: 112.116.20.1  MAC: 5489-98e9-0e0b
 <--packets: 10 bytes: 9,563 --> packets: 8 bytes: 324
 192.168.30.1:2075[112.116.20.15:2075] --> 112.116.20.1:2064 PolicyName: vsys-Internet
 TCP State: close
```

A. 112.116.20.1 对应的是一台 FTP 服务器

B. 该防火墙开启了 NAT 功能

C. 该会话阻止了用户下载数据，因此 TCP 状态为关闭状态

D. 当用户发送流量时，如果 FW1 发生故障，流量依然可以返回给用户

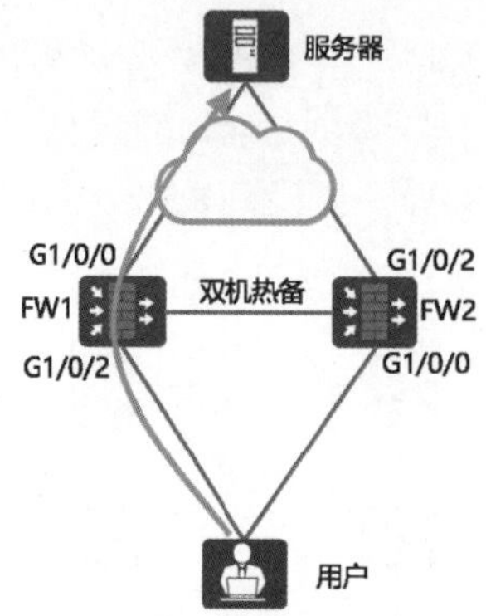

图 4-9　防火墙主备模式的双机热备网络拓扑

【解析】

选项 A：会话的名称就是 FTP，且目的地址是 112.116.20.1。选项 A 正确。

选项 B：通过会话能看出 192.168.30.1 被映射为 112.116.20.1。选项 B 正确。

选项 C：该会话没有阻止用户下载数据。选项 C 错误。

选项 D：双机热备外联接口不一致，所以流量无法回程。选项 D 错误。

【答案】AB

7.【多选题】网络上的 DDoS 攻击流量有很多，对于 DDoS 攻击流量，我们可以使用源探测技术对特定流量进行防御，源探测技术可以判断出流量是否来自真实源。请问，以下关于源探测技术针对不同类型 DDoS 攻击流量所做出的行为，正确的包括哪些选项？

A. 收到从真实源发来的 TCP SYN 报文且报文未超过攻击防范阈值，则不会丢弃报文

B. 收到从虚假源发来的 UDP 报文但报文未超过攻击防范阈值，则会丢弃报文

C. 收到从虚假源发来的 DNS Request 报文且报文未超过攻击防范阈值，则会丢弃报文

D. 收到从真实源发来的 UDP 报文但报文超过攻击防范阈值，则会丢弃报文

【解析】

选项 A：DDoS 攻击与 DNS 攻击逻辑类似，都通过发送伪造报文来耗尽资源，因此如果源 IP 地址不响应源探测报文，则认为该源 IP 地址为伪造 IP 地址，丢弃报文。同时如果从真实源发来的报文超过了攻击防范阈值，依然会触发防御行为。选项 A 正确。

选项 B：UDP 报文不需要进行会话，所以主要以 DoS 攻击为主，源探测技术无法防范此类攻击，但是可以通过设置流量攻击防范阈值来进行防御。虽然无法判定收到的报文是否为攻击报文，但由于未超过攻击防范阈值，因此不会丢弃报文。选项 B 错误。

选项 C：参考选项 A 的解析，选项 C 正确。

选项 D：参考选项 B 的解析，选项 D 正确。

【答案】ACD

3. WLAN 模块试题解析

1.【单选题】随着终端对 WLAN 网络的业务体验要求越来越高，让终端关联并接入合适的 AP 就显得愈发重要。终端迁移功能能够结合实际的 WLAN 网络环境将业务体验不佳的终端迁移到合适的 AP 上，提升终端业务体验。当终端满足了迁移的触发条件时，当前 AP 支持通过 BTM 或 Deauth 方式进行迁移。那么对于支持以下哪一种协议的终端，AP 优先采用 BTM 方式进行迁移？

A. 802.11r　　B. 802.11k

C. 802.11i　　D. 802.11v

【解析】终端迁移功能综合了频谱导航、负载均衡和智能漫游等功能。

- 在终端关联前，通过 Probe 抑制来引导终端优先接入 5G 射频。
- 在终端关联后，通过目标 AP 选择算法，综合衡量终端的双频能力、AP 的负载情况和信号质量，引导终端接入更优的 AP。
- BTM：BTM（BSS Transition Management，BSS 转换管理）请求帧可携带建议漫游的目标 AP 信息。

选项 A：802.11r 协议的功能是 FT（Fast Basic Service Set Transition，快速 BSS 切换），也称为快速漫游（Fast Roaming），是 802.11 协议的补充。选项 A 错误。

选项 B：802.11k 协议的功能是无线电资源测量（Radio Resource Measurement），简单来说，就是提供找到最好的 AP 的信息的能力。选项 B 错误。

选项 C：802.11i 协议是 802.11 工作组为新一代 WLAN 制定的安全标准，主要包括加密技术 TKIP（Temporal Key Integrity Protocol，时限密钥完整性协议）、AES（Advanced Encryption Standard，高级加密标准）以及认证协议 802.1X。选项 C 错误。

选项 D：802.11v 协议是 802.11 协议族的 WNM（Wireless Network Management，无线网络管理）标准。802.11v 协议允许终端交换网络拓扑信息，包括射频环境。这可以带来两个好处：负载均衡，以及帮助信号不好的终端更换 AP。选项 D 正确。

【答案】D

2.【单选题】某机场计划部署 WLAN 网络为候机的旅客提供无线网络服务，但是为了保证 WLAN 网络的安全性，需要对接入的用户进行认证。请问，以下哪一项是最适合的认证方式？

A. 预共享密钥认证　　B. 802.1X 认证

C. Portal 认证　　D. MAC 旁路认证

【解析】机场属于用户流动性大，且用户分散的场景。

选项 A：对于预共享密钥认证，将密钥告知给用户较为困难，因此该认证方式不是最适合的认证方式。选项 A 错误。

选项 B：802.1X 认证需要用户终端支持，且需要提前在 AAA 数据库上做好配置，在用户流动性大的场景中几乎无法实施。选项 B 错误。

选项 C：Portal 认证可以实现用户自注册，且不需要提前告知用户任何信息，比较适合在机场等大型公共场所中使用。选项 C 正确。

选项 D：MAC 旁路认证主要针对的是 802.1X 认证失败后的哑终端，需要提前录入 MAC 地址信息。

选项 D 错误。

【答案】C

3.【多选题】在 WLAN 网络中，有一类终端的漫游主动性较差，被称为粘性终端。粘性终端不仅会导致自身业务体验差，还会影响无线信道整体性能，智能漫游功能正好解决了这一问题。用户配置了智能漫游功能后，系统主动促使终端及时漫游到信号更好的邻居 AP。那么，在智能漫游过程中，邻居 AP 的发现方式包括以下哪些选项？

A. AP 侦听终端的 Probe Request 帧

B. AP 周期性地切换信道，主动扫描终端信息

C. 通过 802.11k 协议的 Beacon Report 机制，要求终端上报它所看到的邻居 AP

D. 根据负载均衡组内的 AP 构成邻居表

【解析】

选项 A：STA 会监听 Beacon 并选择最好的邻居 AP 发送 Probe Request 帧。AP 侦听 STA 发送的 Probe Request 帧就可以知道最好的邻居 AP 是哪个。选项 A 正确。

选项 B：AP 通过周期性切换信道，主动扫描终端信息，可以扫描出哪些终端到本 AP 的信号质量较好，因此本 AP 有可能是目标 AP。选项 B 正确。

选项 C：802.11k 协议的功能是无线电资源测量，简单来说，就是 Beacon Report 里携带 STA 周围的 AP 信息。选项 C 正确。

选项 D：负载均衡功能用于在 WLAN 网络中均衡 AP 的负载。选项 D 错误。

【答案】ABC

4.1.2　本科组理论考试真题解析

1. 数通模块试题解析

1.【单选题】如图 4-10 所示，以下 5 台路由器均运行 IPv6，且使用 OSPFv3 实现网络的互联互通，则以下关于该 OSPFv3 网络产生的 LSA 的描述，错误的是哪一项？

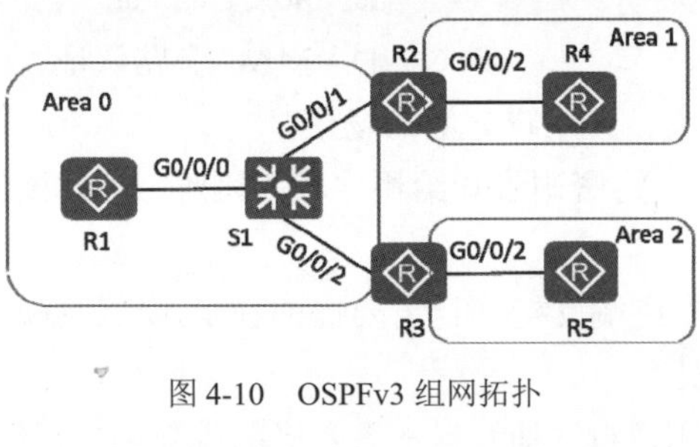

图 4-10　OSPFv3 组网拓扑

A. R1 的 LSDB 中将存在 3 个 Router LSA，分别由 R1、R2、R3 产生

B. R1 会收到 R2 产生的 2 个 Link-LSA 和 R3 产生的 2 个 Link-LSA，分别描述 R2 和 R3 所连接的两

条链路信息

C. R3 作为 ABR 会产生 Inter-Area-Prefix LSA 用于描述 Area 2 的 IPv6 地址前缀，并将其通告给 R1 和 R2

D. 如果 R4 设备上引入直连路由，R2 将产生 Inter-Area-Router LSA 用于描述去往 R4 的路由信息，并将其通告给 R1 和 R3

【解析】设备会为每条链路产生一个 Link-LSA，用于描述此链路上的 Link-Local 地址、IPv6 地址前缀等信息，Link-LSA 仅在此链路内传播。所以 R2 和 R3 会产生 2 个 Link-LSA，分别在不同链路上传播，R1 将分别收到 R2 和 R3 产生的 2 个 Link-LSA。

【答案】B

2.【单选题】如图 4-11 所示，在 MPLS VPN 的 Hub&Spoke 应用场景中，下列哪种组网方案是错误的?

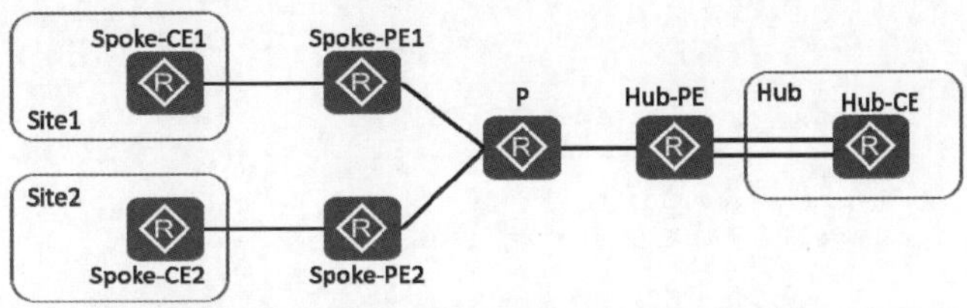

图 4-11 MPLS VPN 的 Hub&Spoke 应用场景

A. Hub-CE 与 Hub-PE 使用 EBGP，Spoke-PE 与 Spoke-CE 使用 EBGP

B. Hub-CE 与 Hub-PE 使用 EBGP，Spoke-PE 与 Spoke-CE 使用 IS-IS

C. Hub-CE 与 Hub-PE 使用 IS-IS，Spoke-PE 与 Spoke-CE 使用 IS-IS

D. Hub-CE 与 Hub-PE 使用 IS-IS，Spoke-PE 与 Spoke-CE 使用 EBGP

【解析】选项 D 会导致 Spoke-PE 优选 AS-Path 更短的 Hub-PE 作为下一跳，而不选择本端 Spoke-CE，从而导致路由震荡。

【答案】D

3.【单选题】某企业将业务划分为 EF、AF4、BE 这 3 类。EF 的拥塞管理策略为 PQ，AF4 和 BE 的拥塞管理策略为 WFQ，AF4 与 BE 的权重比为 3:1。企业出口带宽为 200M，在某一瞬间 EF 流量为 40M、AF4 流量为 200M、BE 流量为 200M，那么这 3 类业务经过拥塞管理策略后的流量分别为多少?

A. EF=0M、AF4=150M、BE=50M

B. EF=40M、AF4=120M、BE=40M

C. EF=40M、AF4=200M、BE=200M

D. EF=40M、AF4=160M、BE=0M

【解析】EF 会优先通过，所以 EF=40M。AF4 与 BE 按照 3:1 的比例，分享剩余的 160M 带宽，所以 AF4:BE=120M:40M。

【答案】B

4.【单选题】在 SR MPLS 网络中，不同设备上手动配置的 Prefix SID 可能会发生标签冲突。标签冲突分为前缀冲突和 SID 冲突，前缀冲突是指相同的前缀关联了两个不同的 SID，SID 冲突是指相同的 SID 关联到不同的前缀。假如设备同时收到如下 4 条路由，则按照冲突处理原则，该设备最终将优选哪些路由?

① 2.2.2.2/32 3
② 1.1.1.1/32 1
③ 3.3.3.3/32 1
④ 1.1.1.1/32 2

A. ①③　　B. ①②
C. ①④　　D. ①③④

【解析】标签冲突处理原则是指当产生标签冲突后，优先处理前缀冲突，之后根据处理结果进行 SID 冲突处理，并按如下规则进行路由优选：（1）优选前缀掩码更大者；（2）优选前缀更小者；（3）优选 SID 更小者。

【答案】B

5.【单选题】根据表中给出的信息以下描述正确的是哪一项？

```
[AR4]display isis lsdb

                        Database information for ISIS(1)
                        --------------------------------

                          Level-2 Link State Database

LSPID                 Seq Num       Checksum      Holdtime       Length      ATT/P/OL
--------------------------------------------------------------------------------
0000.0000.0002.00-00  0x0000000d    0x2181        1129           137      0/0/0
0000.0000.0003.00-00  0x00000009    0x2e2c        1128           122      0/0/0
0000.0000.0003.01-00  0x00000001    0xc9bd        978            55       0/0/0
0000.0000.0004.00-00* 0x00000006    0x71a5        1130           86       0/0/0
0000.0000.0004.01-00* 0x00000001    0xd2b2        1130           55       0/0/0
```

A. AR4 未配置设备等级
B. 该 IS-IS 路由域中只有 1 个伪节点
C. 该 IS-IS 路由域至少包含 4 台设备
D. AR4 的 NET 地址可能为 49.0001.0000.0000.0004.00

【解析】本题考查 IS-IS 的 LSDB 相关知识。

选项 A：AR4 仅有 Level-2 LSDB，说明 AR4 为 Level-2 设备，而设备缺省等级为 Level-1-2。选项 A 错误。

选项 B：LSPID 由 3 部分组成：System ID、伪节点 ID、分片号。伪节点 ID 非 0 表示该条 LSP 由伪节点产生，所以该 IS-IS 路由域中至少存在 2 个伪节点。选项 B 错误。

选项 C：表中包含 3 台设备的 System ID，所以该 IS-IS 路由域中至少包含 3 台设备。选项 C 错误。

选项 D：通过表中信息可确定 AR4 的 System ID 为 0000.0000.0004，但不能确定 Area 信息。选项 D 正确。

【答案】D

6.【多选题】如图 4-12 所示，R1 与 R3、R1 与 R2 建立 EBGP 邻居关系，3 台路由器属于不同的 AS。R3 设备上存在路由 10.1.3.0/26、10.1.3.112/28、10.1.13.152/30、10.1.3.241/32，R3 通过 BGP 将这些路由传递给了 R1，R1 又传递给了 R2。在 R1、R2 的 IP 路由表中，可看到这 4 条路由。现在在 R1 上新增配置如下：

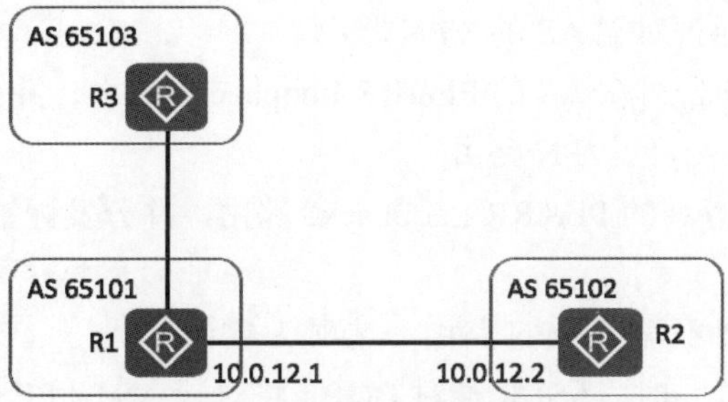

图 4-12 建立 EBGP 邻居关系网络拓扑

```
ip ip-prefix ICT index 10 permit 10.1.3.0 24 greater-equal 26 less-equal 30
route-policy ex permit node 10
   if-match ip-prefix ICT
#
BGP 65101
peer 10.0.12.2 route-policy ex export //10.0.12.2 是 R2 的 BGP 邻居地址
```

那么此时，R2 学习到的路由包括以下哪些选项？

A. 10.1.3.0/26　　B. 10.1.3.112/28

C. 10.1.13.152/30　　D. 10.1.3.241/32

【解析】IP 前缀列表（IP-Prefix List）将路由条目的网络地址、子网掩码长度作为匹配条件的过滤器，可在各路由协议发布和接收路由时使用。根据题干中 ip-prefix 的配置，前缀必须为 10.1.3.0，子网掩码位必须为 26～30。

选项 A：选项 A 正确。

选项 B：选项 B 正确。

选项 C：前缀为 10.1.13.0，无法匹配 ip-prefix 的表项。选项 C 错误。

选项 D：子网掩码位为 32，无法匹配 ip-prefix 的表项。选项 D 错误。

【答案】AB

7.【多选题】如图 4-13 所示，某企业两站点之间采用 MPLS VPN 跨域 Option C 方式一实现通信，即 ASBR 将去往其他 AS 中的 PE 路由通过 BGP 发送给本地 PE 设备，那么在此组网拓扑中，ASBR 运行的 BGP 不包含下列哪些功能？

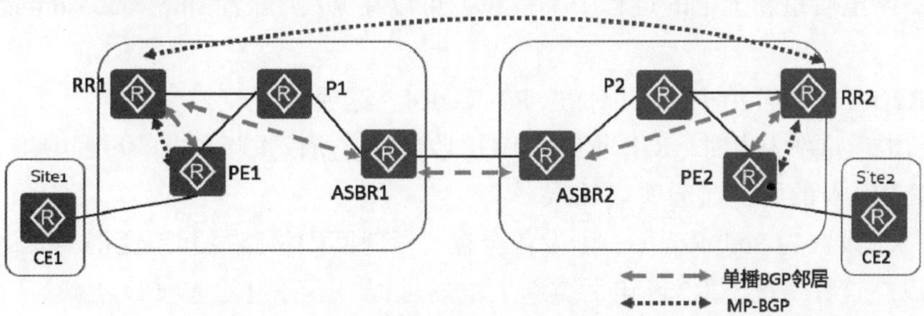

图 4-13 MPLS VPN 跨域 Option C 方式一组网拓扑

A. 向本 AS 的 PE&RR，通告对端 AS 的 VPN 路由

B. 向本 AS 的 PE&RR，通告对端 AS 的 PE&RR Loopback0 路由，并分发标签

C. 向对端 ASBR，通告本 AS 的 VPN 路由

D. 向对端 ASBR，通告本 AS 的 PE&RR Loopback0 路由，并分发标签

【解析】

选项 A：Option C 的 ASBR 不学习 VPN 路由。选项 A 错误。

选项 B：采用 Option C 方式一时，ASBR 通过 BGP，将对端 AS 的 PE&RR Loopback0 路由，通告给本 AS 的 PE&RR，并分发标签。选项 B 正确。

选项 C：参考选项 A 的解析，选项 C 错误。

选项 D：采用 Option C 方式一时，ASBR 的 BGP 需要向对端 ASBR，通告本 AS 的 PE&RR Loopback0 路由，同时需要分发标签。选项 D 正确。

【答案】AC

8.【多选题】如图 4-14 所示，R1、R2、R3 和 R4 运行 OSPF，并建立 IBGP 全互联，其中 R3 是 R2 的备份设备。R5 位于另一个 AS，与 R4 建立 EBGP 邻居关系，且 R5 将 10.1.5.5/32 的直连路由通告进 BGP，则以下关于 R1 访问 10.1.5.5/32 的路径的说法正确的是？（各路由器 BGP 路径属性值均为缺省值。）

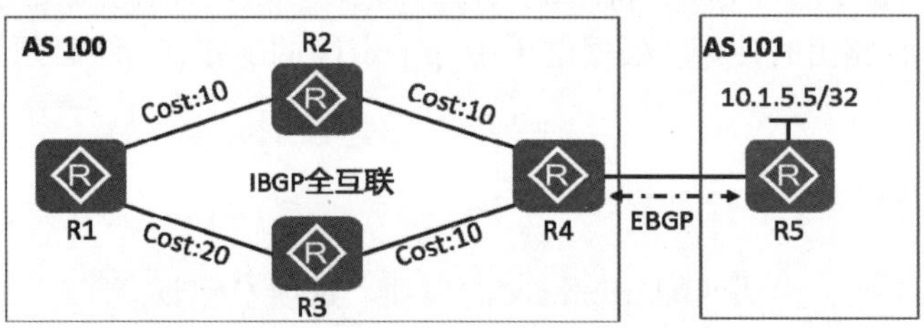

图 4-14　OSPF+IBGP 全互联网络拓扑

A. 各设备都正常运行时，R1 访问 10.1.5.5/32 的路径为 R1-R2-R4-R5

B. 若 R2 断电，将会出现短暂丢包；R2 重新上电后，也会出现短暂丢包

C. 各设备都正常运行时，R1 访问 10.1.5.5/32 的路径 R1-R2-R4-R5 和 R1-R3-R4-R5 等价

D. 若希望 R2 断电后重新上电的过程中不丢包，可以在 R2 上配置 stub-router on-startup

【解析】

选项 A：R1-R2-R4 路径开销小，所以优选 R1-R2-R4。选项 A 正确。

选项 B：R2 断电后重新上电时，IGP 收敛比 BGP 收敛快，所以重新上电的过程中将丢包。选项 B 正确。

选项 C：参考选项 A 的解析，选项 C 错误。

选项 D：若将 R2 设置为 Stub Router，则设备会在一段时间内将路径开销变得很大，此时设备优选路径为 R1-R3-R4，所以在这种情况下 R2 断电后重新上电的过程中不丢包。选项 D 正确。

【答案】ABD

9.【多选题】图 4-15 所示的网络中需要部署用户准入认证，以下关于认证方式的描述，正确的包括哪些选项？

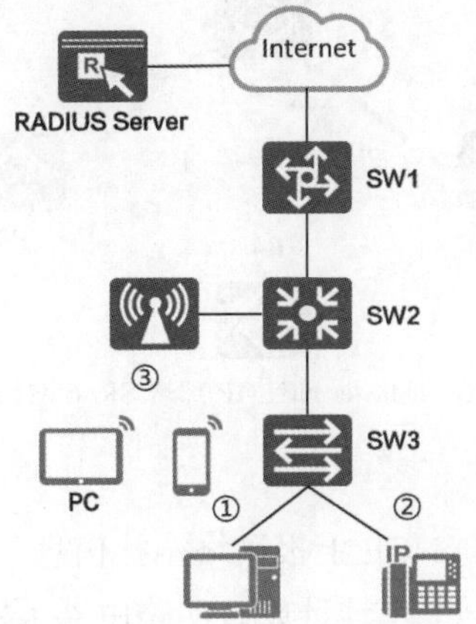

图 4-15　用户准入认证网络拓扑

A. 802.1X 认证，适用于对安全要求较高的办公用户认证场景，图中①处适合使用 802.1X 认证

B. MAC 优先的 Portal 认证，是指用户 Portal 认证成功后，在一定时间内断开网络重新连接时，能够直接通过 MAC 认证接入，图中③处适合使用 MAC 优先的 Portal 认证

C. Portal 认证需要在办公计算机上安装客户端认证软件

D. MAC 认证，适用于 IP 电话、打印机等哑终端接入的场景，图中②处适合使用 MAC 认证

【解析】

选项 A：802.1X 认证适用于办公 PC/手机终端的认证。选项 A 正确。

选项 B：MAC 优先的 Portal 认证，是指用户 Portal 认证成功后，在一定时间内断开网络重新连接时，能够直接通过 MAC 认证接入。选项 B 正确。

选项 C：802.1X 认证要求必须在终端安装认证软件。选项 C 错误。

选项 D：MAC 认证适用于无法呈现 UI 的哑终端接入的场景。选项 D 正确。

【答案】ABD

10.【多选题】现网中使用静态部署 SRv6 的方式会给网络运维带来较大挑战，通过 iMaster NCE-IP 部署则能较好规避相关问题，如图 4-16 所示。通过 iMaster NCE-IP 部署 L3VPN over SRv6 Policy 时，在 NCE 与路由器之间必须部署的相关协议包括哪些选项？

A. BGP Link-State-family unicast，即 BGP-LS

B. BGP IPv6-family SR-Policy，即 BGP SRv6 Policy

C. HTTP

D. NETCONF

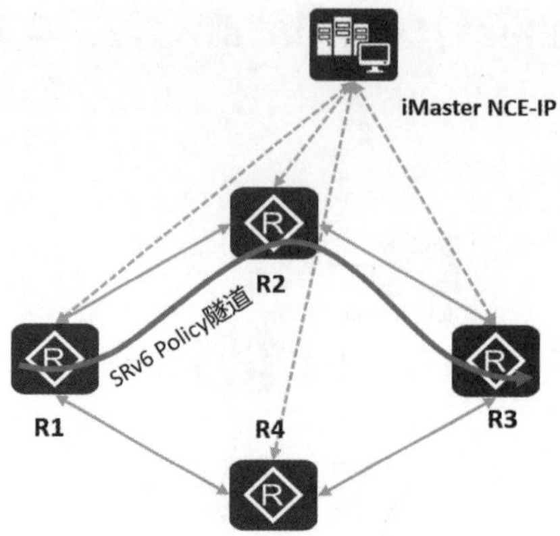

图 4-16　iMaster NCE-IP 部署 SRv6 网络拓扑

【解析】

选项 A：路由器需要通过 BGP-LS 向 NCE 上报网络拓扑信息。选项 A 正确。

选项 B：NCE 需要通过 BGP SRv6 Policy 地址族，向路由器下发 SRv6 Policy 的配置。选项 B 正确。

选项 C：NCE 与路由器不一定需要部署 HTTP。选项 C 错误。

选项 D：NCE 需要通过 NETCONF 向路由器下发 L3VPN 等配置。选项 D 正确。

【答案】ABD

2. 安全模块试题解析

1.【单选题】如图 4-17 所示，某数据中心网络为全 L3 组网，Server Leaf 为 VM1 的网关，VM1 属于 VRF1，当 VM1 访问 Internet 时，流量需要流经防火墙（FW）。为了控制流量，在防火墙上部署两个 vSYS（vSYS VRF1 与 vSYS Internet），vSYS VRF1 保障 VRF1 内业务的安全，vSYS Internet 保证访问 Internet 时的安全。基于此场景，请问，VM1 访问 Internet 的流量需要依次经过哪些物理/逻辑设备（不考虑 VXLAN 场景）？

① Server Leaf

② Service Leaf

③ Border Leaf

④ Spine

⑤ vSYS VRF1

⑥ vSYS Internet

A. ① ④ ⑤ ⑥ ② ④ ③

B. ① ④ ⑤ ⑥ ② ③

C. ① ④ ② ⑤ ⑥ ② ④ ③

D. ① ② ⑤ ⑥ ② ④ ③

【解析】流量从 Server Leaf 的 VRF1 出发，经过 Spine，到达 Service Leaf 的 VRF1；随后进入 vSYS VRF1，再进入 vSYS Internet；到达 Service Leaf 的 VRF Internet，经过 Spine，到达 Border Leaf 的 VRF Internet，从而流出数据中心。

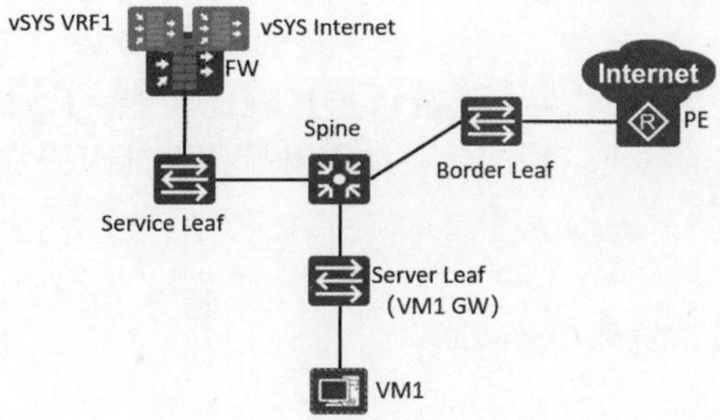

图 4-17 某数据中心网络拓扑

【答案】C

2.【单选题】如图 4-18 所示，某企业安全管理员为了提高防火墙的可靠性，基于 VRRP，部署了主备式防火墙双机热备业务，同时为了让内网业务能够访问外网部署了 NAPT 服务。但是，在实际使用过程中发现内网用户上网流量不稳定，请问，下列哪项是产生此现象的可能的原因？

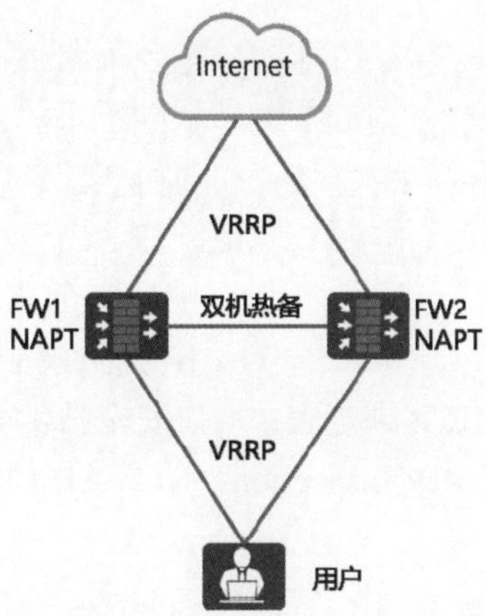

图 4-18 基于 VRRP 的主备式防火墙双机热备网络拓扑

A. 两台防火墙配置了相同的 NAPT 地址池

B. 两台防火墙与 Internet 互联的接口 IP 配置的不一致

C. 两台防火墙的 NAPT 地址池都会响应 ARP 请求

D. 基于 VRRP 的主备式防火墙双机热备不支持 NAPT 功能

【解析】当内网用户访问外网的报文到达防火墙后，报文的源 IP 地址会被转换成 NAPT 地址池中的 IP 地址。如果 NAPT 地址池中的 IP 地址与设备的上行接口的 VRRP 备份组地址在同一网段，那么外网返回的回程报文到达 Router 后，Router 会广播 ARP 报文以请求 NAPT 地址池中的 IP 地址对应的 MAC 地址。这时由于两台防火墙上有相同的 NAPT 地址池配置，所以两台防火墙都会将自身上行接口的 MAC 地址回应给 Router。这样 Router 就会时而以 FW1 的接口 MAC 地址来封装报文，将报文发送到 FW1；时而以 FW2

的接口 MAC 地址来封装报文，将报文发送到 FW2，从而影响业务的正常运行。

【答案】C

3.【多选题】防火墙除了安全功能外也能提供流量调优功能，比如在数据中心中可以通过防火墙缓解单台 Web 服务器负载过重的情况。请问，通过以下哪些功能可以在不影响性能的前提下，缓解单台 Web 服务器负载过重的情况？

A. 防火墙 QoS 功能

B. 服务器集群+防火墙服务器负载均衡功能

C. SSL 卸载功能

D. NAT Server 功能

【解析】

选项 A：由于防火墙 QoS 功能不能影响性能，因此不能使用这个功能。选项 A 错误。

选项 B：服务器集群+防火墙服务器负载均衡是常见的降低服务器负载的功能。选项 B 正确。

选项 C：SSL 卸载可以让服务器只处理 HTTP 报文，从而提高效率、降低服务器负载。选项 C 正确。

选项 D：NAT Server 与降低负载没有关系。选项 D 错误。

【答案】BC

4.【多选题】园区接入层是极易受到攻击的区域，即使使用接入认证也无法保证接入设备的安全性，比如通过伪装成 DHCP 服务器就可以达到获取同子网内不同主机流量的目的。为了防止这种攻击，可以部署 DHCP Snooping 功能。DHCP Snooping 功能在接入交换机上部署后能产生一张 DHCP 绑定表，该绑定表除了用在 DHCP 安全场景之外，还能用在其他场景下。请问，DHCP 绑定表能在以下哪些场景或技术中使用？

A. DHCP Relay 场景

B. 端口安全技术

C. 动态 ARP 检查（DAI）

D. IP 源防攻击（IPSG）

【解析】DHCP Relay 场景不依赖 DHCP 绑定表；端口安全技术会将交换机上的 MAC 地址与接口绑定，不依赖 DHCP 绑定表；DAI（Dynamic ARP Inspection，动态 ARP 检查）与 IPSG（IP Source Guard，IP 源防攻击）都需要使用 DHCP 绑定表。

【答案】CD

5.【多选题】防火墙部署双机热备后，可以保证单个防火墙失效后依然能够保证网络安全。某企业部署了主备模式的双机热备，并且双机热备正常运行，但是在运行一段时间后，网管人员发现主备设备的会话表不一致，请问，造成这种现象的可能的原因有哪些？

A. 双机热备未开启镜像模式

B. 会话表同步不是实时的

C. 部分会话是到主设备自身的会话

D. TCP 会话未收到 TCP ACK 回复

【解析】

选项 A：由于双机正常运行，所以不会存在配置错误的情况。选项 A 错误。

选项 B：双机热备会话不一致是常见的现象，会话不是实时备份的。只有当会话老化线程扫描到会话，且此会话需要备份时，会话才会被备份到备用设备上。因此，会话建立一段时间之后才会被备份到备用设备上。选项 B 正确。

选项 C：在开启会话自动备份的情况下，如下类型的会话不会被自动备份：到设备自身的会话；未完成三次握手的 TCP 半连接会话；只有正向单个报文、无后续包命中的 UDP 会话。选项 C 正确。

选项 D：参考选项 C 的解析，选项 D 正确。

【答案】BCD

6.【多选题】某企业为了控制有线接入用户，在有线网络中部署了 Portal 认证，并设置每个用户名只能同时使用一台设备上网，如图 4-19 所示。经过一段时间，网管发现某员工通过私接路由器的方式突破了每个用户名只能同时使用一台设备上网的限制，请问，该网管可以通过以下哪些方式阻止该行为？

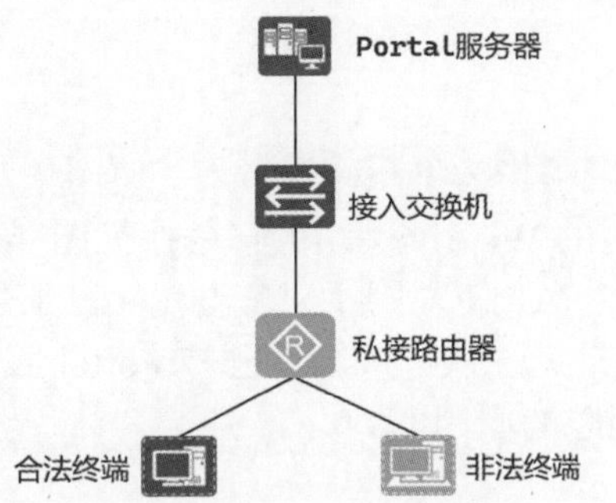

图 4-19 Portal 认证网络拓扑

A. 网关上部署 DHCP Relay 功能

B. 在 Portal 服务器上开启终端 MAC 地址识别功能

C. 接入交换机上部署 DAI 功能

D. 在 Radius 服务器上将用户名与真实设备 MAC 地址绑定

【解析】依据题干所述需求，要求每个用户名只能同时使用一台设备上网，即针对每个用户名只允许一个 MAC 地址与其绑定。

选项 A：DHCP Relay 与用户名/MAC 地址绑定无关。选项 A 错误。

选项 B：在 Portal 服务器上开启终端 MAC 地址识别功能后，Portal 服务器可透过路由器识别到终端的真实 MAC 地址，可以避免同一个用户名通过多个终端接入。选项 B 正确。

选项 C：DAI 是利用绑定表来防御中间人攻击的。当设备收到 ARP 报文时，将此 ARP 报文与对应的源 IP 地址、源 MAC 地址、VLAN 以及接口信息和绑定表中的信息进行比较，如果信息匹配，说明发送该 ARP 报文的用户是合法用户，允许此用户的 ARP 报文通过，否则认为遭到攻击，丢弃该 ARP 报文。DAI 只能用于 DHCP Snooping 场景。选项 C 错误。

选项 D：在 Radius 服务器上将用户名与 MAC 地址绑定，可以保证只有特定主机能够通过该用户名上网。选项 D 正确。

【答案】BD

7.【多选题】黑客入侵客户内网后，由于不清楚网络结构，第一步要做的通常是通过扫描网络内的 IP 地址和服务端口来搜索攻击或扩散的目标主机，再利用系统、软件漏洞或暴力破解等手段来攻击目标主机。网络诱捕技术可以感知网络中的扫描行为，将可疑流量诱骗至诱捕器进行深度互动检测，从而保护现有业务网络。请问，下列关于网络诱捕的描述，正确的包括哪些选项？

A. 华为网络诱捕方案主要由诱捕探针、诱捕器（蜜罐）、分析器 HiSec Insight、控制器构成

B. 诱捕探针对不在线 IP 地址和未开放端口的扫描进行响应，诱骗黑客访问诱捕器

C. 诱捕器记录黑客的攻击行为，向 HiSec Insight 上报日志

D. 诱捕器可以模拟正常的网络服务，因此黑客无法察觉其访问的是否是一个诱捕器

【解析】选项 A、B、C 阐述了网络诱捕的工作机制。由于诱捕器是模拟环境，因此与实际环境肯定会有差异，黑客可以通过诱捕器检查判断出自身是否进入了诱捕器，所以选项 D 错误。

【答案】ABC

3. WLAN 模块试题解析

1.【单选题】某企业在云端部署了华为 Portal 服务器，使用华为的 Portal 2.0 协议进行 Portal 认证，如图 4-20 所示。该企业分支机构内的 WLAN 网络（其拓扑见图 4-20）通过 Internet 与 Portal 服务器通信进行 Portal 认证（Router 上部署 SNAT 使内网主机能与 Portal 服务器互联）。当无线用户关联信号后，发现 Portal 认证界面能够显示，但是无法认证成功。已知 Portal 服务器运行正常且用户名、密码正确，请问，下列哪一项可能是造成该问题的原因？

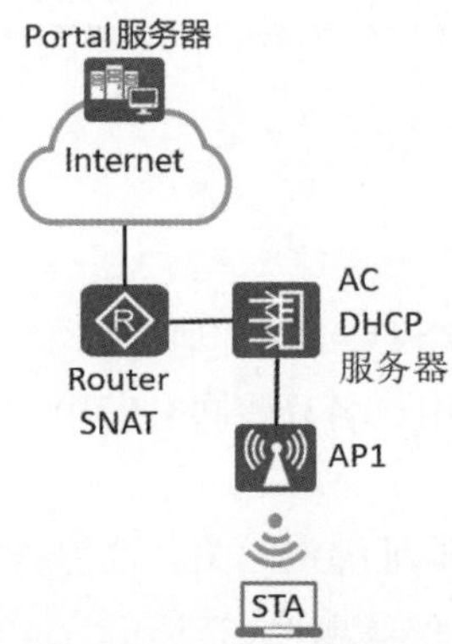

图 4-20　Portal 认证网络拓扑

A. AC 作为 DHCP 服务器没有分配业务 IP 地址给 STA

B. 用户数据转发方式为隧道转发，导致 Portal 服务器无法直接与 STA 交互报文

C. Router 上没有部署 NAT Server，导致 Portal 服务器的认证流量无法发给 AC

D. Router 上没有部署 NAT Server，导致 Portal 服务器的认证流量无法发给 STA

【解析】由于采用的是 Portal 2.0 协议，因此在客户端与 Portal 服务器建立连接后（客户端最初的主动端，所以在 Router 上部署 SNAT 即可让客户端访问 Portal 服务器），Portal 服务器会主动向 NAS 设备（即 AC）发起访问。由于 Portal 服务器在外网，AC 在内网，Portal 服务器无法直接访问 AC，因此需要在 Router 上部署 NAT Server，将 Portal 服务器的认证流量发给 AC。

【答案】C

2.【多选题】当 WLAN 网络中存在较多用户时，如高密场景，随着上线用户数的增多，用户间对资源的抢占愈发激烈，导致每个用户的上网质量变差。为了保证在线用户的上网体验，可以部署用户 CAC（Call Admission Control，连接准入控制）功能。以下关于在线 CAC 功能的描述，正确的包括哪些选项？

A. 当多数用户使用的业务类型相同，业务流量均衡时，推荐使用基于用户数的 CAC

B. 用户 CAC 功能可以基于用户数和终端信噪比来实现，且两种实现方式在 AC 上可同时配置

C. 在基于用户数的 CAC 实现方式下，当接入数量已达到用户接入门限值，但未达到漫游用户门限值时，漫游用户同样无法接入

D. 用户 CAC 功能主要由 AP 通过统计射频的在线终端数或终端信噪比，设置门限值来控制用户的接入

【解析】当 WLAN 网络中存在较多用户时，如高密场景，随着上线用户数的增多，用户间对信道的抢占愈发激烈，导致每个用户的上网质量变差。为了保证在线用户的上网体验，可以部署用户 CAC 功能，该功能由 AP 通过统计射频的在线终端数或终端信噪比，设置门限值来控制用户的接入，从而保证在线用户的上网质量。CAC 使用两个门限值，分别用来控制新用户和漫游用户的接入。当新用户接入时，AP 检查当前的用户数或终端信噪比是否达到新增用户门限值，如果达到则拒绝新用户的接入，并可以隐藏 SSID。当漫游用户接入时，只要在线用户数未达到漫游用户门限值，漫游用户就可以接入。用户 CAC 功能有如下两种实现方式。

- 基于用户数的 CAC 实现方式：基于用户数的 CAC 算法简单。当多数用户使用的业务类型相同，业务流量均衡时，推荐使用此方式。AP 收到新用户上线请求时，先计算当前射频上的用户数，如果未达到新增用户门限值，则允许新用户上线，否则拒绝新用户上线。如果新用户上线后，在线用户数达到了新增用户门限值，则 AP 拒绝其他新用户的接入请求，发送告警，同时可以隐藏 SSID。对于漫游用户的接入，AP 会检查在线用户数是否达到了漫游用户门限值，如果达到，则拒绝漫游用户的接入请求，发送告警。如果用户下线后，在线用户数降到新增用户门限值以下，则 AP 发送解除告警，解除 SSID 的隐藏，允许新用户上线。
- 基于终端信噪比的 CAC 实现方式：可以限制弱信号用户接入，适用于 WLAN 网络整体信号覆盖效果好，覆盖范围边缘信号较弱的 WLAN 网络场景。AP 收到新用户上线请求时，先查看当前请求终端的信噪比，如果未达到新增用户门限值，则允许新用户上线，否则拒绝新用户上线。

【答案】ABD

3.【多选题】WLAN 空口是个比较复杂的环境，WLAN 空口的性能与许多因素有关，如非 Wi-Fi 设备干扰、WLAN 设备间同频及邻频干扰等，这些干扰都会使 WLAN 系统性能降低。请问，以下哪些技术能帮助缓解由 WLAN 设备间同频干扰引起的问题？

A. 用户 CAC　　B. 频谱分析

C. CCA　　D. BSS Coloring

【解析】

选项 A：用户 CAC 主要解决的是用户接入过远的 AP 导致信号差的问题。选项 A 错误。

选项 B：频谱分析用于判断非 Wi-Fi 干扰源。选项 B 错误。

选项 C：出现 WLAN 设备间同频及邻频干扰的主要原因是 CSMA/CD 机制导致的传输速率低。在某些情况下，AP 虽然能监听到信道在发送数据，但是如果分属不同 AP 的 STA 之间的距离较远，通信是不会产

生干扰的，那么我们可以通过提高 CCA 阈值，从而设定邻居 AP 的信号为噪声而非干扰（在 CSMA/CD 机制里噪声是不会规避的），来继续发送数据。选项 C 正确。

选项 D：BSS Coloring 通过对信号着色，判断同频信号是由邻居 AP 发送的还是由本 AP 下的其他 STA 发送的，进而判断是否要基于 CSMA/CD 机制进行规避。选项 D 正确。

【答案】CD

4.2　实验考试真题解析

4.2.1　背景

某大型企业有总部、分部、数据中心（由企业自建）共 3 个站点。企业数据中心与企业总部位于同一园区，内部部署办公服务器（OA Server）以及视频服务器（Video Server）来满足企业内部办公和视频监控回传等需求。

企业总部、企业分部、数据中心通过运营商城域网实现业务互通；企业分部通过在运营商城域网上构建到总部的 IPsec 隧道来实现对总部的 PC 以及数据中心的业务访问；企业分部通过网关 PPPoE 拨号实现对 Internet 的访问；企业总部 PC 以及无线终端访问数据中心服务器时优先选择直连链路，当直连链路出现故障时使用运营商网络作为备份链路。企业出差员工（移动办公用户）通过 Internet 实现与数据中心防火墙的 SSL VPN 连接，并访问 OA Server。

4.2.2　网络拓扑

本实验使用的网络拓扑如图 4-21 所示。

1. 实验设备

- 5 台 AR2240 路由器（AR1、AR2、AR3、BRAS、DCGW）。
- 3 台 NE40E 路由器（PE1、PE2、PE3）。
- 3 台 USG6000V 防火墙（FW1、FW2、DCFW）。
- 3 台 S5700 交换机（SW1、SW2、DCSW1）。
- 4 台 S3700 交换机（SW3、SW4、DCSW2）。
- 2 台 AC6605（AC1、AC2）。
- 2 台 AP7030（AP1、AP2）。
- 5 台 PC（PC1、PC2、PC3、Video Server、OA Server）。
- 1 朵云（SSL VPN Client，云桥接到主用计算机的网卡）。
- 2 台 WLAN 终端（STA1、STA2）。

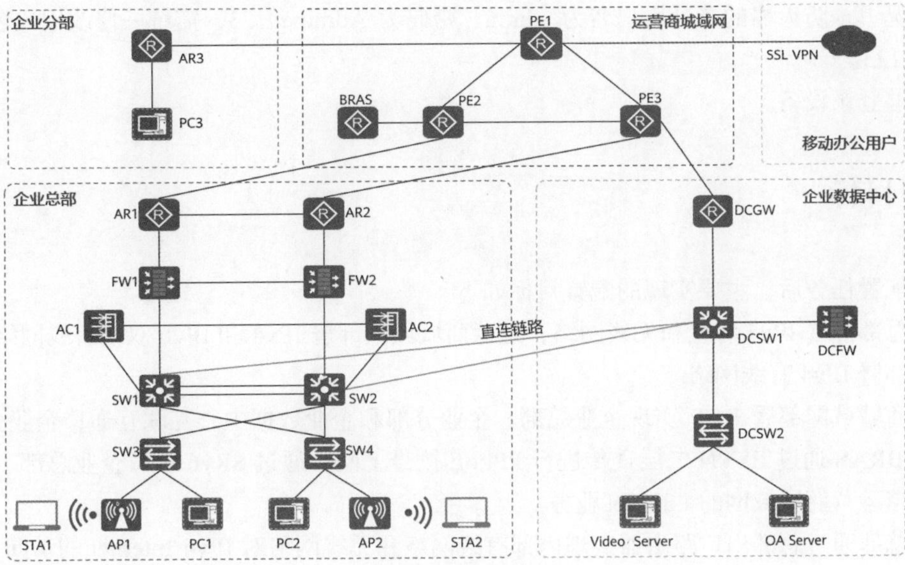

图 4-21 网络拓扑

2. 设备登录方式

要登录 ENSP Server（Video Server 和 OA Server），直接单击 ENSP 软件中的 ENSP Server 的相应图标即可，如图 4-22 所示。对于 Remote Terminal，用户需要通过主机 IP 地址+端口号的方式进行登录。各设备登录端口号如表 4-2 所示。

图 4-22 设备登录方式

表 4-2 各设备登录端口号

设备	登录端口号	设备	登录端口号
PE1	2001	AC1	2013
PE2	2002	AC2	2014
PE3	2003	DCGW	2015
BRAS	2004	DCSW1	2016
AR1	2005	DCSW2	2017
AR2	2006	DCFW	2019
SW1	2007	AR3	2020
SW2	2008	FW1	2022
SW3	2009	FW2	2023
SW4	2010		
AP1	2011		
AP2	2012		

在缺省情况下，防火墙的登录用户名为 admin、密码为 Admin@123，需统一修改用户名为 admin、密码为 Huawei@123。

请确保能够登录设备。

4.2.3　配置目标

完成所有配置任务后，主要实现的配置目标如下。

（1）企业总部部署 IPv4 有线和无线网络，运营商城域网部署 IPv4 和 IPv6 双栈有线网络，企业分部、企业数据中心部署 IPv4 有线网络。

（2）运营商城域网部署 BGP 实现企业总部、企业分部和企业数据中心互联互通；企业分部 AR3 与运营商城域网的 BRAS 通过 EVPN 二层透传进行 PPPoE 拨号上网；通过 SRv6 承载企业总部、企业分部、企业数据中心穿越运营商城域网的 L3VPN 业务。

（3）企业总部通过总部出口路由器实现内部有线网络和无线网络对 IPv4 Internet 的访问，其中 IPv4 上网流量需要在进行 NAT 后才能访问 Internet；同时保证企业总部可以通过直连链路访问企业数据中心的 OA Server，直连链路故障时，保证企业总部可以通过运营商城域网访问企业数据中心的 OA Server。

（4）企业分部通过 AR3 出口路由器实现内部有线网络对 IPv4 Internet 的访问。其中，IPv4 上网流量通过 AR3 向运营商城域网的 BRAS 进行 PPPoE 拨号，由 BRAS 进行 NAT 后访问 Internet。企业分部通过 IPsec VPN 访问企业总部，企业分部访问企业数据中心的流量需要先经过企业总部。

（5）企业数据中心部署 OA Server、Video Server 来满足日常办公需要。OA Server 用于日常办公，允许企业内部员工访问；Video Server 用于内部监控，仅允许 PC2 终端访问。企业数据中心通过部署防火墙来实现特定业务的安全过滤，并实现出差员工（移动办公用户）通过 SSL VPN 远程访问 OA Server。

4.2.4　配置任务

1. 任务一：基础数据部署

（一）VLAN 部署

根据表 4-3 所示 VLAN 信息，在 SW1、SW2、SW3、SW4、AC1、AC2、DCSW1、DCSW2 等设备的端口上配置 VLAN 链路类型和 VLAN 参数，在 DCFW、DCGW、AR1、AR2、AR3、PE1、PE2、PE3、BRAS 等设备上配置子接口和子接口 VLAN ID。

说明：对于子接口 GE0/0/2.X，X 值为子接口对应的 VLAN ID，如 GE0/0/2.20 对应的 VLAN ID 为 20。

【解析】

配置 VLAN 链路类型、VLAN 参数和配置子接口、子接口 VLAN ID 比较简单，此处只给出部分设备的配置，其他配置请读者自行完成。

表 4-3 VLAN 信息

设备	接口	VLAN 链路类型/接口类型	VLAN 参数
SW1	GE0/0/1	Access	PVID：80
	GE0/0/2	Trunk	PVID：1。 allow-pass vlan：10 20 30 40
	Eth-Trunk1 （GE0/0/3、GE0/0/4）	Trunk	PVID：1。 allow-pass vlan：10 20 30 40 100
	GE0/0/5	Trunk	PVID：1。 allow-pass vlan：10 20 30 40
	GE0/0/6	Trunk	PVID：1。 allow-pass vlan：50
	GE0/0/8	Trunk	PVID：1。 allow-pass vlan：7 70
SW2	GE0/0/1	Access	PVID：90
	GE0/0/2	Trunk	PVID：1。 allow-pass vlan：10 20 30 40
	Eth-Trunk1 （GE0/0/3、GE0/0/4）	Trunk	PVID：1。 allow-pass vlan：10 20 30 40 100
	GE0/0/5	Trunk	PVID：1。 allow-pass vlan：10 20 30 40
	GE0/0/6	Trunk	PVID：1。 allow-pass vlan：60
	GE0/0/9	Trunk	PVID：1。 allow-pass vlan：7 70
SW3	E0/0/1	Access	PVID：10
	E0/0/2	Trunk	PVID：1。 allow-pass vlan：10 20 30 40
	E0/0/3	Trunk	PVID：20。 allow-pass vlan：20 30 40
	E0/0/5	Trunk	PVID：1。 allow-pass vlan：10 20 30 40
SW4	E0/0/1	Access	PVID：10
	E0/0/2	Trunk	PVID：1。 allow-pass vlan：10 20 30 40

续表

设备	接口	VLAN 链路类型/接口类型	VLAN 参数
SW4	E0/0/3	Trunk	PVID：20。 allow-pass vlan：20 30 40
	E0/0/5	Trunk	PVID：1。 allow-pass vlan：10 20 30 40
AC1	GE0/0/1	Access	PVID：110
	GE0/0/6	Trunk	PVID：1。 allow-pass vlan：50
AC2	GE0/0/1	Access	PVID：110
	GE0/0/6	Trunk	PVID：1。 allow-pass vlan：60
DCSW1	GE0/0/8	Trunk	PVID：1。 allow-pass vlan：7 70
	GE0/0/9	Trunk	PVID：1。 allow-pass vlan：7 70
	GE0/0/1	Trunk	PVID：1。 allow-pass vlan：1619 1916
	GE0/0/2	Trunk	PVID：1。 allow-pass vlan：1516
	GE0/0/3	Trunk	PVID：1。 allow-pass vlan：1000 2000
DCSW2	GE0/0/1	Trunk	PVID：1。 allow-pass vlan：1000 2000
	E0/0/1	Access	PVID：1000
	E0/0/2	Access	PVID：2000
DCFW	GE1/0/1.1619	三层子接口	1619
	GE1/0/1.1916	三层子接口	1916
DCGW	GE0/0/1.315	三层子接口	315
	GE0/0/2.1516	三层子接口	1516
AR1	GE0/0/0.25	三层子接口	25
AR2	GE0/0/0.36	三层子接口	36
AR3	GE0/0/2.200	三层子接口	200
PE1	E1/0/0.200	二层子接口	200
PE2	E1/0/0.25	三层子接口	25

续表

设备	接口	VLAN 链路类型/接口类型	VLAN 参数
	E1/0/9.200	二层子接口	200
PE3	E1/0/0.36	三层子接口	36
	E1/0/1.315	三层子接口	315
BRAS	GE0/0/0.200	三层子接口	200

1. 配置 Access 接口和 Trunk 接口

此处只给出交换机 SW1 的 Access 接口和 Trunk 接口配置命令，其他设备配置命令与此处命令相同。

```
[SW1]vlan batch 7 10 20 30 40 50 70 80 100
[SW1]interface GigabitEthernet0/0/1
[SW1-GigabitEthernet0/0/1]port link-type access                //配置接口的链路类型为 Access
[SW1-GigabitEthernet0/0/1]port default vlan 80                 //配置接口的缺省 VLAN ID
[SW1]interface GigabitEthernet0/0/2
[SW1-GigabitEthernet0/0/2]port link-type trunk                 //配置接口的链路类型为 Trunk
[SW1-GigabitEthernet0/0/2]undo port trunk allow-pass vlan 1    //删除 Trunk 接口加入的 VLAN
[SW1-GigabitEthernet0/0/2]port trunk allow-pass vlan 10 20 30 40  //配置 Trunk 接口加入的 VLAN
[SW1]interface GigabitEthernet0/0/5
[SW1-GigabitEthernet0/0/5]port link-type trunk
[SW1-GigabitEthernet0/0/5]undo port trunk allow-pass vlan 1
[SW1-GigabitEthernet0/0/5]port trunk allow-pass vlan 10 20 30 40
[SW1]interface GigabitEthernet0/0/8
[SW1-GigabitEthernet0/0/8]port link-type trunk
[SW1-GigabitEthernet0/0/8]undo port trunk allow-pass vlan 1
[SW1-GigabitEthernet0/0/8]port trunk allow-pass vlan 7 70
[SW1]interface Eth-Trunk1
[SW1-Eth-Trunk1]port link-type trunk
[SW1-Eth-Trunk1]undo port trunk allow-pass vlan 1
[SW1-Eth-Trunk1]port trunk allow-pass vlan 10 20 30 40 100
```

2. 配置设备三层子接口

防火墙三层子接口的配置以防火墙 DCFW 为例，配置命令如下。

```
[DCFW]interface GigabitEthernet1/0/1.1619 //创建子接口
[DCFW-GigabitEthernet1/0/1.1619]vlan-type dot1q 1619           //配置子接口 Dot1q 终结的 VLAN ID
[DCFW]interface GigabitEthernet1/0/1.1916
[DCFW-GigabitEthernet1/0/1.1916]vlan-type dot1q 1916
```

AR2240 路由器三层子接口的配置以 DCGW 为例，配置命令如下。

```
[DCGW]interface GigabitEthernet0/0/1.315
[DCGW-GigabitEthernet0/0/1.315]dot1q termination vid 315       //配置子接口 Dot1q 终结的 VLAN ID
[DCGW-GigabitEthernet0/0/1.315]arp broadcast enable            //使能终结子接口的 ARP 广播功能
[DCGW]interface GigabitEthernet0/0/2.1516
[DCGW-GigabitEthernet0/0/2.1516]dot1q termination vid 1516
[DCGW-GigabitEthernet0/0/2.1516]arp broadcast enable
```

3. 配置设备二层子接口

NE40 路由器二层子接口的配置以路由器 PE1 为例，配置命令如下。

```
[PE1]interface Ethernet1/0/0.200 mode l2                       //创建二层子接口
[PE1-Ethernet1/0/0.200]encapsulation dot1q vid 200
//指定二层子接口接收带指定 802.1Q Tag 封装的报文
```

4. 验证

（1）通过 **display port vlan** 命令查看 VLAN 中包含的接口信息。

```
<SW1>display port vlan
Port                    Link Type     PVID  Trunk VLAN List
-------------------------------------------------------------------------------
Eth-Trunk1              trunk         1     10 20 30 40 100
GigabitEthernet0/0/1      access       80     -
GigabitEthernet0/0/2      trunk         1      10 20 30 40
GigabitEthernet0/0/5      trunk         1      10 20 30 40
GigabitEthernet0/0/8      trunk         1      7 70
```

以上输出显示了交换机 SW1 的 VLAN 中包含的接口信息，具体信息包括接口链路类型、所属的缺省 VLAN ID 以及允许通过的 VLAN ID 等。

（2）通过 **display this** 命令查看具体子接口视图下的配置。

```
[DCFW]interface GigabitEthernet1/0/1.1619
[DCFW-GigabitEthernet1/0/1.1619]display this
2024-06-15 05:58:15.050
#
interface GigabitEthernet1/0/1.1619
 vlan-type dot1q 1619
#
return
[DCFW-GigabitEthernet1/0/1.1619]
```

以上输出显示了防火墙 DCFW 的三层子接口配置。

```
[PE1]interface Ethernet1/0/0.200 mode l2
[PE1-Ethernet1/0/0.200]display this
#
interface Ethernet1/0/0.200 mode l2
 encapsulation dot1q vid 200
```

以上输出显示了路由器 PE1 的二层子接口配置。

（二）IP 地址部署

根据表 4-4 所示 IP 地址规划配置网络接口的 IP 地址。

表 4-4　IP 地址规划

设备	接口	IPv4 地址	IPv6 地址	说明
PE1	E1/0/0	200.1.20.1/30	—	与 AR3 的互联接口地址
	E1/0/1	10.1.2.1/30	2001:1:2::/127	与 PE2 的互联接口地址
	E1/0/2	10.1.3.1/30	2001:1:3::/127	与 PE3 的互联接口地址
	E1/0/3	200.1.1.254/24	—	SSL VPN Client 网关
	Loopback0	1.1.1.1/32	2000::1/128	—
	Loopback88	88.88.88.88/24	—	模拟 IPv4 Internet
PE2	E1/0/0	200.2.5.1/30	—	与 AR1 的互联接口地址

续表

设备	接口	IPv4 地址	IPv6 地址	说明
PE2	E1/0/0.25	10.2.5.1/30	—	与 AR1 的互联接口地址，VRF
	E1/0/1	10.1.2.2/30	2001:1:2::1/127	与 PE1 的互联接口地址
	E1/0/3	10.2.3.1/30	2001:2:3::/127	与 PE3 的互联接口地址
	E1/0/9	10.2.4.2/30	—	与 BRAS 的互联接口地址
	Loopback0	2.2.2.2/32	2000::2/128	
PE3	E1/0/0	200.3.6.1/30	—	与 AR2 的互联接口地址
	E1/0/0.36	10.3.6.1/30	—	与 AR2 的互联接口地址，VRF
	E1/0/1	200.3.15.1/30	—	与DCGW的互联接口地址
	E1/0/1.315	10.3.15.1/30	—	与 DCGW 的互联接口地址，VRF
	E1/0/2	10.1.3.2/30	2001:1:3::1/127	与 PE1 的互联接口地址
	E1/0/3	10.2.3.2/30	2001:2:3::1/127	与 PE2 的互联接口地址
	Loopback0	3.3.3.3/32	2000::3/128	
BRAS	GE0/0/0	10.2.4.1/30	—	与 PE2 的互联接口地址
	Virtual-Template1	192.168.171.251/24	—	PPPoE Server
AR1	GE0/0/0	200.2.5.2/30	—	与 PE2 的互联接口地址
	GE0/0/0.25	10.2.5.2/30	—	与 PE2 的互联接口地址
	GE0/0/1	10.5.6.1/30	—	与 AR2 的互联接口地址
	GE0/0/2	10.5.22.1/30	—	与 FW1 的互联接口地址
	Loopback0	5.5.5.5/32	—	OSPF Router-ID
AR2	GE0/0/0	200.3.6.2/30	—	与 PE3 的互联接口地址
	GE0/0/0.36	10.3.6.2/30	—	与 PE3 互联
	GE0/0/1	10.5.6.2/30	—	与 AR1 的互联接口地址
	GE0/0/2	10.6.23.1/30	—	与 FW2 的互联接口地址
	Loopback0	6.6.6.6/32	—	OSPF Router-ID
SW1	Vlanif7	10.78.16.251/24	—	与 DCSW1 互联
	Vlanif10	192.170.1.251/24	—	内网 PC1/PC2 业务网段
	Vlanif20	10.11.12.251/24	—	内网 AP 管理网段
	Vlanif30	192.169.1.251/24	—	内网 SSID-Internal 网段
	Vlanif40	193.169.1.251/24	—	内网 SSID-Internet 网段
	Vlanif50	10.7.13.1/30	—	与 AC1 互联接口地址
	Vlanif70	10.16.78.251/24	—	与 DCSW1 互联

续表

设备	接口	IPv4 地址	IPv6 地址	说明
SW1	Vlanif80	10.7.22.1/30	—	与 FW1 的互联接口地址
	Vlanif100	10.7.8.1/30	—	与 SW2 的互联接口地址
	Loopback0	7.7.7.7/32	—	OSPF Router-ID
SW2	Vlanif7	10.78.16.252/24	—	与 DCSW1 的互联接口地址
	Vlanif10	192.170.1.252/24	—	内网 PC1/PC2 业务网段
	Vlanif20	10.11.12.252/24	—	内网 AP 管理网段
	Vlanif30	192.169.1.252/24	—	内网 SSID-Internal 网段
	Vlanif40	193.169.1.252/24	—	内网 SSID-Internet 网段
	Vlanif60	10.8.14.1/30	—	与 AC2 的互联接口地址
	Vlanif70	10.16.78.252/24	—	与 DCSW1 的互联接口地址
	Vlanif90	10.8.23.1/30	—	与 FW2 的互联接口地址
	Vlanif100	10.7.8.2/30	—	与 SW1 的互联接口地址
	Loopback0	8.8.8.8/32		OSPF Router-ID
AC1	Vlanif50	10.7.13.2/30	—	与 SW1 的互联接口地址
	Vlanif110	10.13.14.1/30	—	与 AC2 的互联接口地址
AC2	Vlanif60	10.8.14.2/30	—	与 SW2 的互联接口地址
	Vlanif110	10.13.14.2/30	—	与 AC1 的互联接口地址
FW1	GE1/0/1	10.7.22.2/30	—	与 SW1 的互联接口地址
	GE1/0/2	10.5.22.2/30	—	与 AR1 的互联接口地址
	GE1/0/3	10.22.23.1/30	—	与 FW2 的互联接口地址
	Loopback0	22.22.22.22/32	—	OSPF Router-ID
FW2	GE1/0/1	10.8.23.2/30	—	与 SW2 的互联接口地址
	GE1/0/2	10.6.23.2/30	—	与 AR2 的互联接口地址
	GE1/0/3	10.22.23.2/30	—	与 FW1 的互联接口地址
	Loopback0	23.23.23.23/32	—	OSPF Router-ID
DCGW	GE0/0/1	200.3.15.2/30	—	与 PE3 的互联接口地址
	GE0/0/1.315	10.3.15.2/30	—	与 PE3 的互联，子接口
	GE0/0/2.1516	10.15.16.1/30	—	与 DCSW1 互联
	Loopback0	15.15.15.15/32	—	—
DCSW1	Vlanif1516	10.15.16.2/30	—	与 DCGW 互联
	Vlanif1619	10.16.19.1/30	—	与 DCFW 互联
	Vlanif1916	10.19.16.1/30	—	与 DCFW 互联，VRF
	Vlanif7	10.78.16.1/24	—	与 SW1、SW2 互联，VRF

续表

设备	接口	IPv4 地址	IPv6 地址	说明
DCSW1	Vlanif70	10.16.78.1/24	—	与 SW1、SW2 互联，VRF
	Vlanif1000	172.16.1.254/24	—	Video Server 网关，VRF
	Vlanif2000	173.16.1.254/24	—	OA Server 网关，VRF
	Loopback0	16.16.16.16/32	—	—
DCFW	GE1/0/1.1619	10.16.19.2/30	—	与 DCSW1 互联
	GE1/0/1.1916	10.19.16.2/30	—	与 DCSW1 互联
AR3	Dialer1	由 BRAS 分配	—	—
	GE0/0/0	192.168.172.254/24	—	—
	GE0/0/2	200.1.20.2/30	—	与 PE1 互联
PC1	E0/0/1	由 DHCP 分配，服务器为 SW1/SW2，192. 170.1.0/24 网段	—	—
PC2	E0/0/1	由 DHCP 分配固定 IP 地址，服务器为 SW1/SW2，固定 IP 地址为 192.170.1. 100/24	—	—
AP1	Vlanif20	由 DHCP 分配，服务器为 AC1/AC2，10.11. 12.0/24 网段	—	—
AP2	Vlanif20	由 DHCP 分配，服务器为 AC1/AC2，10.11. 12.0/24 网段	—	—
STA1	—	由 DHCP 分配，服务器为 SW1/SW2，Internal 为 192.169.1.0/24 网段；Internet 为 193.169.1.0/24 网段	—	—
STA2	—	由 DHCP 分配，服务器为 SW1/SW2，Internal 为 192.169.1.0/24 网段；Internet 为 193.169.1.0/24 网段	—	—
PC3	E0/0/1	192.168.172.100/24	—	—
Video Server	E0/0/1	172.16.1.1/24	—	—
OA Server	E0/0/1	173.16.1.1/24	—	—
SSL VPN Client	E0/0/1	静态配置 200.1.1.100/24；网关为 200.1.1.254	—	—

【解析】

配置 IPv4 地址和 IPv6 地址比较简单，此处只给出路由器 PE1 上的 IPv4 地址和 IPv6 地址配置，其他设备上的 IP 地址配置请读者自行完成。

1. 配置 IPv4 地址

```
[PE1]interface Ethernet1/0/0
[PE1-Ethernet1/0/0]ip address 200.1.20.1 255.255.255.252
[PE1]interface Ethernet1/0/1
[PE1-Ethernet1/0/1]ip address 10.1.2.1 255.255.255.252
[PE1]interface Ethernet1/0/2
[PE1-Ethernet1/0/2]ip address 10.1.3.1 255.255.255.252
[PE1]interface Ethernet1/0/3
[PE1-Ethernet1/0/3]ip address 200.1.1.254.255.255.255.0
[PE1]interface LoopBack0
[PE1-LoopBack0]ip address 1.1.1.1 255.255.255.255
[PE1]interface LoopBack88
[PE1-LoopBack0]ip address 88.88.88.88 255.255.255.0
```

2. 配置 IPv6 地址

```
[PE1]interface Ethernet1/0/1
[PE1-Ethernet1/0/1]ipv6 enable  //接口上使能 IPv6 功能
[PE1-Ethernet1/0/1]ipv6 address 2001:1:2::/127                //配置 IPv6 地址
[PE1]interface Ethernet1/0/2
[PE1-Ethernet1/0/2]ipv6 enable
[PE1-Ethernet1/0/2]ipv6 address 2001:1:3::/127
[PE1]interface LoopBack0
[PE1-LoopBack0]ipv6 enable
[PE1-LoopBack0]ipv6 address 2000::1/128
```

3. 验证

（1）通过 **display ip interface brief** 命令查看接口与 IP 相关的摘要信息。

```
[PE1]display ip interface brief
*down: administratively down
!down: FIB overload down
^down: standby
(l): loopback
(s): spoofing
(d): Dampening Suppressed
(E): E-Trunk down
The number of interface that is UP in Physical is 23
The number of interface that is DOWN in Physical is 2
The number of interface that is UP in Protocol is 16
The number of interface that is DOWN in Protocol is 9
Interface                          IP Address/Mask      Physical   Protocol VPN
Ethernet1/0/0                        200.1.20.1/30        up         up       --
Ethernet1/0/1                        10.1.2.1/30          up         up       --
Ethernet1/0/2                        10.1.3.1/30          up         up       --
LoopBack0                          1.1.1.1/32           up         up(s)    --
LoopBack88                         88.88.88.88/24       up         up(s)    --
```

以上输出显示了路由器 PE1 的接口与 IP 相关的摘要信息，包括 IP 地址、子网掩码、物理链路和协议的 Up/Down 状态以及处于不同状态的接口数目等。

（2）通过 **display ipv6 interface brief** 命令查看接口的 IPv6 摘要信息。

```
[PE1]display ipv6 interface brief
*down: administratively down
!down: FIB overload down
(l): loopback
(s): spoofing
```

```
Interface                          Physical            Protocol VPN
Ethernet1/0/1                      up                  up       --
[IPv6 Address]2001:1:2::
Ethernet1/0/2                      up                  up       --
[IPv6 Address]2001:1:3::
LoopBack0                        up                  up(s)    --
[IPv6 Address]2000::1
```

以上输出显示了路由器 PE1 的接口的 IPv6 摘要信息，包括 IPv6 地址、物理链路和协议的 Up/Down 状态等。

2. 任务二：运营商城域网 IGP&BGP 部署

（一）IGP & Segment Routing 部署

在运营商城域网中，PE1、PE2、PE3 为城域网路由器，负责接入企业总部、企业分部以及企业数据中心；BRAS 为智能化多业务控制网关。运营商城域网部署 IS-IS 实现城域网内各 PE 之间的互联接口地址（IPv4 地址&IPv6 地址）和 Loopback 接口地址（IPv4 地址&IPv6 地址）的互通；由于该城域网承载多种类型的业务，因此需要部署 SR-MPLS 以及 SRv6 隧道来承载 VPN 业务。（任务二的配置是任务六的基础，可以尝试结合阅读两个任务来作答。）配置要求如下。

1. 各 PE（不包括 BRAS）上部署 IS-IS，IS-IS 进程号为 20，区域号为 49.0001，全网运行 Level-2，IS-IS 路由器的系统 ID 使用 Loopback0 接口的 IPv4 地址进行合理映射，例如 IPv4 地址为 2.2.2.2，系统 ID 就为 0020.0200.2002。

【解析】

在路由器 PE1、PE2 和 PE3 上部署 IS-IS 进程以及设置 IS-IS 路由器类型和系统 ID 等。

1. 配置路由器 PE1

```
[PE1]isis 20//创建 IS-IS 进程
[PE1-isis-20]is-level level-2                                    //设置 IS-IS 路由器的级别为 Level-2
[PE1-isis-20]cost-style wide-compatible
//指定 IS-IS 路由器可以接收开销类型为 narrow 和 wide 的路由，但只发送开销类型为 wide 的路由
[PE1-isis-20]network-entity 49.0001.0010.0100.1001.00   //设置指定 IS-IS 进程的网络实体名称
[PE1]interface Ethernet1/0/1
[PE1-Ethernet1/0/1]isis enable 20                        //使能接口的 IS-IS 功能并指定要关联的 IS-IS 进程号
[PE1]interface Ethernet1/0/2
[PE1-Ethernet1/0/2]isis enable 20
[PE1]interface LoopBack 0
[PE1-LoopBack0]isis enable 20
```

2. 配置路由器 PE2

```
[PE2]isis 20
[PE2-isis-20]is-level level-2
[PE2-isis-20]cost-style wide-compatible
[PE2-isis-20]network-entity 49.0001.0020.0200.2002.00
[PE2]interface Ethernet1/0/1
[PE2-Ethernet1/0/1]isis enable 20
[PE2]interface Ethernet1/0/3
[PE2-Ethernet1/0/3]isis enable 20
[PE2]interface LoopBack 0
[PE2-LoopBack0]isis enable 20
```

3. 配置路由器 PE3

```
[PE3]isis 20
[PE3-isis-20]is-level level-2
[PE3-isis-20]cost-style wide-compatible
[PE3-isis-20]network-entity 49.0001.0030.0300.3003.00
[PE3]interface Ethernet1/0/2
[PE3-Ethernet1/0/2]isis enable 20
[PE3]interface Ethernet1/0/3
[PE3-Ethernet1/0/3]isis enable 20
[PE3]interface LoopBack 0
[PE3-LoopBack0]isis enable 20
```

4. 验证

（1）通过 **display isis peer** 命令查看 IS-IS 邻居状态。

```
[PE1]display isis peer
                          Peer information for ISIS(20)
   System Id      Interface           Circuit Id           State  Holdtime   type      PRI
----------------------------------------------------------------------------------------------------------------------------
0020.0200.2002* Eth1/0/1          0000000008          Up    30s         L2         --
0030.0300.3003* Eth1/0/2          0000000011          Up    26s         L2         --
Total Peer(s): 2
```

以上输出显示了路由器 PE1 的两个 IS-IS 邻居已经建立，并且邻居类型为 L2，IS-IS 的进程号为 20，系统 ID 按照需求配置成功。

（2）使用 **display isis interface** 命令查看路由器使能 IS-IS 的接口信息。

```
<PE1>display isis interface
                        Interface information for ISIS(20)
                        ----------------------------------------
  Interface          Id        IPV4.State          IPV6.State       MTU  Type  DIS
  Eth1/0/1          009          Up                  Up          1497   L2     --
  Eth1/0/2          012          Up                  Up          1497   L2     --
  Loop0            028          Up                  Up          1500   L2     --
```

2. 按照图 4-23 所示的规划配置链路的 Cost 值，链路两端的接口 Cost 值与链路的 Cost 值一致，如图 4-23 中 PE1 与 PE2 之间的“Cost 100”表示 PE1 与 PE2 的互联接口的 Cost 值均为 100。

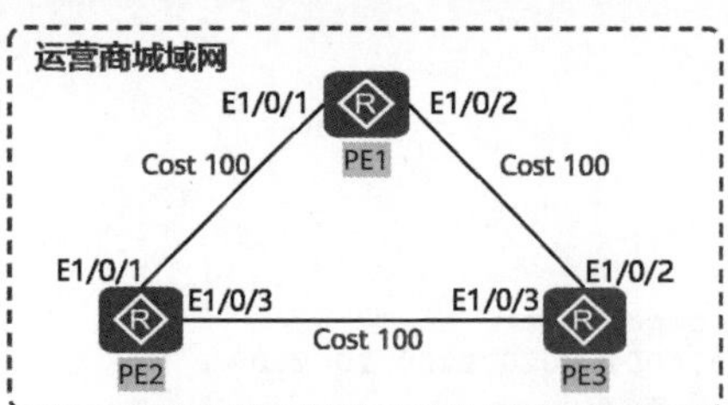

图 4-23　IS-IS Cost 值规划

【解析】

在路由器 PE1、PE2 和 PE3 上配置 IS-IS 接口的 IPv4 链路开销即 Cost 值。

1. 配置路由器 PE1

```
[PE1]interface Ethernet1/0/1
[PE1-Ethernet1/0/1]isis cost 100                          //配置 IS-IS 接口的 IPv4 链路的 cost 值为 100
[PE1]interface Ethernet1/0/2
[PE1-Ethernet1/0/2]isis cost 100
```

2. 配置路由器 PE2

```
[PE2]interface Ethernet1/0/1
[PE2-Ethernet1/0/1]isis cost 100
[PE2]interface Ethernet1/0/3
[PE2-Ethernet1/0/3]isis cost 100
```

3. 配置路由器 PE3

```
[PE3]interface Ethernet1/0/2
[PE3-Ethernet1/0/2]isis cost 100
[PE3]interface Ethernet1/0/3
[PE3-Ethernet1/0/3]isis cost 100
```

4. 验证

使用 **display isis interface** 命令查看路由器使能 IS-IS 接口 Ethernet 1/0/1 的接口详细信息。

```
[PE1]display isis interface Ethernet 1/0/1 verbose | include Cost
Info: It will take a long time if the content you search is too much or the stri
ng you input is too long, you can press CTRL_C to break.
                      Interface information for ISIS(20)
                      ----------------------------------

 Interface          Id       IPV4.State           IPV6.State      MTU  Type  DIS
  Cost                          :  L1    100  L2    100
  Ipv6 Cost                      :  L1    100  L2    100
```

3. 为了加快 IGP 收敛，配置运营商城域网内 IS-IS 路由器互联链路为 P2P；配置 LSP 生成的智能定时器，其最大延迟时间为 1s、初始延迟时间为 50ms、递增时间为 50ms；调整 SPF 的计算时间，其中最大延迟时间为 1s、初始延时为 50ms、递增时间为 50ms；使能 LSP 的快速扩散特性；配置动态 BFD for IS-IS；在所有运行 IS-IS 的接口上使能 BFD，配置检测周期 500ms×5，以实现 IS-IS 更快地检测到邻居状态变化，从而保证网络的快速收敛。

【解析】

在路由器 PE1、PE2 和 PE3 上配置 IS-IS 的高级特性，包括修改接口的网络类型、使能 LSP 的快速扩散以特性及与 BFD 联动等。

1. 配置路由器 PE1

```
[PE1]interface Ethernet1/0/1
[PE1-Ethernet1/0/1]isis circuit-type p2p                        //将 IS-IS 接口的网络类型修改为 P2P 类型
[PE1]interface Ethernet1/0/2
[PE1-Ethernet1/0/2]isis circuit-type p2p
[PE1]bfd //全局使能 BFD
[PE1]isis 20
[PE1-isis-20]timer lsp-generation 1 50 50 level-2
//配置 LSP 生成智能定时器，指定其最大延迟时间为 1s、初始延迟时间为 50ms、递增时间为 50ms
[PE1-isis-20]bfd all-interfaces enable                          //在 IS-IS 进程下使能 BFD
[PE1-isis-20]bfd all-interfaces min-tx-interval 500 min-rx-interval 500 detect-multiplier 5
```

```
//配置 IS-IS 与 BFD 联动时 BFD 会话的参数，指定向对端发送 BFD 报文的最小发送间隔、期望从对端接收 BFD 报文的最小接收间隔和本地检测倍数
[PE1-isis-20]flash-flood level-2          //在 Level-2 中使能 LSP 快速扩散特性，以便加快 IS-IS 网络的收敛速度
[PE1-isis-20]timer spf 1 50 50            //配置 SPF 路由计算的延迟时间
```

2. 配置路由器 PE2

```
[PE2]interface Ethernet1/0/1
[PE2-Ethernet1/0/1]isis circuit-type p2p
[PE2]interface Ethernet1/0/3
[PE2-Ethernet1/0/3]isis circuit-type p2p
[PE2]bfd
[PE2]isis 20
[PE2-isis-20]timer lsp-generation 1 50 50 level-2
[PE2-isis-20]bfd all-interfaces enable
[PE2-isis-20]bfd all-interfaces min-tx-interval 500 min-rx-interval 500 detect-multiplier 5
[PE2-isis-20]flash-flood level-2
[PE2-isis-20]timer spf 1 50 50
```

3. 配置路由器 PE3

```
[PE3]interface Ethernet1/0/2
[PE3-Ethernet1/0/2]isis circuit-type p2p
[PE3]interface Ethernet1/0/3
[PE3-Ethernet1/0/3]isis circuit-type p2p
[PE3]bfd
[PE3]isis 20
[PE3-isis-20]timer lsp-generation 1 50 50 level-2
[PE3-isis-20]bfd all-interfaces enable
[PE3-isis-20]bfd all-interfaces min-tx-interval 500 min-rx-interval 500 detect-multiplier 5
[PE3-isis-20]flash-flood level-2
[PE3-isis-20]timer spf 1 50 50
```

4. 验证

（1）使用 **display isis interface verbose** 命令查看路由器使能 IS-IS 接口 Eth1/0/1 的接口详细信息。

```
<PE1>display isis interface e1/0/1 verbose
                        Interface information for ISIS(20)
                        ----------------------------------

 Interface         Id       IPV4.State          IPV6.State     MTU  Type  DIS
 Eth1/0/1          009        Up                     Up      1497   L2    --
  Circuit MT State             : Standard  Ipv6
  Circuit Parameters           : p2p
  Description                  :
  SNPA Address                 : 381c-c702-0101
  IP Address                   : 10.1.2.1
  Maximum SID Depth            : 10
  IPV6 Link Local Address      : FE80::3A1C:C7FF:FE02:101
  IPV6 Global Address(es)      : 2001:1:2::
  Csnp Timer Value             :  L1    10  L2    10
  Hello Timer Value            :        10
  DIS Hello Timer Value        :
  Hello Multiplier Value       :         3
  LSP-Throttle Timer           :  L12    50 <ms>
  Cost                         :  L1   100  L2   100
  Ipv6 Cost                    :  L1   100  L2   100
  Retransmit Timer Value       :  L1     5  L2     5
  Bandwidth-Value              :  Low  100000000  High          0
  Static Bfd                   :  NO
```

```
  Dynamic Bfd                   :  YES
  Static IPv6 Bfd               :  NO
  Dynamic IPv6 Bfd              :  NO
  Suppress Base                 :  NO
  IPv6 Suppress Base            :  NO
  Virtual Cluster ACCESS        :  NO
  Extended-Circuit-Id Value     :  0000000008
  Circuit State                 :  OSI:UP   / IP:UP    / MTU:UP    / SNPA:UP    /
                                   BandWidth:UP    / IsEnable:UP    / Interface:UP
  Circuit Ipv6 State            :  OSI:UP   / IP:UP    / MTU:UP    / SNPA:UP    /
                                   BandWidth:UP    / IsEnable:UP    / Interface:UP
  Link quality adjust cost      :  NO
  Link quality                  :  0x0(GOOD)
  Suppress flapping peer        :  YES(flapping-count: 0, threshold: 10)
```

（2）使用 **display isis bfd interface** 命令查看路由器使能 BFD 的接口信息。

```
<PE1>display isis bfd interface

                    BFD information of interface for ISIS(20)
                   --------------------------------------------------

 Interface            BFD.State          Min-Tx             Min-Rx            Mul
 Eth1/0/1               enable             500                500               5

 Eth1/0/2               enable             500                500               5

 Total interfaces: 2                               Total bfd enabled interfaces: 2
```

（3）使用 **display isis bfd session all** 命令查看路由器 IS-IS 的 BFD 会话信息。

```
<PE1>display isis bfd session all

                      BFD session information for ISIS(20)
                      -------------------------------------------
Peer System ID : 0020.0200.2002          Interface : Eth1/0/1
TX : 500            BFD State : up      Peer IP Address : 10.1.2.2
RX : 500            LocDis : 16385      Local IP Address: 10.1.2.1
Multiplier : 5         RemDis : 16386      Type : L2
Diag : No diagnostic information
Peer System ID : 0030.0300.3003          Interface : Eth1/0/2
TX : 500            BFD State : up      Peer IP Address : 10.1.3.2
RX : 500            LocDis : 16386      Local IP Address: 10.1.3.1
Multiplier : 5         RemDis : 16385      Type : L2
Diag : No diagnostic information
Total BFD session(s): 2
```

4. 为避免恶意报文攻击网络，要求配置 IS-IS 认证来提高网络的安全性，对 IS-IS 的 Level 2 的 LSP 与 SNP 报文进行 MD5 认证，认证密码为 Huawei@123。

【解析】

在路由器 PE1、PE2 和 PE3 上配置 IS-IS 认证，对 IS-IS 的 Level 2 的 LSP 与 SNP 报文进行 MD5 认证。

1. 配置路由器 PE1

```
[PE1]isis 20
[PE1-isis-20]domain-authentication-mode md5 cipher Huawei@123
//配置对 Level 2 的 LSP 与 SNP 报文进行 MD5 验证，密码利用密文方式，密码为 Huawei@123
```

2. 配置路由器 PE2

```
[PE2]isis 20
[PE2-isis-20]domain-authentication-mode md5 cipher Huawei@123
```

3. 配置路由器 PE3

```
[PE3]isis 20
[PE3-isis-20]domain-authentication-mode md5 cipher Huawei@123
```

5. 使能 IS-IS 进程中 IPv6 拓扑的 IPv6 拓扑功能，接口在 IPv6 拓扑中的链路的 Cost 值与在 IPv4 拓扑中的保持一致。

【解析】

在路由器 PE1、PE2 和 PE3 上配置 IS-IS 进程的 IPv6 能力以及 IS-IS 接口在 IPv6 拓扑中的链路的 Cost 值等。

1. 配置路由器 PE1

```
[PE1]isis 20
[PE1-isis-20]ipv6 enable topology ipv6
//使能 IS-IS 进程的 IPv6 能力，指定 IS-IS 网络拓扑类型为 IPv6 拓扑
[PE1]interface Ethernet1/0/1
[PE1-Ethernet1/0/1]isis ipv6 ipv6 enable 20      //使能接口的 IS-IS  IPv6 功能并指定要关联的 IS-IS 进程号
[PE1-Ethernet1/0/1]isis ipv6 cost 100            //配置 IS-IS 接口在 IPv6 拓扑中的链路的 cost 值为 100
[PE1]interface Ethernet1/0/2
[PE1-Ethernet1/0/2]isis ipv6 ipv6 enable 20
[PE1-Ethernet1/0/2]isis ipv6 cost 100
[PE1]interface LoopBack 0
[PE1-LoopBack0]isis ipv6 ipv6 enable 20
```

2. 配置路由器 PE2

```
[PE2]isis 20
[PE2-isis-20]ipv6 enable topology ipv6
[PE2]interface Ethernet1/0/1
[PE2-Ethernet1/0/1]isis ipv6 ipv6 enable 20
[PE2-Ethernet1/0/1]isis ipv6 cost 100
[PE2]interface Ethernet1/0/3
[PE2-Ethernet1/0/3]isis ipv6 ipv6 enable 20
[PE2-Ethernet1/0/3]isis ipv6 cost 100
[PE2]interface LoopBack 0
[PE2-LoopBack0]isis ipv6 ipv6 enable 20
```

3. 配置路由器 PE3

```
[PE3]isis 20
[PE3-isis-20]ipv6 enable topology ipv6
[PE3]interface Ethernet1/0/2
[PE3-Ethernet1/0/2]isis ipv6 ipv6 enable 20
[PE3-Ethernet1/0/2]isis ipv6 cost 100
[PE3]interface Ethernet1/0/3
[PE3-Ethernet1/0/3]isis ipv6 ipv6 enable 20
[PE3-Ethernet1/0/3]isis ipv6 cost 100
[PE3]interface LoopBack 0
[PE3-LoopBack0]isis ipv6 ipv6 enable 20
```

4. 验证

使用 **display isis peer verbose** 命令查看指定接口 Eth1/0/1 上 IS-IS 邻居的详细信息。

```
[PE1]display isis peer verbose interface e1/0/1
                          Peer Verbose information for ISIS(20)

  System Id      Interface            Circuit Id          State Holdtime Type      PRI
--------------------------------------------------------------------------------------
0020.0200.2002* Eth1/0/1             0000000008           Up    26s      L2        --

  MT IDs supported      : 0(UP)  2(UP)
  Local MT IDs          : 0 2
  Area Address(es)      : 49.0001
  Peer IP Address(es)   : 10.1.2.2
  Peer IPV6 Address(es): FE80::3A07:BEFF:FE01:101
  Peer IPV6 GlbAddr(es): 2001:1:2::1
  Uptime                : 01h12m54s
  Peer Up Time          : 2024-06-15 14:30:33
  Adj Protocol          : IPv4  IPV6
  Restart Capable       : YES
  Suppressed Adj        : NO
  Peer System Id        : 0020.0200.2002
  Adj SID               : 48082
  End.X Sid             : 2024:1111::1:0:1C/128  no-psp
  End.X Sid             : 2024:1111::1:0:1D/128  psp

Total Peer(s): 1
```

6. 部署基于MPLS的Segment Routing分段路由功能，并为Loopback接口的IP地址配置Prefix SID，但Prefix SID不能为绝对值。

【解析】

在路由器PE1、PE2和PE3上部署基于MPLS的Segment Routing分段路由功能。

1. 配置路由器PE1

```
[PE1]segment-routing                           //使能SR（Segment Routing，分段路由）功能
[PE1]isis 20
[PE1-isis-20]segment-routing mpls              //使能IS-IS的SR功能
[PE1]interface LoopBack 0
[PE1-LoopBack0]isis prefix-sid index 111
//在Loopback0接口下配置该接口的IP地址为SR标签前缀
```

2. 配置路由器PE2

```
[PE2]segment-routing
[PE2]isis 20
[PE2-isis-20]segment-routing mpls
[PE2]interface LoopBack 0
[PE2-LoopBack0]isis prefix-sid index 222
```

3. 配置路由器PE3

```
[PE3]segment-routing
[PE3]isis 20
[PE3-isis-20]segment-routing mpls
[PE3]interface LoopBack 0
[PE3-LoopBack0]isis prefix-sid index 333
```

4. 验证

通过**display tunnel-info all**命令查看隧道信息。

```
[PE1-LoopBack0]display tunnel-info all
Tunnel ID            Type                Destination                          Status
----------------------------------------------------------------------------------------------------------------
0x000000002900000004 srbe-lsp            3.3.3.3                              UP
0x000000002900000043 srbe-lsp            2.2.2.2                              UP
```

7. 部署 SRv6 BE，指定 Loopback0 的 IPv6 地址为各 PE SRv6 封装的源地址。各 PE 的 Locator 取名为 srbe，前缀为 64 位，静态段长度为 32 位，并采用手动指定的方式分配 END.OTP SID 和 END.DT4 SID（需要先完成任务六 VPN 创建）。

【解析】

在路由器 PE1、PE2 和 PE3 之间部署 SRv6 BE，建立 SRv6 BE 路径。

1. 配置路由器 PE1

```
[PE1]segment-routing ipv6                                          //使能 SRv6 功能
[PE1-segment-routing-ipv6]encapsulation source-address 2001::1 //配置 SRv6 封装的源地址为 Loopback0 的IPv6 地址
[PE1-segment-routing-ipv6]locator srbe ipv6-prefix 2024:1111:: 64 static 32
//配置 SRv6 Locator，指定 IPv6 地址前缀、IPv6 地址掩码长度和静态段长度
[PE1-segment-routing-ipv6-locator]opcode ::2 end-dt4 vpn-instance enterprise
//配置静态 SRv6 End.DT4 SID 的 Opcode，指定 VPN 实例名称
[PE1-segment-routing-ipv6-locator]opcode ::1 end-otp               //配置静态 SRv6 End.OTP SID 的 Opcode
[PE1]isis 20
[PE1-isis-20]segment-routing ipv6 locator srbe                     //使能 IS-IS SRv6 能力
```

2. 配置路由器 PE2

```
[PE2]segment-routing ipv6
[PE2-segment-routing-ipv6]encapsulation source-address 2001::2
[PE2-segment-routing-ipv6]locator srbe ipv6-prefix 2024:2222:: 64 static 32
[PE2-segment-routing-ipv6-locator]opcode ::2 end-dt4 vpn-instance enterprise
[PE2-segment-routing-ipv6-locator]opcode ::1 end-otp
[PE2]isis 20
[PE2-isis-20]segment-routing ipv6 locator srbe
```

3. 配置路由器 PE3

```
[PE3]segment-routing ipv6
[PE3-segment-routing-ipv6]encapsulation source-address 2001::3
[PE3-segment-routing-ipv6]locator srbe ipv6-prefix 2024:3333:: 64 static 32
[PE3-segment-routing-ipv6-locator]opcode ::2 end-dt4 vpn-instance enterprise
[PE3-segment-routing-ipv6-locator]opcode ::1 end-otp
[PE3]isis 20
[PE3-isis-20]segment-routing ipv6 locator srbe
```

4. 验证

使用 **display segment-routing ipv6 locator srbe verbose** 命令查看路由器 SRv6 的 Locator 信息。

```
[PE1]display segment-routing ipv6 locator srbe verbose

                        Locator Configuration Table
                        --------------------------------

LocatorName   : srbe                                 LocatorID    : 1
IPv6Prefix    : 2024:1111::                           PrefixLength: 64
StaticLength  : 32                                    Reference    : 1
```

```
Default       : N                                  ArgsLength  : 0
AutoSIDBegin : 2024:1111::1:0:0
AutoSIDEnd   : 2024:1111::FFFF:FFFF:FFFF:FFFF

Total Locator(s): 1
```

8. 为提高 SR 的可靠性，需要针对 SR-MPLS 和 SRv6 部署 Level-2 TI-LFA FRR 技术，同时开启本地防微环和远端防微环功能，并指定延迟时间为 4000ms。SRv6 配置参数如表 4-5 所示。

表 4-5 SRv6 配置参数

设备	SRGB	Loopback0 SID Index	SRv6 源地址	Locator 前缀	静态	End.OTP	End.DT4
PE1	20000~30000	111	Loopback0	2024:1111::/64	32	::1	::2 （需要完成任务六 VPN 创建）
PE2		222		2024:2222::/64			
PE3		333		2024:3333::/64			

【解析】

在路由器 PE1、PE2 和 PE3 上针对 SR-MPLS 和 SRv6 部署 Level-2 TI-LFA FRR 技术，开启本地防微环和远端防微环功能，并指定延迟时间为 4000ms。

1. 配置路由器 PE1

```
[PE1]isis 20
[PE1-isis-20]segment-routing global-block 20000 30000
//配置当前 IS-IS 实例的 SRGB（SR 全局标签范围）
[PE1-isis-20]avoid-microloop segment-routing                //使能 IS-IS 远端防微环功能
[PE1-isis-20]avoid-microloop segment-routing rib-update-delay 4000
//配置 SR 场景 IS-IS 路由的延迟下发时间
[PE1-isis-20]frr                                            //使能 IS-IS  FRR 功能
[PE1-isis-20-frr]loop-free-alternate level-2
//使能 IS-IS  Auto  FRR 利用 LFA 算法计算无环备份路由，指定 Level-2 级别 IS-IS  Auto  FRR 并生成无环备份路由
[PE1-isis-20-frr]ti-lfa level-2                             //指定使能 IS-IS  Level-2 区域的 TI-LFA 功能
[PE1-isis-20-frr]ipv6 avoid-microloop segment-routing       //使能 IS-IS 远端防微环功能
[PE1-isis-20]ipv6 avoid-microloop segment-routing rib-update-delay 4000
//配置 SRv6 场景 IS-IS 路由的延迟下发时间
[PE1-isis-20]ipv6 frr //创建并进入 IPv6  FRR 子视图
[PE1-isis-20-ipv6-frr]loop-free-alternate level-2
[PE1-isis-20-ipv6-frr]ti-lfa level-2
```

2. 配置路由器 PE2

```
[PE2]isis 20
[PE2-isis-20]segment-routing global-block 20000 30000
[PE2-isis-20]avoid-microloop segment-routing
[PE2-isis-20]avoid-microloop segment-routing rib-update-delay 4000
[PE2-isis-20]frr
[PE2-isis-20-frr]loop-free-alternate level-2
[PE2-isis-20-frr]ti-lfa level-2
[PE2-isis-20-frr]ipv6 avoid-microloop segment-routin
[PE2-isis-20]ipv6 avoid-microloop segment-routing rib-update-delay 4000
[PE2-isis-20]ipv6 frr
[PE2-isis-20-ipv6-frr]loop-free-alternate level-2
[PE2-isis-20-ipv6-frr]ti-lfa level-2
```

3. 配置路由器 PE3

```
[PE3]isis 20
[PE3-isis-20]segment-routing global-block 20000 30000
[PE3-isis-20]avoid-microloop segment-routing
[PE3-isis-20]avoid-microloop segment-routing rib-update-delay 4000
[PE3-isis-20]frr
[PE3-isis-20-frr]loop-free-alternate level-2
[PE3-isis-20-frr]ti-lfa level-2
[PE3-isis-20-frr]ipv6 avoid-microloop segment-routin
[PE3-isis-20]ipv6 avoid-microloop segment-routing rib-update-delay 4000
[PE3-isis-20]ipv6 frr
[PE3-isis-20-ipv6-frr]loop-free-alternate level-2
[PE3-isis-20-ipv6-frr]ti-lfa level-2
```

4. 验证

使用 **display isis route verbose** 命令显式指定 IS-IS 进程 2.2.2.2 的路由详细信息。

```
<PE1>display isis route verbose 2.2.2.2

                         Route information for ISIS(20)
                         -----------------------------

                        ISIS(20) Level-2 Forwarding Table
                        --------------------------------


 IPV4 Dest  : 2.2.2.2/32        Int. Cost : 100          Ext. Cost : NULL
 Admin Tag  : -                 Src Count : 1            Flags     : A/-/-/-
 Priority   : Medium            Age       : 01:05:38
 NextHop    :                   Interface :              ExitIndex :
   10.1.2.2                         Eth1/0/1                 0x00000008
 TI-LFA:
 Interface  : Eth1/0/2

 NextHop    : 10.1.3.2          LsIndex    : --
 Backup Label Stack (Top -> Bottom): {}
 Prefix-sid : 20222             Weight     : 0           Flags     : -/N/-/-/-
/-/A/-
 SR NextHop :                   Interface :              OutLabel  :
   10.1.2.2                         Eth1/0/1                 3
 TI-LFA:
 Interface  : Eth1/0/2

 NextHop    : 10.1.3.2          LsIndex    : --
 Backup Label Stack (Top -> Bottom): {}
     Flags: D-Direct, A-Added to URT, L-Advertised in LSPs, S-IGP Shortcut,
            U-Up/Down Bit Set, LP-Local Prefix-Sid
```

（二）BGP 部署

运营商城域网部署 IBGP 传递业务路由，包括 IPv4 路由、VPNv4 路由以及 EVPN 路由；运营商城域网和企业总部、运营商城域网和数据中心分别部署 EBGP 传递 IPv4 业务路由。BGP 对等体关系如图 4-24 所示。

配置要求如下。

1. 运营商城域网 IBGP 部署

（1）运营商城域网 AS 号为 1000，要求将设备的 Loopback0 接口地址作为 Router ID。

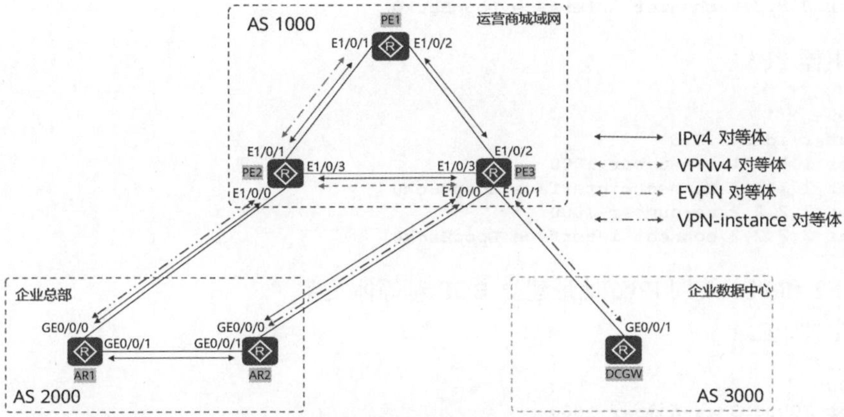

图 4-24 BGP 对等体关系

（2）运营商城域网的 PE1、PE2、PE3 通过 Loopback0 的 IPv4 地址、IPv6 地址建立全局对等体关系；通过 IPv4 地址建立 IPv4 单播地址族的邻居关系。

（3）运营商城域网的 PE2、PE3 通过 Loopback0 的 IPv6 地址建立 VPNv4 对等体关系（用于传递任务六中的 L3VPN 专线业务的路由），PE1 与 PE2 通过 Loopback0 的 IPv4 地址建立 EVPN 对等体关系（用于支撑任务四中的 EVPN VPWS 创建，实现 AR3 与 BRAS 的二层对接）。

（4）运营商城域网中的 PE1 的 Loopback88 接口（网段为：88.88.88.88/24）模拟 IPv4 Internet，PE1 通过 Network 的形式将该网段发布到 IPv4 单播路由表中。

（5）运营商城域网与数据中心部署 EBGP。

（6）数据中心 AS 号为 3000，要求将设备的 Loopback0 接口地址作为 Router ID。

（7）PE3 与 DCGW 通过直连接口的 IPv4 地址建立私网 VPN 实例对等体关系（用于传递任务六中的 L3VPN 专线业务的路由）。

【解析】

在运营商城域网部署 IBGP，在路由器 PE1、PE2 和 PE3 上配置 BGP。

1. PE1、PE2 和 PE3 通过 Loopback0 建立 IPv4 BGP 对等体关系

（1）配置路由器 PE1。

```
[PE1]bgp 1000                                              //使能 BGP
[PE1-bgp]router-id 1.1.1.1                                //为设备指定 Router ID
[PE1-bgp]peer 2.2.2.2 as-number 1000                      //创建对等体 2.2.2.2 并为其配置 AS 号
[PE1-bgp]peer 2.2.2.2 connect-interface LoopBack0            //指定发送 BGP 报文的源接口
[PE1-bgp]peer 3.3.3.3 as-number 1000
[PE1-bgp]peer 3.3.3.3 connect-interface LoopBack0
```

（2）配置路由器 PE2。

```
[PE2]bgp 1000
[PE2-bgp]router-id 2.2.2.2
[PE2-bgp]peer 1.1.1.1 as-number 1000
[PE2-bgp]peer 1.1.1.1 connect-interface LoopBack0
```

```
[PE2-bgp]peer 3.3.3.3 as-number 1000
[PE2-bgp]peer 3.3.3.3 connect-interface LoopBack0
```

（3）配置路由器 PE3。

```
[PE3]bgp 1000
[PE3-bgp]router-id 3.3.3.3
[PE3-bgp]peer 1.1.1.1 as-number 1000
[PE3-bgp]peer 1.1.1.1 connect-interface LoopBack0
[PE3-bgp]peer 2.2.2.2 as-number 1000
[PE3-bgp]peer 2.2.2.2 connect-interface LoopBack0
```

2. 路由器 PE2 和 PE3 使用 IPv6 地址建立 BGP 对等体关系

（1）配置路由器 PE2。

```
[PE2]bgp 1000
[PE2-bgp]peer 2000::3 as-number 1000
[PE2-bgp]peer 2000::3 connect-interface LoopBack0
[PE2-bgp]ipv4-family vpnv4                          //使能并进入 BGP-VPNv4 地址族视图
[PE2-bgp-af-vpnv4]policy vpn-target                 //对接收到的 VPN 路由使能 VPN-Target 过滤功能
[PE2-bgp-af-vpnv4]peer 2000::3 enable               //使能与指定对等体之间交换相关的路由信息
[PE2-bgp-af-vpnv4]peer 2000::3 prefix-sid           //使能与指定对等体组之间交换 Prefix SID 信息
```

（2）配置路由器 PE3。

```
[PE3]bgp 1000
[PE3-bgp]peer 2000::2 as-number 1000
[PE3-bgp]peer 2000::2 connect-interface LoopBack0
[PE3-bgp]ipv4-family vpnv4
[PE3-bgp-af-vpnv4]policy vpn-target
[PE3-bgp-af-vpnv4]peer 2000::2 enable
[PE3-bgp-af-vpnv4]peer 2000::2 prefix-sid
```

3. 路由器 PE1 和 PE2 建立 EVPN 对等体关系

（1）配置路由器 PE1。

```
[PE1]bgp 1000
[PE1-bgp]l2vpn-family evpn                          //使能并进入 BGP-EVPN 地址族视图
[PE1-bgp-af-evpn]undo policy vpn-target             //取消对 VPN 路由的 VPN-Target 过滤，即接收所有 VPN 路由
[PE1-bgp-af-evpn]peer 2.2.2.2 enable
[PE1-bgp-af-evpn]peer 2.2.2.2 enable
```

（2）配置路由器 PE2。

```
[PE2]bgp 1000
[PE2-bgp]l2vpn-family evpn
[PE2-bgp-af-evpn]undo policy vpn-target
[PE2-bgp-af-evpn]peer 1.1.1.1 enable
[PE2-bgp-af-evpn]peer 1.1.1.1 enable
```

4. 在路由器 PE1 上发布互联网测试网段 88.88.88.88/24

```
[PE1]bgp 1000
[PE1-bgp]network 88.88.88.0 255.255.255.0           //配置 BGP 发布的本地网络路由
```

5. 在运营商城域网路由器 PE3 与数据中心路由器 DCGW 之间部署 EBGP

（1）配置路由器 PE3。

```
[PE3]bgp 1000
[PE3-bgp]ipv4-family vpn-instance enterprise                //使能并进入 BGP-VPN 实例地址族视图
[PE3-bgp-enterprise]import-route direct                          //指定引入直连路由
[PE3-bgp-enterprise]peer 10.3.6.2 as-number 2000
[PE3-bgp-enterprise]peer 10.3.15.2 as-number 3000
[PE3-bgp-enterprise]segment-routing ipv6 locator srbe       //使能私网路由携带 SID 属性
[PE3-bgp-enterprise]segment-routing ipv6 best-effort
//根据私网路由携带的 SID 属性进行私网路由迭代 SRv6 BE
```

（2）配置路由器 DCGW。

```
[DCGW]bgp 3000
[DCGW-bgp]router-id 15.15.15.15
[DCGW-bgp]peer 10.3.15.1 as-number 1000
```

6. 验证

（1）使用 **display bgp peer** 命令查看 BGP 对等体信息。

```
[PE1]display bgp peer
 BGP local router ID : 1.1.1.1
 Local AS number : 1000
 Total number of peers : 2                  Peers in established state : 2

  Peer          V        AS  MsgRcvd  MsgSent  OutQ   Up/Down    State        PrefRcv
  2.2.2.2       4      1000      504      500     0   07:11:21  Established        2
  3.3.3.3       4      1000      501      500     0   07:11:40  Established        0
```

（2）使用 **display bgp vpnv4 all peer** 命令查看子接口 Ethernet1/0/1.315 上所有 VPNv4 的 BGP 对等体信息。

```
[PE3-Ethernet1/0/1.315]display bgp vpnv4 all peer
 BGP local router ID : 3.3.3.3
 Local AS number : 1000
 Total number of peers : 3                  Peers in established state : 3
  Peer     V       AS       MsgRcvd  MsgSent  OutQ  Up/Down      State            PrefRcv
  2000::2   4      1000        10       15      0     00:04:48    Established           3
  Peer of IPv4-family for vpn instance :
  VPN-Instance enterprise, Router ID 3.3.3.3:
  Peer       V         AS    MsgRcvd  MsgSent  OutQ   Up/Down      State           PrefRcv
  10.3.6.2   4        2000      464      522     0    07:25:30   Established          2
  10.3.15.2  4        3000        3        7     0    00:00:04   Established          2
```

2. 运营商城域网与企业总部 EBGP 部署

（1）企业总部的 AS 号为 2000，要求将设备的 Loopback0 接口地址作为 Router ID。

（2）PE2 与 AR1、PE3 与 AR2 分别在 BGP 的 VPN 实例（其中 VPN 配置要求详见任务六）下通过直连接口地址建立 IPv4（传递 Internet 路由）对等体关系。

（3）AR1 与 AR2 建立 IPv4 对等体关系。

【解析】

1. 路由器 PE2 和 AR1 建立 EBGP 对等体关系，PE3 和 AR2 建立 EBGP 对等体关系，PE2 和 PE3 使能 SRv6 BE 绑定隧道，如表 4-6 所示。

表 4-6　BGP 对等体关系

本端设备	本端接口	远端设备	远端接口	对等体关系类型
PE1	Loopback0	PE2	Loopback0	IPv4/EVPN
PE1	Loopback0	PE3	Loopback0	IPv4
PE2	Loopback0	PE3	Loopback0	IPv4/VPNv4
PE2	E1/0/0	AR1	GE0/0/0	IPv4
PE2	E1/0/0.25	AR1	GE0/0/0.25	IPv4
PE3	E1/0/0	AR2	GE0/0/0	IPv4
PE3	E1/0/0.36	AR2	GE0/0/0.36	IPv4
AR1	Loopback0	AR2	Loopback0	IPv4
PE3	E1/0/1.315	DCGW	GE0/0/1.315	IPv4

（1）配置路由器 PE2。

```
[PE2]bgp 1000
[PE2-bgp]ipv4-family vpn-instance enterprise
[PE2-bgp-enterprise]import-route direct
[PE2-bgp-enterprise]peer 10.2.5.2 as-number 2000
[PE2-bgp-enterprise]segment-routing ipv6 locator srbe
[PE2-bgp-enterprise]segment-routing ipv6 best-effort
```

（2）配置路由器 PE3。

```
[PE3]bgp 1000
[PE3-bgp]ipv4-family vpn-instance enterprise
[PE3-bgp-enterprise]import-route direct
[PE3-bgp-enterprise]peer 10.3.6.2 as-number 2000
[PE3-bgp-enterprise]segment-routing ipv6 locator srbe
[PE3-bgp-enterprise]segment-routing ipv6 best-effort
```

（3）配置路由器 AR1。

```
[AR1]bgp 2000
[AR1-bgp]router-id 5.5.5.5
[AR1-bgp]peer 10.2.5.1 as-number 1000
[AR1-bgp]peer 200.2.5.1 as-number 1000
[AR1-bgp]ipv4-family unicast
[AR1-bgp-af-ipv4]network 192.169.1.0
[AR1-bgp-af-ipv4]network 192.170.1.0
```

（4）配置路由器 AR2。

```
[AR2]bgp 2000
[AR2-bgp]router-id 6.6.6.6
[AR2-bgp]peer 10.3.6.1 as-number 1000
[AR2-bgp]peer 200.3.6.1 as-number 1000
[AR2-bgp]ipv4-family unicast
[AR2-bgp-af-ipv4]network 192.169.1.0
[AR2-bgp-af-ipv4]network 192.170.1.0
```

2. 路由器 AR1 和 AR2 建立 IBGP 对等体关系

```
[AR1]bgp 2000
[AR1-bgp]peer 10.5.6.2 as-number 1000

[AR2]bgp 2000
[AR2-bgp]peer 10.5.6.1 as-number 1000
```

3. 验证

使用 **display bgp peer** 命令查看 BGP 对等体状态。

```
[AR1]display bgp peer
 BGP local router ID : 5.5.5.5
 Local AS number : 2000
 Total number of peers : 3                 Peers in established state : 3
  Peer            V          AS   MsgRcvd  MsgSent  OutQ  Up/Down       State          PrefRcv
  10.2.5.1        4        1000        18       17     0  00:08:56    Established          5
  10.5.6.2        4        2000        11       12     0  00:03:48    Established         10
  200.2.5.1       4        1000        16       17     0  00:08:56    Established          4
```

3. 任务三：企业总部网络部署

（一）有线网络部署

PC2 为管理终端，负责管理数据中心的 Video Server 和企业总部的 FW1/FW2。PC1 所在网段的其他终端为企业员工有线办公终端，这些终端通过有线网络访问企业数据中心服务器和互联网。企业总部的 SW3 和 SW4 为接入交换机，负责二层接入；SW1 和 SW2 为核心交换机，作为总部有线终端和无线终端的网关，且充当有线终端的 DHCP 服务器；FW1 与 FW2 为出口防火墙；AR1 与 AR2 为出口路由器；AR1、AR2、FW1、FW2、SW1 和 SW2 之间通过运行 OSPFv2 交互有线网络和无线网络的网段路由，如图 4-25 所示。

1. PC1、PC2 采用 DHCP 方式自动获取 IP 地址，有线业务 VLAN 为 VLAN10，无线业务 VLAN 为 VLAN30、VLAN40，SW1、SW2 作为有线终端和无线终端的网关和 DHCP 服务器。为提高网关的可靠性，在 SW1 和 SW2 上配置 VRRP，要求针对 VLAN10 有线业务的 VRID 为 10，针对 VLAN30 无线业务的 VRID 为 30，针对 VLAN40 无线业务的 VRID 为 40，并且使用虚拟 IP 地址充当各业务终端的网关 IP 地址。

【解析】

在交换机 SW1 和 SW2 上配置针对业务的 VRRP 和 DHCP。

1. 配置交换机 SW1

```
[SW1]dhcp enable                                                //开启 DHCP 功能
[SW1]interface Vlanif10
[SW1-Vlanif10]dhcp select interface                             //使能接口使用接口地址池的 DHCP Server 功能
[SW1-Vlanif10]dhcp server static-bind ip-address 192.170.1.100 mac-address 5489-98f2-1a8f
//将接口地址池中的 IP 地址与 DHCP 客户端的 MAC 地址绑定
[SW1-Vlanif10]dhcp server excluded-ip-address 192.170.1.252 192.170.1.254
//配置接口地址池中不参与自动分配的 IP 地址范围
[SW1]interface Vlanif30
[SW1-Vlanif30]dhcp select interface
[SW1]interface Vlanif40
[SW1-Vlanif40]dhcp select interface
[SW1]interface Vlanif10
[SW1-Vlanif10]vrrp vrid 10 virtual-ip 192.170.1.254
//配置 VRRP 备份组，指定 VRRP 备份组的虚拟 IP 地址
```

```
[SW1]interface Vlanif30
[SW1-Vlanif30]vrrp vrid 30 virtual-ip 192.169.1.254
[SW1-Vlanif30]vrrp vrid 30 priority 120                    //设置设备在 VRRP 备份组中的优先级
[SW1]interface Vlanif40
[SW1-Vlanif40]vrrp vrid 40 virtual-ip 193.169.1.254
[SW1-Vlanif40]vrrp vrid 40 priority 120
```

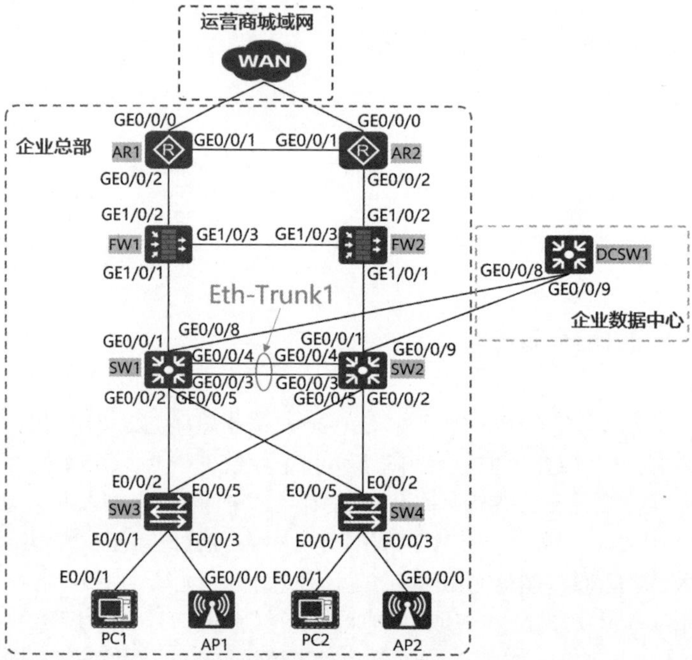

图 4-25　企业总部接口示意

2. 配置交换机 SW2

```
[SW2]interface Vlanif10
[SW2-Vlanif10]dhcp select interface
[SW2-Vlanif10]dhcp server static-bind ip-address 192.170.1.100 mac-address 5489-98f2-1a8f
[SW2-Vlanif10]dhcp server excluded-ip-address 192.170.1.252 192.170.1.254
[SW2]interface Vlanif30
[SW2-Vlanif30]dhcp select interface
[SW2]interface Vlanif40
[SW2-Vlanif40]dhcp select interface
[SW2]interface Vlanif10
[SW2-Vlanif10]vrrp vrid 10 virtual-ip 192.170.1.254
[SW2-Vlanif10]vrrp vrid 10 priority 120
[SW2]interface Vlanif30
[SW2-Vlanif30]vrrp vrid 30 virtual-ip 192.169.1.254
[SW2]interface Vlanif40
[SW2-Vlanif40]vrrp vrid 40 virtual-ip 193.169.1.254
```

2. AP1、AP2 采用 DHCP 方式自动获取 IP 地址，AP 管理 VLAN 为 VLAN20，在 SW1 和 SW2 上配置 VRRP，要求针对 AP 管理业务的 VRID 为 20，并且使用虚拟 IP 地址充当 AP 的网关 IP 地址。

【解析】

在交换机 SW1 和 SW2 配置针对 AP 管理的 DHCP 和 VRRP。

1．配置交换机 SW1

```
[SW1]dhcp server group ap                                      //创建一个 DHCP 服务器组
[SW1-dhcp-server-group-ap]dhcp-server 10.7.13.2 0
//在 DHCP 服务器组中添加 DHCP Server 成员地址
[SW1-dhcp-server-group-ap]dhcp-server 10.8.14.2 1
[SW1]interface Vlanif20
[SW1-Vlanif20]dhcp select relay                                //开启 DHCP Relay 功能
[SW1-Vlanif20]dhcp relay server-select ap                      //配置 DHCP Relay 所对应的 DHCP 服务器组
[SW1]interface Vlanif20
[SW1-Vlanif20]vrrp vrid 20 virtual-ip 10.11.12.254
[SW1-Vlanif20]vrrp vrid 20 priority 120
```

2．配置交换机 SW2

```
[SW2]dhcp server group ap
[SW2-dhcp-server-group-ap]dhcp-server 10.7.13.2 0
[SW2-dhcp-server-group-ap]dhcp-server 10.8.14.2 1
[SW2]interface Vlanif20
[SW2-Vlanif20]dhcp select relay
[SW2-Vlanif20]dhcp relay server-select ap
[SW2]interface Vlanif20
[SW2-Vlanif20]vrrp vrid 20 virtual-ip 10.11.12.254
```

3．为确保 PC 访问数据中心的去程流量与回程流量的路径一致，以及无线业务访问数据中心的去程流量与回程流量的路径一致，在 SW1 和 SW2 面向 DCSW1 的接口配置两个互联 VLAN，即 VLAN7 和 VLAN70，同时创建 VRRP 组，对应的 VRID 分别为 7 和 70；要求 VLAN7 中设备的 VRRP 状态与无线业务（即 VLAN20、VLAN30、VLAN40）对应的设备的 VRRP 状态保持一致，VLAN70 中设备的 VRRP 状态与有线业务（即 VLAN10）对应的设备的 VRRP 状态保持一致。VRRP 参数规划，如表 4-7 所示。

表 4-7　VRRP 参数规划

设备名称	VRRP 接口	VRID	虚拟 IP 地址	状态	优先级
SW1	Vlanif10	10	192.170.1.254	Backup	100
	Vlanif20	20	10.11.12.254	Master	120
	Vlanif30	30	192.169.1.254	Master	120
	Vlanif40	40	193.169.1.254	Master	120
	Vlanif7	7	10.78.16.254	Master	120
	Vlanif70	70	10.16.78.254	Backup	100
SW2	Vlanif10	10	192.170.1.254	Master	120
	Vlanif20	20	10.11.12.254	Backup	100
	Vlanif30	30	192.169.1.254	Backup	100
	Vlanif40	40	193.169.1.254	Backup	100
	Vlanif7	7	10.78.16.254	Backup	100
	Vlanif70	70	10.16.78.254	Master	120

【解析】

在交换机 SW1 和 SW2 上配置与 DCSW1 互联的 VRRP。

1. 配置交换机 SW1

```
[SW1]interface Vlanif7
[SW1-Vlanif7]vrrp vrid 7 virtual-ip 10.78.16.254
[SW1-Vlanif7]vrrp vrid 7 priority 120
[SW1-Vlanif7]vrrp vrid 7 track interface Vlanif30 reduced 30
//配置 VRRP 备份组监视接口状态，指定当被监视的接口状态变为 Down 时，降低 VRRP 备份组优先级
[SW1-Vlanif7]vrrp vrid 7 track interface Vlanif20 reduced 30
[SW1-Vlanif7]vrrp vrid 7 track interface Vlanif40 reduced 30
[SW1]interface Vlanif20
[SW1-Vlanif20]vrrp vrid 20 track interface Vlanif30 reduced 30
[SW1-Vlanif20]vrrp vrid 20 track interface Vlanif40 reduced 30
[SW1-Vlanif20]vrrp vrid 20 track interface Vlanif7 reduced 30
[SW1]interface Vlanif30
[SW1-Vlanif30]vrrp vrid 30 track interface Vlanif7 reduced 30
[SW1-Vlanif30]vrrp vrid 30 track interface Vlanif20 reduced 30
[SW1-Vlanif30]vrrp vrid 30 track interface Vlanif40 reduced 30
[SW1]interface Vlanif40
[SW1-Vlanif40]vrrp vrid 40 track interface Vlanif20 reduced 30
[SW1-Vlanif40]vrrp vrid 40 track interface Vlanif30 reduced 30
[SW1-Vlanif40]vrrp vrid 40 track interface Vlanif7 reduced 30
[SW1]interface Vlanif70
[SW1-Vlanif70]vrrp vrid 70 virtual-ip 10.16.78.254
```

2. 配置交换机 SW2

```
[SW2]interface Vlanif7
[SW2-Vlanif7]vrrp vrid 7 virtual-ip 10.78.16.254
[SW2]interface Vlanif10
[SW2-Vlanif10]vrrp vrid 10 track interface Vlanif70 reduced 30
[SW2]interface Vlanif70
[SW2-Vlanif70]vrrp vrid 70 virtual-ip 10.16.78.254.
[SW2-Vlanif70]vrrp vrid 70 priority 120
[SW2-Vlanif70]vrrp vrid 70 track interface Vlanif10 reduced 30
```

3. 验证

（1）使用 **display vrrp brief** 命令查看 VRRP 备份组的状态信息和配置参数。

```
<SW1>display vrrp brief
VRID  State        Interface                 Type      Virtual IP
----------------------------------------------------------------------------------
7     Master       Vlanif7                   Normal    10.78.16.254
10    Backup       Vlanif10                  Normal    192.170.1.254
20    Master       Vlanif20                  Normal    10.11.12.254
30    Master       Vlanif30                  Normal    192.169.1.254
40    Master       Vlanif40                  Normal    193.169.1.254
70    Backup       Vlanif70                  Normal    10.16.78.254
----------------------------------------------------------------------------------
Total:6     Master:4     Backup:2     Non-active:0

<SW2>display vrrp brief
VRID  State        Interface                 Type      Virtual IP
----------------------------------------------------------------------------------
7     Backup       Vlanif7                   Normal    10.78.16.254
10    Master       Vlanif10                  Normal    192.170.1.254
20    Backup       Vlanif20                  Normal    10.11.12.254
```

```
30    Backup      Vlanif30                Normal   192.169.1.254
40    Backup      Vlanif40                Normal   193.169.1.254
70    Master      Vlanif70                Normal   10.16.78.254
--------------------------------------------------------------------------------
Total:6    Master:2    Backup:4    Non-active:0
```

（2）在 PC1 上获取 IP 地址，验证 DHCP 配置结果。

```
PC1>ipconfig
Link local IPv6 address...........: fe80::5689:98ff:fef2:1a8f
IPv6 address......................: :: / 128
IPv6 gateway......................: ::
IPv4 address......................: 192.170.1.250
Subnet mask.......................: 255.255.255.0
Gateway...........................: 192.170.1.251
Physical address..................: 54-89-98-F2-1A-8F
DNS server........................:
```

4. 在 SW1 与 SW2 互连的 GE0/0/3 和 GE0/0/4 之间配置静态 LACP 模式链路聚合，聚合组为 Eth-Trunk1，互联 VLAN 为 VLAN100。

【解析】

在交换机 SW1 与 SW2 上配置静态 LACP 模式链路聚合。

1. 配置交换机 SW1

```
[SW1]interface Eth-Trunk1                       //创建一个 Eth-Trunk 接口
[SW1-Eth-Trunk1]mode lacp                       //指定 Eth-Trunk 工作模式为静态 LACP 模式
[SW1-Eth-Trunk1]trunkport g0/0/3                //在 Eth-Trunk 接口视图下增加成员接口
[SW1-Eth-Trunk1]trunkport g0/0/4
```

2. 配置交换机 SW2

```
[SW2]interface Eth-Trunk1
[SW2-Eth-Trunk1]mode lacp
[SW2-Eth-Trunk1]trunkport g0/0/3
[SW2-Eth-Trunk1]trunkport g0/0/4
```

3. 验证

使用 **display eth-trunk** 命令查看 Eth-Trunk 1 接口的配置信息。

```
<SW1>display eth-trunk 1
Eth-Trunk1's state information is:
Local:
LAG ID: 1                    WorkingMode: STATIC
Preempt Delay: Disabled      Hash arithmetic: According to SIP-XOR-DIP
System Priority: 32768       System ID: 4c1f-cc18-3541
Least Active-linknumber: 1   Max Active-linknumber: 8
Operate status: up           Number Of Up Port In Trunk: 2
--------------------------------------------------------------------------------
ActorPortName          Status   PortType PortPri PortNo  PortKey  PortState  Weight
GigabitEthernet0/0/3   Selected 1GE      32768   4       305      10111100   1
GigabitEthernet0/0/4   Selected 1GE      32768   5       305      10111100   1

Partner:
--------------------------------------------------------------------------------
ActorPortName          SysPri   SystemID        PortPri PortNo PortKey  PortState
GigabitEthernet0/0/3   32768    4c1f-cc0f-412e  32768   4      305      10111100
```

```
GigabitEthernet0/0/4    32768     4c1f-cc0f-412e     32768    5        305        10111100
```

5. 在 SW1、SW2、SW3、SW4 上部署 MSTP 来防止环路，要求针对 PC1/PC2 访问互联网及数据中心的流量，设置 SW2 为 MSTP 网络的根桥、SW1 为 MSTP 网络的备份根桥；针对无线侧的业务 VLAN，设置 SW1 为 MSTP 网络的根桥，且 SW4 的 E0/0/1 接口只能连接用户终端，若连接交换机，接口需自动关闭。

【解析】

在交换机 SW1、SW2、SW3 和 SW4 上部署 MSTP 来防止环路。

1. 配置交换机 SW1

```
[SW1]stp region-configuration                          //进入 MST 域视图
[SW1-mst-region]region-name mstp                       //配置交换设备的 MST 域名
[SW1-mst-region]instance 1 vlan 20 30 40               //将指定 VLAN 映射到指定的生成树实例上
[SW1-mst-region]instance 2 vlan 10
[SW1-mst-region]active region-configuration            //激活 MST 域配置
[SW1]stp instance 1 priority 0                         //配置交换设备在生成树实例 1 中的优先级为 0
[SW1]stp instance 2 priority 4096
```

2. 配置交换机 SW2

```
[SW2]stp region-configuration
[SW2-mst-region]region-name mstp
[SW2-mst-region]instance 1 vlan 20 30 40
[SW2-mst-region]instance 2 vlan 10
[SW2-mst-region]active region-configuration
[SW2]stp instance 1 priority 4096
[SW2]stp instance 2 priority 0
```

3. 配置交换机 SW3

```
[SW3]stp region-configuration
[SW3-mst-region]region-name mstp
[SW3-mst-region]instance 1 vlan 20 30 40
[SW3-mst-region]instance 2 vlan 10
[SW3-mst-region]active region-configuration
```

4. 配置交换机 SW4

```
[SW4]stp region-configuration
[SW4-mst-region]region-name mstp
[SW4-mst-region]instance 1 vlan 20 30 40
[SW4-mst-region]instance 2 vlan 10
[SW4-mst-region]active region-configuration
[SW4]interface Ethernet0/0/1
[SW4-Ethernet0/0/1]stp edged-port enable          //配置当前端口为边缘端口
```

5. 验证

使用 **display stp brief** 命令查看生成树实例的信息摘要。

```
<SW1>display stp brief
 MSTID  Port                        Role   STP State        Protection
   0    GigabitEthernet0/0/1        DESI   FORWARDING       NONE
   0    GigabitEthernet0/0/2        DESI   FORWARDING       NONE
   0    GigabitEthernet0/0/5        DESI   FORWARDING       NONE
```

```
   0     GigabitEthernet0/0/6        DESI  FORWARDING       NONE
   0     Eth-Trunk1                ROOT  FORWARDING      NONE
   1     GigabitEthernet0/0/2        DESI  FORWARDING       NONE
   1     GigabitEthernet0/0/5        DESI  FORWARDING       NONE
   1     Eth-Trunk1                DESI  FORWARDING       NONE
   2     GigabitEthernet0/0/2        DESI  FORWARDING       NONE
   2     GigabitEthernet0/0/5        DESI  FORWARDING       NONE
   2     Eth-Trunk1                ROOT  FORWARDING      NONE
<SW2>display stp brief
 MSTID  Port                     Role   STP State          Protection
   0     GigabitEthernet0/0/1        DESI  FORWARDING       NONE
   0     GigabitEthernet0/0/2        DESI  FORWARDING       NONE
   0     GigabitEthernet0/0/5        DESI  FORWARDING       NONE
   0     GigabitEthernet0/0/6        DESI  FORWARDING       NONE
   0     Eth-Trunk1                DESI  FORWARDING       NONE
   1     GigabitEthernet0/0/2        DESI  FORWARDING       NONE
   1     GigabitEthernet0/0/5        DESI  FORWARDING       NONE
   1     Eth-Trunk1                ROOT  FORWARDING      NONE
   2     GigabitEthernet0/0/2        DESI  FORWARDING       NONE
   2     GigabitEthernet0/0/5        DESI  FORWARDING       NONE
   2     Eth-Trunk1                DESI  FORWARDING       NONE
<SW3>display stp brief
 MSTID  Port                     Role   STP State           Protection
   0     Ethernet0/0/1               DESI  FORWARDING       NONE
   0     Ethernet0/0/2               ALTE  DISCARDING       NONE
   0     Ethernet0/0/3               DESI  FORWARDING       NONE
   0     Ethernet0/0/5               ROOT  FORWARDING      NONE
   1     Ethernet0/0/2               ROOT  FORWARDING      NONE
   1     Ethernet0/0/3               DESI  FORWARDING       NONE
   1     Ethernet0/0/5               ALTE  DISCARDING       NONE
   2     Ethernet0/0/1               DESI  FORWARDING       NONE
   2     Ethernet0/0/2               ALTE  DISCARDING       NONE
   2     Ethernet0/0/5               ROOT  FORWARDING       NONE
<SW4>display stp brief
 MSTID  Port                     Role   STP State           Protection
   0     Ethernet0/0/1               DESI  FORWARDING        NONE
   0     Ethernet0/0/2               ROOT  FORWARDING       NONE
   0     Ethernet0/0/3               DESI  FORWARDING        NONE
   0     Ethernet0/0/5               ALTE  DISCARDING       NONE
   1     Ethernet0/0/2               ALTE  DISCARDING       NONE
   1     Ethernet0/0/3               DESI  FORWARDING        NONE
   1     Ethernet0/0/5               ROOT  FORWARDING       NONE
   2     Ethernet0/0/1               DESI  FORWARDING        NONE
   2     Ethernet0/0/2               ROOT  FORWARDING       NONE
   2     Ethernet0/0/5               ALTE  DISCARDING       NONE
```

以上输出显示了交换机 SW1、SW2、SW3 和 SW4 的 STP 端口状态和端口角色等，不同的生成树实例通过阻塞不同的端口可以实现负载均衡。

6. SW1、SW2、FW1、FW2、AR1、AR2 运行 OSPFv2，以交换业务网段路由，要求 OSPF 使用进程 10，设置各设备的 Loopback0 为其 OSPF 的 Router-ID，规划区域为 Area 0；AR1 和 AR2 在 OSPFv2 中采用非强制下发缺省路由的方式引导上行流量流出企业总部。

【解析】

在 SW1、SW2、FW1、FW2、AR1 和 AR2 上运行 OSPFv2，以交换业务网段路由。

1. 配置交换机 SW1

```
[SW1]ospf 10 router-id 7.7.7.7                //创建并运行 OSPF 进程
[SW1-ospf-10]area 0                              //创建 OSPF 区域
[SW1]interface Vlanif10
[SW1-Vlanif10]ospf enable 10 area 0           //在接口上使能 OSPF
[SW1]interface Vlanif30
[SW1-Vlanif30]ospf enable 10 area 0
[SW1]interface Vlanif40
[SW1-Vlanif40]ospf enable 10 area 0
[SW1]interface Vlanif80
[SW1-Vlanif80]ospf enable 10 area 0
[SW1]interface Vlanif100
[SW1-Vlanif100]ospf enable 10 area 0
```

2. 配置交换机 SW2

```
[SW2]ospf 10 router-id 8.8.8.8
[SW2-ospf-10]area 0
[SW2]interface Vlanif10
[SW2-Vlanif10]ospf enable 10 area 0
[SW2]interface Vlanif30
[SW2-Vlanif30]ospf enable 10 area 0
[SW2]interface Vlanif40
[SW2-Vlanif40]ospf enable 10 area 0
[SW2]interface Vlanif80
[SW2-Vlanif80]ospf enable 10 area 0
[SW2]interface Vlanif100
[SW2-Vlanif100]ospf enable 10 area 0
```

3. 配置防火墙 FW1

```
[FW1]ospf 10 router-id 22.22.22.22
[FW1-ospf-10]area 0
[FW1]interface GigabitEthernet1/0/1
[FW1-GigabitEthernet1/0/1]ospf enable 10 area 0
[FW1]interface GigabitEthernet1/0/2
[FW1-GigabitEthernet1/0/2]ospf enable 10 area 0
```

4. 配置防火墙 FW2

```
[FW2]ospf 10 router-id 23.23.23.23
[FW2-ospf-10]area 0
[FW2]interface GigabitEthernet1/0/1
[FW2-GigabitEthernet1/0/1]ospf enable 10 area 0
[FW2]interface GigabitEthernet1/0/2
[FW2-GigabitEthernet1/0/2]ospf enable 10 area 0
```

5. 配置路由器 AR1

```
[AR1]ospf 10 router-id 5.5.5.5
[AR1-ospf-10]default-route-advertise          //将缺省路由通告到普通 OSPF 区域
[AR1-ospf-10]import-route static              //引入其他路由协议学习到的路由信息，引入的路由是静态路由
[AR1-ospf-10]area 0
[AR1]ip route-static 0.0.0.0 0.0.0.0 200.2.5.1
[AR1]interface GigabitEthernet0/0/1
[AR1-GigabitEthernet0/0/1]ospf enable 10 area 0
[AR1]interface GigabitEthernet0/0/2
[AR1-GigabitEthernet0/0/2]ospf enable 10 area 0
```

6. 配置路由器 AR2

```
[AR2]ospf 10 router-id 6.6.6.6
[AR2-ospf-10]default-route-advertise
[AR2-ospf-10]import-route static
[AR2-ospf-10]area 0
[AR2]ip route-static 0.0.0.0 0.0.0.0 200.3.6.1
[AR2]interface GigabitEthernet0/0/1
[AR2-GigabitEthernet0/0/1]ospf enable 10 area 0
[AR2]interface GigabitEthernet0/0/2
[AR2-GigabitEthernet0/0/2]ospf enable 10 area 0
```

7. 验证

（1）使用 **display ospf peer brief** 命令查看 OSPF 区域中邻居的概要信息。

```
<AR1>display ospf peer brief

        OSPF Process 10 with Router ID 5.5.5.5
                 Peer Statistic Information
 ----------------------------------------------------------------------------
 Area Id          Interface                     Neighbor id      State
 0.0.0.0          GigabitEthernet0/0/1            6.6.6.6          Full
 0.0.0.0          GigabitEthernet0/0/2            22.22.22.22      Full
 ----------------------------------------------------------------------------
```

以上输出显示了路由器 AR1 有 2 个 OSPF 邻居，具体信息包括邻居所在区域、与邻居连接的本路由器接口、邻居 router-id 和邻居状态。

（2）在 SW1 和 SW2 上用 **display ip routing protocol ospf | include 0.0.0.0** 命令查看是否有企业总部出口路由器下发的默认路由。

```
<SW1>display ip routing protocol ospf | include 0.0.0.0
Route Flags: R - relay, D - download to fib
------------------------------------------------------------------------------
Public routing table : OSPF
        Destinations : 8          Routes : 20
OSPF routing table status : <Active>
        Destinations : 6          Routes : 12
Destination/Mask    Proto   Pre  Cost        Flags NextHop         Interface
       0.0.0.0/0    O_ASE   150  1             D   10.7.22.2       Vlanif80
<SW2>display ip routing protocol ospf | include 0.0.0.0
Route Flags: R - relay, D - download to fib
------------------------------------------------------------------------------
Public routing table : OSPF
        Destinations : 9          Routes : 36
OSPF routing table status : <Active>
        Destinations : 7          Routes : 28
Destination/Mask    Proto    Pre  Cost        Flags  NextHop           Interface
       0.0.0.0/0    O_ASE    150  1            D   10.7.8.1          Vlanif100
```

以上输出显示了交换机 SW1 和 SW2 上均有企业总部出口路由器下发的默认路由。

7. 要求企业总部的 PC 正常情况下可以通过与数据中心的互连链路访问企业数据中心服务器，在 SW1 和 SW2 上配置静态路由来实现。互连链路中断或异常时，通过运营商城域网专线作为灾备线路的方式来保证业务连续性，此时 PC1、PC2 所在网段的终端通过总部的 AR1 或 AR2 跨越运营商城域网访问企业数据中心服务器（运营商城域网专线配置见任务六）；企业分部的 PC3 所在网段的终端访问数据中心时，将先通过 IPsec 到达企业总部的 AR1/AR2（IPsec 配置见任务七），之后同样通过企业总部与数据中心的互连链路来实现访问数据中心服务器，链路异常时通过运营商城域网专线访问数据中心服务器。

【解析】

在交换机 SW1 和 SW2 上配置去往数据中心的静态路由，实现总部与数据中心的互访。

1. 配置交换机 SW1

```
[SW1]ip route-static 172.16.1.0 255.255.255.0 10.78.16.1              //配置 IPv4 单播静态路由
[SW1]ip route-static 172.16.1.0 255.255.255.0 10.16.78.1 preference 70
[SW1]ip route-static 173.16.1.0 255.255.255.0 10.78.16.1
[SW1]ip route-static 173.16.1.0 255.255.255.0 10.16.78.1 preference 70
```

2. 配置交换机 SW2

```
[SW2]ip route-static 172.16.1.0 255.255.255.0 10.78.16.1 preference 70
[SW2]ip route-static 172.16.1.0 255.255.255.0 10.16.78.1
[SW2]ip route-static 173.16.1.0 255.255.255.0 10.78.16.1 preference 70
[SW2]ip route-static 173.16.1.0 255.255.255.0 10.16.78.1
```

3. 验证

（1）使用 **display ip routing protocol static** 命令查看路由表中的静态路由。

```
<SW1>display ip routing protocol static
Route Flags: R - relay, D - download to fib
------------------------------------------------------------------------------
Public routing table : Static
         Destinations : 3        Routes : 5        Configured Routes : 5
Static routing table status : <Active>
         Destinations : 3        Routes : 3
Destination/Mask    Proto   Pre  Cost       Flags  NextHop         Interface
     172.16.1.0/24  Static  60    0          RD   10.78.16.1      Vlanif7
     173.16.1.0/24  Static  60    0          RD   10.78.16.1      Vlanif7
Static routing table status : <Inactive>
         Destinations : 2        Routes : 2
Destination/Mask    Proto   Pre  Cost       Flags  NextHop         Interface
     172.16.1.0/24  Static  70    0          R    10.16.78.1       Vlanif70
     173.16.1.0/24  Static  70    0          R    10.16.78.1       Vlanif70
```

（2）使用总部的客户端访问数据中心的服务器，下面验证在 PC2 上是否可以访问 Video Server 和 OA Server。

```
PC2>ping 172.16.1.1
Ping 172.16.1.1: 32 data bytes, Press Ctrl_C to break
From 172.16.1.1: bytes=32 seq=1 ttl=126 time=234 ms
From 172.16.1.1: bytes=32 seq=2 ttl=126 time=94 ms
From 172.16.1.1: bytes=32 seq=3 ttl=126 time=93 ms
From 172.16.1.1: bytes=32 seq=4 ttl=126 time=94 ms
From 172.16.1.1: bytes=32 seq=5 ttl=126 time=94 ms

--- 172.16.1.1 ping statistics ---
  5 packet(s) transmitted
  5 packet(s) received
  0.00% packet loss
  round-trip min/avg/max = 93/121/234 ms

PC2>ping 173.16.1.1
```

```
Ping 173.16.1.1: 32 data bytes, Press Ctrl_C to break
From 173.16.1.1: bytes=32 seq=1 ttl=126 time=140 ms
From 173.16.1.1: bytes=32 seq=2 ttl=126 time=110 ms
From 173.16.1.1: bytes=32 seq=3 ttl=126 time=125 ms
From 173.16.1.1: bytes=32 seq=4 ttl=126 time=125 ms
From 173.16.1.1: bytes=32 seq=5 ttl=126 time=109 ms

--- 173.16.1.1 ping statistics ---
  5 packet(s) transmitted
  5 packet(s) received
  0.00% packet loss
  round-trip min/avg/max = 109/121/140 ms
```

以上输出显示了 PC2 可以访问 Video Server 和 OA Server。

8. PC2 为网管终端，要求在 PC2 的网关上使用包过滤技术，限制只有 PC2 可以访问数据中心的 Video Server。

【解析】

在 PC2 的网关 SW1 和 SW2 上配置包过滤技术，限制只有 PC2 可以访问数据中心的 Video Server。

1. 配置交换机 SW1

```
[SW1]acl number 3002   //创建一个 ACL
[SW1-acl-adv-3002]rule 5 permit ip source 192.170.1.100 0 destination 172.16.1.1 0
//增加一个基本 ACL 的规则，允许符合条件的报文通过
[SW1-acl-adv-3002]rule 8 deny ip destination 172.16.1.1 0
[SW1]interface GigabitEthernet0/0/2
[SW1-GigabitEthernet0/0/2]traffic-filter inbound acl 3002          //配置基于 ACL 对入方向报文进行过滤
```

2. 配置交换机 SW2

```
[SW2]acl 3002
[SW2-acl-adv-3002]rule 5 permit ip source 192.170.1.100 0 destination 172.16.1.1 0
[SW2-acl-adv-3002]rule 8 deny ip destination 172.16.1.1 0
[SW2]interface GigabitEthernet0/0/5
[SW2-GigabitEthernet0/0/5]traffic-filter inbound acl 3002
```

3. 验证

使用 PC1 和 PC2 访问 Video Server，测试网络连通性。

```
PC1>ping 172.16.1.1
Ping 172.16.1.1: 32 data bytes, Press Ctrl_C to break
Request timeout!
Request timeout!
Request timeout!
Request timeout!
Request timeout!

--- 172.16.1.1 ping statistics ---
  5 packet(s) transmitted
  0 packet(s) received
  100.00% packet loss

PC2>ping 172.16.1.1
Ping 172.16.1.1: 32 data bytes, Press Ctrl_C to break
From 172.16.1.1: bytes=32 seq=1 ttl=126 time=234 ms
From 172.16.1.1: bytes=32 seq=2 ttl=126 time=94 ms
From 172.16.1.1: bytes=32 seq=3 ttl=126 time=93 ms
```

```
From 172.16.1.1: bytes=32 seq=4 ttl=126 time=94 ms
From 172.16.1.1: bytes=32 seq=5 ttl=126 time=94 ms
--- 172.16.1.1 ping statistics ---
  5 packet(s) transmitted
  5 packet(s) received
  0.00% packet loss
  round-trip min/avg/max = 93/121/234 ms
```

以上输出显示 PC1 不能访问 Video Server，PC2 可以访问 Video Server。

（二）防火墙安全部署

如图 4-26 所示，两台防火墙 FW1 和 FW2 以双机热备的形式部署在企业总部，FW1 和 FW2 与上行 AR1 和 AR2 之间为三层互连，FW1 和 FW2 与下行 SW1 和 SW2 之间也为三层互连，FW1 与 FW2 之间通过 GE1/0/3 互连形成双机热备，形成双机热备后的 FW1 和 FW2 通过安全策略、内容安全、用户认证等技术保证企业网络安全。

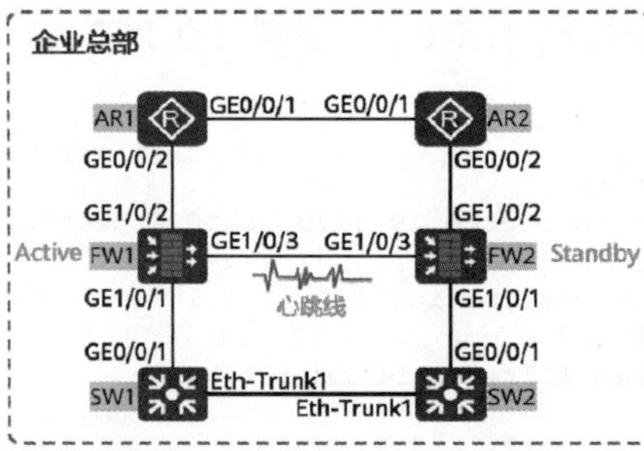

图 4-26　企业防火墙双机热备部署示意

1. FW1 和 FW2 的 GE1/0/2 接口属于 Untrust 安全区域、GE1/0/1 接口属于 Trust 安全区域、GE1/0/3 接口属于 DMZ 安全区域。

【解析】

在防火墙 FW1 和 FW2 上添加接口到相应的安全区域内。

1. 配置防火墙 FW1

```
[FW1]firewall zone trust
[FW1-zone-trust]add interface GigabitEthernet1/0/1                    //将接口添加到安全区域
[FW1]firewall zone untrust
[FW1-zone-untrust]add interface GigabitEthernet1/0/2
[FW1]firewall zone dmz
[FW1-zone-dmz]add interface GigabitEthernet1/0/3
```

2. 配置防火墙 FW2

```
[FW2]firewall zone trust
[FW2-zone-trust]add interface GigabitEthernet1/0/1
[FW2]firewall zone untrust
[FW2-zone-untrust]add interface GigabitEthernet1/0/2
[FW2]firewall zone dmz
[FW2-zone-dmz]add interface GigabitEthernet1/0/3
```

3. 验证

使用 **display zone** 命令查看防火墙安全区域的配置信息。

```
<FW1>display zone
trust
 priority is 85
 interface of the zone is (2):
    GigabitEthernet0/0/0
    GigabitEthernet1/0/1
#
untrust
 priority is 5
 interface of the zone is (1):
    GigabitEthernet1/0/2
#
dmz
 priority is 50
 interface of the zone is (1):
    GigabitEthernet1/0/3
```

以上输出显示防火墙 FW1 上各个接口已被添加到相应的安全区域。

2. 配置表 4-8 所示的 7 条安全策略来满足相应的安全需求。

表 4-8 安全策略参数规划（如果某条安全策略需要多个规则才能实现，请按安全策略名称对规则进行编号）

安全策略名称	安全需求
PC-Internal	仅允许 PC2 访问 Video Server，允许所有 PC 访问 OA Server
PC-Internet	允许 PC1 和 PC2 所在网段的有线终端访问互联网，同时实行黑名单管理，在每天 09：00—17：00，不允许访问 URL（www.example.net/*）
WLAN-Internet	允许连接 Wi-Fi “Internet” 的 STA 无线终端访问互联网，但不允许其访问企业数据中心的业务。针对此业务调用默认的入侵防御和反病毒策略
WLAN-Internal	允许连接 Wi-Fi “Internal” 的 STA 无线终端访问互联网和企业数据中心的 OA Server 业务
Branch-HQ	允许分部 PC3 所在网段的终端访问总部和企业数据中心的 OA Server 业务。在此安全策略中调用默认的入侵防御和反病毒策略
Hot-Standby	配置双机热备相关策略，允许双机热备报文互通，最终保证双机热备正常运行
Manage	在 FW1 和 FW2 上配置安全策略，仅允许 PC2 通过 SSH 远程管理防火墙

【解析】

在防火墙 FW1 和 FW2 上配置安全策略。

1. 配置防火墙 FW1

```
[FW1]security-policy
[FW1-policy-security]rule name PC-Internal1                    //创建安全策略
[FW1-policy-security-rule-PC-Internal1]description only PC2 can access Video Server
//配置安全策略规则的描述信息
[FW1-policy-security-rule-PC-Internal1]source-zone trust          //配置安全策略规则的源安全区域
[FW1-policy-security-rule-PC-Internal1]destination-zone untrust   //配置安全策略规则的目的安全区域
[FW1-policy-security-rule-PC-Internal1]source-address address-set wire_PC2
```

```
//配置安全策略规则的源地址
[FW1-policy-security-rule-PC-Internal1]destination-address address-set Video-Server
//配置安全策略规则的目的地址
[FW1-policy-security-rule-PC-Internal1]action permit
//配置安全策略规则的动作，允许匹配该规则的流量通过
[FW1-policy-security]rule name PC-Internal2
[FW1-policy-security-rule-PC-Internal2]description allPC can access OA-Server
[FW1-policy-security-rule-PC-Internal2]source-zone trust
[FW1-policy-security-rule-PC-Internal2]destination-zone untrust
[FW1-policy-security-rule-PC-Internal2]source-address address-set wire_PC
[FW1-policy-security-rule-PC-Internal2]destination-address address-set OA-Server
[FW1-policy-security-rule-PC-Internal2]action permit
[FW1-policy-security]rule name PC-Internet1
[FW1-policy-security-rule-PC-Internet1]description blacklist manage
[FW1-policy-security-rule-PC-Internet1]source-zone trust
[FW1-policy-security-rule-PC-Internet1]destination-zone untrust
[FW1-policy-security-rule-PC-Internet1]source-address address-set wire_PC
[FW1-policy-security-rule-PC-Internet1]destination-address 88.88.88.88 mask 255.255.255.255
[FW1-policy-security-rule-PC-Internet1]time-range time-range        //配置安全策略规则的生效时间
[FW1-policy-security-rule-PC-Internet1]profile url-filter url_profile_01
//配置安全策略规则引用安全配置文件
[FW1-policy-security-rule-PC-Internet1]action deny
[FW1-policy-security]rule name PC-Internet2
[FW1-policy-security-rule-PC-Internet2]description all PC can access Internet
[FW1-policy-security-rule-PC-Internet2]source-zone trust
[FW1-policy-security-rule-PC-Internet2]destination-zone untrust
[FW1-policy-security-rule-PC-Internet2]source-address address-set wire_PC
[FW1-policy-security-rule-PC-Internet2]destination-address 88.88.88.88 mask 255.255.255.255
[FW1-policy-security-rule-PC-Internet2]action permit
[FW1-policy-security]rule name WLAN-Internet1
[FW1-policy-security-rule-WLAN-Internet1]description sta with wifiinternet can access Internet
[FW1-policy-security-rule-WLAN-Internet1]source-zone trust
[FW1-policy-security-rule-WLAN-Internet1]destination-zone untrust
[FW1-policy-security-rule-WLAN-Internet1]source-address address-set wireless_Internet
[FW1-policy-security-rule-WLAN-Internet1]destination-address 88.88.88.88 mask 255.255.255.255
[FW1-policy-security-rule-WLAN-Internet1]destination-address address-set OA-Server
[FW1-policy-security-rule-WLAN-Internet1]destination-address address-set Video-Server
[FW1-policy-security-rule-WLAN-Internet1]action permit
[FW1-policy-security]rule name WLAN-Internet2
[FW1-policy-security-rule-WLAN-Internet2]description sta with wifiinternet cannot access others
[FW1-policy-security-rule-WLAN-Internet2]source-zone trust
[FW1-policy-security-rule-WLAN-Internet2]destination-zone untrust
[FW1-policy-security-rule-WLAN-Internet2]source-address address-set wireless_Internet
[FW1-policy-security-rule-WLAN-Internet2]destination-address address-set OA-Server
[FW1-policy-security-rule-WLAN-Internet2]destination-address address-set Video-Server
[FW1-policy-security-rule-WLAN-Internet2]profile av default
[FW1-policy-security-rule-WLAN-Internet2]profile ips default
[FW1-policy-security-rule-WLAN-Internet2]action deny
[FW1-policy-security]rule name WLAN-Internal1
[FW1-policy-security-rule-WLAN-Internal1]description sta with wifiinternal" can access OA and Internet
[FW1-policy-security-rule-WLAN-Internal1]source-zone trust
[FW1-policy-security-rule-WLAN-Internal1]destination-zone untrust
[FW1-policy-security-rule-WLAN-Internal1]source-address address-set wireless_Internal
[FW1-policy-security-rule-WLAN-Internal1]destination-address 88.88.88.88 mask 255.255.255.255
[FW1-policy-security-rule-WLAN-Internal1]destination-address address-set OA-Server
[FW1-policy-security-rule-WLAN-Internal1]action permit
[FW1-policy-security]rule name Branch-HQ
[FW1-policy-security-rule-Branch-HQ]source-zone untrust
[FW1-policy-security-rule-Branch-HQ]destination-zone trust
[FW1-policy-security-rule-Branch-HQ]source-address address-set Branch
[FW1-policy-security-rule-Branch-HQ]destination-address address-set OA-Server
[FW1-policy-security-rule-Branch-HQ]destination-address address-set wire_PC
```

```
[FW1-policy-security-rule-Branch-HQ]profile av default
[FW1-policy-security-rule-Branch-HQ]profile ips default
[FW1-policy-security-rule-Branch-HQ]action permit
[FW1-policy-security]rule name Hot-Standby
[FW1-policy-security-rule-Hot-Standby]source-zone dmz
[FW1-policy-security-rule-Hot-Standby]source-zone local
[FW1-policy-security-rule-Hot-Standby]destination-zone dmz
[FW1-policy-security-rule-Hot-Standby]destination-zone local
[FW1-policy-security-rule-Hot-Standby]action permit
[FW1-policy-security]rule name Manage
[FW1-policy-security-rule-Manage]source-zone trust
[FW1-policy-security-rule-Manage]destination-zone local
[FW1-policy-security-rule-Manage]source-address address-set wire_PC2
[FW1-policy-security-rule-Manage]service ssh                          //配置安全策略规则的服务
[FW1-policy-security-rule-Manage]action permit
```

2. 配置防火墙 FW2

```
[FW2]security-policy
[FW2-policy-security]rule name PC-Internal1
[FW2-policy-security-rule-PC-Internal1]description only PC2 can access Video Server
[FW2-policy-security-rule-PC-Internal1]source-zone trust
[FW2-policy-security-rule-PC-Internal1]destination-zone untrust
[FW2-policy-security-rule-PC-Internal1]source-address address-set wire_PC2
[FW2-policy-security-rule-PC-Internal1]destination-address address-set Video-Server
[FW2-policy-security-rule-PC-Internal1]action permit
[FW2-policy-security]rule name PC-Internal2
[FW2-policy-security-rule-PC-Internal2]description all PC can access OA-Server
[FW2-policy-security-rule-PC-Internal2]source-zone trust
[FW2-policy-security-rule-PC-Internal2]destination-zone untrust
[FW2-policy-security-rule-PC-Internal2]source-address address-set wire_PC
[FW2-policy-security-rule-PC-Internal2]destination-address address-set OA-Server
[FW2-policy-security-rule-PC-Internal2]action permit
[FW2-policy-security]rule name PC-Internet1
[FW2-policy-security-rule-PC-Internet1]description blacklist manage
[FW2-policy-security-rule-PC-Internet1]source-zone trust
[FW2-policy-security-rule-PC-Internet1]destination-zone untrust
[FW2-policy-security-rule-PC-Internet1]source-address address-set wire_PC
[FW2-policy-security-rule-PC-Internet1]destination-address 88.88.88.88 mask 255.255.255.255
[FW2-policy-security-rule-PC-Internet1]time-range time-range
[FW2-policy-security-rule-PC-Internet1]profile url-filter url_profile_01
[FW2-policy-security-rule-PC-Internet1]action deny
[FW2-policy-security]rule name PC-Internet2
[FW2-policy-security-rule-PC-Internet2]description all PC can access Internet
[FW2-policy-security-rule-PC-Internet2]source-zone trust
[FW2-policy-security-rule-PC-Internet2]destination-zone untrust
[FW2-policy-security-rule-PC-Internet2]source-address address-set wire_PC
[FW2-policy-security-rule-PC-Internet2]destination-address 88.88.88.88 mask 255.255.255.255
[FW2-policy-security-rule-PC-Internet2]action permit
[FW2-policy-security]rule name WLAN-Internet1
[FW2-policy-security-rule-WLAN-Internet1]description sta with wifiinternet can access Internet
[FW2-policy-security-rule-WLAN-Internet1]source-zone trust
[FW2-policy-security-rule-WLAN-Internet1]destination-zone untrust
[FW2-policy-security-rule-WLAN-Internet1]source-address address-set wireless_Internet
[FW2-policy-security-rule-WLAN-Internet1]destination-address 88.88.88.88 mask 255.255.255.255
[FW2-policy-security-rule-WLAN-Internet1]destination-address address-set OA-Server
[FW2-policy-security-rule-WLAN-Internet1]destination-address address-set Video-Server
[FW2-policy-security-rule-WLAN-Internet1]action permit
[FW2-policy-security]rule name WLAN-Internet2
[FW2-policy-security-rule-WLAN-Internet2]description sta with wifiinternet cannot access others
[FW2-policy-security-rule-WLAN-Internet2]source-zone trust
[FW2-policy-security-rule-WLAN-Internet2]destination-zone untrust
```

```
[FW2-policy-security-rule-WLAN-Internet2]source-address address-set wireless_Internet
[FW2-policy-security-rule-WLAN-Internet2]destination-address address-set OA-Server
[FW2-policy-security-rule-WLAN-Internet2]destination-address address-set Video-Server
[FW2-policy-security-rule-WLAN-Internet2]profile av default
[FW2-policy-security-rule-WLAN-Internet2]profile ips default
[FW2-policy-security-rule-WLAN-Internet2]action deny
[FW2-policy-security]rule name WLAN-Internal1
[FW2-policy-security-rule-WLAN-Internal1]description sta with wifiinternal" can access OA and Internet
[FW2-policy-security-rule-WLAN-Internal1]source-zone trust
[FW2-policy-security-rule-WLAN-Internal1]destination-zone untrust
[FW2-policy-security-rule-WLAN-Internal1]source-address address-set wireless_Internal
[FW2-policy-security-rule-WLAN-Internal1]destination-address 88.88.88.88 mask 255.255.255.255
[FW2-policy-security-rule-WLAN-Internal1]destination-address address-set OA-Server
[FW2-policy-security-rule-WLAN-Internal1]action permit
[FW2-policy-security]rule name Branch-HQ
[FW2-policy-security-rule-Branch-HQ]source-zone untrust
[FW2-policy-security-rule-Branch-HQ]destination-zone trust
[FW2-policy-security-rule-Branch-HQ]source-address address-set Branch
[FW2-policy-security-rule-Branch-HQ]destination-address address-set OA-Server
[FW2-policy-security-rule-Branch-HQ]destination-address address-set wire_PC
[FW2-policy-security-rule-Branch-HQ]profile av default
[FW2-policy-security-rule-Branch-HQ]profile ips default
[FW2-policy-security-rule-Branch-HQ]action permit
[FW2-policy-security]rule name Hot-Standby
[FW2-policy-security-rule-Hot-Standby]source-zone dmz
[FW2-policy-security-rule-Hot-Standby]source-zone local
[FW2-policy-security-rule-Hot-Standby]destination-zone dmz
[FW2-policy-security-rule-Hot-Standby]destination-zone local
[FW2-policy-security-rule-Hot-Standby]action permit
[FW2-policy-security]rule name Manage
[FW2-policy-security-rule-Manage]source-zone trust
[FW2-policy-security-rule-Manage]destination-zone local
[FW2-policy-security-rule-Manage]source-address address-set wire_PC2
[FW2-policy-security-rule-Manage]service ssh
[FW2-policy-security-rule-Manage]action permit
```

3. 验证

使用 **display security-policy rule all** 命令查看防火墙安全策略规则的配置信息。

```
<FW1>display security-policy rule all
2024-06-16 10:34:58.940
Total:11
RULE ID  RULE NAME                    STATE      ACTION        HITS
---------------------------------------------------------------------------------------------------------------
-------------------

1        PC-Internal1                 enable     permit        0
2        PC-Internal2                 enable     permit        0
3        PC-Internet1                 enable     deny          0
4        PC-Internet2                 enable     permit        0
5        WLAN-Internet1               enable     permit        0
6        WLAN-Internet2               enable     deny          0
7        WLAN-Internal1               enable     permit        0
8        Branch-HQ                    enable     permit        0
9        Hot-Standby                  enable     permit        0
10       Manage                       enable     permit        0
0        default                      enable     deny          0
```

以上输出显示了防火墙 FW1 的安全策略规则配置信息，具体信息包括安全策略规则 ID、安全策略规则名称、安全策略规则使能状态、安全策略规则动作和安全策略规则命中计数。

【提示】

对于以上安全策略的配置，建议在第 3 步，即部署双机热备完成之后进行配置，此时只需要为防火墙 FW1 配置安全策略，FW1 的安全策略会自动同步给 FW2。

3. FW1 和 FW2 使用基于动态路由实现主备备份的双机热备，FW2 作为备用设备，FW1 和 FW2 的 GE1/0/3 接口作为心跳接口并启用双机热备功能，在 FW1 和 FW2 上部署会话快速备份功能。

【解析】

在防火墙 FW1 和 FW2 上部署基于动态路由实现主备备份的双机热备。

1. 配置防火墙 FW1

```
[FW1]hrp enable                                              //启动 HRP 双机热备功能
[FW1]hrp interface GigabitEthernet1/0/3 remote 10.22.23.2
//配置心跳接口，指定对端心跳接口的 IPv4 地址
[FW1]hrp mirror session enable                               //启用会话快速备份功能
[FW1]hrp standby config enable                               //启用备用设备配置功能
[FW1]hrp track interface GigabitEthernet1/0/1                //配置 VGMP 组监控接口
[FW1]hrp track interface GigabitEthernet1/0/2
```

2. 配置防火墙 FW2

```
[FW2]hrp enable
[FW2]hrp standby-device                                      //配置当前设备为备用设备
[FW2]hrp interface GigabitEthernet1/0/3 remote 10.22.23.1
[FW2]hrp mirror session enable
[FW2]hrp standby config enable
[FW2]hrp track interface GigabitEthernet1/0/1
[FW2]hrp track interface GigabitEthernet1/0/2
```

3. 验证

使用 **display hrp state verbose** 命令查看防火墙双机热备状态的详细信息。

```
HRP_M[FW1]display hrp state verbose
2024-06-16 10:40:52.010
 Role: active, peer: standby
 Running priority: 45000, peer: 45000
 Backup channel usage: 0.00%
 Stable time: 0 days, 3 hours, 11 minutes
 Last state change information: 2024-06-16 7:29:05 HRP core state changed, old_state = abnormal(s
tandby), new_state = normal, local_priority = 45000, peer_priority = 45000.
 Configuration:
 hello interval:              1000ms
 preempt:                     60s
 mirror configuration:        off
 mirror session:              on
 track trunk member:          on
 auto-sync configuration:     on
 auto-sync connection-status: on
 adjust ospf-cost:            on
 adjust ospfv3-cost:          on
 adjust bgp-cost:             on
 nat resource:                off

 Detail information:
                       GigabitEthernet1/0/1: up
                       GigabitEthernet1/0/2: up
                                  ospf-cost: +0
                                ospfv3-cost: +0
                                   bgp-cost: +0
```

```
HRP_S<FW2>display hrp state verbose
2024-06-16 10:41:34.570
 Role: standby, peer: active
 Running priority: 45000, peer: 45000
 Backup channel usage: 0.00%
 Stable time: 0 days, 3 hours, 12 minutes
 Last state change information: 2024-06-16 7:29:05 HRP link changes to up.

 Configuration:
 hello interval:              1000ms
 preempt:                     60s
 mirror configuration:        off
 mirror session:              on
 track trunk member:          on
 auto-sync configuration:     on
 auto-sync connection-status: on
 adjust ospf-cost:            on
 adjust ospfv3-cost:          on
 adjust bgp-cost:             on
 nat resource:                off

 Detail information:
                      GigabitEthernet1/0/1: up
                      GigabitEthernet1/0/2: up
                                 ospf-cost: +65500
                               ospfv3-cost: +65500
                                  bgp-cost: +100
```

以上输出显示了 FW1 和 FW2 的双机热备状态，包括本端和对端设备的角色、优先级、当前心跳接口的带宽使用率、最后一次的状态切换信息、双机热备相关配置参数和功能开关的配置情况等。

4. 企业总部管理员 PC2 需要远程接入调试 FW1 和 FW2。为保护网络安全，管理员需要以 SSH 的方式登录 FW1 和 FW2，在 FW1 与 FW2 上开启 SSH 功能。

（1）在 FW1 与 FW2 上配置 SSH 用户。

（2）仅允许企业总部管理员以 SSH 的方式登录 FW1 和 FW2。

（3）如果两分钟内管理员无任何操作，FW1 和 FW2 需要主动断开连接。

【解析】

在防火墙 FW1 上配置 SSH 远程安全登录功能，FW2 会自动同步配置。

1. 配置防火墙 FW1

```
HRP_M[FW1]aaa
HRP_M[FW1-aaa]manager-user PC2                            //创建企业总部管理员账号
HRP_M[FW1-aaa-manager-user-PC2]password cipher Huawei@123
HRP_M[FW1-aaa-manager-user-PC2]service-type ssh           //配置企业总部管理员的登录方式为 SSH
HRP_M[FW1-aaa-manager-user-PC2]level 15
HRP_M[FW1]stelnet server enable                           //使能 SSH 服务端的 STelnet 服务
HRP_M[FW1]ssh user PC2                                    //创建 SSH 用户
HRP_M[FW1]ssh user PC2 authentication-type password       //配置 SSH 用户的认证方式
HRP_M[FW1]ssh user PC2 service-type stelnet               //配置 SSH 用户的服务方式
HRP_M[FW1]interface GigabitEthernet1/0/1
HRP_M[FW1-GigabitEthernet1/0/1]service-manage ssh permit  //允许企业总部管理员通过 SSH 访问设备
HRP_M[FW1]user-interface vty 0 4
HRP_M[FW1-ui-vty0-4]authentication-mode aaa
//指定登录用户界面的认证模式为 AAA 授权认证模式
HRP_M[FW1-ui-vty0-4]protocol inbound ssh                  //指定登录用户界面只支持 SSH 协议
HRP_M[FW1-ui-vty0-4]idle-timeout 2                        //设置企业总部管理员界面闲置断连的时间
```

2. 验证

PC2 通过 SSH 登录防火墙 FW1 成功后，使用 **display ssh server session** 命令查看 SSH 服务端的当前会话连接信息。

```
HRP_M<FW1>display ssh server session
2024-06-23 11:20:16.020
  Session 1:
       Conn                    : VTY 0
       Version                 : 2.0
       State                   : started
       Username                : PC2
       Retry                   : 1
       CTOS Cipher             : aes256-cbc
       STOC Cipher             : aes256-cbc
       CTOS Hmac               : hmac-sha1
       STOC Hmac               : hmac-sha1
       CTOS Compress           : zlib
       STOC Compress           : zlib
       Kex                     : diffie-hellman-group-exchange-sha1
       Public Key              : dsa
       Service Type            : stelnet
       Authentication Type     : password
```

（三）无线网络部署

为企业总部部署 WLAN 网络，如图 4-27 所示。AC1 与 AC2 之间使用双链路冷备份模式；AP 的网关在 SW1 和 SW2 上；AC1 和 AC2 作为 AP 的地址池为 AP1 和 AP2 下发地址；AP 加入 AP 组 HQ-AP；AP 下的终端连接到 WLAN 网络后，连接 Wi-Fi 的终端（STA）网关在 SW1 和 SW2 上；WLAN 中对于业务网络流量采取本地转发的模式；STA 从 SW1 和 SW2 上获取到 IP 地址，进而可以获取网络服务。WLAN 相关业务参数配置如表 4-9 所示。

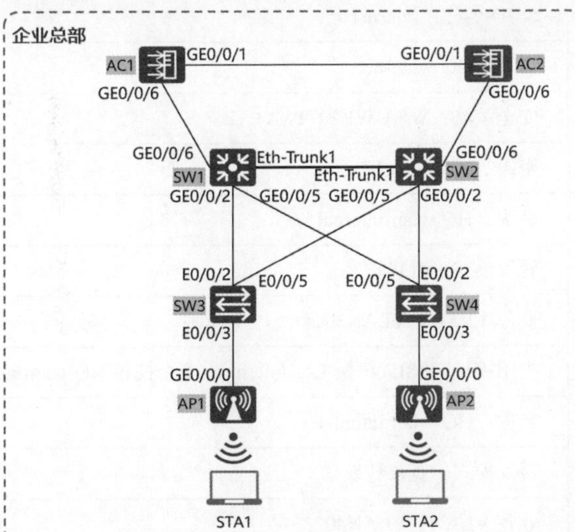

图 4-27 无线网络接口示意

表 4-9　WLAN 相关业务配置项规划

配置项	配置参数
AP 管理 VLAN	VLAN20
STA 业务 VLAN	HQ-Internal：VLAN30
	HQ-Internet：VLAN40
DHCP 服务器	AC 侧全局 DHCP 地址池：pool1
AP 的 IP 地址池	10.11.12.0/24。网关：10.11.12.254
STA 的 IP 地址池	HQ-Internal：192.169.1.0/24。网关：192.169.1.254 HQ-Internet：193.169.1.0/24。网关：193.169.1.254
AC 的源接口 IP 地址	AC1：Vlanif50（10.7.13.2）
	AC2：Vlanif60（10.8.14.2）
AP 组	名称：HQ-AP
	引用模板：VAP 模板 HQ-wlan-internal、HQ-wlan-internet
域管理模板	名称：HQ
	国家码：CN（中国）
SSID 模板 1	名称：HQ-Internal
	SSID 名称：Internal
SSID 模板 2	名称：HQ-Internet
	SSID 名称：Internet
安全模板	名称：HQ-wlan-net
	安全策略：WPA-WPA2+PSK+AES
	密码：Huawei@123
VAP 模板 1	名称：HQ-wlan-internal
	转发模式：直接转发
	业务 VLAN：VLAN30
	引用模板：SSID 模板 HQ-Internal、安全模板 HQ-wlan-net
VAP 模板 2	名称：HQ-wlan-internet
	转发模式：直接转发
	业务 VLAN：VLAN40
	引用模板：SSID 模板 HQ-Internet、安全模板 HQ-wlan-net

续表

配置项	配置参数
RRM 模板	名称：wlan-radiomanage 智能漫游阈值类型：基于信噪比 智能漫游信噪比阈值：15 CAC 实现方式：基于用户数的用户 CAC 新增用户数阈值：32 漫游用户数阈值：32
2G 射频模板	名称：wlan-radio2g 引用模板：RRM 模板 wlan-radiomanage
5G 射频模板	名称：wlan-radio5g 引用模板：RRM 模板 wlan-radiomanage

1. 配置 SW1 和 SW2，实现 SW1 和 SW2 作为 AP1 和 AP2 的网关，配置 AC1 和 AC2 作为 DHCP 服务器为 AP 分配 IP 地址，将 AP 跨三层注册到 AC1 和 AC2 上，并加入总部 AP 组“HQ-AP”，具体参数如表 4-10/4-11 所示。

表 4-10 SW1/SW2 中 AP 管理地址参数规划

设备名称	接口	AP 网关 IP 地址	DHCP 服务器 IP 地址
SW1/SW2	Vlanif20	10.11.12.254/24	首选：10.7.13.2/30。 备选：10.8.14.2/30

表 4-11 AP 管理地址 DHCP 参数规划

设备名称	DHCP 地址池名称	DHCP 地址池	DHCP 网关	AC 的 IP 地址
AC1/AC2	pool1	10.11.12.0/24。其中， 10.11.12.251 和 10.11.12.252 不分配	10.11.12.254/24	优选：10.7.13.2。 备选：10.8.14.2

【解析】

在无线控制器 AC1 和 AC2 上配置 DHCP 服务以及 AP 上线。

1. 在无线控制器 AC1 和 AC2 上配置 DHCP 服务

（1）配置无线控制器 AC1。

```
[AC1]dhcp enable
[AC1]ip pool pool1 //创建全局地址池
[AC1-ip-pool-pool1]gateway-list 10.11.12.254  //为 DHCP 客户端配置出口网关地址
[AC1-ip-pool-pool1]network 10.11.12.0 mask 255.255.255.0   //配置全局地址池中可分配的网段地址
[AC1-ip-pool-pool1]excluded-ip-address 10.11.12.251 10.11.12.252
//配置 IP 地址池中不参与自动分配的 IP 地址范围
[AC1-ip-pool-pool1]option 43 sub-option 2 ip-address 10.7.13.2 10.8.14.2
```

```
//配置 DHCP 服务器分配给 DHCP 客户端的自定义选项
[AC1]interface Vlanif 50
[AC1-Vlanif50]dhcp select global     //开启接口使用全局地址池的 DHCP 服务功能
```

（2）配置无线控制器 AC2。

```
[AC2]dhcp enable
[AC2]ip pool pool1
[AC2-ip-pool-pool1]gateway-list 10.11.12.254
[AC2-ip-pool-pool1]network 10.11.12.0 mask 255.255.255.0
[AC2-ip-pool-pool1]excluded-ip-address 10.11.12.251 10.11.12.252
[AC2-ip-pool-pool1]option 43 sub-option 2 ip-address 10.7.13.2 10.8.14.2
[AC2]interface Vlanif 60
[AC2-Vlanif60]dhcp select global
```

2. 在无线控制器 AC1 和 AC2 上配置 AP 上线

（1）配置无线控制器 AC1。

```
[AC1]wlan
[AC1-wlan-view]security-profile name HQ-wlan-net                        //创建安全模板
[AC1-wlan-sec-prof-HQ-wlan-net]security wpa-wpa2 psk pass-phrase Huawei@123 aes
//配置 WPA 和 WPA2 的混合认证和加密方式
[AC1-wlan-view]ssid-profile name HQ-Internal                            //创建 SSID 模板
[AC1-wlan-ssid-prof-HQ-Internal]ssid Internal             //配置当前 SSID 模板中的服务组合识别码 SSID
[AC1-wlan-view]ssid-profile name HQ-Internet
[AC1-wlan-ssid-prof-HQ-Internet]ssid Internet
[AC1-wlan-view]vap-profile name HQ-wlan-internal                        //创建 VAP 模板
[AC1-wlan-vap-prof-HQ-wlan-internal]service-vlan vlan-id 30             //配置 VAP 模板的业务 VLAN
[AC1-wlan-vap-prof-HQ-wlan-internal]ssid-profile HQ-Internal            //将指定的 SSID 模板应用到 VAP 模板
[AC1-wlan-vap-prof-HQ-wlan-internal]security-profile HQ-wlan-net        //在指定的 VAP 模板中应用安全模板
[AC1-wlan-view]vap-profile name HQ-wlan-internet
[AC1-wlan-vap-prof-HQ-wlan-internet]service-vlan vlan-id 40
[AC1-wlan-vap-prof-HQ-wlan-internet]ssid-profile HQ-Internet
[AC1-wlan-vap-prof-HQ-wlan-internet]security-profile HQ-wlan-net
[AC1-wlan-view]regulatory-domain-profile name HQ                        //创建域管理模板
[AC1-wlan-view]ap-system-profile name HQ-wlan-net                       //创建 AP 系统模板
[AC1-wlan-ap-system-prof-HQ-wlan-net]primary-access ip-address 10.13.14.1
//配置优选 AC 的 IP 地址
[AC1-wlan-ap-system-prof-HQ-wlan-net]backup-access ip-address 10.13.14.2
//配置备选 AC 的 IP 地址
[AC1-wlan-view]ap-group name HQ-AP                                      //创建 AP 组
[AC1-wlan-ap-group-HQ-AP]ap-system-profile HQ-wlan-net                  //配置 AP 组引用指定的 AP 系统模板
[AC1-wlan-ap-group-HQ-AP]regulatory-domain-profile HQ                   //将指定的域管理模板引用到 AP 组
[AC1-wlan-ap-group-HQ-AP]radio 0
[AC1-wlan-group-radio-HQ-AP/0]radio-2g-profile wlan-radio2g             //将指定的 2G 射频模板引用到 2G 射频
[AC1-wlan-group-radio-HQ-AP/0]radio-5g-profile wlan-radio5g
[AC1-wlan-group-radio-HQ-AP/0]vap-profile HQ-wlan-internal wlan 1
//将指定的 VAP 模板引用到射频，指定 VAP 的 ID
[AC1-wlan-group-radio-HQ-AP/0]vap-profile HQ-wlan-internet wlan 2
[AC1-wlan-group-radio-HQ-AP/0]radio 1
[AC1-wlan-group-radio-HQ-AP/1]radio-5g-profile wlan-radio5g
[AC1-wlan-group-radio-HQ-AP/1]vap-profile HQ-wlan-internal wlan 1
[AC1-wlan-group-radio-HQ-AP/1]vap-profile HQ-wlan-internet wlan 2
[AC1-wlan-group-radio-HQ-AP/1]radio 2
[AC1-wlan-group-radio-HQ-AP/2]radio-2g-profile wlan-radio2g
[AC1-wlan-group-radio-HQ-AP/2]radio-5g-profile wlan-radio5g
[AC1-wlan-group-radio-HQ-AP/2]vap-profile HQ-wlan-internal wlan 1
[AC1-wlan-group-radio-HQ-AP/2]vap-profile HQ-wlan-internet wlan 2
[AC1-wlan-view]ap-group name default
```

```
[AC1-wlan-view]ap-id 0 type-id 56 ap-mac 00e0-fc5d-40d0          //离线增加 AP 设备
[AC1-wlan-ap-0]ap-name HQ-area1                                   //配置单个 AP 的名称
[AC1-wlan-ap-0]ap-group HQ-AP                                     //配置 AP 所加入的组
[AC1-wlan-view]ap-id 1 type-id 56 ap-mac 00e0-fc51-2d40
[AC1-wlan-ap-1]ap-name HQ-area2
[AC1-wlan-ap-1]ap-group HQ-AP
```

（2）配置无线控制器 AC2。

```
[AC2]wlan
[AC2-wlan-view]security-profile name HQ-wlan-net
[AC2-wlan-sec-prof-HQ-wlan-net]security wpa-wpa2 psk pass-phrase Huawei@123 aes
//配置 WPA 和 WPA2 的混合认证和加密方式
[AC2-wlan-view]ssid-profile name HQ-Internal
[AC2-wlan-ssid-prof-HQ-Internal]ssid Internal
[AC2-wlan-view]ssid-profile name HQ-Internet
[AC2-wlan-ssid-prof-HQ-Internet]ssid Internet
[AC2-wlan-view]vap-profile name HQ-wlan-internal
[AC2-wlan-vap-prof-HQ-wlan-internal]service-vlan vlan-id 30
[AC2-wlan-vap-prof-HQ-wlan-internal]ssid-profile HQ-Internal
[AC2-wlan-vap-prof-HQ-wlan-internal]security-profile HQ-wlan-net
[AC2-wlan-view]vap-profile name HQ-wlan-internet
[AC2-wlan-vap-prof-HQ-wlan-internet]service-vlan vlan-id 40
[AC2-wlan-vap-prof-HQ-wlan-internet]ssid-profile HQ-Internet
[AC2-wlan-vap-prof-HQ-wlan-internet]security-profile HQ-wlan-net
[AC2-wlan-view]regulatory-domain-profile name HQ
[AC2-wlan-view]ap-system-profile name HQ-wlan-net
[AC2-wlan-ap-system-prof-HQ-wlan-net]primary-access ip-address 10.13.14.1
[AC2-wlan-ap-system-prof-HQ-wlan-net]backup-access ip-address 10.13.14.2
[AC2-wlan-view]ap-group name HQ-AP
[AC2-wlan-ap-group-HQ-AP]ap-system-profile HQ-wlan-net
[AC2-wlan-ap-group-HQ-AP]regulatory-domain-profile HQ
[AC2-wlan-ap-group-HQ-AP]radio 0
[AC2-wlan-group-radio-HQ-AP/0]radio-2g-profile wlan-radio2g
[AC2-wlan-group-radio-HQ-AP/0]radio-5g-profile wlan-radio5g
[AC2-wlan-group-radio-HQ-AP/0]vap-profile HQ-wlan-internal wlan 1
//将指定的 VAP 模板引用到射频，指定 VAP 的 ID
[AC2-wlan-group-radio-HQ-AP/0]vap-profile HQ-wlan-internet wlan 2
[AC2-wlan-group-radio-HQ-AP/0]radio 1
[AC2-wlan-group-radio-HQ-AP/1]radio-5g-profile wlan-radio5g
[AC2-wlan-group-radio-HQ-AP/1]vap-profile HQ-wlan-internal wlan 1
[AC2-wlan-group-radio-HQ-AP/1]vap-profile HQ-wlan-internet wlan 2
[AC2-wlan-group-radio-HQ-AP/1]radio 2
[AC2-wlan-group-radio-HQ-AP/2]radio-2g-profile wlan-radio2g
[AC2-wlan-group-radio-HQ-AP/2]radio-5g-profile wlan-radio5g
[AC2-wlan-group-radio-HQ-AP/2]vap-profile HQ-wlan-internal wlan 1
[AC2-wlan-group-radio-HQ-AP/2]vap-profile HQ-wlan-internet wlan 2
[AC2-wlan-view]ap-group name default
[AC2-wlan-view]ap-id 0 type-id 56 ap-mac 00e0-fc5d-40d0
[AC2-wlan-ap-0]ap-name HQ-area1
[AC2-wlan-ap-0]ap-group HQ-AP
[AC2-wlan-view]ap-id 1 type-id 56 ap-mac 00e0-fc51-2d40
[AC2-wlan-ap-1]ap-name HQ-area2
[AC2-wlan-ap-1]ap-group HQ-AP
```

3. 配置无线控制器 AC1 和 AC2 的 CAWAP 源接口

```
[AC1]capwap source interface Vlanif 50          //配置 AC1 的 CAPWAP 源接口

[AC2]capwap source interface Vlanif 60
```

4. 验证

使用 **display ap all** 命令查看 AP 当前的状态。

```
<AC1>display ap all
Info: This operation may take a few seconds. Please wait for a moment.done.
Total AP information:
nor  : normal          [2]
-----------------------------------------------------------------------------------------------
ID   MAC            Name      Group IP            Type        State  STA Uptime
-----------------------------------------------------------------------------------------------
0    00e0-fc5d-40d0 HQ-area1 HQ-AP 10.11.12.63   AP6050DN       nor    1    3H:18M:44S
1    00e0-fc51-2d40 HQ-area2 HQ-AP 10.11.12.114  AP6050DN       nor    1    3H:18M:47S
-----------------------------------------------------------------------------------------------

Total: 2

<AC2>display ap all
Info: This operation may take a few seconds. Please wait for a moment.done.
Total AP information:
stdby: standby         [2]
-------------------------------------------------------------------------------------------

ID   MAC            Name      Group IP            Type        State  STA Uptime
-------------------------------------------------------------------------------------------
0    00e0-fc5d-40d0 HQ-area1 HQ-AP 10.11.12.13 AP6050DN       stdby  0   -
1    00e0-fc51-2d40 HQ-area2 HQ-AP 10.11.12.34 AP6050DN       stdby  0   -
-------------------------------------------------------------------------------------------

Total: 2
```

以上输出显示 AP1 和 AP2 均已在无线控制器 AC1 和 AC2 上线。

2. 设置 AP 的工作信道和功率，要求 AP1 在 2.4G 射频下设置信道为 1、功率为 28dBm；AP2 在 2.4G 射频下设置信道为 11、功率为 25dBm；AP1 在 5G 射频下设置频宽为 80、信道为 36、功率为 25dBm；AP2 在 5G 射频下设置频宽为 80、信道为 149、功率为 25dBm。

【解析】

在无线控制器 AC1 和 AC2 上配置 AP 的工作信道、宽带和发射功率等。

1. 配置无线控制器 AC1

```
[AC1]wlan
[AC1-wlan-view]ap-id 0
[AC1-wlan-ap-0]radio 0
[AC1-wlan-radio-0/0]channel 20mhz 1                //配置单个 AP 指定射频的工作带宽和信道
[AC1-wlan-radio-0/0]eirp 28                        //配置单个 AP 指定射频的发射功率
[AC1-wlan-ap-0]radio 1
[AC1-wlan-radio-0/1]channel 80mhz 36
[AC1-wlan-radio-0/1]eirp 25
[AC1-wlan-view]ap-id 1
[AC1-wlan-ap-1]radio 0
[AC1-wlan-radio-1/0]channel 20mhz 11
[AC1-wlan-radio-1/0]eirp 25
```

```
[AC1-wlan-ap-1]radio 1
[AC1-wlan-radio-1/1]channel 80mhz 149
[AC1-wlan-radio-1/1]eirp 25
```

2. 配置无线控制器 AC2

```
[AC2]wlan
[AC2-wlan-view]ap-id 0
[AC2-wlan-ap-0]radio 0
[AC2-wlan-radio-0/0]channel 20mhz 1
[AC2-wlan-radio-0/0]eirp 28
[AC2-wlan-ap-0]radio 1
[AC2-wlan-radio-0/1]channel 80mhz 36
[AC2-wlan-radio-0/1]eirp 25
[AC2-wlan-view]ap-id 1
[AC2-wlan-ap-1]radio 0
[AC2-wlan-radio-1/0]channel 20mhz 11
[AC2-wlan-radio-1/0]eirp 25
[AC2-wlan-ap-1]radio 1
[AC2-wlan-radio-1/1]channel 80mhz 149
[AC2-wlan-radio-1/1]eirp 25
```

3. 验证

使用 **display ap config-info** 命令查看指定 ID 的 AP 的配置信息。

```
<AC1>display ap config-info ap-id 0
-------------------------------------------------------------------------------

AP MAC                              : 00e0-fc5d-40d0
AP SN                               : 2102354483101529B568
AP type                             : AP6050DN
AP name                             : HQ-area1
AP group                            : HQ-AP
Country code                        : CN
-------------------------------------------------------------------------------
Radio 0 configurations:
 Radio enable                       : yes
 Work mode                          : normal
 WDS  mode                          : -
 Mesh mode                          : -
 Radio band                         : 2.4G
 Radio type                         : bgn
 Config channel/bandwidth           : 1/20M
 Actual channel/bandwidth           : -/-
 Config EIRP                        : 28
 Actual EIRP                        : -
 Maximum EIRP                       : -

 VAP configurations:
  WLAN ID 2:
   SSID                             : Internet
   Forward mode                     : direct-forward
   Authen mode                      : WPA/WPA2-PSK
   Encrypt mode                     : AES
  WLAN ID 1:
   SSID                             : Internal
   Forward mode                     : direct-forward
   Authen mode                      : WPA/WPA2-PSK
   Encrypt mode                     : AES
-------------------------------------------------------------------------------
Radio 1 configurations:
```

```
Radio enable                      : yes
Work mode                         : normal
WDS  mode                         : -
Mesh mode                         : -
Radio band                        : 5G
Radio type                        : an11ac
Config channel/bandwidth          : 36/80M
Actual channel/bandwidth          : -/-
Config EIRP                       : 25
Actual EIRP                       : -
Maximum EIRP                      : -

VAP configurations:
 WLAN ID 2:
  SSID                            : Internet
  Forward mode                    : direct-forward
  Authen mode                     : WPA/WPA2-PSK
  Encrypt mode                    : AES
 WLAN ID 1:
  SSID                            : Internal
  Forward mode                    : direct-forward
  Authen mode                     : WPA/WPA2-PSK
  Encrypt mode                    : AES
```

以上输出显示了 AP 的工作信道和功率的详细信息。

3. 配置智能漫游，当无线终端的信噪比低于 15dB 时，AC 主动进行引导，确保每个无线终端都能关联到离自己最近的 AP。

【解析】

在无线控制器 AC1 和 AC2 上配置 AP 智能漫游。

1. 配置无线控制器 AC1

```
[AC1]wlan
[AC1-wlan-view]rrm-profile name wlan-radiomanage            //创建 RRM 模板
[AC1-wlan-rrm-prof-wlan-radiomanage]smart-roam enable      //使能智能漫游功能
[AC1-wlan-rrm-prof-wlan-radiomanage]smart-roam roam-threshold snr 15
[AC1-wlan-view]radio-2g-profile name wlan-radio2g           //创建 2G 射频模板
[AC1-wlan-radio-2g-prof-wlan-radio2g]rrm-profile wlan-radiomanage//在 2.4G 射频模板下引用名称为
wlan-radiomanage 的 RRM 模板
[AC1-wlan-view]radio-5g-profile name wlan-radio5g
[AC1-wlan-radio-5g-prof-wlan-radio5g]rrm-profile wlan-radiomanage
//在 5G 射频模板下引用名称为 wlan-radiomanage 的 RRM 模板
```

2. 配置无线控制器 AC2

```
[AC2]wlan
[AC2-wlan-view]rrm-profile name wlan-radiomanage
[AC2-wlan-rrm-prof-wlan-radiomanage]smart-roam enable
[AC2-wlan-rrm-prof-wlan-radiomanage]smart-roam roam-threshold snr 15
[AC2-wlan-view]radio-2g-profile name wlan-radio2g
[AC2-wlan-radio-2g-prof-wlan-radio2g]rrm-profile wlan-radiomanage
[AC2-wlan-view]radio-5g-profile name wlan-radio5g
[AC2-wlan-radio-5g-prof-wlan-radio5g]rrm-profile wlan-radiomanage
```

3. 验证

（1）验证智能漫游：首先将 STA1 通过无线网络接入 AP1，接入成功后将 STA1 靠近 AP2，使 STA1 通过无线接入 AP2，接入成功后 AP2 会产生如下信息，表示智能漫游成功。

```
<HQ-area2>
 Send wlan control
Enter:
    mac        :5489-988b-566c
    radio id   :0
    vap id     :0
    type       :0
 WUAM_AddStaInfoWithFrame pstStaInfo->pucAssocFrame 0xb674744c pucStaAssocFrame 0xb674744c
```

（2）使用 **display rrm-profile name wlan-radiomanage** 命令查看智能漫游的相关参数配置信息。

```
<AC1>display rrm-profile name wlan-radiomanage
-------------------------------------------------------------
Auto channel select                                          : enable
Auto transmit power select                                   : enable
PER threshold for trigger channel/power select(%)            : 60
Airtime fairness schedule                                    : disable
Dynamic adjust EDCA parameter                                : disable
UAC check client's SNR                                       : disable
UAC client's SNR threshold(dB)                               : 20
UAC check client number                                      : enable
UAC client number access threshold                           : 32
UAC client number roam threshold                             : 32
UAC check channel utilization                                : disable
UAC channel utilization access threshold                     : 80
UAC channel utilization roam threshold                       : 80
UAC hide SSID                                                : disable
Band steer deny threshold                                    : 2
Band balance start threshold                                 : 10
Band balance gap threshold(%)                                : 20
Client's band expire based on continuous probe counts        : 35
Station load balance                                         : disable
Station load balance start threshold                         : 10
Station load balance gap threshold(%)                        : 20
Station load balance deny threshold                          : 3
Smart-roam                                                   : enable
Smart-roam check SNR                                         : enable
Smart-roam standing SNR threshold(dB)                        : 15
Smart-roam SNR quick-kickoff-threshold(dB)                   : 15
Smart-roam check rate                                        : disable
AMC policy                                                   : auto-balance
Smart-roam rate threshold(%)                                 : 20
Smart-roam rate quick-kickoff-threshold(%)                   : 20
Smart-roam high level SNR margin(dB)                         : 15
Smart-roam low level SNR margin(dB)                          : 6
Smart-roam SNR check interval(s)                             : 3
Smart-roam unable roam client expire time(m)                 : 120
Zero-roam roam check high threshold                          : 40
Zero-roam roam check low threshold                           : 35
Zero-roam roam check interval(ms)                            : 700
Zero-roam report interval(ms)                                : 400
-------------------------------------------------------------
```

4. 配置基于用户数的用户 CAC，来缓解由于接入用户过多造成的对无线信道的激烈抢占情况，控制每个 AP 上的新增用户数阈值为 32，控制每个 AP 上的漫游用户数阈值为 32。

【解析】

在无线控制器 AC1 和 AC2 上配置 AP 用户数相关限制。

1. 配置无线控制器 AC1

```
[AC1]wlan
[AC1-wlan-view]rrm-profile name wlan-radiomanage
[AC1-wlan-rrm-prof-wlan-radiomanage]uac client-number enable          //使能基于用户数的 CAC 功能
[AC1-wlan-rrm-prof-wlan-radiomanage]uac client-number threshold access 32 roam 32
//配置基于用户数的用户 CAC 阈值
```

2. 配置无线控制器 AC2

```
[AC2]wlan
[AC2-wlan-view]rrm-profile name wlan-radiomanage
[AC2-wlan-rrm-prof-wlan-radiomanage]uac client-number enable
[AC2-wlan-rrm-prof-wlan-radiomanage]uac client-number threshold access 32 roam 32
```

3. 验证

使用 **display rrm-profile name wlan-radiomanage** 命令查看智能漫游的相关参数配置信息，具体参考上述解析中的验证部分。

5. 配置交换机 SW1 和 SW2，实现 SW1 和 SW2 作为全局 DHCP 服务器为 STA 分配 IP 地址。STA 业务地址 DHCP 参数规划，如表 4-12 所示。

表 4-12　STA IP 地址 DHCP 参数规划

设备名称	VLANIF 接口地址	DHCP 地址池	DHCP 网关	SSID
SW1	192.169.1.251/24	192.169.1.0/24	192.169.1.254/24	Internal
	193.169.1.251/24	193.169.1.0/24	193.169.1.254/24	Internet
SW2	192.169.1.252/24	192.169.1.0/24	192.169.1.254/24	Internal
	193.169.1.252/24	193.169.1.0/24	193.169.1.254/24	Internet

【解析】

在交换机 SW1 和 SW2 上配置 DHCP 服务，用于为 STA 分配 IP 地址。

1. 配置交换机 SW1

```
[SW1]interface Vlanif30
[SW1-Vlanif30]dhcp select interface
[SW1]interface Vlanif40
[SW1-Vlanif40]dhcp select interface
```

2. 配置交换机 SW2

```
[SW2]interface Vlanif30
[SW2-Vlanif30]dhcp select interface
[SW2]interface Vlanif40
[SW2-Vlanif40]dhcp select interface
```

6. 在 SW1 和 SW2 上完成 ACL 配置，通过 ACL 过滤，使得“Internet”下的用户只能访问互联网资源，无法访问企业内部网络和企业数据中心。

【解析】

在交换机 SW1 和 SW2 上配置 ACL 过滤。

1. 配置交换机 SW1

```
[SW1]acl number 3002                              //创建一个 ACL
[SW1-acl-adv-3002]rule 6 permit ip source 193.169.1.0 0.0.0.255 destination 88.88.88.88 0
[SW1-acl-adv-3002]rule 7 deny ip source 193.169.1.0 0.0.0.255
[SW1-acl-adv-3002]rule 10 permit ip
[SW1]interface GigabitEthernet0/0/2
[SW1-GigabitEthernet0/0/2]traffic-filter inbound acl 3002
```

2. 配置交换机 SW2

```
[SW2]acl 3002
[SW2]acl number 3002
[SW2-acl-adv-3002]rule 6 permit ip source 193.169.1.0 0.0.0.255 destination 88.88.88.88 0
[SW2-acl-adv-3002]rule 7 deny ip source 193.169.1.0 0.0.0.255
[SW2-acl-adv-3002]rule 10 permit ip
[SW2]interface GigabitEthernet0/0/5
[SW2-GigabitEthernet0/0/5]traffic-filter inbound acl 3002
```

7. 在 SW1 和 SW2 上完成 ACL 和 NAT 配置，使得连接“Internal”Wi-Fi 信号的用户可以访问企业内部、企业数据中心和互联网，但是连接“Internet” Wi-Fi 信号的用户不能主动访问内网；设置备用逃生路径，假设企业总部与企业数据中心的直连线路出现故障，备用逃生路径为 AR1 和 AR2 跨越运营商城域网的三层 VPN 到达企业数据中心的路径。

【解析】

1. 对于“在 SW1 和 SW2 上完成 ACL 和 NAT 配置，使得连接‘Internal’Wi-Fi 信号的用户可以访问企业内部、企业数据中心和互联网，但是连接‘Internet’ Wi-Fi 信号的用户不能主动访问内网;”已在前述解析中给出配置方法。

2. 对于“设置备用逃生路径，假设企业总部与企业数据中心的直连线路出现故障，备用逃生路径为 AR1 和 AR2 跨越运营商城域网的三层 VPN 到达企业数据中心的路径”将在“任务六：企业总部与企业数据中心互通”中给出配置使用。

（四）总部访问 Internet 部署

企业总部需要访问 Internet，如图 4-28 所示。对于 IPv4，由于总部内网使用私网地址，需要在 AR1 与 AR2 上通过 NAT 将其转换成公网地址后访问 Internet。

1. 在运营商城域网的 PE1 上创建 Loopback88 接口，用于模拟 IPv4 Internet（88.88.88.88/24）。

2. 在 AR1 和 AR2 上，分别与运营商城域网的 PE2 和 PE3 建立 BGP 邻居关系。

3. 对于内网 IPv4 访问 Internet，要求在 AR1 和 AR2 上通过 NAT，将需要访问 Internet 的私网地址转换为对应 AR1/AR2 的出接口 IP 地址。

4. 完成上述配置后，总部终端应可以 ping 通 PE1 上用于模拟 Internet 的 IPv4 地址。

【解析】

模拟 IPv4 Internet 和建立 BGP 邻居关系已在任务二的“（二）BGP 部署”中完成相关配置，此处给出路由器 AR1 和 AR2 的 NAT 配置。

1. 配置路由器 AR1

```
[AR1]acl number 3001
[AR1-acl-adv-3001]description nat
[AR1-acl-adv-3001]rule 5 deny ip destination 192.168.172.0 0.0.0.255
[AR1-acl-adv-3001]rule 10 permit ip
[AR1]interface GigabitEthernet0/0/0
[AR1-GigabitEthernet0/0/0]nat outbound 3001               //配置使用接口的 IP 地址进行 NAT
```

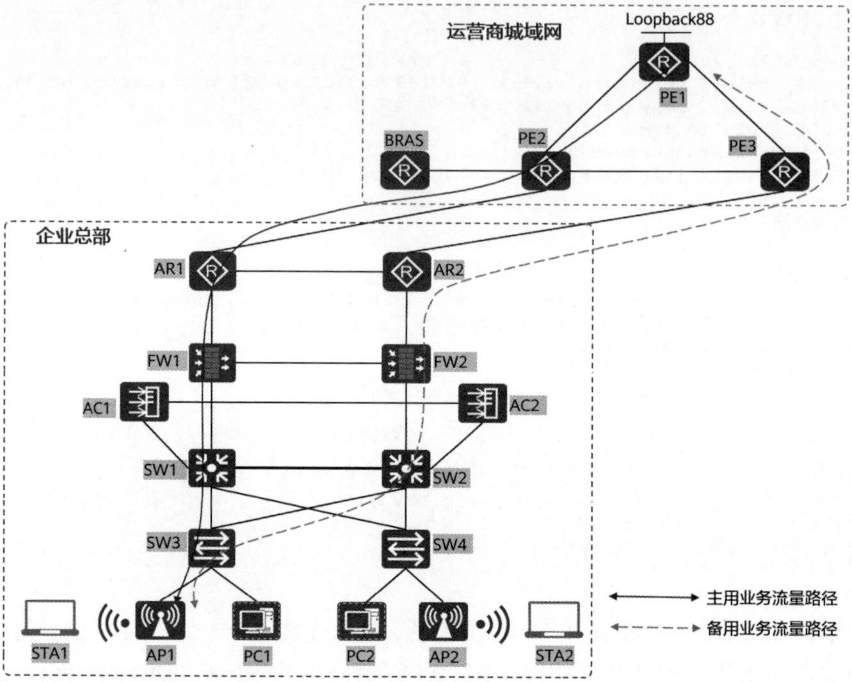

图 4-28　企业总部访问 Internet 示意

2. 配置路由器 AR2

```
[AR2]acl number 3001
[AR2-acl-adv-3001]description nat
[AR2-acl-adv-3001]rule 5 deny ip destination 192.168.172.0 0.0.0.255
[AR2-acl-adv-3001]rule 10 permit ip
[AR2]interface GigabitEthernet0/0/0
[AR2-GigabitEthernet0/0/0]nat outbound 3001
```

3. 验证

（1）使用 PC1 和 PC2 访问 Internet，测试 NAT 功能。

```
PC1>ping 88.88.88.88
Ping 88.88.88.88: 32 data bytes, Press Ctrl_C to break
From 88.88.88.88: bytes=32 seq=1 ttl=251 time=94 ms
From 88.88.88.88: bytes=32 seq=2 ttl=251 time=78 ms
From 88.88.88.88: bytes=32 seq=3 ttl=251 time=78 ms
From 88.88.88.88: bytes=32 seq=4 ttl=251 time=78 ms
From 88.88.88.88: bytes=32 seq=5 ttl=251 time=78 ms
--- 88.88.88.88 ping statistics ---
  5 packet(s) transmitted
  5 packet(s) received
  0.00% packet loss
  round-trip min/avg/max = 78/81/94 ms
PC2>ping 88.88.88.88
Ping 88.88.88.88: 32 data bytes, Press Ctrl_C to break
From 88.88.88.88: bytes=32 seq=1 ttl=251 time=94 ms
```

```
From 88.88.88.88: bytes=32 seq=2 ttl=251 time=78 ms
From 88.88.88.88: bytes=32 seq=3 ttl=251 time=78 ms
From 88.88.88.88: bytes=32 seq=4 ttl=251 time=78 ms
From 88.88.88.88: bytes=32 seq=5 ttl=251 time=78 ms
--- 88.88.88.88 ping statistics ---
  5 packet(s) transmitted
  5 packet(s) received
  0.00% packet loss
  round-trip min/avg/max = 78/81/94 ms
```

以上输出显示 PC1 和 PC2 可以正常访问 Internet。

（2）使用 **display nat session all** 命令查看 NAT 映射表项。

```
[AR1]display nat session all
  NAT Session Table Information:
     Protocol          : ICMP(1)
     SrcAddr   Vpn     : 192.170.1.250
     DestAddr  Vpn     : 88.88.88.88
     Type Code IcmpId  : 0   8   62036
     NAT-Info
       New SrcAddr     : 200.2.5.2
       New DestAddr    : ----
       New IcmpId      : 10241
     Protocol          : ICMP(1)
     SrcAddr   Vpn     : 192.170.1.250
     DestAddr  Vpn     : 88.88.88.88
     Type Code IcmpId  : 0   8   62035

  Total : 1
```

以上输出显示了路由器 AR1 的所有 NAT 映射表项，包括协议、转换前的源地址、转换前的目的地址、转换后的源地址和转换后的目的地址等。

4. 任务四：企业分部网络部署

（一）有线网络部署

如图 4-29 所示，企业分部采用 AR3 作为出口网关，AR3 接入运营商城域网的 PE1；PC3 为 IPv4 PC，直连 AR3。

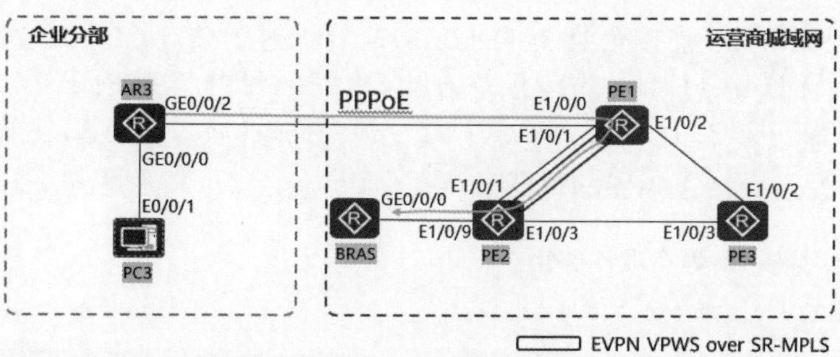

图 4-29　企业分部接口示意

按照表 4-13 所示的地址规划，静态配置企业分部 PC3 的网卡 IP 地址和网关 IP 地址等。

表 4-13　地址规划

设备名称	网卡 IP 地址	网关	网关 IP 地址
PC3	192.168.172.100/24	AR3（GE0/0/0）	192.168.172.254/24

【解析】

此题目所述配置读者自行完成即可。

（二）企业分部访问 Internet 部署

企业分部需要访问 Internet。企业分部内网使用自行规划的私网地址，需要在 AR3 出口处通过源 NAT 将私网地址转换为另一套私网地址后对接运营商城域网。AR3 通过 PPPoE 拨号从运营商城域网中的 BRAS 获取 IPv4 地址，实现 Internet 访问，如表 4-14 所示。

表 4-14　AR3 配置项和参数规划

配置项	参数
拨号接口	GE0/0/2.200
VID	200
拨号接口号	1
NAT ACL	ACL 2000:192.168.172.0/24
NAT 方向	outbound

1. AR3 作为 PC3 的出口网关。当来自 PC3 的数据经过 AR3 时，需要通过 ACL 筛选 IP 报文源地址，并在 AR3 拨号接口出方向部署源 NAT，将 PC3 的业务 IP 地址转换为 AR3 拨号接口 IP 地址。

【解析】

在路由器 AR3 上配置源 NAT。

```
[AR3]acl number 2000
[AR3-acl-adv-2000]description nat
[AR3-acl-adv-2000]rule 5 permit source 192.168.172.0 0.0.0.255
[AR3]interface Dialer1
[AR3-Dialer1]nat outbound 2000
```

2. AR3 下行通过 GE0/0/0 连接企业分部的 PC3，上行通过子接口 GE0/0/2.200 接入运营商城域网。AR3 在拨号接口下配置 CHAP 认证，实现设备通过 CHAP 认证并与 PPPoE Server 建立拨号连接。当拨号连接断开后，每隔一段时间设备会自动尝试建立拨号连接。同时，AR3 上需要创建一条静态默认路由，出接口为拨号接口，用于实现 Internet 访问。

【解析】

在路由器 AR3 上配置一条静态默认路由。

```
[AR3]ip route-static 0.0.0.0 0.0.0.0 Dialer1
```

3. 运营商城域网中的 BRAS 通过子接口 GE0/0/0.200 提供 PPPoE Server 功能，通过全局地址池给 AR3 分配地址。BRAS 配置 PPPoE 认证用户，实现 PPPoE Server 对 AR3 拨号的认证，表 4-15 所示。

表 4-15 BRAS 配置项和参数规划

配置项	参数	配置项	参数
BRAS 地址池	网段：192.168.171.0/24 网关：192.168.171.251	VT 接口号	1
authentication-scheme	自行规划	认证模式	CHAP
authorization-scheme	自行规划	BRAS 子接口	GE0/0/0.200
Domain	isp1	子接口 VID	200
拨号认证用户名	user1@isp1	NAT 地址池	100.11.11.1～100.11.11.5
用户密码	Huawei@123	NAT 方向	outbound

【解析】

在路由器 BRAS 和 AR3 上配置 PPPoE，实现 AR3 通过拨号访问 Internet。

1. 配置路由器 BRAS

```
[BRAS]acl number 2000
[BRAS-acl-basic-2000]rule 5 permit source 192.168.171.0 0.0.0.255
[BRAS]ip pool hsi
[BRAS-ip-pool-hsi]gateway-list 192.168.171.251
[BRAS-ip-pool-hsi]network 192.168.171.0 mask 255.255.255.0
[BRAS]aaa
[BRAS-aaa]local-user user1@isp1 password cipher Huawei@123
[BRAS-aaa]local-user user1@isp1 service-type ppp
[BRAS]interface Virtual-Template1
[BRAS-Virtual-Template1]ppp authentication-mode chap domain isp1
//设置本端 PPP 对远端设备的认证方式为 CHAP 认证
[BRAS-Virtual-Template1]remote address pool his                //配置为对端分配指定地址池
[BRAS]interface GigabitEthernet0/0/0.200
[BRAS-GigabitEthernet0/0/0.200]pppoe-server bind Virtual-Template 1
//将指定的虚拟模板绑定到当前以太网子接口上，并在以太网子接口上启用 PPPoE
[BRAS-GigabitEthernet0/0/0.200]dot1q termination vid 200
//配置子接口对一层 Tag 报文的终结功能
[BRAS-GigabitEthernet0/0/0.200]arp broadcast enable            //使能终结子接口的 ARP 广播功能
[BRAS]interface GigabitEthernet0/0/0
[BRAS-GigabitEthernet0/0/0]nat outbound 2000 address-group 1
//将 ACL 2000 和地址池 1 关联，表示该 acl 中规定的地址能使用该地址池中的地址进行地址转换
[BRAS]ip route-static 88.88.88.0 255.255.255.0 10.2.4.2
```

2. 配置路由器 AR3

```
[AR3]interface Dialer1
[AR3-Dialer1]link-protocol ppp                      //配置接口封装的链路层协议为 PPP
[AR3-Dialer1]ppp chap user user1@isp1               //配置本地用户名
[AR3-Dialer1]ppp chap password cipher Huawei@123    //配置进行 CHAP 认证的密码
[AR3-Dialer1]ip address ppp-negotiate               //配置接口通过 PPP 协商获取 IP 地址
[AR3-Dialer1]dialer user user1@isp1                 //设置拨号用户名
[AR3-Dialer1]dialer bundle 1                        //指定共享 DCC 的 Dialer 接口使用的 Dialer bundle
[AR3-Dialer1]nat outbound 2000
[AR3]interface GigabitEthernet0/0/2.200
[AR3-GigabitEthernet0/0/2.200]pppoe-client dial-bundle-number 1  //在 GE0/0/2.200 子接口上启用
PPPoE client 功能，绑定 Dialer1 接口
```

3. 验证

（1）使用 **display pppoe-client session summary** 命令查看 PPPoE 会话的概要信息。

```
<AR3>display pppoe-client session summary
PPPoE Client Session:
ID   Bundle  Dialer  Intf              Client-MAC    Server-MAC    State
1    1       1       GE0/0/2.200      00e0fcd1278e  00e0fc153f10  UP
```

（2）使用 **display interface** 命令查看指定接口 dialer 1 的相关信息。

```
<AR3>display interface dialer 1
Dialer1 current state : UP
Line protocol current state : UP (spoofing)
Description:HUAWEI, AR Series, Dialer1 Interface
Route Port,The Maximum Transmit Unit is 1500, Hold timer is 10(sec)
Internet Address is negotiated, 192.168.171.254/32
Link layer protocol is PPP
LCP initial
Physical is Dialer
Current system time: 2024-06-23 19:36:01-08:00
    Last 300 seconds input rate 0 bits/sec, 0 packets/sec
    Last 300 seconds output rate 0 bits/sec, 0 packets/sec
    Realtime 0 seconds input rate 0 bits/sec, 0 packets/sec
    Realtime 0 seconds output rate 0 bits/sec, 0 packets/sec
    Input: 0 bytes
    Output:0 bytes
    Input bandwidth utilization  :    0%
    Output bandwidth utilization :    0%
Bound to Dialer1:0:
Dialer1:0 current state : UP ,
Line protocol current state : UP

Link layer protocol is PPP
LCP opened, IPCP opened
Packets statistics:
  Input packets:0,  0 bytes
  Output packets:0, 0 bytes
  FCS error packets:0
  Address error packets:0
  Control field control error packets:0
```

4. 由于 AR3 与运营商城域网中的 BRAS 不是直接互联的，因此运营商需要在 PE1 和 PE2 之间创建 EVPN VPWS over SR-MPLS 业务，来实现 AR3 与 BRAS 之间的 PPPoE 报文透传。EVPN VPWS over SR-MPLS 配置项和参数规划如表 4-16 所示。

表 4-16　运营商 EVPN VPWS over SR-MPLS 配置项和参数规划

配置项	参数	配置项	参数
EVPN 实例	hsi	EVPN 源接口	Loopback0
EVPN RD	自行规划	PE1 二层子接口	E1/0/0.200
EVPN RT	自行规划	PE2 二层子接口	E1/0/9.200
EVPL 实例	200	PE 二层子接口 VID	200
Service ID	自行规划	承载隧道	SR-MPLS BE

【解析】

在路由器 PE1 和 PE2 上配置 EVPN VPWS over SR-MPLS 业务。

1. 配置路由器 PE1

```
[PE1]tunnel-policy srbe                                                    //创建隧道策略
[PE1-tunnel-policy-srbe]tunnel select-seq sr-lsp load-balance-number 1
//配置隧道类型的优先级顺序及参与负载分担的隧道数
[PE1]evpn vpn-instance hsi vpws                                            //创建 VPWS 模式的 EVPN 实例
[PE1-vpws-evpn-instance-hsi]route-distinguisher 100:2                      //为 EVPN 实例地址族配置 RD
[PE1-vpws-evpn-instance-hsi]tnl-policy srbe
//将当前 EVPN 实例地址族与指定的隧道策略进行关联
[PE1-vpws-evpn-instance-hsi]vpn-target 100:2 export-extcommunity
//配置 EVPN 实例地址族出方向的 VPN-Target 扩展团体属性
[PE1-vpws-evpn-instance-hsi]vpn-target 100:2 import-extcommunity
//配置 EVPN 实例地址族入方向的 VPN-Target 扩展团体属性
[PE1]evpl instance 200 mpls-mode                                           //创建 MPLS 模式的 EVPL 实例
[PE1-evpl-mpls200]evpn binding vpn-instance his                            //配置 BD 域绑定 EVPN 实例
[PE1-evpl-mpls200]local-service-id 200 remote-service-id 200
[PE1]mpls lsr-id 1.1.1.1                                                   //配置 LSRID
[PE1]mpls                                                                  //使能本节点的 MPLS 能力
[PE1]interface Ethernet1/0/2
[PE1-Ethernet1/0/2]mpls                                                    //使能所在接口的 MPLS 能力
[PE1]interface Ethernet1/0/0.200 mode l2
[PE1-Ethernet1/0/0.200]encapsulation dot1q vid 200
[PE1-Ethernet1/0/0.200]rewrite pop single
//配置对二层子接口接收的报文进行剥除一层 VLAN Tag 的操作
[PE1-Ethernet1/0/0.200]evpl instance 200
[PE1]bgp 1000
[PE1-bgp]l2vpn-family evpn
[PE1-bgp-af-evpn]undo policy vpn-target
[PE1-bgp-af-evpn]peer 2.2.2.2 enable
```

2. 配置路由器 PE2

```
[PE2]tunnel-policy srbe
[PE2-tunnel-policy-srbe]tunnel select-seq sr-lsp load-balance-number 1
[PE2]evpn vpn-instance hsi vpws
[PE2-vpws-evpn-instance-hsi]route-distinguisher 100:2
[PE2-vpws-evpn-instance-hsi]tnl-policy srbe
[PE2-vpws-evpn-instance-hsi]vpn-target 100:2 export-extcommunity
[PE2-vpws-evpn-instance-hsi]vpn-target 100:2 import-extcommunity
[PE2]evpl instance 200 mpls-mode
[PE2-evpl-mpls200]evpn binding vpn-instance hsi
[PE2-evpl-mpls200]local-service-id 200 remote-service-id 200
[PE2]mpls lsr-id 2.2.2.2
[PE2]mpls
[PE2]interface Ethernet1/0/1
[PE2-Ethernet1/0/2]mpls
[PE2]interface Ethernet1/0/9.200 mode l2
[PE2-Ethernet1/0/9.200]encapsulation dot1q vid 200
[PE2-Ethernet1/0/9.200]evpl instance 200
[PE2]bgp 1000
[PE2-bgp]l2vpn-family evpn
[PE2-bgp-af-evpn]undo policy vpn-target
[PE2-bgp-af-evpn]peer 1.1.1.1 enable
```

3. 验证

通过 **display bgp evpn peer** 命令查看 BGP EVPN 对等体信息。

```
<PE1>display bgp evpn peer

 BGP local router ID : 1.1.1.1
 Local AS number : 1000
 Total number of peers : 1                 Peers in established state : 1

  Peer            V          AS  MsgRcvd  MsgSent  OutQ   Up/Down     State        PrefRcv
  2.2.2.2          4          1000    285      285     0      04:04:30  Established  1
```

以上输出显示了路由器 PE1 的 BGP EVPN 对等体信息，包括对等体的数量、对等体的 IP 地址、自治系统号、BGP 当前的状态等。

5. BRAS 与 PE2 之间通过子接口实现拨号报文透传，通过主接口实现 Internet 路由互通；BRAS 上部署静态路由，目标网段为 PE1 模拟 Internet 的网段，下一跳指向 PE2。PE2 上部署静态路由，目标网段为 BRAS 进行 NAT 后的地址网段，下一跳指向 BRAS；PE2 通过 Import 的方式注入该静态路由至 BGP IPv4 单播路由表。

【解析】

在路由器 BRAS 和 PE2 上配置静态路由，并在 PE2 上引入静态路由。

1. 配置路由器 BRAS

```
[BRAS]ip route-static 88.88.88.0 255.255.255.0 10.2.4.2
```

2. 配置路由器 PE2

```
[PE2]ip route-static 100.11.11.0 255.255.255.0 10.2.4.1
[PE2]bgp 1000
[PE2-bgp]import-route static
```

3. 验证

使用 PC3 访问 Internet，验证网络连通性。

```
PC3>ping 88.88.88.88

Ping 88.88.88.88: 32 data bytes, Press Ctrl_C to break
From 88.88.88.88: bytes=32 seq=1 ttl=252 time=31 ms
From 88.88.88.88: bytes=32 seq=2 ttl=252 time=31 ms
From 88.88.88.88: bytes=32 seq=3 ttl=252 time=31 ms
From 88.88.88.88: bytes=32 seq=4 ttl=252 time=32 ms
From 88.88.88.88: bytes=32 seq=5 ttl=252 time=15 ms
--- 88.88.88.88 ping statistics ---
  5 packet(s) transmitted
  5 packet(s) received
  0.00% packet loss
  round-trip min/avg/max = 15/28/32 ms
```

5. 任务五：数据中心网络部署

（一）数据中心网络部署

企业数据中心网络拓扑如图 4-30 所示，其中，OA Server、Video Server 为企业部署在数据中心的业务服务器。在完成数据中心网络配置后，这些业务服务器将能够满足企业日常办公的需要，同时企业总部的 PC2 作为网管 PC，需要负责管理两台业务服务器。企业数据中心采用 OSPF 实现 DCGW 和 DCSW1 之间的连接。

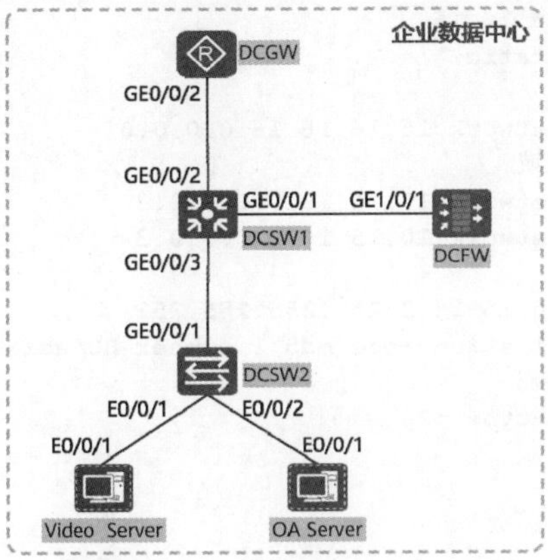

图 4-30　企业数据中心网络拓扑

1. 在 DCGW 和 DCSW1 之间部署 OSPF，实现设备间互联接口、Loopback0 接口以及 DCSW1 Vlanif1516 接口的网段路由的互通，如图 4-31 所示。要求 OSPF 进程号为 100，区域号为 0，通过 Network 方式发布网段；同时开启接口认证，认证方式为 MD5，认证密码为 HUAwei@123。

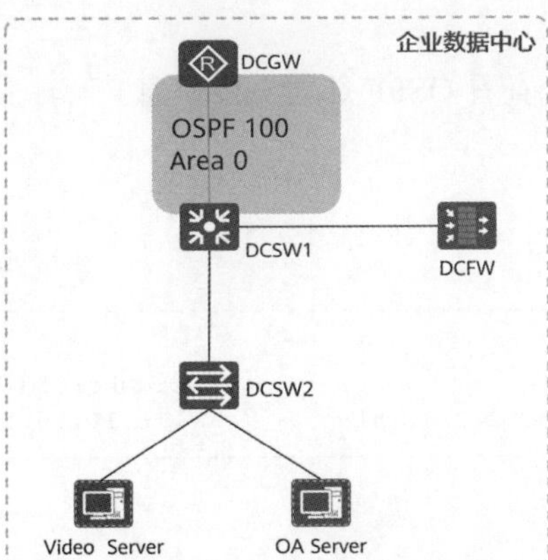

图 4-31　OSPF 配置示意

2. 为了加快 IGP 收敛，要求 OSPF 设备之间不进行 DR 选举。

3. 在 DCSW1 上创建 VPN 实例 DC，自行规划 RD 值与 RT 值，需要将对接企业总部、对接 DCSW2 以及对接 DCFW 的 Vlanif1916 三层接口规划进该 VPN 实例中。

【解析】

在数据中心交换机 DCSW1 和路由器 DCGW 上配置 OSPF。

1. 配置交换机 DCSW1

```
[DCSW1]ospf 100 router-id 16.16.16.16
[DCSW1-ospf-100]import-route static
[DCSW1-ospf-100]area 0
[DCSW1-ospf-100-area-0.0.0.0]network 16.16.16.16 0.0.0.0
//指定运行 OSPF 的接口和接口所属的区域
[DCSW1-ospf-100-area-0.0.0.0]network 10.16.19.0 0.0.0.3
[DCSW1-ospf-100-area-0.0.0.0]network 10.15.16.0 0.0.0.3
[DCSW1]interface Vlanif1516
[DCSW1-Vlanif1516]ip address 10.15.16.2 255.255.255.252
[DCSW1-Vlanif1516]ospf authentication-mode md5 1 cipher HUAwei@123
//设置相邻设备之间的认证方式及认证密码
[DCSW1-Vlanif1516]ospf network-type p2p                    //设置 OSPF 接口的网络类型为点到点
```

2. 配置路由器 DCGW

```
[DCGW]ospf 100 router-id 15.15.15.15
[DCGW-ospf-100]default-route-advertise always
[DCGW-ospf-100]area 0
[DCGW-ospf-100-area-0.0.0.0]network 10.15.16.0 0.0.0.3
[DCGW-ospf-100-area-0.0.0.0]network 15.15.15.15 0.0.0.0
[DCGW]interface GigabitEthernet0/0/2.1516
[DCGW-GigabitEthernet0/0/2.1516]dot1q termination vid 1516
[DCGW-GigabitEthernet0/0/2.1516]ip address 10.15.16.1 255.255.255.252
[DCGW-GigabitEthernet0/0/2.1516]ospf authentication-mode md5 1 cipher HUAwei@123
[DCGW-GigabitEthernet0/0/2.1516]ospf network-type p2p
```

3. 验证

使用 **display ospf peer brief** 命令查看 OSPF 邻居概要信息。

```
<DCGW>display ospf peer brief

   OSPF Process 100 with Router ID 15.15.15.15
        Peer Statistic Information
 ----------------------------------------------------------------------------------------------
 Area Id           Interface                        Neighbor id      State
 0.0.0.0           GigabitEthernet0/0/2.1516          16.16.16.16        Full
 ----------------------------------------------------------------------------------------------
```

（二）数据中心外部网络部署

数据中心通过 DCGW 与外部互联，DCGW 与运营商城域网的 PE3 建立 BGP 邻居来传递路由。具体规划如下。

1. 在 DCGW 与 PE3 之间，DCGW 通过子接口建立 BGP IPv4 单播邻居；PE3 通过子接口建立 BGP VPN 实例 enterprise 下的邻居（VPN 配置要求详见任务六）。

【解析】

此题目所述配置已在任务二的“（二）BGP 部署”中完成。

2. DCGW 的 BGP IPv4 单播邻居用于传递 OA Server 以及 Video Server 的业务路由，PE3 的 BGP VPN 实例 enterprise 下的邻居用于传递来自企业总部的业务路由。

【解析】

此题目所述配置已在“任务二：运营商城域网 IGP&BGP 部署”的“（二）BGP 部署”中完成。

3. 在 DCGW 上部署一条静态路由，目标网段为 SSL VPN Client 所在的网段，下一跳为 PE3 与 DCGW 互联的主接口地址，如图 4-32 所示；确保 SSL VPN Client 与 DCGW 的 GE0/0/1 接口互通。数据中心外部网络参数规划，如表 4-17 所示。

表 4-17 数据中心外部网络参数规划

设备	地址族	AS	更新源
PE3	VPN：enterprise	1000	E1/0/0.315
DCGW	IPv4 单播	3000	GE0/0/1.315

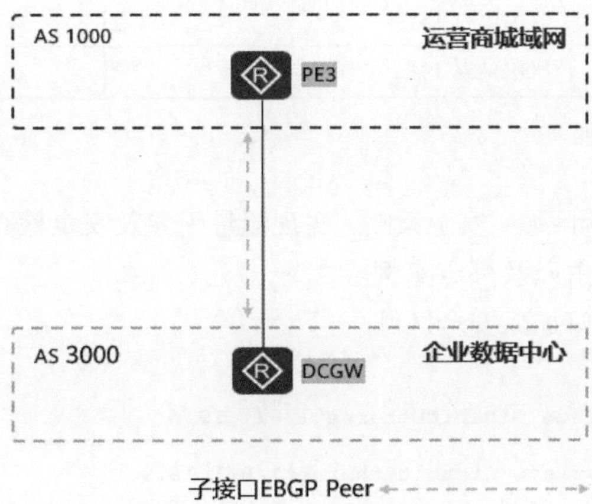

图 4-32 数据中心外部网络部署

【解析】

在路由器 DCGW、PE3 和 PE1 上配置 SSL VPN Client 所在网段的连通性。

1. 配置路由器 DCGW

```
[DCGW]ip route-static 200.1.1.0 24 200.3.15.1
```

2. 配置路由器 PE3

```
[PE3]bgp 1000
[PE3-bgp]network 200.3.15.0 30
```

3. 配置路由器 PE1

```
[PE1]bgp 1000
[PE1-bgp]network 200.1.1.0 24
```

（三）数据中心防火墙部署

为了保障数据中心的网络安全，企业在 DCSW1 上旁挂一台防火墙 DCFW。现要求在防火墙上部署安全策略，具体规划如表 4-18 所示。

1. DCFW 使用旁挂的方式部署在网络中，DCSW1 与 DCFW 之间通过两个接口互联。
2. 将 GE1/0/1.1619 加入 Untrust 安全区域，将 GE1/0/1.1916 加入 Trust 安全区域。
3. 配置 Untrust 安全区域去往 Trust 安全区域的安全策略，只允许源地址为内网用户（包括总部内网用户和分部内网用户）地址和 SSL VPN Client 网段地址的流量通过。
4. 配置 Trust 安全区域去往 Untrust 安全区域的安全策略，直接放行所有流量。
5. 在 DCSW1 上部署静态路由，将来自运营商城域网访问数据中心服务器的流量引导至 DCFW 进行过滤。
6. 防火墙部署静态路由，将通过安全检查的流量引导至 DCSW1 进行后续转发。

表 4-18　数据中心防火墙安全区域规划

设备	接口	安全区域
DCFW	GE1/0/1.1619	untrust
	GE1/0/1.1916	trust

【解析】

在防火墙 DCFW 上配置安全区域、安全策略，实现流量引导及安全检查功能，并部署静态路由。另外，在交换机 DCSW1 上部署静态路由以及绑定实例。

1. 配置防火墙 DCFW 的接口加入安全区域

```
[DCFW]firewall zone trust
[DCFW-zone-trust]add interface GigabitEthernet1/0/1.1916
[DCFW]firewall zone untrust
[DCFW-zone-untrust]add interface GigabitEthernet1/0/1.1619
```

2. 配置防火墙 DCFW 的安全策略

```
[DCFW]security-policy
[DCFW-policy-security]rule name untrust-local
[DCFW-policy-security-rule-untrust-local]description SSLVPN
[DCFW-policy-security-rule-untrust-local]source-zone untrust
[DCFW-policy-security-rule-untrust-local]destination-zone local
[DCFW-policy-security-rule-untrust-local]action permit
[DCFW-policy-security]rule name untrust-trust
[DCFW-policy-security-rule-untrust-trust]source-zone untrust
[DCFW-policy-security-rule-untrust-trust]destination-zone trust
[DCFW-policy-security-rule-untrust-trust]source-address 174.16.1.0 mask 255.255.255.0 description
sslvpnclient address
[DCFW-policy-security-rule-untrust-trust]source-address 192.168.172.0 mask 255.255.255.0
[DCFW-policy-security-rule-untrust-trust]source-address 192.169.1.0 mask 255.255.255.0
[DCFW-policy-security-rule-untrust-trust]source-address 192.170.1.0 mask 255.255.255.0
[DCFW-policy-security-rule-untrust-trust]action permit
[DCFW-policy-security]rule name trust-untrust
[DCFW-policy-security-rule-trust-untrust]source-zone trust
[DCFW-policy-security-rule-trust-untrust]destination-zone untrust
[DCFW-policy-security-rule-trust-untrust]action permit
```

```
[DCFW-policy-security]rule name ospf
[DCFW-policy-security-rule-ospf]source-zone local
[DCFW-policy-security-rule-ospf]source-zone trust
[DCFW-policy-security-rule-ospf]source-zone untrust
[DCFW-policy-security-rule-ospf]destination-zone local
[DCFW-policy-security-rule-ospf]destination-zone trust
[DCFW-policy-security-rule-ospf]destination-zone untrust
[DCFW-policy-security-rule-ospf]service ospf
[DCFW-policy-security-rule-ospf]action permit
```

3. 配置交换机 DCSW1 的静态路由以及绑定实例

```
[DCSW1]ip vpn-instance dc                                                    //创建 VPN 实例
[DCSW1-vpn-instance-dc]ipv4-family                                           //使能 VPN 实例的 IPv4 地址族
[DCSW1-vpn-instance-dc-af-ipv4]route-distinguisher 100:100                   //为 VPN 实例的 IPv4 地址族配置 RD
[DCSW1-vpn-instance-dc-af-ipv4]vpn-target 100:100 export-extcommunity
[DCSW1-vpn-instance-dc-af-ipv4]vpn-target 100:100 import-extcommunity
[DCSW1]interface Vlanif7
[DCSW1-Vlanif7]description WLAN-SW1
[DCSW1-Vlanif7]ip binding vpn-instance dc                                    //将当前接口与指定 VPN 实例进行绑定
[DCSW1-Vlanif7]ip address 10.78.16.1 255.255.255.0
[DCSW1]interface Vlanif70
[DCSW1-Vlanif70]description PC-SW2
[DCSW1-Vlanif70]ip binding vpn-instance dc
[DCSW1-Vlanif70]ip address 10.16.78.1 255.255.255.0
[DCSW1]interface Vlanif1000
[DCSW1-Vlanif1000]description Video-Server-gateway
[DCSW1-Vlanif1000]ip binding vpn-instance dc
[DCSW1-Vlanif1000]ip address 172.16.1.254 255.255.255.0
[DCSW1]interface Vlanif1619
[DCSW1-Vlanif1619]ip address 10.16.19.1 255.255.255.252
[DCSW1]interface Vlanif1916
[DCSW1-Vlanif1916]ip binding vpn-instance dc
[DCSW1-Vlanif1916]ip address 10.19.16.1 255.255.255.252
[DCSW1]interface Vlanif2000
[DCSW1-Vlanif2000]description OA-Server-Gateway
[DCSW1-Vlanif2000]ip binding vpn-instance dc
[DCSW1-Vlanif2000]ip address 173.16.1.254 255.255.255.0
[DCSW1]ip route-static 172.16.1.0 255.255.255.0 10.16.19.2
[DCSW1]ip route-static 173.16.1.0 255.255.255.0 10.16.19.2
[DCSW1]ip route-static vpn-instance dc 0.0.0.0 0.0.0.0 10.19.16.2
[DCSW1]ip route-static vpn-instance dc 192.168.172.0 255.255.255.0 10.78.16.254
[DCSW1]ip route-static vpn-instance dc 192.168.172.0 255.255.255.0 10.16.78.254
[DCSW1]ip route-static vpn-instance dc 192.169.1.0 255.255.255.0 10.78.16.254
[DCSW1]ip route-static vpn-instance dc 192.170.1.0 255.255.255.0 10.16.78.254
[DCSW1]ip route-static vpn-instance dc 193.169.1.0 255.255.255.0 10.78.16.254
[DCSW1]ospf 100 router-id 16.16.16.16
[DCSW1-ospf-100]import-route static
```

4. 配置防火墙 DCFW 的静态路由

```
[DCFW]ip route-static 0.0.0.0 0.0.0.0 10.16.19.1
[DCFW]ip route-static 172.16.1.0 255.255.255.0 10.19.16.1
[DCFW]ip route-static 173.16.1.0 255.255.255.0 10.19.16.1
```

6. 任务六：企业总部与企业数据中心互通

L3VPN 部署

企业数据中心部署在企业总部园区内，因此二者可以通过直连链路互通。为提升业务的可靠性，当该直连链路故障时，企业总部与企业数据中心之间的业务互访可以通过运营商创建的专线业务实现备份。如图 4-33 所示，运营商城域网通过部署 L3VPNv4 over SRv6 BE 专线网络实现企业总部与企业数据中心的三层互通。（任务二的配置是任务六的基础，可以尝试结合阅读两个任务来作答。）

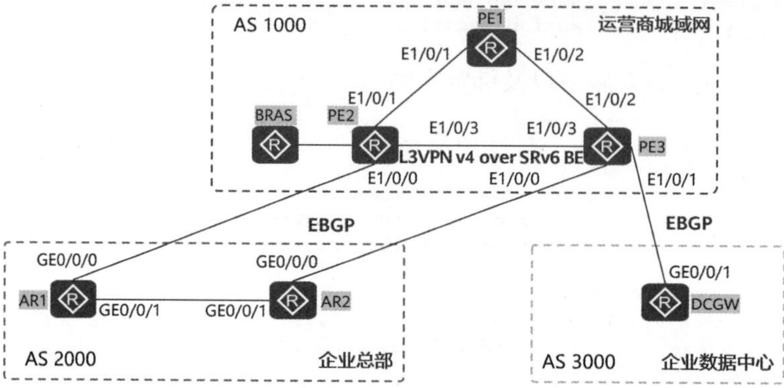

图 4-33　企业总部与企业数据中心互通网络拓扑

配置要求如下。

1. 总部的 AR1 与 AR2 分别接入运营商城域网的 PE2 与 PE3；PE2 与 PE3 之间通过 IBGP 来传递相应的 VPNv4 业务路由。VPN 实例名、RD/RT 值、PE/CE 业务接入接口等 VPN 配置要求如表 4-19 所示。

表 4-19　VPN 配置要求

配置项	配置参数
VPN 实例名	enterprise
RD 值	自行规划
RT 值	自行规划
PE 业务接入接口	PE2：E1/0/0.25
	PE3：E1/0/0.36、E1/0/1.315
CE 业务接入接口	AR1：GE0/0/0.25
	AR2：GE0/0/0.36
	DCGW：GE0/0/1.315
承载隧道	SRv6 BE
PE-CE 间路由传递	EBGP

【解析】

在路由器 PE2 和 PE3 上创建 VPN 实例，并将与 AR1 和 AR2 连接的接口绑定到 VPN 实例中。

1. 配置路由器 PE2

```
[PE2]ip vpn-instance enterprise
[PE2-vpn-instance-enterprise]ipv4-family
[PE2-vpn-instance-enterprise-af-ipv4]vpn-target 100:1 export-extcommunity
[PE2-vpn-instance-enterprise-af-ipv4]vpn-target 100:1 import-extcommunity
[PE2]interface Ethernet1/0/0.25
[PE2-Ethernet1/0/0.25]vlan-type dot1q 25
//指定以太网子接口关联的 VLAN，并指定 VLAN 封装方式为 Dot1q
[PE2-Ethernet1/0/0.25]ip binding vpn-instance enterprise
[PE2-Ethernet1/0/0.25]ip address 10.2.5.1 255.255.255.252
```

2. 配置路由器 PE3

```
[PE3]ip vpn-instance enterprise
[PE3-vpn-instance-enterprise]ipv4-family
[PE3-vpn-instance-enterprise-af-ipv4]vpn-target 100:1 export-extcommunity
[PE3-vpn-instance-enterprise-af-ipv4]vpn-target 100:1 import-extcommunity
[PE3]interface Ethernet1/0/0.36
[PE3-Ethernet1/0/0.36]vlan-type dot1q 36
[PE3-Ethernet1/0/0.36]ip binding vpn-instance enterprise
[PE3-Ethernet1/0/0.36]ip address 10.3.6.1 255.255.255.252
[PE3]interface Ethernet1/0/1.315
[PE3-Ethernet1/0/1.315]vlan-type dot1q 315
[PE3-Ethernet1/0/1.315]ip binding vpn-instance enterprise
[PE3-Ethernet1/0/1.315]ip address 10.3.15.1 255.255.255.252
```

3. 验证

通过 **display ip vpn-instance interface** 命令查看路由器 VPN 实例所绑定接口的信息。

```
[PE2]display ip vpn-instance interface
 VPN-Instance Name and ID : enterprise, 3
  Interface Number : 1
  Interface list : Ethernet1/0/0.25
```

以上输出显示了路由器 PE2 和 PE3 的 VPN 实例所绑定接口，包括 VPN 实例的名称、所关联的接口数目和所关联的接口列表等。

2. 在 PE2、PE3 设备上部署路由策略，防止将来自 AS2000 的路由泄露进其他地址族。

【解析】

在路由器 PE2 和 PE3 上配置路由策略，防止将来自 AS2000 的路由泄露进其他地址族。

1. 配置路由器 PE2

```
[PE2]ip as-path-filter internal index 1 deny .*2000$
//创建 AS 路径过滤器，不允许 AS 路径中以 2000 结尾的路由通过
[PE2]ip as-path-filter internal index 2 permit .*
[PE2]bgp 1000
[PE2-bgp]peer 1.1.1.1 as-path-filter internal export
[PE2-bgp]peer 3.3.3.3 enable
[PE2-bgp]peer 3.3.3.3 as-path-filter internal export
```

2. 配置路由器 PE3

```
[PE3]ip as-path-filter internal index 1 deny .*2000$
[PE3]ip as-path-filter internal index 2 permit .*
[PE3]bgp 1000
[PE3-bgp]peer 1.1.1.1 as-path-filter internal export
[PE3-bgp]peer 2.2.2.2 enable
[PE3-bgp]peer 2.2.2.2 as-path-filter internal export
```

3. 验证

通过 **display bgp routing-table** 命令查看 BGP 的路由信息，检查是否有来自 AS2000 的路由。

```
<PE1>display bgp routing-table
 BGP Local router ID is 1.1.1.1
 Status codes: * - valid, > - best, d - damped, x - best external, a - add path,
               h - history,  i - internal, s - suppressed, S - Stale
               Origin : i - IGP, e - EGP, ? - incomplete
 RPKI validation codes: V - valid, I - invalid, N - not-found
 Total Number of Routes: 7
        Network            NextHop                        MED        LocPrf    PrefVal Path/Ogn

 *>     88.88.88.0/24      0.0.0.0                         0                     0        i
 *>i    100.11.11.0/24     2.2.2.2                         0          100        0        ?
 *>     200.1.1.0/24       0.0.0.0                         0                     0        i
 *>     200.1.20.0/30      0.0.0.0                         0                     0        i
 *>i    200.2.5.0/30       2.2.2.2                         0          100        0        i
 *>i    200.3.6.0/30       3.3.3.3                         0          100        0        i
 *>i    200.3.15.0/30      3.3.3.3                         0          100        0        i
```

以上输出显示了路由器 PE1 的 BGP 的所有路由信息，包括 BGP 的本地 Router ID、BGP 路由表中的网络地址、下一跳地址、路由度量值等，可以看出没有来自 AS2000 的路由。

3. 企业总部与企业数据中心的互访主要通过直连链路实现，若直连链路故障，互访将通过运营商城域网实现，流量的主备路径参考任务三的“（一）有线网络部署”中的相关描述。

【解析】在任务三的“（一）有线网络部署”的第 7 题（即“7.”）中，已在交换机 SW1 和 SW2 部署了浮动静态路由，当直连链路故障时，通过 SRv6 隧道承载的 VPNv4 路由实现企业总部与企业数据中心的互访。

7. 任务七：企业分部通过 IPsec 访问企业内部资源

IPsec 部署

如图 4-34 所示，企业分部出口路由器 AR3 通过运营商城域网的 PE1 连接到 Internet，在 Internet 公网基础上部署到企业总部的 IPsec 隧道实现对企业内网的安全、可靠访问。企业分部数据流量通过 AR3 物理接口进入 IPsec 隧道到达企业总部后，访问企业总部和企业数据中心服务器。因企业总部有双出口，为保证可靠性，企业分部出口路由器 AR3 分别与企业总部出口路由器 AR1 和 AR2 建立 IPsec VPN，保证业务的连续性。

注：企业分部对企业数据中心 OA Server 的访问，需要结合任务三的配置。在完成任务七的配置后，企业分部可以对企业数据中心 OA Server 进行正常访问。

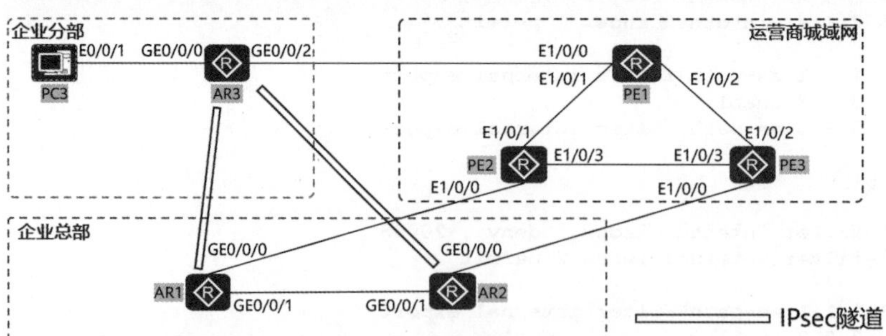

图 4-34　企业分部与企业总部部署 IPsec 隧道网络拓扑

在 AR3 与 AR1、AR3 与 AR1 之间部署 IPsec 隧道，配置要求如下。

1. 分别在 AR1、AR2、AR3 上配置高级 ACL，ACL 编号为 3001，在 ACL 中定义要保护的数据流，实现企业分部对企业总部、数据中心 OA Server 的安全、可靠访问。

【解析】

在路由器 AR1、AR2 和 AR3 上配置 ACL，用于匹配 IPsec 感兴趣的流量。

1. 配置路由器 AR1

```
[AR1]acl number 3001
[AR1-acl-adv-3001]description IPsec
[AR1-acl-adv-3001]rule 5 permit ip source 192.170.1.0 0.0.0.255 destination 192.168.172.0 0.0.0.255
[AR1-acl-adv-3001]rule 10 permit ip source 173.16.1.0 0.0.0.255 destination 192.168.172.0 0.0.0.255
[AR1-acl-adv-3001]rule 15 permit ip source 192.169.1.0 0.0.0.255 destination 192.168.172.0 0.0.0.255
```

2. 配置路由器 AR2

```
[AR2]acl 3001
[AR2-acl-adv-3001]rule 5 permit ip source 192.170.1.0 0.0.0.255 destination 192.168.172.0 0.0.0.255
[AR2-acl-adv-3001]rule 10 permit ip source 173.16.1.0 0.0.0.255 destination 192.168.172.0 0.0.0.255
[AR2-acl-adv-3001]rule 15 permit ip source 192.169.1.0 0.0.0.255 destination 192.168.172.0 0.0.0.255
```

3. 配置路由器 AR3

```
[AR3]acl number 3001
[AR3-acl-adv-3001]description ipsec
[AR3-acl-adv-3001]rule 5 permit ip source 192.168.172.0 0.0.0.255 destination 192.170.1.0 0.0.0.255
[AR3-acl-adv-3001]rule 15 permit ip source 192.168.172.0 0.0.0.255 destination 173.16.1.0 0.0.0.255
[AR3-acl-adv-3001]rule 20 permit ip source 192.168.172.0 0.0.0.255 destination 192.169.1.0 0.0.0.255
```

4. 验证

通过 **display acl 3001** 命令查看指定 ACL 的规则信息。

```
[AR1]display acl 3001
Advanced ACL 3001 3 rules
IPsec
Acl's step is 5
 rule 5 permit ip source 192.170.1.0 0.0.0.255 destination 192.168.172.0 0.0.0.255
 rule 10 permit ip source 173.16.1.0 0.0.0.255 destination 192.168.172.0 0.0.0.255
 rule 15 permit ip source 192.169.1.0 0.0.0.255 destination 192.168.172.0 0.0.0.255
```

2. 在 AR1 和 AR2 上分别创建 IPsec 安全策略，在 AR3 上创建 ISAKMP 方式的 IPsec 安全策略组，通过配置使得从 AR3 到 AR1 的 IPsec 隧道的安全策略的优先级高于从 AR3 到 AR2 的 IPsec 隧道的安全策略的优先级，完成 IPsec 安全策略配置后，在 AR1、AR2、AR3 相应接口（见表 4-20）应用各自的 IPsec 安全策略组，使接口具有 IPsec 的保护功能。

表 4-20 IPsec 安全策略

设备	IPsec 安全策略名	IPsec 安全策略应用接口
AR3	Branch	GE0/0/2
AR1	HQ1	GE0/0/0
AR2	HQ2	GE0/0/0

3. IPsec 隧道具体配置要求如表 4-21 所示。

表 4-21　IPsec 隧道具体配置要求

配置板块	配置项	参数
IKE 配置	IKE 认证方式	pre-share
	IKE 认证算法	sha1
	IKE 加密算法	aes-cbc-128
	IKE 密钥交换模式	DH Group14
	PRF 算法	hmac-sha1
	IKE 的预共享密钥	Huawei@123
	IKE 版本	V1
IPsec 配置	IPsec 安全提议名	tran1
	IPsec 封装模式	隧道模式
	IPsec 安全协议	ESP
	ESP 协议认证算法	sha2-256
	ESP 协议加密算法	aes-128

4. 完成上述配置后，企业分部可以访问企业总部，还可以从企业总部的直连链路访问数据中心 OA Server，流量示意如图 4-35 所示。

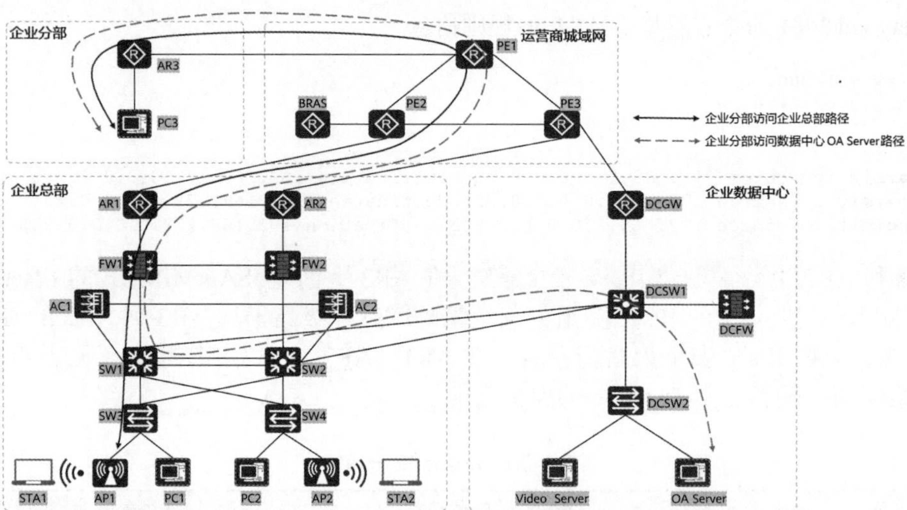

图 4-35　企业分部访问企业总部和企业数据中心 OA Server 的流量示意

【解析】

在路由器 AR3、AR1 和 AR2 上配置 IPsec。

1. 配置路由器 AR3

```
[AR3]ipsec proposal tran1                                              //创建 IPsec 安全提议
[AR3-ipsec-proposal-tran1]esp authentication-algorithm sha2-256
//配置 ESP 协议使用的认证算法为 SHA2-256
[AR3-ipsec-proposal-tran1]esp encryption-algorithm aes-128
//配置 ESP 协议使用的加密算法为 CBC 模式的 AES 算法，密钥长度为 128 位
[AR3]ike proposal 5                                                    //创建 IKE 安全提议
[AR3-ike-proposal-5]encryption-algorithm aes-cbc-128
//配置 IKE 协商时所使用的加密算法为 CBC 模式的 AES 算法，密钥长度为 128 位
[AR3-ike-proposal-5]dh group14                          //配置 IKEv1 密钥协商时采用 2048 位的 DH 组
[AR3-ike-proposal-5]authentication-algorithm md5        //配置 IKEv1 协商时使用 MD5 认证算法
[AR3]ike peer spub2 v1//创建 IKE 对等体
[AR3-ike-peer-spub2]pre-shared-key cipher Huawei@123
//配置 IKE 对等体协商采用预共享密钥认证时所使用的预共享密钥
[AR3-ike-peer-spub2]ike-proposal 5                      //配置 IKE 对等体使用的 IKE 安全提议
[AR3-ike-peer-spub2]remote-address 200.3.6.2            //配置 IKE 协商时对端的 IP 地址
[AR3]ike peer spub v1
[AR3-ike-peer-spub]pre-shared-key cipher Huawei@123
[AR3-ike-peer-spub]ike-proposal 5
[AR3-ike-peer-spub]remote-address 200.2.5.2
[AR3]ipsec policy map1 10 isakmp                        //创建 ISAKMP 方式的 IPsec 安全策略组
[AR3-ipsec-policy-isakmp-map1-10]security acl 3001
//配置 IPsec 安全策略或 IPsec 安全策略模板引用的 ACL
[AR3-ipsec-policy-isakmp-map1-10]ike-peer spub          //在 IPsec 安全策略中引用 IKE 对等体
[AR3]proposal tran1    //引用 IPsec 安全提议
[AR3]ipsec policy map1 15 isakmp
[AR3-ipsec-policy-isakmp-map1-15]security acl 3001
[AR3-ipsec-policy-isakmp-map1-15]ike-peer spub2
[AR3-ipsec-policy-isakmp-map1-15]proposal tran1
[AR3]interface GigabitEthernet0/0/2
[AR3-GigabitEthernet0/0/2]ipsec policy map1             //在接口上应用 IPsec 安全策略组
[AR3]ip route-static 173.16.1.0 255.255.255.0 200.1.20.1
[AR3]ip route-static 192.169.1.0 255.255.255.0 200.1.20.1
```

2. 配置路由器 AR1

```
[AR1]ipsec proposal tran1
[AR1-ipsec-proposal-tran1]esp authentication-algorithm sha2-256
[AR1-ipsec-proposal-tran1]esp encryption-algorithm aes-128
[AR1]ike proposal 5
[AR1-ike-proposal-5]encryption-algorithm aes-cbc-128
[AR1-ike-proposal-5]dh group14
[AR1-ike-proposal-5]authentication-algorithm md5
[AR1]ike peer spub v1
[AR1-ike-peer-spub]pre-shared-key cipher Huawei@123
[AR1-ike-peer-spub]ike-proposal 5
[AR1-ike-peer-spub]remote-address 200.1.20.2
[AR1]ipsec policy map1 10 isakmp
[AR1-ipsec-policy-isakmp-map1-10]security acl 3001
[AR1-ipsec-policy-isakmp-map1-10]ike-peer spub
[AR1-ipsec-policy-isakmp-map1-10]proposal tran1
[AR1]interface GigabitEthernet0/0/0
[AR1-GigabitEthernet0/0/0]ipsec policy map1
```

3. 配置路由器 AR2

```
[AR2]ipsec proposal tran1
[AR2-ipsec-proposal-tran1]esp authentication-algorithm sha2-256
```

```
[AR2-ipsec-proposal-tran1]esp encryption-algorithm aes-128
[AR2]ike proposal 5
[AR2-ike-proposal-5]encryption-algorithm aes-cbc-128
[AR2-ike-proposal-5]dh group14
[AR2-ike-proposal-5]authentication-algorithm md5
[AR2]ike peer spub v1
[AR2-ike-peer-spub]pre-shared-key cipher Huawei@123
[AR2-ike-peer-spub]ike-proposal 5
[AR2-ike-peer-spub]remote-address 200.1.20.2
[AR2]ipsec policy map1 10 isakmp
[AR2-ipsec-policy-isakmp-map1-10]security acl 3001
[AR2-ipsec-policy-isakmp-map1-10]ike-peer spub
[AR2-ipsec-policy-isakmp-map1-10]proposal tran1
[AR2]interface GigabitEthernet0/0/0
[AR2-GigabitEthernet0/0/0]ipsec policy map1
```

4. 验证

（1）通过 **display ike sa** 命令查看由 IKE 协商建立的 SA 信息。

```
[AR3]display ike sa
    Conn-ID  Peer            VPN   Flag(s)                Phase
  ---------------------------------------------------------------
     1614    200.3.6.2        0      RD                     2
     1613    200.3.6.2        0      RD                     2
     1612    200.3.6.2        0      RD                     2
     1611    200.3.6.2        0      RD                     1
     1627    200.2.5.2        0      RD|ST                  2
     1626    200.2.5.2        0      RD|ST                  2
     1625    200.2.5.2        0      RD|ST                  2
     1624    200.2.5.2        0      RD|ST                  1

  Flag Description:
  RD--READY   ST--STAYALIVE   RL--REPLACED   FD--FADING   TO--TIMEOUT
  HRT--HEARTBEAT   LKG--LAST KNOWN GOOD SEQ NO.   BCK--BACKED UP

[AR1]display ike sa
    Conn-ID  Peer            VPN   Flag(s)                Phase
  ---------------------------------------------------------------
       32    200.1.20.2       0      RD                     2
       31    200.1.20.2       0      RD                     2
       30    200.1.20.2       0      RD                     2
       29    200.1.20.2       0      RD                     1

  Flag Description:
  RD--READY   ST--STAYALIVE   RL--REPLACED   FD--FADING   TO--TIMEOUT
  HRT--HEARTBEAT   LKG--LAST KNOWN GOOD SEQ NO.   BCK--BACKED UP

[AR2]display ike sa
    Conn-ID  Peer            VPN   Flag(s)                Phase
  ---------------------------------------------------------------
     2075    200.1.20.2       0      RD|ST                  2
     2074    200.1.20.2       0      RD|ST                  2
     2073    200.1.20.2       0      RD|ST                  2
     2072    200.1.20.2       0      RD|ST                  1

  Flag Description:
  RD--READY   ST--STAYALIVE   RL--REPLACED   FD--FADING   TO--TIMEOUT
  HRT--HEARTBEAT   LKG--LAST KNOWN GOOD SEQ NO.   BCK--BACKED UP
```

以上输出显示了路由器 AR3、AR1 和 AR2 的 IKE SA 的配置信息，包括 SA 的连接索引、对端的 IP 地址以及 SA 的状态等。

（2）通过 **display ipsec sa** 命令查看 IPsec SA 的配置信息。

```
[AR3]display ipsec sa
===============================
Interface: GigabitEthernet0/0/2
 Path MTU: 1500
===============================
  -----------------------------
  IPsec policy name: "map1"
  Sequence number  : 10
  Acl Group        : 3001
  Acl rule         : 5
  Mode             : ISAKMP
  -----------------------------
    Connection ID     : 1625
    Encapsulation mode: Tunnel
    Tunnel local      : 200.1.20.2
    Tunnel remote     : 200.2.5.2
    Flow source       : 192.168.172.0/255.255.255.0 0/0
    Flow destination  : 192.170.1.0/255.255.255.0 0/0
    Qos pre-classify  : Disable

    [Outbound ESP SAs]
      SPI: 408927892 (0x185fbe94)
      Proposal: ESP-ENCRYPT-AES-128 SHA2-256-128
      SA remaining key duration (bytes/sec): 1887252480/3501
      Max sent sequence-number: 12
      UDP encapsulation used for NAT traversal: N

    [Inbound ESP SAs]
      SPI: 487734863 (0x1d123e4f)
      Proposal: ESP-ENCRYPT-AES-128 SHA2-256-128
      SA remaining key duration (bytes/sec): 1887436140/3501
      Max received sequence-number: 11
      Anti-replay window size: 32
      UDP encapsulation used for NAT traversal: N

  -----------------------------
```

以上输出显示了路由器 AR3 的所有 IPsec SA 的配置信息，包括 IPsec 安全策略应用接口、IPsec 安全策略名、IPsec 安全策略引用的 ACL 组、IPsec 安全策略的创建方式、IPsec SA 的连接索引、安全参数索引值、安全策略引用的 IPsec 安全提议的名称、IPsec SA 使用的安全协议、安全协议使用的认证算法和加密算法等。

8. 任务八：移动办公用户通过 SSL VPN 访问企业 OA Server

SSL VPN 部署

如图 4-36 所示，移动办公用户通过运营商城域网的 PE1 连接到 Internet，预设场景为移动办公用户的公网 IP 地址为 200.1.1.100/24，PE1 上的公网 IP 地址为 200.1.1.254/24，在 Internet 公网基础上部署到企业数据中心的 SSL VPN 隧道来实现对企业 OA Server 的安全、可靠访问。

在 DCFW 中配置 SSL VPN 使移动办公用户在互联网上可以访问企业数据中心的 OA Server。现希望某个用户组（group1）的移动办公用户也能够获得一个内网 IP 地址，通过该地址可以像在局域网中一样访问企业内部的各种资源。另外，为了增强安全性，采用用户名和密码结合的本地认证方式对移动办公用户的身份进行认证。配置要求如下。

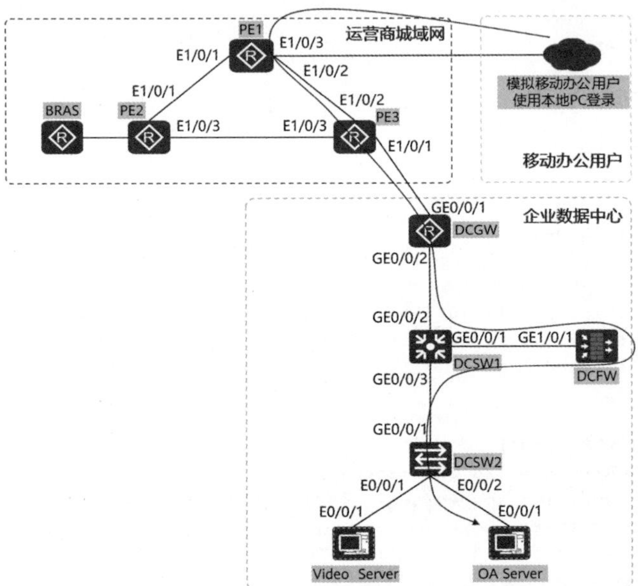

图 4-36　移动办公用户与企业数据中心建立 SSL VPN 隧道

1. 在 PE1 设备和 SSL VPN Client 网卡上配置静态 IP 地址，保证可以与企业数据中心的 DCGW 公网地址互通。

【解析】

在任务五的“（二）数据中心外部网络部署”的第 3 题（即“3.”）中，已完成该配置。

2. 在 DCFW 中配置网络拓展模式的 SSL VPN，并且使用手动路由模式为 SSL VPN Client 分配访问资源 OA Server，不允许访问其他资源。

【解析】

建议先完成本任务第 3 题的 NAT Server 配置，再在 DCFW 上配置 SSL VPN 服务。

1. SSL VPN Client 添加到企业数据中心路由器 DCGW 的路由。

```
C:\Windows\System32>route add 200.3.16.2 mask 255.255.255.255 200.1.1.254
```

2. 在 SSL VPN Client 上打开浏览器，在地址栏中输入 https://200.3.16.2:8443 并按 Enter 键，在出现的登录页面输入默认的用户名和密码，进入防火墙 DCFW 的 Web 配置页面。在防火墙 DCFW 的 Web 配置页面配置和测试 SSL VPN 的步骤如图 4-37~图 4-44 所示。

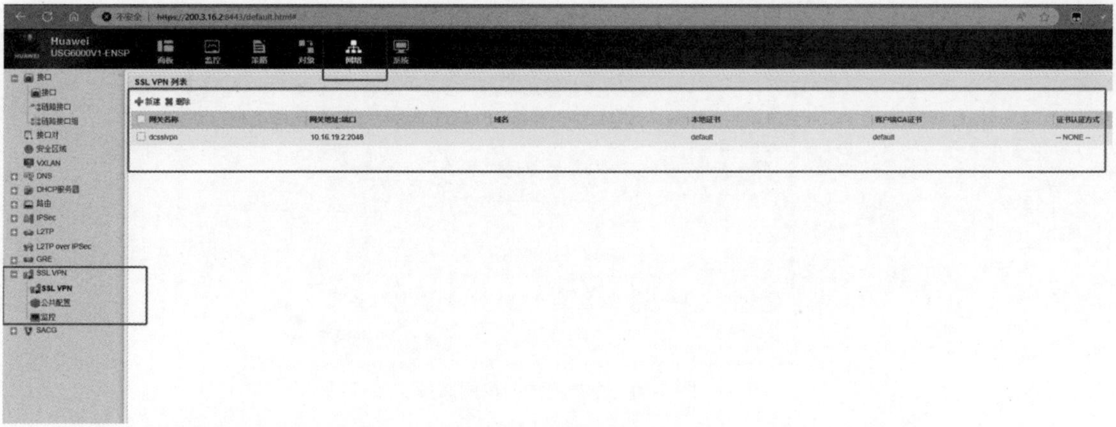

图 4-37 新建 SSL VPN

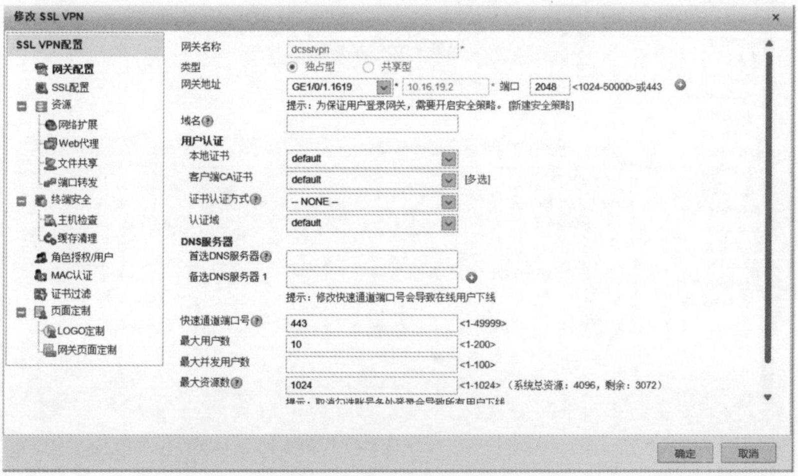

图 4-38 设置网关地址和端口

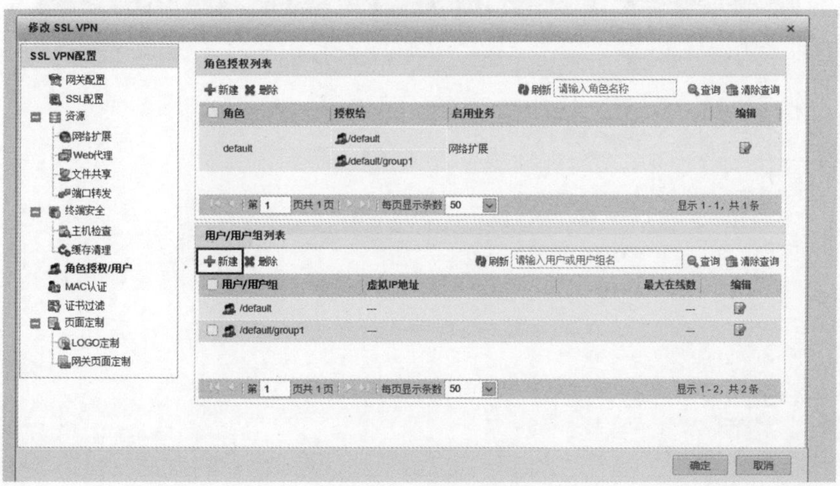

图 4-39 新建用户组

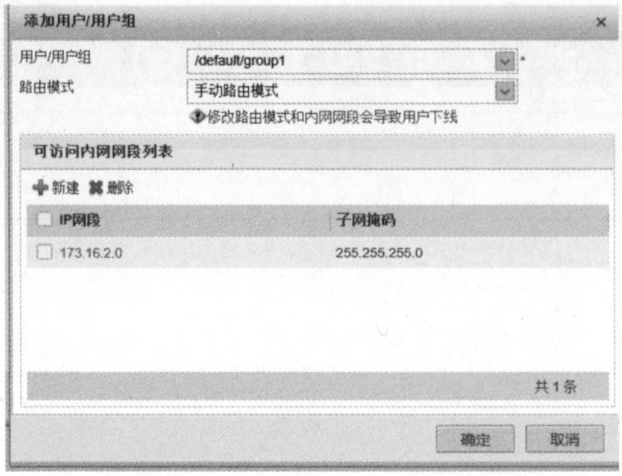

图 4-40　添加可访问内网网段

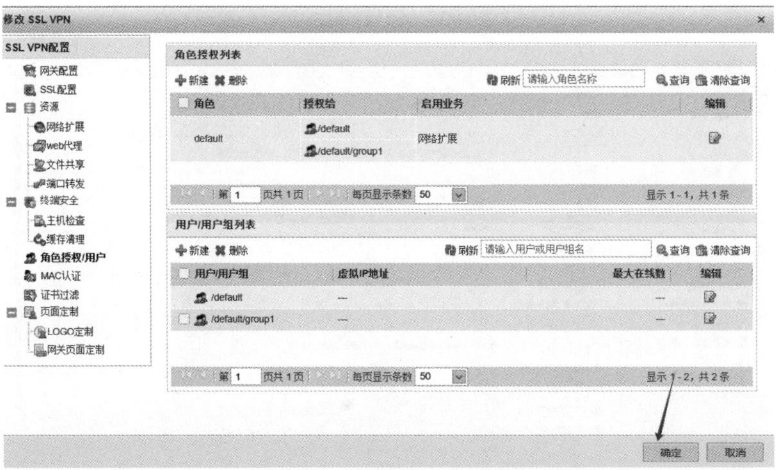

图 4-41　保存 SSL VPN 配置

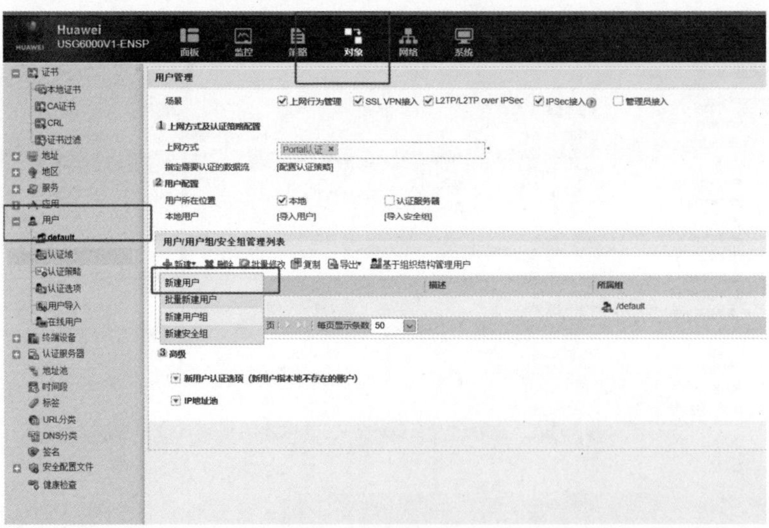

图 4-42　新建用户

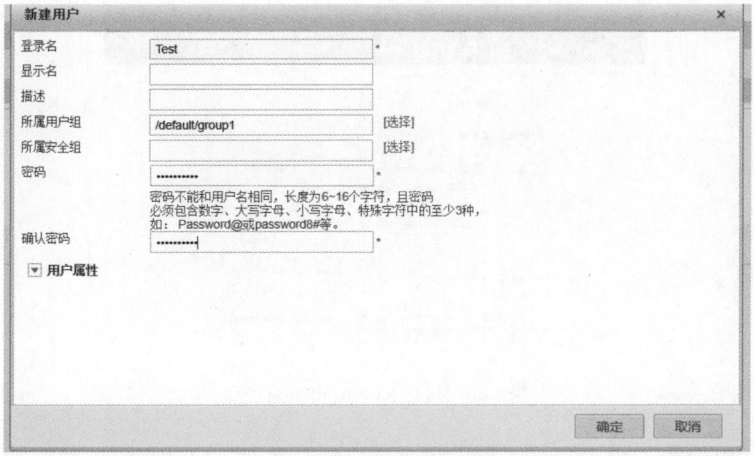

图 4-43　将用户添加到组

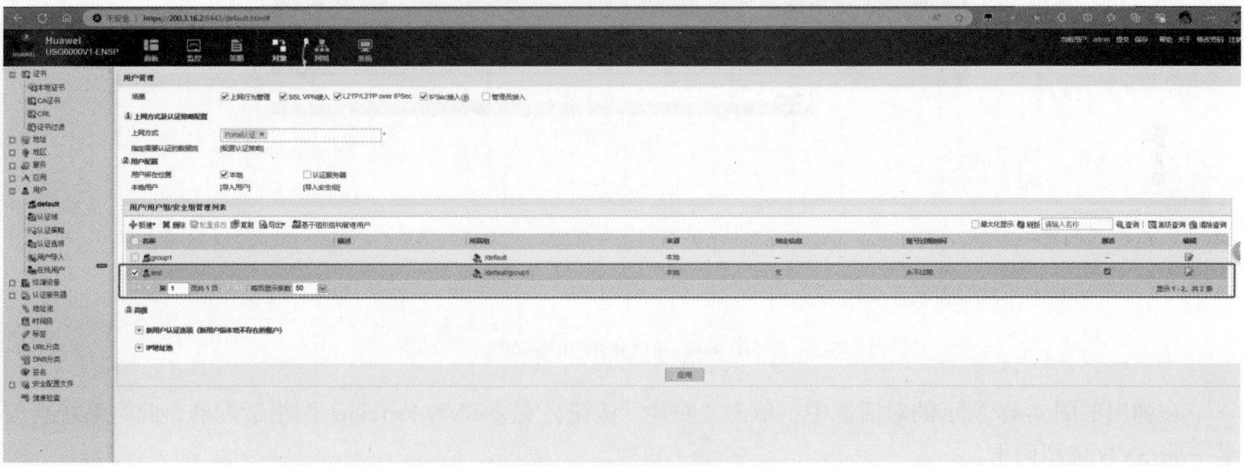

图 4-44　完成用户创建

在完成 SSL VPN 配置后，接着进行测试。在 SSL VPN Client 的浏览器的地址栏中输入 https://200.3.16.2:2048 并按 Enter 键，在出现的图 4-45 所示的 SSL VPN 登录页面中，输入用户名和密码，单击“登录”按钮。

图 4-45　SSL VPN 登录页面

在弹出的图 4-46 所示的对话框中，单击“运行”按钮。

图 4-46　运行 SVNAppSetup 文件

文件运行结束后，出现图 4-47 所示的页面，单击“启动”按钮，启动网络扩展服务，如图 4-48 所示。

图 4-47　启动网络拓展服务

在弹出的图 4-48 所示的对话框中，单击“安装”按钮，安装 SVN Provider 网络适配器，此时系统会安装一张 SVN 虚拟网卡。

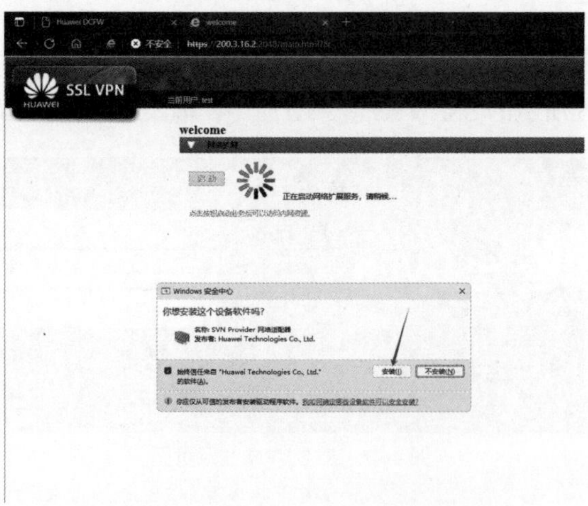

图 4-48　安装 SVN Provider 网络适配器

SSL VPN Client SVN 虚拟网卡会自动获取 IP 地址，如图 4-49 所示。同时它会在 SSL VPN Client 的 IPv4 路由表中自动添加可访问内网网段路由，可以通过 netstat -r 命令查看相关信息，如图 4-50 所示。

```
C:\Users\lyy>ipconfig

Windows IP Configuration


Ethernet adapter SVN Adapter V1.0:

   Connection-specific DNS Suffix  . :
   Link-local IPv6 Address . . . . . : fe80::2ea7:1f8:33b4:b826%8
   IPv4 Address. . . . . . . . . . . : 174.16.1.3
   Subnet Mask . . . . . . . . . . . : 255.255.255.255
   Default Gateway . . . . . . . . . :
```

图 4-49 SSL VPN Client SVN 虚拟网卡成功获取 IP 地址

```
C:\Users\lyy>netstat -r
===========================================================================
Interface List
  8...00 ff 42 78 aa 83 ......SVN Adapter V1.0
  4...00 0c 29 b7 c9 fd ......Intel(R) 82574L Gigabit Network Connection
 11...b0 a4 60 6e 7d 95 ......Bluetooth Device (Personal Area Network)
  1...........................Software Loopback Interface 1
===========================================================================

IPv4 Route Table
===========================================================================
Active Routes:
Network Destination        Netmask          Gateway       Interface  Metric
          0.0.0.0          0.0.0.0      200.1.1.254      200.1.1.30    281
        127.0.0.0        255.0.0.0         On-link        127.0.0.1    331
        127.0.0.1  255.255.255.255         On-link        127.0.0.1    331
  127.255.255.255  255.255.255.255         On-link        127.0.0.1    331
       173.16.2.0    255.255.255.0         On-link       174.16.1.3      1
```

图 4-50 SSL VPN Client 的 IPv4 路由表

3. DCGW 使用虚拟地址 200.3.16.2 为 SSL VPN Client 提供 VPN 接入，配置要求如表 4-22 所示。

表 4-22 SSL VPN 配置要求

配置板块	配置项	参数
SSL VPN 相关配置	网关名称	dcsslvpn
	网关类型	独占型
	网关接口	GE1/0/1
	网关端口号	2048
	网络拓展模式	保持连接，隧道保活间隔时间为 120s
	可分配 IP 地址段	173.16.1.1~173.16.1.100
	路由模式	手动路由模式
	可访问内网网段	173.16.2.0/24
	用户名/密码	test/Huawei@123
	用户组	group1

【解析】

在数据中心边界路由器 DCGW 上配置 NAT Server。另外，在路由器 PE1 和 PE3 上配置静态路由，实现 SSL VPN Client 和企业数据中心边界路由器 DCGW 的连通。

1. 配置数据中心边界路由器 DCGW

```
[DCGW]interface GigabitEthernet0/0/1
[DCGW-GigabitEthernet0/0/1]nat server global 200.3.16.2 inside 10.16.19.2
//配置 NAT Server 映射的公网地址和私网地址
```

2. 配置路由器 PE1

```
[PE1]ip route-static 200.3.16.2 32 3.3.3.3
```

3. 配置路由器 PE3

```
[PE3]ip route-static 200.3.16.2 32 200.3.15.2
```

4. 验证

测试 SSL VPN Client 与数据中心边界路由器 DCGW 的连通性，如图 4-51 所示。

```
C:\Users\lyy>ping 200.3.16.2
Pinging 200.3.16.2 with 32 bytes of data:
Reply from 200.3.16.2: bytes=32 time=40ms TTL=251
Reply from 200.3.16.2: bytes=32 time=58ms TTL=251
Reply from 200.3.16.2: bytes=32 time=52ms TTL=251
Reply from 200.3.16.2: bytes=32 time=51ms TTL=251

Ping statistics for 200.3.16.2:
    Packets: Sent = 4, Received = 4, Lost = 0 (0% loss),
Approximate round trip times in milli-seconds:
    Minimum = 40ms, Maximum = 58ms, Average = 50ms
```

图 4-51　测试 SSL VPN Client 与数据中心边界路由器 DCGW 的连通性

第 5 章

2023—2024 全球总决赛真题解析

全球总决赛的考查方式为实验考试，考试时长为 8 小时，比赛形式为 3 人一队，考试内容包括基础数据配置、运营商城域网 IGP&BGP 部署、互联网 IGW 网络部署、企业总部网络部署、企业分支 1 网络部署、企业分支 2 网络部署、数据中心网络部署、数据中心 1 与数据中心 2 DCI 业务互通、企业总部和企业分支业务互通等。

5.1 Background

As a high-tech enterprise in city B, enterprise A has three sites: the headquarters (HQ), Branch1, and Branch2. The three sites are all connected to the carrier MAN in the city to implement inter-site service communication within the enterprise as well as their Internet access.

The carrier builds data centers 1 and 2 (namely, DC1 and DC2) in city B and deploys related servers for its own internal office services and the web services available for external access. Leveraging the Data Center Interconnect (DCI) technology, the carrier flexibly implements collaborative resource scheduling between the two DCs. In addition, the carrier MAN is connected to the Internet egress router IGW, through which users in the city can access the Internet.

The enterprise HQ, Branch1, and Branch2 are connected to the carrier MAN through dual links (dual sub-interfaces). Of the two links, the VPN private link is used for intranet service communication between the HQ and branches, while the Internet link is used for Internet access. To improve the reliability of intranet service communication, enterprise A requires that when the VPN private link is faulty, the Internet link can be used to establish an IPsec tunnel as a backup to ensure uninterrupted service communication between enterprise sites. For security purposes, direct communication between branches is prohibited, and all communication traffic must pass through the HQ.

Enterprise A deploys wired and wireless networks at different sites. The wired network is an IPv4/IPv6 dual-stack network, and the wireless network is an IPv4 single-stack network. To access the IPv4 Internet, NAT must be deployed. To access the IPv6 Internet, NAT is not required.

5.2 Network Topology

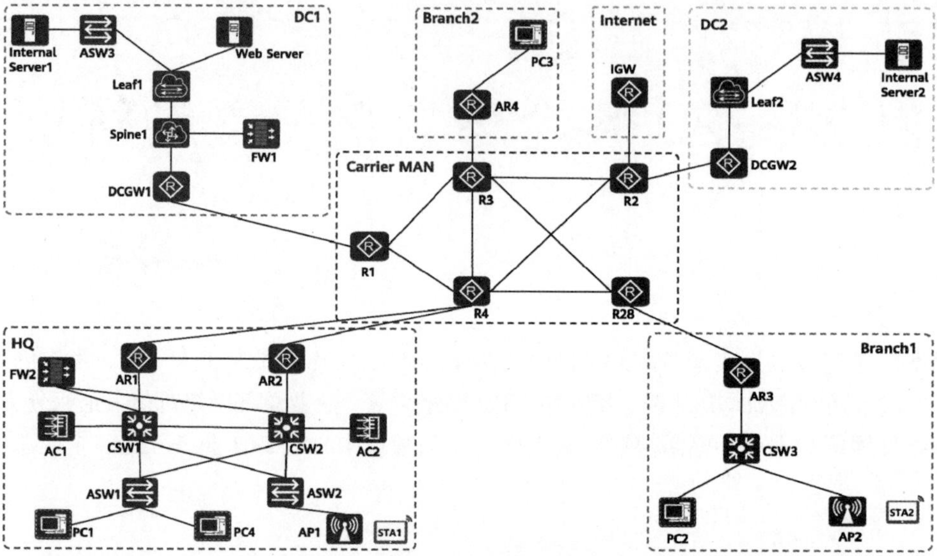

Figure 5-1（图 5-1）　Network topology

1. As shown in Figure 5-1, the following devices are used in the lab environment

- Eight routers (DCGW1, DCGW2, R1, R2, R3, R4, R28, and IGW)
- Four AR2220 routers (AR1, AR2, AR3, and AR4)
- Two USG6000V firewalls (FW1 and FW2)
- Eight S5700 switches (ASW1, ASW2, ASW3, ASW4, CSW1, CSW2, CSW3, and Spine1)
- Two CE12800 switches (Leaf1 and Leaf2)
- Two AC6605s (AC1 and AC2)
- Two AP4050s (AP1 and AP2)
- Four PCs (PC1, PC2, PC3, and PC4)
- Three servers (Internal Server1, Internal Server2, and Web Server)
- Two STAs (STA1 and STA2)

2. Device login modes

Figure 5-2（图 5-2）　Device Telnet login modes

– On the computer where the ENSP Server is installed, as shown in Figure 5-2, click the icon of a device to log in to the device.

– On the computer where the remote terminal is installed, log in to a device using the IP address of the computer where the ENSP Server is installed and the corresponding port number of the device.The device login port numbers are shown in Table 5-1.

Table 5-1（表 5-1） Device login port number plan

Device	Port Number	Device	Port Number
R1	2001	CSW2	2015
R2	2002	CSW3	2016
R3	2003	AC1	2017
R4	2004	AC2	2018
R28	2005	AP1	2019
AR1	2006	AP2	2020
AR2	2007	DCGW1	2021
AR3	2008	DCGW2	2022
AR4	2009	FW1	2023
ASW1	2010	FW2	2024
ASW2	2011	Leaf1	2025
ASW3	2012	Leaf2	2026
ASW4	2013	Spine1	2027
CSW1	2014	IGW	2028

The user name and password for logging in to FW1 and FW2 are admin and Admin_123, respectively.

Ensure that you can log in to the involved devices.

5.3 Configuration Objectives

After all configuration tasks are complete, the following service objectives will be met.

1. IPv4/IPv6 dual-stack wired service networks are deployed in the enterprise HQ, Branch1, and Branch2.

2. IPv4 wireless service networks are deployed in the enterprise HQ and Branch1, and employees' office services and guests' Internet access services are separated.

3. Enterprise HQ users on the internal wired and wireless networks access the IPv4 & IPv6 Internet through the egress router of the HQ. Specifically, the IPv4 Internet access traffic is translated using NAT before being sent to the Internet, and the IPv6 Internet access traffic is directly routed and forwarded to the Internet. To improve security, the IPv4 traffic of the HQ is diverted to the firewall deployed in the HQ for security filtering, and IPv6 traffic is not required to do so.

4. In Branch1, the wired and wireless networks communicate with the IPv4 & IPv6 Internet through the egress router of the branch. NAT is required for IPv4 Internet access traffic before the traffic is forwarded to the Internet, and IPv6 Internet access traffic is directly routed and forwarded to the Internet.

5. In Branch2, the wired network communicates with the IPv4&IPv6 Internet through the egress router of the branch. NAT is required for IPv4 Internet access traffic before the traffic is forwarded to the Internet, and IPv6 Internet access traffic is directly routed and forwarded to the Internet.

6. The enterprise HQ, Branch1, and Branch2 are connected to the carrier MAN through dual links. Of the two links, the MPLS VPN private link is used for intranet service communication between the HQ and branches, while the Internet link is used for Internet access. To improve the reliability of intranet service communication, when the VPN private link is faulty, the Internet link can be used to establish an IPsec tunnel as a backup to ensure uninterrupted service communication between enterprise sites. For security purposes, direct communication between branches is prohibited, and all communication traffic passes through the HQ.

7. The carrier builds DC1 and DC2 and deploys related servers for its own internal office services and the web services available for external access. To improve security, traffic from the Internet to the Web Server in DC1 is diverted to the firewall in DC1 for detection and filtering. To implement flexible resource orchestration and scheduling between DCs, technologies such as EVPN and VXLAN are deployed to implement inter-MAN interconnection between DC1 and DC2.

8. As the Internet egress router, the IGW advertises Internet routes to the carrier MAN, and the carrier MAN advertises the city's public network routes to the IGW. In this way, users in the city can access external networks.

5.4 Configuration Tasks

5.4.1 Task 1: Basic Data Configuration

1. VLAN Configuration

According to Table 5-2, configure the VLAN link types, VLAN parameters, sub-interfaces, sub-interface VLAN IDs on related devices. For the GigabitEthernet0/0/2.X sub-interface, the value of X is the VLAN ID planned for the sub-interface. For example, if the sub-interface is GigabitEthernet0/0/2.20, its VLAN ID is 20.

Note: VLANs have been preconfigured for some interfaces.

Table 5-2（表 5-2）　Device VLAN data plan

Device	Interface	VLAN Link Type	VLAN Parameter
CSW1	GigabitEthernet0/0/1	Trunk	PVID: 1 Allow-pass VLAN: 10, 40, 110, 120, 130, 140, 310, 1617, 2021
	GigabitEthernet0/0/2	Access	PVID: 1416

续表

Device	Interface	VLAN Link Type	VLAN Parameter
CSW1	GigabitEthernet0/0/3	Trunk	PVID: 1 Allow-pass VLAN: 10, 40, 110, 120, 130, 140, 310
	GigabitEthernet0/0/4	Trunk	PVID: 1 Allow-pass VLAN: 500, 600, 700
	GigabitEthernet0/0/5	Trunk	PVID: 1 Allow-pass VLAN: 10, 40, 110, 120, 130, 140, 310
	GigabitEthernet0/0/24	Trunk	PVID: 1 Allow-pass VLAN: 2021
CSW2	GigabitEthernet0/0/1	Trunk	PVID: 1 Allow-pass VLAN: 10, 40, 110, 120, 130, 140, 310, 1617, 2021
	GigabitEthernet0/0/2	Access	PVID: 1517
	GigabitEthernet0/0/4	Trunk	PVID: 1 Allow-pass VLAN: 10, 40, 110, 120, 130, 140, 310
	GigabitEthernet0/0/5	Trunk	PVID: 1 Allow-pass VLAN: 800, 900, 1000
	GigabitEthernet0/0/6	Trunk	PVID: 1 Allow-pass VLAN: 10, 40, 110, 120, 130, 140, 310
	GigabitEthernet0/0/24	Trunk	PVID: 1 Allow-pass VLAN: 2021
ASW1	GigabitEthernet0/0/1	Access	PVID: 10
	GigabitEthernet0/0/2	Access	PVID: 40
	GigabitEthernet0/0/3	Trunk	PVID: 1 Allow-pass VLAN: 10, 40, 110, 120, 130, 140, 310
	GigabitEthernet0/0/6	Trunk	PVID: 1 Allow-pass VLAN: 10, 40, 110, 120, 130, 140, 310
ASW2	GigabitEthernet0/0/1	Trunk	PVID: 310 Allow-pass VLAN: 110, 120, 130, 140, 310
	GigabitEthernet0/0/4	Trunk	PVID: 1 Allow-pass VLAN: 10, 40, 110, 120, 130, 140, 310
	GigabitEthernet0/0/5	Trunk	PVID: 1 Allow-pass VLAN: 10, 40, 110, 120, 130, 140, 310
AC1	GigabitEthernet0/0/24	Trunk	PVID: 1 Allow-pass VLAN: 2021

续表

Device	Interface	VLAN Link Type	VLAN Parameter
AC2	GigabitEthernet0/0/24	Trunk	PVID: 1 Allow-pass VLAN: 2021
CSW3	GigabitEthernet0/0/1	Trunk	PVID: 320 Allow-pass VLAN: 150, 160, 320
	GigabitEthernet0/0/2	Access	PVID: 2425
	GigabitEthernet0/0/3	Access	PVID: 20
Spine1	GigabitEthernet0/0/1	Access	PVID: 57
	GigabitEthernet0/0/3	Access	PVID: 79
	GigabitEthernet0/0/4	Trunk	PVID: 1 Allow-pass VLAN: 107, 710
Leaf1	GigabitEthernet1/0/0.10		VLAN 10
ASW3	GigabitEthernet0/0/1	Access	PVID: 10
	GigabitEthernet0/0/2	Trunk	PVID: 1 Allow-pass VLAN: 10
Leaf2	GigabitEthernet1/0/0.20		VLAN 20
ASW4	GigabitEthernet0/0/1	Access	PVID: 20
	GigabitEthernet0/0/2	Trunk	PVID: 1 Allow-pass VLAN: 20
FW1	GigabitEthernet1/0/4.107		VLAN 107
	GigabitEthernet1/0/4.710		VLAN 710
DCGW1	GigabitEthernet0/0/3.15		VLAN 15
	GigabitEthernet0/0/3.51		VLAN 51
AR1	GigabitEthernet0/0/0.100 GigabitEthernet0/0/0.200 GigabitEthernet0/0/0.300 GigabitEthernet0/0/0.400		VLAN 100 VLAN 200 VLAN 300 VLAN 400
AR2	GigabitEthernet0/0/0.100 GigabitEthernet0/0/0.200 GigabitEthernet0/0/0.300 GigabitEthernet0/0/0.400		VLAN 100 VLAN 200 VLAN 300 VLAN 400
AR3	GigabitEthernet0/0/0.2428 GigabitEthernet0/0/0.2824 GigabitEthernet0/0/0.2825		VLAN 2428 VLAN 2824 VLAN 2825

续表

Device	Interface	VLAN Link Type	VLAN Parameter
AR4	GigabitEthernet0/0/2.273		VLAN 273
	GigabitEthernet0/0/2.274		VLAN 274
	GigabitEthernet0/0/2.327		VLAN 327
FW2	GigabitEthernet1/0/4.500		VLAN 500
	GigabitEthernet1/0/4.600		VLAN 600
	GigabitEthernet1/0/4.700		VLAN 700
	GigabitEthernet1/0/5.800		VLAN 800
	GigabitEthernet1/0/5.900		VLAN 900
	GigabitEthernet1/0/5.1000		VLAN 1000
R1	GigabitEthernet0/0/3.15		VLAN 15
	GigabitEthernet0/0/3.51		VLAN 51
R3	GigabitEthernet0/0/2.273		VLAN 273
	GigabitEthernet0/0/2.274		VLAN 274
	GigabitEthernet0/0/2.327		VLAN 327
	GigabitEthernet0/0/3.1		VLAN 1
	GigabitEthernet0/0/3.2		VLAN 2
	GigabitEthernet0/0/3.100		VLAN 100
R4	GigabitEthernet0/0/0.100		VLAN 100
	GigabitEthernet0/0/0.200		VLAN 200
	GigabitEthernet0/0/0.300		VLAN 300
	GigabitEthernet0/0/0.400		VLAN 400
	Ethernet0/0/0.100		VLAN 100
	Ethernet0/0/0.200		VLAN 200
	Ethernet0/0/0.300		VLAN 300
	Ethernet0/0/0.400		VLAN 400
	GigabitEthernet0/0/3.1		VLAN 1
	GigabitEthernet0/0/3.2		VLAN 2
	GigabitEthernet0/0/3.100		VLAN 100
R28	GigabitEthernet0/0/0.2428		VLAN 2428
	GigabitEthernet0/0/0.2824		VLAN 2824
	GigabitEthernet0/0/0.2825		VLAN 2825

【解析】

配置 VLAN 链路类型、VLAN 参数和配置子接口、子接口 VLAN ID 比较简单，此处只给出部分设备的配置，其他设备的配置请读者自行完成。

1. 配置交换机 Access 接口和 Trunk 接口

此处只给出交换机 CSW1 的 Access 接口和 Trunk 接口配置命令，其他交换机的配置命令与 CSW1 的相同。

```
[CSW1]vlan batch 10 40 110 120 130 140 310 500 600 700                //批量创建 VLAN
[CSW1]vlan batch 1617 1617 2021
[CSW1]interface GigabitEthernet0/0/1
[CSW1-GigabitEthernet0/0/1]port link-type trunk                       //配置接口的 VLAN 链路类型为 Trunk
[CSW1-GigabitEthernet0/0/1]port trunk allow-pass vlan 10 40 110 120 130 140 310 1617 2021
//配置 Trunk 接口加入的 VLAN
[CSW1]interface GigabitEthernet0/0/2
[CSW1-GigabitEthernet0/0/2]port link-type access                      //配置接口的 VLAN 链路类型为 Access
[CSW1-GigabitEthernet0/0/2]port default vlan 1416                     //配置接口的缺省 VLAN
[CSW1]interface GigabitEthernet0/0/3
[CSW1-GigabitEthernet0/0/3]port link-type trunk
[CSW1-GigabitEthernet0/0/3]port trunk allow-pass vlan 10 40 110 120 130 140 310
[CSW1]interface GigabitEthernet0/0/4
[CSW1-GigabitEthernet0/0/4]port link-type trunk
[CSW1-GigabitEthernet0/0/4]port trunk allow-pass vlan 500 600 700
[CSW1]interface GigabitEthernet0/0/5
[CSW1-GigabitEthernet0/0/5]port link-type trunk
[CSW1-GigabitEthernet0/0/5]port trunk allow-pass vlan 10 40 110 120 130 140 310
[CSW1]interface GigabitEthernet0/0/24
[CSW1-GigabitEthernet0/0/24]port link-type trunk
[CSW1-GigabitEthernet0/0/24]port trunk allow-pass vlan 2021
```

2. 配置防火墙子接口

此处只给出 FW1 的子接口配置命令，其他防火墙的配置命令与 FW1 的相同。

```
[FW1]interface GigabitEthernet1/0/4.107                               //创建子接口
[FW1-GigabitEthernet1/0/4.107]description to-Spine1-OSPF2
[FW1-GigabitEthernet1/0/4.107]vlan-type dot1q 107                     //配置子接口 Dot1q 终结的 VLAN ID
[FW1]interface GigabitEthernet1/0/4.710
[FW1-GigabitEthernet1/0/4.710]description to-Spine1-OSPF1
[FW1-GigabitEthernet1/0/4.710]vlan-type dot1q 710
[FW1-GigabitEthernet1/0/4.710]ip address 10.7.10.2 255.255.255.252   //配置子接口的 IP 地址
```

3. 配置 AR2220 路由器子接口

此处只给出 R1 的子接口配置命令，其他 AR2220 路由器的配置命令与 R1 的相同。

```
[R1]interface GigabitEthernet0/0/3.15
[R1-GigabitEthernet0/0/3.15]vlan-type dot1q 15
[R1]interface GigabitEthernet0/0/3.51
[R1-GigabitEthernet0/0/3.51]vlan-type dot1q 51
```

4. 配置 CE12800 交换机子接口

此处只给出 Leaf1 的子接口配置命令，其他 CE12800 交换机的配置命令与 Leaf1 的相同。

```
[Leaf1]interface GE1/0/0.10 mode l2                //创建二层子接口
[Leaf1-GE1/0/0.10]encapsulation dot1q vid 10        //指定二层子接口接收带指定 802.1Q Tag 封装的报文
```

5. 验证

（1）通过 **display port vlan** 命令查看 VLAN 中包含的接口信息。

（2）通过 **display this** 命令查看具体子接口视图下的运行配置。

2. IP Address Configuration

Configure IP addresses for the network interfaces according to Table 5-3.

Table 5-3（表 5-3） Device IP address data plan

Device	Interface	IPv4 Address	IPv6 Address	Description
R1	Loopback0	1.1.1.1/32	2001::1/128	
	GigabitEthernet0/0/1	100.1.3.1/30	2001:1:3::1/126	Interface used for connecting R1 to R3
	GigabitEthernet0/0/2	100.1.4.1/30	2001:1:4::1/126	Interface used for connecting R1 to R4
	GigabitEthernet0/0/3.15	10.1.5.2/30	N/A	Interface used for connecting R1 to DCGW1 and bound to the DCI VPN instance
	GigabitEthernet0/0/3.51	100.1.5.2/30	N/A	Interface used for connecting R1 to DCGW1
R2	Loopback0	1.1.1.2/32	2001::2/128	
	GigabitEthernet0/0/0	100.2.3.2/30	2001:2:3::2/126	Interface used for connecting R2 to R3
	GigabitEthernet0/0/1	100.2.4.2/30	2001:2:4::2/126	Interface used for connecting R2 to R4
	GigabitEthernet0/0/2	100.2.100.2/30	2001:2:100::2/126	Interface used for connecting R2 to the IGW
	GigabitEthernet0/0/3	10.2.12.1/30	N/A	Interface used for connecting R2 to DCGW2 and bound to the DCI VPN instance
R3	Loopback0	1.1.1.3/32	2001::3/128	
	Ethernet0/0/1	100.3.28.1/30	2001:3:28::1/126	Interface used for connecting R3 to R28
	GigabitEthernet0/0/0	100.2.3.1/30	2001:2:3::1/126	Interface used for connecting R3 to R2
	GigabitEthernet0/0/1	100.1.3.2/30	2001:1:3::2/126	Interface used for connecting R3 to R1
	GigabitEthernet0/0/2.273	100.3.27.2/30	N/A	Interface used for connecting R3 to AR4, which is an IPv4 Internet service interface

续表

Device	Interface	IPv4 Address	IPv6 Address	Description
R3	GigabitEthernet0/0/2.274	N/A	2002:3:27::2/126	Interface used for connecting R3 to AR4, which is an IPv6 Internet service interface
	GigabitEthernet0/0/2.327	10.3.27.2/30	2001:3:27::2/126	Interface used for connecting R3 to AR4 and bound to the CompanyA VPN instance
	GigabitEthernet0/0/3.1	100.3.4.1/30	2001:3:4::1/126	Interface of IS-IS process 1
	GigabitEthernet0/0/3.2	100.3.4.5/30	2001:3:4::5/126	Interface of IS-IS process 2
	GigabitEthernet0/0/3.100	100.4.3.1/30	2001:4:3::1/126	Interface of IS-IS process 100
R4	Loopback0	1.1.1.4/32	2001::4/128	
	Ethernet0/0/0.100	10.4.15.2/30	2001:4:15::2/126	Interface used for connecting R4 to AR2 and bound to the CompanyA_IN VPN instance
	Ethernet0/0/0.200	10.4.15.6/30	2001:4:15::6/126	Interface used for connecting R4 to AR2 and bound to the CompanyA_OUT VPN instance
	Ethernet0/0/0.300	100.4.15.2/30	N/A	Interface used for connecting R4 to AR2, which is an IPv4 Internet service interface
	Ethernet0/0/0.400	N/A	2002:4:15::2/126	Interface used for connecting R4 to AR2, which is an IPv6 Internet service interface
	Ethernet0/0/1	100.4.28.1/30	2001:4:28::1/126	Interface used for connecting R4 to R28
	GigabitEthernet0/0/0.100	10.4.14.2/30	2001:4:14::2/126	Interface used for connecting R4 to AR1 and bound to the CompanyA_IN VPN instance
	GigabitEthernet0/0/0.200	10.4.14.6/30	2001:4:14::6/126	Interface used for connecting R4 to AR1 and bound to the CompanyA_OUT VPN instance
	GigabitEthernet0/0/0.300	100.4.14.2/30	N/A	Interface used for connecting R4 to AR1, which is an IPv4 Internet service interface

续表

Device	Interface	IPv4 Address	IPv6 Address	Description
R4	GigabitEthernet0/0/0.400	N/A	2002:4:14::2/126	Interface used for connecting R4 to AR1, which is an IPv6 Internet service interface
	GigabitEthernet0/0/1	100.2.4.1/30	2001:2:4::1/126	Interface used for connecting R4 to R2
	GigabitEthernet0/0/2	100.1.4.2/30	2001:1:4::2/126	Interface used for connecting R4 to R1
	GigabitEthernet0/0/3.1	100.3.4.2/30	2001:3:4::2/126	Interface of IS-IS process 1
	GigabitEthernet0/0/3.2	100.3.4.6/30	2001:3:4::6/126	Interface of IS-IS process 2
	GigabitEthernet0/0/3.100	100.4.3.2/30	2001:4:3::2/126	Interface of IS-IS process 100
IGW	Loopback0	1.1.1.100/32	N/A	
	GigabitEthernet0/0/2	100.2.100.1/30	2001:2:100::1/126	Interface used for connecting the IGW to R2
	LoopBack100	100.0.0.100/32	100::100/128	Interface used for simulating the Internet
	LoopBack200	100.0.0.200/32	100::200/128	Interface used for simulating the Internet
R28	Loopback 0	1.1.1.28/32	2001::28/128	
	Ethernet0/0/0	100.3.28.2/30	2001:3:28::2/126	Interface used for connecting R28 to R3
	Ethernet0/0/1	100.4.28.2/30	2001:4:28::2/126	Interface used for connecting R28 to R4
	GigabitEthernet0/0/0.2428	10.24.28.1/30	2001:24:28::1/126	Interface used for connecting R28 to AR3 and bound to the CompanyA VPN instance
	GigabitEthernet0/0/0.2824	100.24.28.1/30	N/A	Interface used for connecting R28 to AR3, which is an IPv4 Internet service interface
	GigabitEthernet0/0/0.2825	N/A	2002:24:28::1/126	Interface used for connecting R28 to AR3, which is an IPv6 Internet service interface
AR1	Loopback0	1.1.1.14/32	2001::14/128	
	GigabitEthernet0/0/0.100	10.4.14.1/30	2001:4:14::1/126	Interface used for connecting AR1 to R4 and bound to the CompanyA_IN VPN instance

续表

Device	Interface	IPv4 Address	IPv6 Address	Description
AR1	GigabitEthernet0/0/0.200	10.4.14.5/30	2001:4:14::5/126	Interface used for connecting AR1 to R4 and bound to the CompanyA_OUT VPN instance
	GigabitEthernet0/0/0.300	100.4.14.1/30	N/A	Interface used for connecting AR1 to R4, which is an IPv4 Internet service interface
	GigabitEthernet0/0/0.400	N/A	2002:4:14::1/126	Interface used for connecting AR1 to R4, which is an IPv6 Internet service interface
	GigabitEthernet0/0/1	10.14.15.1/30	2001:14:15::1/126	Interface used for connecting AR1 to AR2
	GigabitEthernet0/0/2	10.14.16.1/30	2001:14:16::1/126	Interface used for connecting AR1 to CSW1
AR2	Loopback0	1.1.1.15/30	2001::15/128	
	GigabitEthernet0/0/0.100	10.4.15.1/30	2001:4:15::1/126	Interface used for connecting AR2 to R4 and bound to the CompanyA_IN VPN instance
	GigabitEthernet0/0/0.200	10.4.15.5/30	2001:4:15::5/126	Interface used for connecting AR2 to R4 and bound to the CompanyA_OUT VPN instance
	GigabitEthernet0/0/0.300	100.4.15.1/30	N/A	Interface used for connecting AR2 to R4, which is an IPv4 Internet service interface
	GigabitEthernet0/0/0.400	N/A	2002:4:15::1/126	Interface used for connecting AR2 to R4, which is an IPv6 Internet service interface
	GigabitEthernet0/0/1	10.14.15.2/30	2001:14:15::2/126	Interface used for connecting AR2 to AR1
	GigabitEthernet0/0/2	10.15.17.1/30	2001:15:17::1/126	Interface used for connecting AR2 to CSW2
CSW1	VLANIF10	192.168.10.252/24 (VRRP)	N/A	Wired IPv4 service network segment of the HQ, bound to the FN VPN instance

续表

Device	Interface	IPv4 Address	IPv6 Address	Description
CSW1	VLANIF110	192.168.110.252/24 (VRRP)	N/A	Wireless service network segment 1 for employees in the HQ, bound to the WLAN VPN instance
	VLANIF120	192.168.120.252/24 (VRRP)	N/A	Wireless service network segment 2 for employees in the HQ, bound to the WLAN VPN instance
	VLANIF130	192.168.130.252/24 (VRRP)	N/A	Wireless service network segment 1 for guests in the HQ, bound to the WLAN VPN instance
	VLANIF140	192.168.140.252/24 (VRRP)	N/A	Wireless service network segment 2 for guests in the HQ, bound to the WLAN VPN instance
	VLANIF310	10.100.31.252/24 (VRRP)	N/A	Management IP address segment of the AP in the HQ
	VLANIF500	10.50.50.1/30	N/A	Interface used for connecting CSW1 to FW2 and is bound to the FN VPN instance
	VLANIF600	10.60.60.1/30	N/A	Interface used for connecting CSW1 to FW2
	VLANIF700	10.70.70.1/30	N/A	Interface used for connecting CSW1 to FW2 and is bound to the WLAN VPN instance
	VLANIF1416	10.14.16.2/30	2001:14:16::2/126	Interface used for connecting CSW1 to AR1
	VLANIF1617	10.16.17.1/30	2001:16:17::1/126	Interface used for connecting CSW1 to CSW2
	VLANIF2021	10.20.21.251/24	N/A	Interface used for connecting CSW1 to ACs
CSW2	VLANIF10	192.168.10.253/24 (VRRP)	N/A	Wired IPv4 service network segment of the HQ, bound to the FN VPN instance

续表

Device	Interface	IPv4 Address	IPv6 Address	Description
CSW2	VLANF40	N/A	192:168:40::254/64	Wired IPv6 service network segment of the HQ
	VLANIF110	192.168.110.253/24 (VRRP)	N/A	Wireless service network segment 1 for employees in the HQ, bound to the WLAN VPN instance
	VLANIF120	192.168.120.253/24 (VRRP)	N/A	Wireless service network segment 2 for employees in the HQ, bound to the WLAN VPN instance
	VLANIF130	192.168.130.253/24 (VRRP)	N/A	Wireless service network segment 1 for guests in the HQ, bound to the WLAN VPN instance
	VLANIF140	192.168.140.253/24 (VRRP)	N/A	Wireless service network segment 2 for guests in the HQ, bound to the WLAN VPN instance
	VLANIF310	10.100.31.253/24 (VRRP)	N/A	Management IP address segment of the AP in the HQ
	VLANIF800	10.80.80.2/30	N/A	Interface used for connecting CSW2 to FW2 and is bound to the FN VPN instance
	VLANIF900	10.90.90.2/30	N/A	Interface used for connecting CSW2 to FW2
	VLANIF1000	10.100.100.2/30	N/A	Interface used for connecting CSW2 to FW2 and is bound to the WLAN VPN instance
	VLANIF1517	10.15.17.2/30	2001:15:17::2/126	Interface used for connecting CSW2 to AR2
	VLANIF1617	10.16.17.2/30	2001:16:17::2/126	Interface used for connecting CSW2 to CSW1
	VLANIF2021	10.20.21.252/24	N/A	Interface used for connecting CSW2 to ACs
AC1	VLANIF2021	10.20.21.250/24 (VRRP)	N/A	AC service IP address
AC2	VLANIF2021	10.20.21.253/24 (VRRP)	N/A	AC service IP address

续表

Device	Interface	IPv4 Address	IPv6 Address	Description
AR3	GigabitEthernet0/0/0.2428	10.24.28.2/30	2001:24:28::2/126	Interface used for connecting AR3 to R28 and bound to the CompanyA VPN instance
	GigabitEthernet0/0/0.2824	100.24.28.2/30	N/A	Interface used for connecting AR3 to R28, which is an IPv4 Internet service interface
	GigabitEthernet0/0/0.2825	N/A	2002:24:28::2/126	Interface used for connecting AR3 to R28, which is an IPv6 Internet service interface
	GigabitEthernet0/0/2	10.24.25.1/30	2001:24:25::1/126	Interface used for connecting AR3 to CSW3
CSW3	VLANIF20	192.168.20.254/24	192:168:20::254/64	Wired service network segment for employees in Branch1
	VLANIF150	192.168.150.254/24	N/A	Wireless service network segment for employees in Branch1
	VLANIF160	192.168.160.254/24	N/A	Wireless service network segment for guests in Branch1
	VLANIF320	10.100.32.254/24	N/A	Management IP address segment of the AP in Branch1
	VLANIF2425	10.24.25.2/30	2001:24:25::2/126	Interface used for connecting CSW3 to AR3
AR4	GigabitEthernet0/0/0	192.168.30.254/30	192:168:30::254/64	Wired service network segment for employees in Branch2
	GigabitEthernet0/0/2.273	100.3.27.1/30	N/A	Interface used for connecting AR4 to R3, which is an IPv4 Internet service interface
	GigabitEthernet0/0/2.274	N/A	2002:3:27::1/126	Interface used for connecting AR4 to R3, which is an IPv6 Internet service interface
	GigabitEthernet0/0/2.327	10.3.27.1/30	2001:3:27::1/126	Interface used for connecting AR4 to R3 and bound to the CompanyA VPN instance
FW1	Loopback0	1.1.1.10/32	N/A	

续表

Device	Interface	IPv4 Address	IPv6 Address	Description
FW1	GigabitEthernet1/0/4.107	10.10.7.2/30	N/A	Interface of OSPF process 2, used for connecting FW1 to Spine1
	GigabitEthernet1/0/4.710	10.7.10.2/30	N/A	Interface of OSPF process 1, used for connecting FW1 to Spine1
FW2	GigabitEthernet1/0/4.500	10.50.50.2/30	N/A	Interface in the FN vSYS, used for connecting FW2 to CSW1
	GigabitEthernet1/0/4.600	10.60.60.2/30	N/A	Interface in the public system, used for connecting FW2 to CSW1
	GigabitEthernet1/0/4.700	10.70.70.2/30	N/A	Interface in the WLAN vSYS, used for connecting FW2 to CSW1
	GigabitEthernet1/0/5.800	10.80.80.1/30	N/A	Interface in the FN vSYS, used for connecting FW2 to CSW2
	GigabitEthernet1/0/5.900	10.90.90.1/30	N/A	Interface in the public system, used for connecting FW2 to CSW2
	GigabitEthernet1/0/5.1000	10.100.100.1/30	N/A	Interface in the WLAN vSYS, used for connecting FW2 to CSW2
	Virtual-if0	172.16.0.1/24	N/A	Virtual interface of the public system
	Virtual-if1	172.16.10.1/24	N/A	Virtual interface of the FN vSYS
	Virtual-if2	172.16.20.1/24	N/A	Virtual interface of the WLAN vSYS
DCGW1	LoopBack0	1.1.1.5/32	N/A	
	GigabitEthernet0/0/0	10.5.6.1/30	N/A	Interface used for connecting DCGW1 to DCGW2
	GigabitEthernet0/0/1	10.5.7.2/30	N/A	Interface used for connecting DCGW1 to Spine1
	GigabitEthernet0/0/3.15	10.1.5.1/30	N/A	Interface used for connecting DCGW1 to R1
	GigabitEthernet0/0/3.51	100.1.5.1/30	N/A	Interface used for connecting DCGW1 to R1, which is an IPv4 Internet service interface
Spine1	LoopBack0	1.1.1.7/32	N/A	
	VLANIF57	10.5.7.1/30	N/A	Interface used for connecting Spine1 to DCGW1

续表

Device	Interface	IPv4 Address	IPv6 Address	Description
Spine1	VLANIF79	10.7.9.2/30	N/A	Interface used for connecting Spine1 to Leaf1
	VLANIF107	10.10.7.1/30	N/A	Interface of OSPF process 2, used for connecting Spine1 to FW1
	VLANIF710	10.7.10.1/30	N/A	Interface of OSPF process 1, used for connecting Spine1 to FW1
Leaf1	Loopback0	1.1.1.9/32	N/A	
	Vbdif10	172.16.1.254/24	N/A	Bound to the EVPN1 VPN instance
	GigabitEthernet1/0/1	172.16.3.254/24	N/A	Gateway of the Web Server
	GigabitEthernet1/0/3	10.7.9.1/30	N/A	Interface used for connecting Leaf1 to Spine1
DCGW2	Loopback0	1.1.1.12/32	N/A	
	GigabitEthernet0/0/1	10.12.13.2/30	N/A	Interface used for connecting DCGW2 to Leaf2
	GigabitEthernet0/0/3	10.2.12.2/30	N/A	Interface used for connecting DCGW2 to R2
Leaf2	LoopBack0	1.1.1.13/32	N/A	
	Vbdif20	172.16.2.254/24	N/A	Bound to the EVPN1 VPN instance
	GigabitEthernet1/0/1	10.12.13.1/30	N/A	Interface used for connecting Leaf2 to DCGW2
PC1	Ethernet0/0/1	192.168.10.1/24	N/A	IPv4 single-stack PC in the HQ
PC2	Ethernet0/0/1	192.168.20.1/24	192:168:20::1/64	Dual-stack PC in Branch1
PC3	Ethernet0/0/1	192.168.30.1/24	192:168:30::1/64	Dual-stack PC in Branch2
PC4	Ethernet0/0/1	N/A	192:168:40::1/64	IPv6 single-stack PC in the HQ
Internal Server1	Ethernet0/0/0	172.16.1.1/24	N/A	Carrier's internal service server
Internal Server2	Ethernet0/0/0	172.16.2.1/24	N/A	Carrier's internal service server
Web Server	Ethernet0/0/0	172.16.3.1/24	N/A	Carriers' server available for external access

Note:

1. IP addresses have been preconfigured for some interfaces.
2. Some interfaces or IP addresses are followed by (VRRP), indicating that the interfaces run VRRP.

3. Pay attention to the binding relationship between interfaces and VPN instances described in the "Description" column.

【解析】

配置 IPv4 地址和 IPv6 地址比较简单，此处只给出路由器 R1 上的 IPv4 地址和 IPv6 地址的配置，其他设备上的 IPv4 地址和 IPv6 地址配置请读者自行完成。

1. 配置 IPv4 地址

```
[R1]interface GigabitEthernet0/0/1
[R1-GigabitEthernet0/0/1]ip address 100.1.3.1 255.255.255.252
[R1]interface GigabitEthernet0/0/2
[R1-GigabitEthernet0/0/2]ip address 100.1.4.1 255.255.255.252
[R1]interface GigabitEthernet0/0/3.15
[R1-GigabitEthernet0/0/3.15]ip binding vpn-instance DCI //将当前接口与指定 VPN 实例进行绑定
[R1-GigabitEthernet0/0/3.15]ip address 10.1.5.2 255.255.255.252
[R1]interface GigabitEthernet0/0/3.51
[R1-GigabitEthernet0/0/3.51]ip address 100.1.5.2 255.255.255.252.
[R1]interface LoopBack0
[R1-LoopBack0]ip address 1.1.1.1 255.255.255.255
```

2. 配置 IPv6 地址

```
[R1]ipv6
[R1]interface GigabitEthernet0/0/1
[R1-GigabitEthernet0/0/1]ipv6 enable                      //接口上使能 IPv6 功能
[R1-GigabitEthernet0/0/1]ipv6 address 2001:1:3::1/126     //配置 IPv6 地址
[R1]interface GigabitEthernet0/0/2
[R1-GigabitEthernet0/0/2]ipv6 enable
[R1-GigabitEthernet0/0/2]ipv6 address 2001:1:4::1/126
[R1]interface LoopBack0
[R1-LoopBack0]ipv6 enable
[R1-LoopBack0]ipv6 address 2001::1/128
```

3. 验证

（1）通过 **display ip interface brief** 命令查看接口与 IP 相关的摘要信息。

（2）通过 **display ipv6 interface brief** 命令查看接口与 IPv6 相关的摘要信息。

5.4.2 Task 2: Deploying an IGP and BGP on a Carrier MAN

1. IGP Deployment

R1, R2, R3, R4, and R28 are service routers on the carrier MAN and connect to the enterprise HQ, Branch1, Branch2, DC1, and DC2. IS-IS is deployed on R1, R2, R3, R4, and R28 to implement interworking between interconnected interfaces and loopback interfaces through IPv4 and IPv6 addresses.

1. Considering the large number of devices on the MAN, the carrier uses IS-IS multi-process to limit the routing domain scale. Specifically, R1, R3, and R4 form an aggregation ring and run IS-IS process 100, and their area ID is 49.0100. R3, R4, and R2 form access ring 1 and run IS-IS process 1, and their area ID is 49.0001. R3, R4, and R28 form access ring 2 and run IS-IS process 2, and their area ID is 49.0002. IS-IS dual-stack is enabled

on devices on the aggregation and access rings. It is required that IPv4 and IPv6 topologies be calculated independently.

2. Configure IS-IS Level-2 for devices on the entire network, set the IS-IS dynamic hostname of each device to its device name, and convert the IPv4 address of the Loopback0 interface on each device to obtain the system ID. For example, if the IPv4 address is 1.1.1.1, set the system ID to 0010.0100.1001.

3. Deploy processes 1, 2, and 100 in closed-loop mode. That is, perform the following operations on R3 and R4: Create sub-interface G0/0/3.100, and make it run in process 100; create sub-interface G0/0/3.1, and make it run in process 1; create sub-interface G0/0/3.2, and make it run in process 2; configure all devices on the MAN to advertise their Loopback0 interface routes in corresponding processes; make sure that Loopback0 interfaces of R3 and R4 be advertised in process 100 on the aggregation ring.

4. Set link costs according to Figure 5-3, and make sure that the costs of the interfaces at both ends of each link are the same. For example, cost 10 between R1 and R3 indicates that the cost for both ends is 10. Set the costs of G0/0/3.100, G0/0/3.1, and G0/0/3.2 which connect R3 and R4 to 10, 2000, and 2000, respectively. Set the costs of IPv6 interfaces to be the same as those of corresponding IPv4 interfaces.

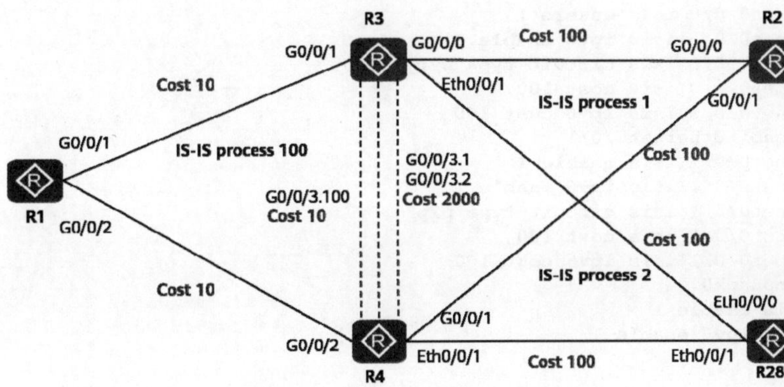

Figure 5-3（图 5-3） IS-IS planning

【解析】

路由器 R1、R2、R3、R4、R28 为运营商城域网中的业务路由器，连接企业总部、企业分支 1、企业分支 2、企业数据中心 1 以及企业数据中心 2。R1、R2、R3、R4 和 R28 之间通过部署 IS-IS 实现彼此间互联接口地址（IPv4 地址&IPv6 地址）和 Loopback 接口地址（IPv4 地址&IPv6 地址）的互通。

1. 配置路由器 R1

```
[R1]isis 100//创建 IS-IS 进程
[R1-isis-100]is-level level-2                          //设置 IS-IS 路由器的级别为 Level-2
[R1-isis-100]cost-style wide                           //指定 IS-IS 路由器只能接收和发送开销类型为 wide 的路由
[R1-isis-100]network-entity 49.0100.0010.0100.1001.00  //设置指定 IS-IS 进程的网络实体名称
[R1-isis-100]is-name R1
//使能本地设备识别 LSP 报文中主机名称的功能，同时为其配置动态主机名，并以 LSP 报文的方式将其发布
[R1-isis-100]ipv6 enable topology ipv6
//使能 IS-IS 进程的 IPv6 能力，指定 IS-IS 网络拓扑类型为 IPv6 拓扑
```

```
[R1]interface GigabitEthernet0/0/1
[R1-GigabitEthernet0/0/1]isis enable 100             //使能接口的 IS-IS 功能并指定要关联的 IS-IS 进程号
[R1-GigabitEthernet0/0/1]isis ipv6 enable 100        //使能接口的 IS-IS IPv6 功能并指定要关联的 IS-IS 进程号
[R1-GigabitEthernet0/0/1]isis circuit-type p2p       //将 IS-IS 广播网接口的网络类型修改为 P2P 类型
[R1-GigabitEthernet0/0/1]isis cost 10                //配置 IS-IS 接口的 IPv4 链路开销值为 10
[R1-GigabitEthernet0/0/1]isis ipv6 cost 10           //配置 IS-IS 接口在 IPv6 拓扑中的链路开销值为 10
[R1]interface GigabitEthernet0/0/2
[R1-GigabitEthernet0/0/2]isis enable 100
[R1-GigabitEthernet0/0/2]isis ipv6 enable 100
[R1-GigabitEthernet0/0/2]isis circuit-type p2p
[R1-GigabitEthernet0/0/2]isis cost 10
[R1-GigabitEthernet0/0/2]isis ipv6 cost 10
[R1]interface LoopBack0
[R1-LoopBack0]isis enable 100
[R1-LoopBack0]isis ipv6 enable 100
```

2. 配置路由器 R2

```
[R2]isis 1
[R2-isis-1]is-level level-2
[R2-isis-1]cost-style wide
[R2-isis-1]network-entity 49.0001.0010.0100.1002.00
[R2-isis-1]is-name R2
[R2-isis-1]ipv6 enable topology ipv6
[R2]interface GigabitEthernet0/0/0
[R2-GigabitEthernet0/0/0]isis enable 1
[R2-GigabitEthernet0/0/0]isis ipv6 enable 1
[R2-GigabitEthernet0/0/0]isis circuit-type p2p
[R2-GigabitEthernet0/0/0]isis cost 100
[R2-GigabitEthernet0/0/0]isis ipv6 cost 100
[R2]interface GigabitEthernet0/0/1
[R2-GigabitEthernet0/0/1]isis enable 1
[R2-GigabitEthernet0/0/1]isis ipv6 enable 1
[R2-GigabitEthernet0/0/1]isis circuit-type p2p
[R2-GigabitEthernet0/0/1]isis cost 100
[R2-GigabitEthernet0/0/1]isis ipv6 cost 100
[R2]interface LoopBack0
[R2-LoopBack0]isis enable 1
[R2-LoopBack0]isis ipv6 enable 1
```

3. 配置路由器 R3

```
[R3]isis 100
[R3-isis-100]is-level level-2
[R3-isis-100]cost-style wide
[R3-isis-100]network-entity 49.0100.0010.0100.1003.00
[R3-isis-100]is-name R3
[R3-isis-100]ipv6 enable topology ipv6
[R3]isis 1
[R3-isis-1]is-level level-2
[R3-isis-1]cost-style wide
[R3-isis-1]network-entity 49.0001.0010.0100.1003.00
[R3-isis-1]is-name R3
[R3-isis-1]ipv6 enable topology ipv6
[R3]isis 2
[R3-isis-2]is-level level-2
[R3-isis-2]cost-style wide
[R3-isis-2]network-entity 49.0002.0010.0100.1003.00
[R3-isis-2]is-name R3
[R3-isis-2]ipv6 enable topology ipv6
```

4. 配置路由器 R4

```
[R4]isis 100
[R4-isis-100]is-level level-2
[R4-isis-100]cost-style wide
[R4-isis-100]network-entity 49.0100.0010.0100.1004.00
[R4-isis-100]is-name R4
[R4-isis-100]ipv6 enable topology ipv6
[R4]isis 1
[R4-isis-1]is-level level-2
[R4-isis-1]cost-style wide
[R4-isis-1]network-entity 49.0001.0010.0100.1004.00
[R4-isis-1]is-name R4
[R4-isis-1]ipv6 enable topology ipv6
[R4]isis 2
[R4-isis-2]is-level level-2
[R4-isis-2]cost-style wide
[R4-isis-2]network-entity 49.0002.0010.0100.1004.00
[R4-isis-2]is-name R4
[R4-isis-2]ipv6 enable topology ipv6
```

5. 配置路由器 R28

```
[R28]isis 2
[R28-isis-2]is-level level-2
[R28-isis-2]cost-style wide
[R28-isis-2]network-entity 49.0002.0010.0100.1028.00
[R28-isis-2]is-name R28
[R28-isis-2]ipv6 enable topology ipv6
[R28]interface Ethernet0/0/0
[R28-Ethernet0/0/0]isis enable 2
[R28-Ethernet0/0/0]isis ipv6 enable 2
[R28-Ethernet0/0/0]isis cost 100
[R28-Ethernet0/0/0]isis ipv6 cost 100
[R28]interface Ethernet0/0/1
[R28-Ethernet0/0/1]isis enable 2
[R28-Ethernet0/0/1]isis ipv6 enable 2
[R28-Ethernet0/0/1]isis circuit-type p2p
[R28-Ethernet0/0/1]isis cost 100
[R28-Ethernet0/0/1]isis ipv6 cost 100
```

6. 验证

（1）使用 **display isis peer** 命令查看 IS-IS 的邻居信息。

（2）使用 **display isis interface** 命令查看使能了 IS-IS 的接口信息。

（3）使用 **display isis brief** 命令查看 IS-IS 的概要信息。

（4）使用 **display isis interface cost** 命令查看使能 IS-IS 的接口开销值与产生原因。

（5）使用 **display isis lsdb** 命令查看 IS-IS 的链路状态数据库信息。

（6）使用 **display isis route** 命令查看 IS-IS 路由信息。

5. To implement route interworking between IS-IS processes, configure route import on R3 and R4. Use IP prefix list and route-policy to import the routes of Loopback0 interfaces and filter out other routes. To prevent routing loops caused by route import between processes, add tags to the imported routes. For example, when routes of process 1 are imported to process 100, add tag 1 to the routes. When routes of process 100 are imported to

process 1, filter out the routes with tag 1. In addition, when processes import routes from each other, set the costs of the imported routes to 10000.

The requirements for route import are as follows (table 5-4).

Table 5-4（表 5-4）　Planning about the route import between IS-IS processes on R3 and R4

Route Import Between Processes	Route Type	IP Prefix List Name	Matched Route	Route-Policy Name	Tag
Process 1 to process 100	IPv4	ACC1-to-AGG	Route of the Loopback0 interface on R2	ACC1-to-AGG	1
Process 1 to process 100	IPv6	ACC1-to-AGG-V6	Route of the Loopback0 interface on R2	ACC1-to-AGG-V6	1
Process 2 to process 100	IPv4	ACC2-to-AGG	Route of the Loopback0 interface on R28	ACC2-to-AGG	2
Process 2 to process 100	IPv6	ACC2-to-AGG-V6	Route of the Loopback0 interface on R28	ACC2-to-AGG-V6	2
Process 100 to process 1	IPv4	AGG-to-ACC1	Routes of the Loopback0 interfaces on R1, R3, and R4	AGG-to-ACC1	100
Process 100 to process 1	IPv6	AGG-to-ACC1-V6	Routes of the Loopback0 interfaces on R1, R3, and R4	AGG-to-ACC1-V6	100
Process 100 to process 2	IPv4	AGG-to-ACC2	Routes of the Loopback0 interfaces on R1, R3, and R4	AGG-to-ACC2	100
Process 100 to process 2	IPv6	AGG-to-ACC2-V6	Routes of the Loopback0 interfaces on R1, R3, and R4	AGG-to-ACC2-V6	100
Process 1 to process 2	IPv4	ACC1-to-ACC2	Route of the Loopback0 interface on R2	ACC1-to-ACC2	1
Process 1 to process 2	IPv6	ACC1-to-ACC2-V6	Route of the Loopback0 interface on R2	ACC1-to-ACC2-V6	1
Process 2 to process 1	IPv4	ACC2-to-ACC1	Route of the Loopback0 interface on R28	ACC2-to-ACC1	2
Process 2 to process 1	IPv6	ACC2-to-ACC1-V6	Route of the Loopback0 interface on R28	ACC2-to-ACC1-V6	2

【解析】

为实现 IS-IS 进程间路由互通，在 R3 和 R4 上部署路由互引，要求互引时采用 IP 地址前缀列表+路由策略的方式来控制只引入 Loopback0 接口路由，过滤其他路由；为防止路由互引产生环路，要求互引时使用 Tag 值，通过 Tag 防环。

1. 配置路由器 R3

```
[R3]ip ip-prefix AGG-to-ACC1 index 10 permit 1.1.1.3 32                 //配置地址前缀列表
[R3]ip ip-prefix AGG-to-ACC1 index 20 permit 1.1.1.4 32
[R3]ip ip-prefix AGG-to-ACC1 index 30 permit 1.1.1.1 32
[R3]ip ip-prefix AGG-to-ACC2 index 10 permit 1.1.1.3 32
[R3]ip ip-prefix AGG-to-ACC2 index 20 permit 1.1.1.4 32
[R3]ip ip-prefix AGG-to-ACC2 index 30 permit 1.1.1.1 32
[R3]ip ip-prefix ACC1-to-AGG index 10 permit 1.1.1.2 32
[R3]ip ip-prefix ACC2-to-AGG index 10 permit 1.1.1.28 32
[R3]ip ip-prefix ACC1-to-ACC2 index 10 permit 1.1.1.2 32
[R3]ip ip-prefix ACC2-to-ACC1 index 10 permit 1.1.1.28 32
[R3]route-policy AGG-to-ACC1 deny node 10                                //创建路由策略
[R3-route-policy]if-match tag 1 //设置一个基于路由标记（Tag）字段的匹配规则
[R3]route-policy AGG-to-ACC1 permit node 20
[R3-route-policy]if-match ip-prefix AGG-to-ACC1  //设置一个基于 IP 地址前缀列表的匹配规则
[R3]route-policy AGG-to-ACC2 deny node 10
[R3-route-policy]if-match tag 2
[R3]route-policy AGG-to-ACC2 permit node 20
[R3-route-policy]if-match ip-prefix AGG-to-ACC2
[R3]route-policy ACC1-to-AGG deny node 10
[R3-route-policy]if-match tag 100
[R3]route-policy ACC1-to-AGG permit node 20
[R3-route-policy]if-match ip-prefix ACC1-to-AGG
[R3]route-policy ACC2-to-AGG deny node 10
[R3-route-policy]if-match tag 100
[R3]route-policy ACC2-to-AGG permit node 20
[R3-route-policy]if-match ip-prefix ACC2-to-AGG
[R3]route-policy ACC1-to-ACC2 deny node 10
[R3-route-policy]if-match tag 2
[R3]route-policy ACC1-to-ACC2 permit node 20
[R3-route-policy]if-match ip-prefix ACC1-to-ACC2
[R3]route-policy ACC2-to-ACC1 deny node 10
[R3-route-policy]if-match tag 1
[R3]route-policy ACC2-to-ACC1 permit node 20
[R3-route-policy]if-match ip-prefix ACC2-to-ACC1
[R3]ip ipv6-prefix AGG-to-ACC1-V6 index 10 permit 2001::3 128         //配置 IPv6 地址前缀列表
[R3]ip ipv6-prefix AGG-to-ACC1-V6 index 20 permit 2001::4 128
[R3]ip ipv6-prefix AGG-to-ACC1-V6 index 30 permit 2001::1 128
[R3]ip ipv6-prefix AGG-to-ACC2-V6 index 10 permit 2001::3 128
[R3]ip ipv6-prefix AGG-to-ACC2-V6 index 20 permit 2001::4 128
[R3]ip ipv6-prefix AGG-to-ACC2-V6 index 30 permit 2001::1 128
[R3]ip ipv6-prefix ACC1-to-AGG-V6 index 10 permit 2001::2 128
[R3]ip ipv6-prefix ACC2-to-AGG-V6 index 10 permit 2001::28 128
[R3]ip ipv6-prefix ACC1-to-ACC2-V6 index 10 permit 2001::2 128
[R3]ip ipv6-prefix ACC2-to-ACC1-V6 index 10 permit 2001::28 128
[R3]route-policy AGG-to-ACC1-V6 deny node 10
[R3-route-policy]if-match tag 1
[R3]route-policy AGG-to-ACC1-V6 permit node 20
[R3-route-policy]if-match ipv6 address prefix-list AGG-to-ACC1-V6
//创建一个基于 IPv6 路由信息的匹配规则，用于匹配 IPv6 路由信息的目的地址
[R3]route-policy AGG-to-ACC2-V6 deny node 10
[R3-route-policy]if-match tag 2
[R3]route-policy AGG-to-ACC2-V6 permit node 20
[R3-route-policy]if-match ipv6 address prefix-list AGG-to-ACC2-V6
[R3]route-policy ACC1-to-AGG-V6 deny node 10
[R3-route-policy]if-match tag 100
[R3]route-policy ACC1-to-AGG-V6 permit node 20
[R3-route-policy]if-match ipv6 address prefix-list ACC1-to-AGG-V6
[R3]route-policy ACC2-to-AGG-V6 deny node 10
[R3-route-policy]if-match tag 100
```

```
[R3]route-policy ACC2-to-AGG-V6 permit node 20
[R3-route-policy]if-match ipv6 address prefix-list ACC2-to-AGG-V6
[R3]route-policy ACC1-to-ACC2-V6 deny node 10
[R3-route-policy]if-match tag 2
[R3]route-policy ACC1-to-ACC2-V6 permit node 20
[R3-route-policy]if-match ipv6 address prefix-list ACC1-to-ACC2-V6
[R3]route-policy ACC2-to-ACC1-V6 deny node 10
[R3-route-policy]if-match tag 1
[R3]route-policy ACC2-to-ACC1-V6 permit node 20
[R3-route-policy]if-match ipv6 address prefix-list ACC2-to-ACC1-V6
[R3]isis 1
[R3-isis-1]import-route isis 100 cost 10000 tag 100 route-policy AGG-to-ACC1
[R3-isis-1]import-route isis 2 cost 10000 tag 2 route-policy ACC2-to-ACC1
[R3-isis-1]ipv6 import-route isis 100 cost 10000 tag 100 route-policy AGG-to-ACC1-V6
[R3-isis-1]ipv6 import-route isis 2 cost 10000 tag 1 route-policy ACC2-to-ACC1-V6
[R3]isis 2
[R3-isis-2]import-route isis 100 cost 10000 tag 100 route-policy AGG-to-ACC2
[R3-isis-2]ipv6 import-route isis 1 cost 10000 tag 1 route-policy ACC1-to-ACC2-V6
[R3-isis-2]ipv6 import-route isis 100 cost 10000 tag 100 route-policy AGG-to-ACC2-V6
[R3]isis 100
[R3-isis-100]import-route isis 1 cost 10000 tag 1 route-policy ACC1-to-AGG
[R3-isis-100]import-route isis 2 cost 10000 tag 2 route-policy ACC2-to-AGG
[R3-isis-100]ipv6 import-route isis 1 cost 10000 tag 1 route-policy ACC1-to-AGG-V6
[R3-isis-100]ipv6 import-route isis 2 cost 10000 tag 2 route-policy ACC2-to-AGG-V6
```

2. 配置路由器 R4

```
[R4]ip ip-prefix AGG-to-ACC1 index 10 permit 1.1.1.3 32
[R4]ip ip-prefix AGG-to-ACC1 index 20 permit 1.1.1.4 32
[R4]ip ip-prefix AGG-to-ACC1 index 30 permit 1.1.1.1 32
[R4]ip ip-prefix AGG-to-ACC2 index 10 permit 1.1.1.3 32
[R4]ip ip-prefix AGG-to-ACC2 index 20 permit 1.1.1.4 32
[R4]ip ip-prefix AGG-to-ACC2 index 30 permit 1.1.1.1 32
[R4]ip ip-prefix ACC1-to-AGG index 10 permit 1.1.1.2 32
[R4]ip ip-prefix ACC2-to-AGG index 10 permit 1.1.1.28 32
[R4]ip ip-prefix ACC1-to-ACC2 index 10 permit 1.1.1.2 32
[R4]ip ip-prefix ACC2-to-ACC1 index 10 permit 1.1.1.28 32
[R4]route-policy AGG-to-ACC1 deny node 10
[R4-route-policy]if-match tag 1
[R4]route-policy AGG-to-ACC1 permit node 20
[R4-route-policy]if-match ip-prefix AGG-to-ACC1
[R4]route-policy AGG-to-ACC2 deny node 10
[R4-route-policy]if-match tag 2
[R4]route-policy AGG-to-ACC2 permit node 20
[R4-route-policy]if-match ip-prefix AGG-to-ACC2
[R4]route-policy ACC1-to-AGG deny node 10
[R4-route-policy]if-match tag 100
[R4]route-policy ACC1-to-AGG permit node 20
[R4-route-policy]if-match ip-prefix ACC1-to-AGG
[R4]route-policy ACC2-to-AGG deny node 10
[R4-route-policy]if-match tag 100
[R4]route-policy ACC2-to-AGG permit node 20
[R4-route-policy]if-match ip-prefix ACC2-to-AGG
[R4]route-policy ACC1-to-ACC2 deny node 10
[R4-route-policy]if-match tag 2
[R4]route-policy ACC1-to-ACC2 permit node 20
[R4-route-policy]if-match ip-prefix ACC1-to-ACC2
[R4]route-policy ACC2-to-ACC1 deny node 10
[R4-route-policy]if-match tag 1
[R4]route-policy ACC2-to-ACC1 permit node 20
[R4-route-policy]if-match ip-prefix ACC2-to-ACC1
[R4]isis 1
```

```
[R4-isis-1]import-route isis 100 cost 10000 tag 100 route-policy AGG-to-ACC1
//引入 IS-IS 的路由信息，指定进程号、引入路由的开销值和管理标签号，以及路由策略名称
[R4-isis-1]import-route isis 2 cost 10000 tag 2 route-policy ACC2-to-ACC1
[R4-isis-1]ipv6 import-route isis 100 cost 10000 tag 100 route-policy AGG-to-ACC1-V6
//在 IS-IS 视图下引入 IS-IS 的 IPv6 路由信息
[R4-isis-1]ipv6 import-route isis 2 cost 10000 tag 1 route-policy ACC2-to-ACC1-V6
[R4]isis 2
[R4-isis-2]import-route isis 100 cost 10000 tag 100 route-policy AGG-to-ACC2
[R4-isis-2]ipv6 import-route isis 1 cost 10000 tag 1 route-policy ACC1-to-ACC2-V6
[R4-isis-2]ipv6 import-route isis 100 cost 10000 tag 100 route-policy AGG-to-ACC2-V6
[R4]isis 100
[R4-isis-100]import-route isis 1 cost 10000 tag 1 route-policy ACC1-to-AGG
[R4-isis-100]import-route isis 2 cost 10000 tag 2 route-policy ACC2-to-AGG
[R4-isis-100]ipv6 import-route isis 1 cost 10000 tag 1 route-policy ACC1-to-AGG-V6
[R4-isis-100]ipv6 import-route isis 2 cost 10000 tag 2 route-policy ACC2-to-AGG-V6
```

3. 验证

（1）使用 **display ip ip-prefix** 命令查看地址前缀列表。

（2）使用 **display route-policy** 命令查看路由策略的详细配置信息。

6. To prevent malicious packets from attacking the network, configure IS-IS authentication for improved network security. Configure MD5 authentication for IS-IS Hello packets, and set the authentication password to Huawei@123.

【解析】

配置路由器 R1、R2、R3、R4、R28 的 IS-IS Hello 报文 MD5 认证。

1. 配置路由器 R1

```
[R1]interface GigabitEthernet0/0/1
[R1-GigabitEthernet0/0/1]isis authentication-mode md5 Huawei@123
//设置 IS-IS 接口以指定的方式和密码认证 Hello 报文，并在发送的 Hello 报文中添加认证信息
[R1]interface GigabitEthernet0/0/2
[R1-GigabitEthernet0/0/2]isis authentication-mode md5 Huawei@123
```

2. 配置路由器 R2

```
[R2]interface GigabitEthernet0/0/1
[R2-GigabitEthernet0/0/1]isis authentication-mode md5 Huawei@123
[R2]interface GigabitEthernet0/0/2
[R2-GigabitEthernet0/0/2]isis authentication-mode md5 Huawei@123
```

3. 配置路由器 R3

```
[R3]interface GigabitEthernet0/0/3.1
[R3-GigabitEthernet0/0/3.1]isis authentication-mode md5 Huawei@123
[R3]interface GigabitEthernet0/0/3.2
[R3-GigabitEthernet0/0/3.2]isis authentication-mode md5 Huawei@123
[R3]interface GigabitEthernet0/0/3.100
[R3-GigabitEthernet0/0/3.100]isis authentication-mode md5 Huawei@123
[R3]interface GigabitEthernet0/0/0
[R3-GigabitEthernet0/0/0]isis authentication-mode md5 Huawei@123
[R3]interface GigabitEthernet0/0/1
[R3-GigabitEthernet0/0/1]isis authentication-mode md5 Huawei@123
[R3]interface Ethernet0/0/1
[R3-Ethernet0/0/1]isis authentication-mode md5 Huawei@123
```

4. 配置路由器 R4

```
[R4]interface GigabitEthernet0/0/3.1
[R4-GigabitEthernet0/0/3.1]isis authentication-mode md5 Huawei@123
[R4]interface GigabitEthernet0/0/3.2
[R4-GigabitEthernet0/0/3.2]isis authentication-mode md5 Huawei@123
[R4]interface GigabitEthernet0/0/3.100
[R4-GigabitEthernet0/0/3.100]isis authentication-mode md5 Huawei@123
[R4]interface GigabitEthernet0/0/0
[R4-GigabitEthernet0/0/0]isis authentication-mode md5 Huawei@123
[R4]interface GigabitEthernet0/0/1
[R4-GigabitEthernet0/0/1]isis authentication-mode md5 Huawei@123
[R4]interface Ethernet0/0/1
[R4-Ethernet0/0/1]isis authentication-mode md5 Huawei@123
```

5. 配置路由器 R28

```
[R28]interface Ethernet 0/0/1
[R28-Ethernet0/0/1]isis authentication-mode md5 Huawei@123
[R28]interface Ethernet 0/0/2
[R28-Ethernet 0/0/2]isis authentication-mode md5 Huawei@123
```

2. BGP Deployment

BGP is used between the carrier MAN and enterprise HQ, between the carrier MAN and DCs, and within the carrier MAN to transmit service routes, including IPv4, IPv6, VPNv4, and VPNv6 routes. Figure 5-4 shows details about BGP AS numbers and peer relationships.

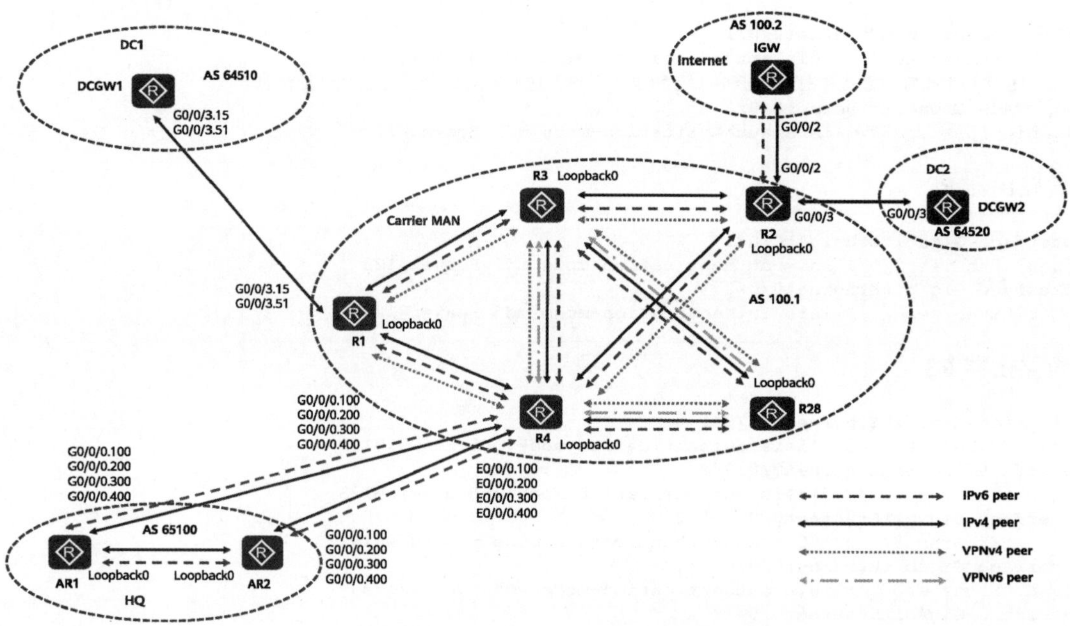

Figure 5-4（图 5-4）　BGP peer relationships

The configuration requirements are as follows.

1. IBGP deployment on the carrier MAN.

(1) Set the AS number of the carrier MAN to 100.1. Use the IP address of the Loopback0 interface on each device as its router ID. Establish IBGP peer relationships on the MAN through the IP addresses of Loopback0 interfaces.

(2) For IPv4 unicast route reflection, configure R3 and R4 as RRs (R3 and R4 functioning as RRs and clients of each other) on the MAN, with R1, R2, and R28 as clients.

(3) For IPv6 unicast route reflection, configure R3 and R4 as RRs (R3 and R4 functioning as RRs and clients of each other) on the MAN, with R1, R2, and R28 as clients.

(4) Configure R3 and R4 to establish VPNv4 peer relationships with R1 and R2. In addition, configure R3 and R4 as RRs to reflect VPNv4 routes between R1 and R2.

(5) Establish VPNv4 and VPNv6 peer relationships between every two devices among R3, R4, and R28.

【解析】

运营商城域网与企业 HQ、运营商城域网与数据中心，以及运营商城域网内部通过部署 BGP 来传递相关业务路由，包括 IPv4 路由、IPv6 路由、VPNv4 路由、VPNv6 路由等。配置运营商城域网路由器 R3、R4、R1、R2 和 R28 建立 IBGP 对等体关系。

1. 配置路由器 R3

```
[R3]bgp 100.1                                              //使能 BGP
[R3-bgp]router-id 1.1.1.3                                  //为设备指定 Router ID
[R3-bgp]peer 1.1.1.1 as-number 100.1                       //创建对等体 1.1.1.1 并为指定对等体配置 AS 号
[R3-bgp]peer 1.1.1.1 connect-interface LoopBack0           //指定发送 BGP 报文的源接口
[R3-bgp]peer 1.1.1.2 as-number 100.1
[R3-bgp]peer 1.1.1.2 connect-interface LoopBack0
[R3-bgp]peer 1.1.1.4 as-number 100.1
[R3-bgp]peer 1.1.1.4 connect-interface LoopBack0
[R3-bgp]peer 1.1.1.28 as-number 100.1
[R3-bgp]peer 1.1.1.28 connect-interface LoopBack0
[R3-bgp]peer 2001::1 as-number 100.1
[R3-bgp]peer 2001::1 connect-interface LoopBack0
[R3-bgp]peer 2001::2 as-number 100.1
[R3-bgp]peer 2001::2 connect-interface LoopBack0
[R3-bgp]peer 2001::4 as-number 100.1
[R3-bgp]peer 2001::4 connect-interface LoopBack0
[R3-bgp]peer 2001::28 as-number 100.1
[R3-bgp]peer 2001::28 connect-interface LoopBack0
[R3-bgp]ipv4-family unicast                                //使能并进入 BGP-IPv4 单播地址族视图
[R3-bgp-af-ipv4]peer 1.1.1.1 enable          //在该地址族视图下使能该路由器与指定对等体之间交换相关的路由信息
[R3-bgp-af-ipv4]peer 1.1.1.1 reflect-client
//配置将本机作为路由反射器，并将对等体作为路由反射器的客户
[R3-bgp-af-ipv4]peer 1.1.1.2 enable
[R3-bgp-af-ipv4]peer 1.1.1.2 reflect-client
[R3-bgp-af-ipv4]peer 1.1.1.4 enable
[R3-bgp-af-ipv4]peer 1.1.1.4 reflect-client
[R3-bgp-af-ipv4]peer 1.1.1.28 enable
[R3-bgp-af-ipv4]peer 1.1.1.28 reflect-client
[R3-bgp]ipv6-family unicast                                //使能并进入 BGP-IPv6 单播地址族视图
[R3-bgp-af-ipv6]peer 2001::1 enable
[R3-bgp-af-ipv6]peer 2001::1 reflect-client
[R3-bgp-af-ipv6]peer 2001::2 enable
[R3-bgp-af-ipv6]peer 2001::2 reflect-client
```

```
[R3-bgp-af-ipv6]peer 2001::4 enable
[R3-bgp-af-ipv6]peer 2001::4 reflect-client
[R3-bgp-af-ipv6]peer 2001::28 enable
[R3-bgp-af-ipv6]peer 2001::28 reflect-client
[R3-bgp]ipv4-family vpnv4                        //使能并进入 BGP-VPNv4 地址族视图
[R3-bgp-af-vpnv4]undo policy vpn-target          //取消对 VPN 路由的 VPN-Target 过滤，即接收所有 VPN 路由
[R3-bgp-af-vpnv4]peer 1.1.1.1 enable
[R3-bgp-af-vpnv4]peer 1.1.1.1 reflect-client
[R3-bgp-af-vpnv4]peer 1.1.1.1 next-hop-local
//设置向 IBGP 对等体（组）通告路由时，把下一跳属性设置为自身的 IP 地址
[R3-bgp-af-vpnv4]peer 1.1.1.2 enable
[R3-bgp-af-vpnv4]peer 1.1.1.2 reflect-client
[R3-bgp-af-vpnv4]peer 1.1.1.2 next-hop-local
[R3-bgp-af-vpnv4]peer 1.1.1.4 enable
[R3-bgp-af-vpnv4]peer 1.1.1.28 enable
[R3-bgp]ipv6-family vpnv6                        //使能并进入 BGP-VPNv6 地址族视图
[R3-bgp-af-vpnv6]policy vpn-target               //对接收到的 VPN 路由使能 VPN-Target 过滤功能
[R3-bgp-af-vpnv6]peer 1.1.1.4 enable
[R3-bgp-af-vpnv6]peer 1.1.1.28 enable
```

2. 配置路由器 R4

```
[R4]bgp 100.1
[R4-bgp]router-id 1.1.1.4
[R4-bgp]peer 1.1.1.1 as-number 100.1
[R4-bgp]peer 1.1.1.1 connect-interface LoopBack0
[R4-bgp]peer 1.1.1.2 as-number 100.1
[R4-bgp]peer 1.1.1.2 connect-interface LoopBack0
[R4-bgp]peer 1.1.1.3 as-number 100.1
[R4-bgp]peer 1.1.1.3 connect-interface LoopBack0
[R4-bgp]peer 1.1.1.28 as-number 100.1
[R4-bgp]peer 1.1.1.28 connect-interface LoopBack0
[R4-bgp]peer 2001::1 as-number 100.1
[R4-bgp]peer 2001::1 connect-interface LoopBack0
[R4-bgp]peer 2001::2 as-number 100.1
[R4-bgp]peer 2001::2 connect-interface LoopBack0
[R4-bgp]peer 2001::3 as-number 100.1
[R4-bgp]peer 2001::3 connect-interface LoopBack0
[R4-bgp]peer 2001::28 as-number 100.1
[R4-bgp]peer 2001::28 connect-interface LoopBack0
[R4-bgp]ipv4-family unicast
[R4-bgp-af-ipv4]peer 1.1.1.1 enable
[R4-bgp-af-ipv4]peer 1.1.1.1 reflect-client
[R4-bgp-af-ipv4]peer 1.1.1.2 enable
[R4-bgp-af-ipv4]peer 1.1.1.2 reflect-client
[R4-bgp-af-ipv4]peer 1.1.1.3 enable
[R4-bgp-af-ipv4]peer 1.1.1.3 reflect-client
[R4-bgp-af-ipv4]peer 1.1.1.28 enable
[R4-bgp-af-ipv4]peer 1.1.1.28 reflect-client
[R4-bgp]ipv6-family unicast
[R4-bgp-af-ipv6]peer 2001::1 enable
[R4-bgp-af-ipv6]peer 2001::1 reflect-client
[R4-bgp-af-ipv6]peer 2001::2 enable
[R4-bgp-af-ipv6]peer 2001::2 reflect-client
[R4-bgp-af-ipv6]peer 2001::3 enable
[R4-bgp-af-ipv6]peer 2001::3 reflect-client
[R4-bgp-af-ipv6]peer 2001::28 enable
[R4-bgp-af-ipv6]peer 2001::28 reflect-client
[R4-bgp]ipv4-family vpnv4
[R4-bgp-af-vpnv4]undo policy vpn-target
[R4-bgp-af-vpnv4]peer 1.1.1.1 enable
[R4-bgp-af-vpnv4]peer 1.1.1.1 reflect-client
```

```
[R4-bgp-af-vpnv4]peer 1.1.1.1 next-hop-local
[R4-bgp-af-vpnv4]peer 1.1.1.2 enable
[R4-bgp-af-vpnv4]peer 1.1.1.2 reflect-client
[R4-bgp-af-vpnv4]peer 1.1.1.2 next-hop-local
[R4-bgp-af-vpnv4]peer 1.1.1.3 enable
[R4-bgp-af-vpnv4]peer 1.1.1.28 enable
[R4-bgp]ipv6-family vpnv6
[R4-bgp-af-vpnv6]policy vpn-target
[R4-bgp-af-vpnv6]peer 1.1.1.3 enable
[R4-bgp-af-vpnv6]peer 1.1.1.28 enable
```

3. 配置路由器 R1

```
[R1]bgp 100.1
[R1-bgp]router-id 1.1.1.1
[R1-bgp]peer 1.1.1.3 as-number 100.1
[R1-bgp]peer 1.1.1.3 connect-interface LoopBack0
[R1-bgp]peer 1.1.1.4 as-number 100.1
[R1-bgp]peer 1.1.1.4 connect-interface LoopBack0
[R1-bgp]peer 100.1.5.1 as-number 64510
[R1-bgp]peer 2001::3 as-number 100.1
[R1-bgp]peer 2001::3 connect-interface LoopBack0
[R1-bgp]peer 2001::4 connect-interface LoopBack0
[R1-bgp]ipv4-family unicast
[R1-bgp-af-ipv4]undo synchronization                    //关闭 BGP 与 IGP 的同步功能
[R1-bgp-af-ipv4]peer 1.1.1.3 enable
[R1-bgp-af-ipv4]peer 1.1.1.3 next-hop-local
[R1-bgp-af-ipv4]peer 1.1.1.4 enable
[R1-bgp-af-ipv4]peer 1.1.1.4 next-hop-local
[R1-bgp-af-ipv4]peer 100.1.5.1 enable
[R1-bgp]ipv6-family unicast
[R1-bgp-af-ipv6]undo synchronization
[R1-bgp-af-ipv6]peer 2001::3 enable
[R1-bgp-af-ipv6]peer 2001::4 enable
[R1-bgp]ipv4-family vpnv4
[R1-bgp-af-vpnv4]policy vpn-target
[R1-bgp-af-vpnv4]peer 1.1.1.3 enable
[R1-bgp-af-vpnv4]peer 1.1.1.4 enable
```

4. 配置路由器 R2

```
[R2]bgp 100.1
[R2-bgp]router-id 1.1.1.2
[R2-bgp]peer 1.1.1.3 as-number 100.1
[R2-bgp]peer 1.1.1.3 connect-interface LoopBack0
[R2-bgp]peer 1.1.1.4 as-number 100.1
[R2-bgp]peer 1.1.1.4 connect-interface LoopBack0
[R2-bgp]peer 2001::3 as-number 100.1
[R2-bgp]peer 2001::3 connect-interface LoopBack0
[R2-bgp]peer 2001::4 as-number 100.1
[R2-bgp]peer 2001::4 connect-interface LoopBack0
[R2-bgp]peer 2001:2:100::1 as-number 100.2
[R2-bgp]ipv4-family unicast
[R2-bgp-af-ipv4]undo synchronization
[R2-bgp-af-ipv4]peer 1.1.1.3 enable
[R2-bgp-af-ipv4]peer 1.1.1.3 next-hop-local
[R2-bgp-af-ipv4]peer 1.1.1.4 enable
[R2-bgp-af-ipv4]peer 1.1.1.4 next-hop-local
[R2-bgp]ipv6-family unicast
[R2-bgp-af-ipv6]undo synchronization
[R2-bgp-af-ipv6]peer 2001::3 enable
```

```
[R2-bgp-af-ipv6]peer 2001::3 next-hop-local
[R2-bgp-af-ipv6]peer 2001::4 enable
[R2-bgp-af-ipv6]peer 2001::4 next-hop-local
[R2-bgp-af-ipv6]peer 2001:2:100::1 enable
[R2-bgp]ipv4-family vpnv4
[R2-bgp-af-vpnv4]policy vpn-target
[R2-bgp-af-vpnv4]peer 1.1.1.3 enable
[R2-bgp-af-vpnv4]peer 1.1.1.4 enable
```

5. 配置路由器 R28

```
[R28]bgp 100.1
[R28-bgp]router-id 1.1.1.28
[R28-bgp]peer 1.1.1.3 as-number 100.1
[R28-bgp]peer 1.1.1.3 connect-interface LoopBack0
[R28-bgp]peer 1.1.1.4 as-number 100.1
[R28-bgp]peer 1.1.1.4 connect-interface LoopBack0
[R28-bgp]peer 2001::3 as-number 100.1
[R28-bgp]peer 2001::3 connect-interface LoopBack0
[R28-bgp]peer 2001::4 as-number 100.1
[R28-bgp]peer 2001::4 connect-interface LoopBack0
[R28-bgp]ipv4-family unicast
[R28-bgp-af-ipv4]peer 1.1.1.3 enable
[R28-bgp-af-ipv4]peer 1.1.1.4 enable
[R28-bgp]ipv6-family unicast
[R28-bgp-af-ipv6]undo synchronization
[R28-bgp-af-ipv6]peer 2001::3 enable
[R28-bgp-af-ipv6]peer 2001::4 enable
[R28-bgp]ipv4-family vpnv4
[R28-bgp-af-vpnv4]policy vpn-target
[R28-bgp-af-vpnv4]peer 1.1.1.3 enable
[R28-bgp-af-vpnv4]peer 1.1.1.4 enable
[R28-bgp]ipv6-family vpnv6
[R28-bgp-af-vpnv6]policy vpn-target
[R28-bgp-af-vpnv6]peer 1.1.1.3 enable
[R28-bgp-af-vpnv6]peer 1.1.1.4 enable
```

6. 验证

（1）使用 **display bgp peer** 命令查看 BGP 对等体信息。

（2）使用 **display bgp ipv6 peer** 命令查看 BGP IPv6 的对等体信息。

（3）使用 **display bgp vpnv4 all peer** 命令查看所有 VPNv4 的 BGP 对等体信息。

（4）使用 **display bgp vpnv6 all peer** 命令查看所有 VPNv6 的 BGP 对等体信息。

2. EBGP deployment between the carrier MAN and DCs.

（1）Set the AS numbers of DC1 and DC2 to 64510 and 64520, respectively. Use the IP address of the Loopback0 interface on each device as its router ID.

（2）Establish an IPv4 VPN peer relationship and an IPv4 public network peer relationship between R1 and DCGW1 using the IPv4 addresses of two directly connected sub-interfaces (shown in Figure 5-4). For details about VPN configuration requirements, see Task 8.

（3）Establish an IPv4 VPN peer relationship between R2 and DCGW2 using the IPv4 addresses of directly connected physical interfaces (shown in Figure 5-4). For details about VPN configuration requirements, see Task 8.

（4）Enable GTSM on all EBGP peers, and limit the minimum number of hops.

【解析】

运营商城域网与数据中心 EBGP 部署。路由器 DCGW1、R1、DCGW2 和 R2 建立 EBGP 对等体关系。

1. 配置路由器 DCGW1

```
[DCGW1]bgp 64510
[DCGW1-bgp]router-id 1.1.1.5
[DCGW1-bgp]peer 10.1.5.2 as-number 100.1
[DCGW1-bgp]peer 100.1.5.2 as-number 100.1
[DCGW1-bgp]peer 10.1.5.2 enable
[DCGW1-bgp]peer 100.1.5.2 enable
```

2. 配置路由器 R1

```
[R1]bgp 100.1
[R1-bgp]peer 100.1.5.1 as-number 64510
[R1-bgp]ipv4-family vpn-instance DCI                    //使能并进入 BGP-VPN 实例地址族视图
[R1-bgp-DCI]peer 10.1.5.1 as-number 64510
```

3. 配置路由器 DCGW2

```
[DCGW2]bgp 64520
[DCGW2-bgp]router-id 1.1.1.12
[DCGW2-bgp]peer 10.2.12.1 as-number 100.1
[DCGW2-bgp]network 1.1.1.13 255.255.255.255
```

4. 配置路由器 R2

```
[R2]bgp 100.1
[R2-bgp]ipv4-family vpn-instance DCI
[R2-bgp-DCI]peer 10.2.12.2 as-number 64520
```

5. 验证

（1）使用 **display bgp vpnv4 all peer** 命令查看所有 VPNv4 的 BGP 对等体信息。

（2）使用 **display bgp vpnv4 brief** 命令查看 VPNv4 和 VPN 实例（IPv4 地址族）的摘要信息。

3. EBGP deployment between the carrier MAN and the enterprise HQ.

（1）Set the AS number of the enterprise HQ to 65100. Use the IP address of the Loopback0 interface on each device as its router ID.

（2）Establish an IPv4 public network peer relationship and an IPv6 public network peer relationship between R4 and AR1 using the IPv4 addresses of their directly connected interfaces (G0/0/0.300) and the IPv6 addresses of their directly connected interfaces (G0/0/0.400), respectively.

（3）Establish an IPv4 public network peer relationship and an IPv6 public network peer relationship between R4 and AR2 using the IPv4 addresses of their directly connected interfaces (E0/0/0.300 and G0/0/0.300) and the IPv6 addresses of their directly connected interfaces (E0/0/0.400 and G0/0/0.400), respectively.

（4）Establish an IPv4 VPN peer relationship and an IPv6 VPN peer relationship between R4 and AR1 through their directly connected interfaces G0/0/0.100 and G0/0/0.200, respectively. For details about VPN configuration requirements, see Task 9.

（5）Establish an IPv4 VPN peer relationship and an IPv6 VPN peer relationship between R4 and AR2 through their directly connected interfaces (E0/0/0.100 and G0/0/0.100) and (E0/0/0.200 and G0/0/0.200), respectively. For details about VPN configuration requirements, see Task 9.

（6）Establish IPv4 and IPv6 peer relationships between AR1 and AR2 through their Loopback0 interfaces to provide a best-effort path so that traffic can be transmitted over the link between the ARs if the uplink fails.

【解析】

运营商城域网与企业总部 EBGP 部署。路由器 R4、AR1 和 AR2 建立 EBGP 对等体关系。

1. 配置路由器 R4

```
[R4]bgp 100.1
[R4-bgp]peer 100.4.14.1 as-number 65100
[R4-bgp]peer 100.4.15.1 as-number 65100
[R4-bgp]peer 2002:4:14::1 as-number 65100
[R4-bgp]peer 2002:4:15::1 as-number 65100
[R4-bgp]ipv6-family unicast
[R4-bgp-af-ipv6]peer 2002:4:14::1 enable
[R4-bgp-af-ipv6]peer 2002:4:15::1 enable
[R4-bgp]ipv4-family vpn-instance CompanyA_IN
[R4-bgp-CompanyA_IN]peer 10.4.14.1 as-number 65100
[R4-bgp-CompanyA_IN]peer 10.4.15.1 as-number 65100
[R4-bgp]ipv4-family vpn-instance CompanyA_OUT
[R4-bgp-CompanyA_OUT]peer 10.4.14.5 as-number 65100
[R4-bgp-CompanyA_OUT]peer 10.4.14.5 allow-as-loop     //配置本地 AS 号的重复次数
[R4-bgp-CompanyA_OUT]peer 10.4.15.5 as-number 65100
[R4-bgp-CompanyA_OUT]peer 10.4.15.5 allow-as-loop
[R4-bgp]ipv6-family vpn-instance CompanyA_IN
[R4-bgp6-CompanyA_IN]peer 2001:4:14::1 as-number 65100
[R4-bgp6-CompanyA_IN]peer 2001:4:15::1 as-number 65100
[R4-bgp]ipv6-family vpn-instance CompanyA_OUT
[R4-bgp6-CompanyA_OUT]peer 2001:4:14::5 as-number 65100
[R4-bgp6-CompanyA_OUT]peer 2001:4:14::5 allow-as-loop
[R4-bgp6-CompanyA_OUT]peer 2001:4:15::5 as-number 65100
[R4-bgp6-CompanyA_OUT]peer 2001:4:15::5 allow-as-loop
```

2. 配置路由器 AR1

```
[AR1]bgp 65100
[AR1-bgp]router-id 1.1.1.14
[AR1-bgp]peer 1.1.1.15 as-number 65100
[AR1-bgp]peer 1.1.1.15 connect-interface LoopBack0
[AR1-bgp]peer 10.4.14.2 as-number 100.1
[AR1-bgp]peer 10.4.14.6 as-number 100.1
[AR1-bgp]peer 100.4.14.2 as-number 100.1
[AR1-bgp]peer 2001::15 as-number 65100
[AR1-bgp]peer 2001::15 connect-interface LoopBack0
[AR1-bgp]peer 2001:4:14::2 as-number 100.1
[AR1-bgp]peer 2001:4:14::6 as-number 100.1
[AR1-bgp]peer 2002:4:14::2 as-number 100.1
[AR1-bgp]ipv4-family unicast
[AR1-bgp-af-ipv4]preference 20 200 200 //配置外部、内部、本地路由的协议优先级
```

```
[AR1-bgp-af-ipv4]peer 1.1.1.15 enable
[AR1-bgp-af-ipv4]peer 1.1.1.15 next-hop-local
[AR1-bgp-af-ipv4]peer 10.4.14.2 enable
[AR1-bgp-af-ipv4]peer 10.4.14.6 enable
[AR1-bgp-af-ipv4]peer 100.4.14.2 enable
[AR1-bgp]ipv6-family unicast
[AR1-bgp-af-ipv6]preference 20 200 200
[AR1-bgp-af-ipv6]peer 2001::15 enable
[AR1-bgp-af-ipv6]peer 2001::15 next-hop-local
[AR1-bgp-af-ipv6]peer 2001:4:14::2 enable
[AR1-bgp-af-ipv6]peer 2001:4:14::6 enable
[AR1-bgp-af-ipv6]peer 2002:4:14::2 enable
```

3. 配置路由器 AR2

```
[AR2]bgp 65100
[AR2-bgp]router-id 1.1.1.15
[AR2-bgp]peer 1.1.1.14 as-number 65100
[AR2-bgp]peer 1.1.1.14 connect-interface LoopBack0
[AR2-bgp]peer 10.4.15.2 as-number 100.1
[AR2-bgp]peer 10.4.15.6 as-number 100.1
[AR2-bgp]peer 100.4.15.2 as-number 100.1
[AR2-bgp]peer 2001::14 as-number 65100
[AR2-bgp]peer 2001::14 connect-interface LoopBack0
[AR2-bgp]peer 2001:4:15::2 as-number 100.1
[AR2-bgp]peer 2001:4:15::6 as-number 100.1
[AR2-bgp]peer 2002:4:15::2 as-number 100.1
[AR2-bgp]ipv4-family unicast
[AR2-bgp-af-ipv4]preference 20 200 200
[AR2-bgp-af-ipv4]peer 1.1.1.14 enable
[AR2-bgp-af-ipv4]peer 1.1.1.14 next-hop-local
[AR2-bgp-af-ipv4]peer 10.4.15.2 enable
[AR2-bgp-af-ipv4]peer 10.4.15.6 enable
[AR2-bgp-af-ipv4]peer 100.4.15.2 enable
[AR2-bgp]ipv6-family unicast
[AR2-bgp-af-ipv6]preference 20 200 200
[AR2-bgp-af-ipv6]peer 2001::14 enable
[AR2-bgp-af-ipv6]peer 2001::14 next-hop-local
[AR2-bgp-af-ipv6]peer 2001:4:15::2 enable
[AR2-bgp-af-ipv6]peer 2001:4:15::6 enable
[AR2-bgp-af-ipv6]peer 2002:4:15::2 enable
```

4. 验证

（1）使用 **display bgp peer** 命令查看所有 IPv4 的 BGP 对等体信息。

（2）使用 **display bgp ipv6 peer** 命令查看所有 IPv6 的 BGP 对等体信息。

（3）使用 **display bgp vpnv4 all peer** 命令查看所有 VPNv4 的 BGP 对等体信息。

（4）使用 **display bgp vpnv6 all peer** 命令查看所有 VPNv6 的 BGP 对等体信息。

4. EBGP deployment between the carrier MAN and IGW.

（1）Set the AS number of the IGW to 100.2. Use the IP address of its Loopback0 interface as the router ID.

（2）Establish public network IPv4 and IPv6 peer relationships between R2 and the IGW through their directly connected interfaces (G0/0/2) according to Table 5-5.

Table 5-5（表 5-5）　BGP peer relationship planning for the carrier MAN

Local Device	Local Interface	Remote Device	Remote Interface	Peer Relationship Type
R3	Loopback0	R1	Loopback0	IPv4/IPv6/VPNv4
R3	Loopback0	R2	Loopback0	IPv4/IPv6/VPNv4
R3	Loopback0	R4	Loopback0	IPv4/IPv6/VPNv4/VPNv6
R3	Loopback0	R28	Loopback0	IPv4/IPv6/VPNv4/VPNv6
R4	Loopback0	R1	Loopback0	IPv4/IPv6/VPNv4
R4	Loopback0	R2	Loopback0	IPv4/IPv6/VPNv4
R4	Loopback0	R3	Loopback0	IPv4/IPv6/VPNv4/VPNv6
R4	Loopback0	R28	Loopback0	IPv4/IPv6/VPNv4/VPNv6
R1	G0/0/3.15 (VPN: DCI)	DCGW1	G0/0/3.15	IPv4
R1	G0/0/3.51	DCGW1	G0/0/3.51	IPv4
R4	G0/0/0.100 (VPN: CompanyA_IN)	AR1	G0/0/0.100	IPv4/IPv6
R4	G0/0/0.200 (VPN: CompanyA_OUT)	AR1	G0/0/0.200	IPv4/IPv6
R4	G0/0/0.300	AR1	G0/0/0.300	IPv4
R4	G0/0/0.400	AR1	G0/0/0.400	IPv6
R4	E0/0/0.100 (VPN: CompanyA_IN)	AR2	G0/0/0.100	IPv4/IPv6
R4	E0/0/0.200 (VPN: CompanyA_OUT)	AR2	G0/0/0.200	IPv4/IPv6
R4	E0/0/0.300	AR2	G0/0/0.300	IPv4
R4	E0/0/0.400	AR2	G0/0/0.400	IPv6
AR1	Loopback0	AR2	Loopback0	IPv4/IPv6
R2	G0/0/2	IGW	G0/0/2	IPv4/IPv6
R2	G0/0/3 (VPN: DCI)	DCGW2	G0/0/3	IPv4

Note: G0/0/0.100 (VPN: CompanyA_IN) indicates that G0/0/0.100 is bound to the VPN instance CompanyA_IN. The rest may be deduced by analogy.

【解析】

运营商城域网与互联网 IGW EBGP 部署。配置路由器 IGW 和 R2 的互联 EBGP 对等体关系。

1. 配置路由器 IGW

```
[IGW]bgp 100.2
[IGW-bgp]router-id 1.1.1.100
[IGW-bgp]peer 100.2.100.2 as-number 100.1
[IGW-bgp]peer 2001:2:100::2 as-number 100.1
[IGW-bgp]ipv6-family unicast
[IGW-bgp-af-ipv6]peer 2001:2:100::2 enable
```

2. 配置路由器 R2

```
[R2]bgp 100.1
[R2-bgp]peer 100.2.100.1 as-number 100.2
[R2-bgp]peer 2001:2:100::1 as-number 100.2
[R2-bgp]ipv6-family unicast
[R2-bgp-af-ipv6]peer 2001:2:100::1 enable
```

3. 验证

（1）使用 **display bgp peer** 命令查看所有 IPv4 的 BGP 对等体信息。

（2）使用 **display bgp ipv6 peer** 命令查看所有 IPv6 的 BGP 对等体信息。

5.4.3 Task 3: IGW Network Deployment

As the Internet egress router, the IGW advertises Internet routes to the carrier MAN, and the carrier MAN advertises the city's public network routes to the IGW. In this way, users in the city can access the Internet, as shown in Figure 5-5.

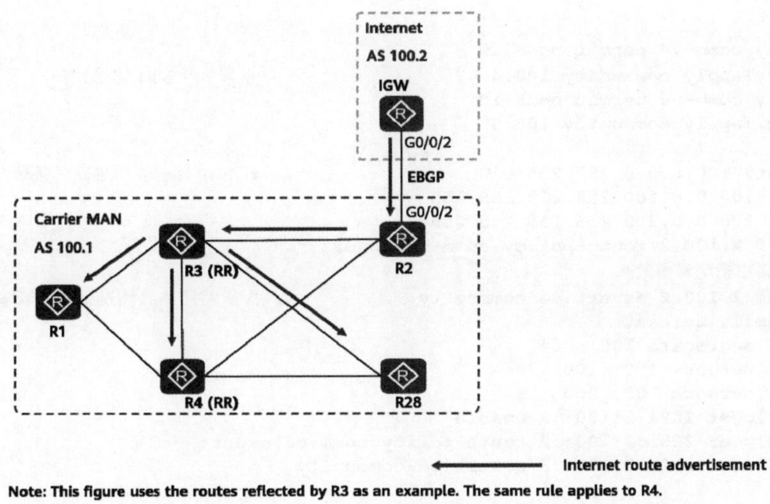

Figure 5-5（图 5-5） Advertisement of the IGW's Internet routes

1. Create Loopback100 and Loopback200 interfaces on the IGW to simulate the Internet. The IPv4 and IPv6 addresses of the two interfaces are as follows.

```
Loopback 100: 100.0.0.100/32 100::100/128
Loopback 200: 100.0.0.200/32 100::200/128
```

【解析】

IGW 作为互联网出口路由器，向运营商城域网发布互联网路由，同时运营商城域网也向其发布本地市的公网路由，从而实现该地市用户对外部 Internet 的访问。在路由器 IGW 上配置模拟互联网的网段。在 IGW 上创建 Loopback100 和 Loopback200 用于模拟互联网。

配置路由器 IGW

```
[IGW]interface LoopBack100
[IGW-LoopBack100]ipv6 enable
[IGW-LoopBack100]ip address 100.0.0.100 255.255.255.255
[IGW-LoopBack100]ipv6 address 100::100/128
[IGW]interface LoopBack200
[IGW-LoopBack200]ipv6 enable
[IGW-LoopBack200]ip address 100.0.0.200 255.255.255.255
[IGW-LoopBack200]ipv6 address 100::200/128
```

2. Configure the IGW to advertise the preceding Internet routes to its EBGP peer R2, ensure that the origin attribute of the routes is IGP. Configure the IGW to summarize detailed IPv4 routes to a summary route with the mask length being 16, summarize detailed IPv6 routes to a summary route with the mask length being 64, and send both detailed routes and summary routes to R2. In addition, configure the IGW to add community attribute 100:4 to IPv4 routes and add community attribute 100:6 to IPv6 routes when it transmits the routes to R2.

【解析】

在路由器 IGW 上发布互联网网段聚合路由，并配置团体属性。

1. 配置路由器 IGW

```
[IGW]route-policy comm-v4 permit node 10
[IGW-route-policy]apply community 100:4                    //设置 BGP 的团体属性
[IGW]route-policy comm-v6 permit node 10
[IGW-route-policy]apply community 100:6
[IGW]bgp 100.2
[IGW-bgp]aggregate 100.0.0.0 255.255.0.0                   //在 BGP 路由表中创建一条聚合路由
[IGW-bgp]network 100.0.0.100 255.255.255.255
[IGW-bgp]network 100.0.0.200 255.255.255.255
[IGW-bgp]peer 100.2.100.2 route-policy comm-v4 export
//为向对等体发布的路由指定路由策略
[IGW-bgp]peer 100.2.100.2 advertise-community              //配置将团体属性发布给对等体
[IGW-bgp]ipv6-family unicast
[IGW-bgp-af-ipv6]aggregate 100:: 64
[IGW-bgp-af-ipv6]network 100::100 128
[IGW-bgp-af-ipv6]network 100::200 128
[IGW-bgp-af-ipv6]peer 2001:2:100::2 enable
[IGW-bgp-af-ipv6]peer 2001:2:100::2 route-policy comm-v6 export
[IGW-bgp-af-ipv6]peer 2001:2:100::2 advertise-community
```

2. 验证

（1）使用 **display ip ip-prefix** 命令查看地址前缀列表。

（2）使用 **display route-policy** 命令查看路由策略的详细配置信息。

（3）使用 **display bgp routing-table** 命令查看 BGP 的路由信息。

（4）使用 **display bgp network** 命令查看 BGP 通过 network 命令引入的路由信息。

3. After receiving routes with community attributes from the IGW, R2 accepts only those with the community attribute 100:4 or 100:6 by using community filter. In addition, R2 adds a community attribute 100:5 to the received IPv4 summary route and adds a community attribute 100:7 to the received IPv6 summary route, R2 directly accept IPv4 and IPv6 detailed routes without adding any new community attribute.

【解析】

1. 在路由器 R2 上使用团体属性过滤路由

```
[R2]ip ip-prefix from-igw-v4-juhe index 10 permit 100.0.0.0 16
[R2]ip community-filter basic v4 permit 100:4          //增加一个基本团体属性过滤器
[R2]ip community-filter basic v6 permit 100:6
[R2]route-policy from-igw-v4 permit node 10
[R2-route-policy]if-match ip-prefix from-igw-v4-juhe
[R2-route-policy]if-match community-filter v4          //设置一个基于团体属性过滤器的匹配规则
[R2-route-policy]apply community 100:5 additive        //追加路由的 BGP 的团体属性
[R2]route-policy from-igw-v4 permit node 20
[R2-route-policy]if-match community-filter v4
[R2]route-policy from-igw-v6 permit node 10
[R2-route-policy]if-match ipv6 address prefix-list from-igw-v6-juhe
[R2-route-policy]if-match community-filter v6
[R2-route-policy]apply community 100:7 additive
[R2]route-policy from-igw-v6 permit node 20
[R2-route-policy]if-match community-filter v6
[R2]ip ipv6-prefix from-igw-v6-juhe index 10 permit 100:: 64
[R2]bgp 100.1
[R2-bgp]peer 1.1.1.3 advertise-community
[R2-bgp]peer 1.1.1.4 advertise-community
[R2-bgp]peer 100.2.100.1 route-policy from-igw-v4 import
[R2-bgp]ipv6-family unicast
[R2-bgp-af-ipv6]peer 2001::3 advertise-community
[R2-bgp-af-ipv6]peer 2001::4 advertise-community
[R2-bgp-af-ipv6]peer 2001:2:100::1 route-policy from-igw-v6 import
```

2. 验证

（1）使用 **display bgp routing-table** 命令查看 BGP 的路由信息。

（2）使用 **display bgp routing-table community** 命令查看 BGP 路由表中指定 BGP 团体的路由信息。

（3）使用 **display bgp network** 命令查看 BGP 通过 network 命令引入的路由信息。

（4）使用 **display ip ip-prefix** 命令查看地址前缀列表。

（5）使用 **display route-policy** 命令查看路由策略的详细配置信息。

4. Configure R3 and R4 to filter the routes received from R2 based on community attributes. Specifically, R3 and R4 accept the summary routes only and filter out detailed routes.

【解析】

R2 在收到路由后，将路由继续传递给邻居 R3 和 R4，R3 和 R4 基于团体属性进行路由过滤，要求只接收聚合路由，过滤明细路由。在路由器 R3 和 R4 上使用团体属性过滤明细路由。

1. 配置路由器 R3

```
[R3]ip community-filter basic v4 permit 100:4 100:5
[R3]ip community-filter basic v6 permit 100:6 100:7
[R3]route-policy from-r2-juhe-v4 permit node 10
[R3-route-policy]if-match community-filter v4
[R3]route-policy from-r2-juhe-v6 permit node 10
[R3-route-policy]if-match community-filter v6
[R3]bgp 100.1
[R3-bgp]peer 1.1.1.2 route-policy from-r2-juhe-v4 import
[R3-bgp]ipv6-family unicast
[R3-bgp-af-ipv6]peer 2001::2 route-policy from-r2-juhe-v6 import
```

2. 配置路由器 R4

```
[R4]ip community-filter basic v4 permit 100:4 100:5
[R4]ip community-filter basic v6 permit 100:6 100:7
[R4]route-policy from-r2-juhe-v4 permit node 10
[R4-route-policy]if-match community-filter v4
[R4]route-policy from-r2-juhe-v6 permit node 10
[R4-route-policy]if-match community-filter v6
[R4]bgp 100.1
[R4-bgp]peer 1.1.1.2 route-policy from-r2-juhe-v4 import
[R4-bgp]ipv6-family unicast
[R4-bgp-af-ipv6]peer 2001::2 route-policy from-r2-juhe-v6 import
```

3. 验证

（1）使用 **display bgp routing-table** 命令查看 BGP 的路由信息。

（2）使用 **display ip community-filter** 命令查看团体属性过滤器的配置信息。

5.4.4 Task 4: Network Deployment for the Enterprise HQ

1. Wired Network Deployment

On the enterprise HQ network shown in Figure 5-6, ASW1 and ASW2 are access switches providing Layer 2 access. CSW1 and CSW2 are core switches and function as gateways for wired and wireless terminals. AR1 and AR2 are egress routers of the HQ. CSW1, CSW2, AR1, and AR2 run OSPFv2 and OSPFv3 to exchange subnet routes of wired and wireless networks with each other. According to the networking plan of the HQ, CSW2 and CSW1 act as the active and standby gateways for wired services, respectively; CSW1 and CSW2 act as the active and standby gateways for wireless services, respectively.

1. PC1 at the HQ is an IPv4 single-stack PC, and PC4 is an IPv6 single-stack PC. Table 5-6 lists the IP addresses (preconfigured) of PC1 and PC4, as well as their gateway addresses.

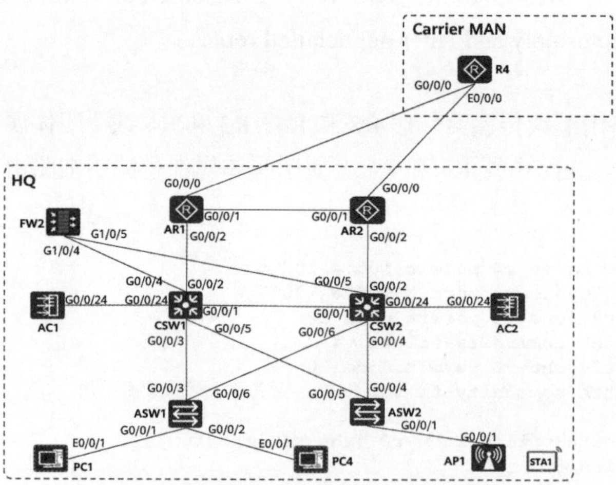

Figure 5-6（图 5-6）　Enterprise HQ network

Table 5-6（表 5-6） IP address plan for PCs at the enterprise HQ

Terminal	NIC IPv4 Address	NIC IPv6 Address	Gateway	Gateway IP Address
PC1	192.168.10.1/24	N/A	CSW1 and CSW2 (VLANIF10, running VRRP)	192.168.10.254/24
PC4	N/A	192:168:40::1/64	CSW2 (VLANIF40)	192:168:40::254/64

CSW2 and CSW1 function as the active and standby gateways for wired services in the HQ. There are two wired service VLANs: VLAN 10 and VLAN 40. VLAN 10 is the service VLAN of the IPv4 wired network. Create VLANIF 10 on both CSW1 and CSW2 as the gateway. Deploy VRRP on CSW1 and CSW2, with the VRID set to 1 and the virtual router IP address set to 192.168.10.254. Configure CSW2 as the VRRP master and CSW1 as the VRRP backup. VLAN 40 is the service VLAN of the IPv6 wired network. For IPv6 wired services, configure VLANIF 40 on CSW2 as the only gateway, with the IP address of 192:168:40::254/64.

【解析】

企业总部的 ASW1 和 ASW2 为接入交换机，负责二层接入。CSW1 和 CSW2 为核心交换机，作为有线终端和无线终端的网关。CSW1、CSW2 与总部出口路由器 AR1、AR2 运行 OSPFv2 和 OSPFv3 交换有线网络和无线网络网段路由。总部规划有线业务的主用网关为 CSW2，备用网关为 CSW1；无线业务的主用网关为 CSW1，备用网关为 CSW2。在交换机 CSW1 和 CSW2 上配置 VRRP 备份组。

1. 配置交换机 CSW1

```
[CSW1]interface Vlanif10                                    //创建一个 VLANIF 接口
[CSW1-Vlanif10]vrrp vrid 1 virtual-ip 192.168.10.254
//配置 VRRP 备份组，指定 VRRP 备份组的虚拟 IP 地址
[CSW1-Vlanif10]admin-vrrp vrid 1                            //指定管理 VRRP 备份组
[CSW1]interface Vlanif110
[CSW1-Vlanif110]vrrp vrid 1 virtual-ip 192.168.110.254
[CSW1-Vlanif110]admin-vrrp vrid 1
[CSW1-Vlanif110]vrrp vrid 1 priority 120                    //设置设备在 VRRP 备份组中的优先级
[CSW1-Vlanif110]vrrp vrid 1 preempt-mode timer delay 180
//设置 VRRP 备份组中设备的抢占延迟时间为 180s
[CSW1]interface Vlanif120
[CSW1-Vlanif120]vrrp vrid 1 virtual-ip 192.168.120.254
[CSW1-Vlanif120]admin-vrrp vrid 1
[CSW1-Vlanif120]vrrp vrid 1 priority 120
[CSW1-Vlanif120]vrrp vrid 1 preempt-mode timer delay 180
[CSW1]interface Vlanif130
[CSW1-Vlanif130]vrrp vrid 1 virtual-ip 192.168.130.254
[CSW1-Vlanif130]admin-vrrp vrid 1
[CSW1-Vlanif130]vrrp vrid 1 priority 120
[CSW1-Vlanif130]vrrp vrid 1 preempt-mode timer delay 180
[CSW1]interface Vlanif140
[CSW1-Vlanif140]vrrp vrid 1 virtual-ip 192.168.140.254
[CSW1-Vlanif140]admin-vrrp vrid 1
[CSW1-Vlanif140]vrrp vrid 1 priority 120
[CSW1-Vlanif140]vrrp vrid 1 preempt-mode timer delay 180
[CSW1]interface Vlanif310
[CSW1-Vlanif310]vrrp vrid 1 virtual-ip 10.100.31.254
[CSW1-Vlanif310]admin-vrrp vrid 1
[CSW1-Vlanif310]vrrp vrid 1 priority 120
[CSW1-Vlanif310]vrrp vrid 1 preempt-mode timer delay 180
```

2. 配置交换机 CSW2

```
[CSW2]interface Vlanif10
[CSW2-Vlanif10]vrrp vrid 1 virtual-ip 192.168.10.254
[CSW2-Vlanif10]admin-vrrp vrid 1
[CSW2-Vlanif10]vrrp vrid 1 priority 120
[CSW2-Vlanif10]vrrp vrid 1 preempt-mode timer delay 180
[CSW2]interface Vlanif110
[CSW2-Vlanif110]vrrp vrid 1 virtual-ip 192.168.110.254
[CSW2-Vlanif110]admin-vrrp vrid 1
[CSW2-Vlanif110]dhcp select global                  //开启接口使用全局地址池的 DHCP Server 功能
[CSW2]interface Vlanif120
[CSW2-Vlanif120]vrrp vrid 1 virtual-ip 192.168.120.254
[CSW2-Vlanif120]admin-vrrp vrid 1
[CSW2]interface Vlanif130
[CSW2-Vlanif130]vrrp vrid 1 virtual-ip 192.168.130.254
[CSW2-Vlanif130]admin-vrrp vrid 1
[CSW2-Vlanif130]dhcp select global
[CSW2]interface Vlanif140
[CSW2-Vlanif140]vrrp vrid 1 virtual-ip 192.168.140.254
[CSW2-Vlanif140]admin-vrrp vrid 1
[CSW2]interface Vlanif310
[CSW2-Vlanif310]vrrp vrid 1 virtual-ip 10.100.31.254
[CSW2-Vlanif310]admin-vrrp vrid 1
```

3. 验证

（1）使用 **display vrrp admin-vrrp** 命令查看当前设备中配置的所有管理 VRRP 备份组。

（2）使用 **display vrrp** 命令查看当前 VRRP 备份组的状态信息和配置参数。

（3）使用 **display vrrp brief** 命令查看当前 VRRP 备份组的状态摘要信息。

2. On ASW1, ASW2, CSW1, and CSW2, deploy MSTP to prevent loops, create MST region, name it as 1. Create MSTI1 and MSTI2, map wireless service VLANs (see wireless network deployment sections for details) to MSTI1, and map wired service VLANs to MSTI2. For MSTI1, configure CSW1 as the root bridge and CSW2 as the backup root bridge. For MSTI2, configure CSW2 as the root bridge and CSW1 as the backup root bridge.

【解析】

部署 MSTP 防止环路，在总部的交换机 ASW1、ASW2、CSW1 和 CSW2 上配置 MSTP 多实例。

1. 配置交换机 ASW1

```
[ASW1]stp region-configuration                          //进入 MST 域视图
[ASW1-mst-region]region-name 1                          //配置交换设备的 MST 域名
[ASW1-mst-region]instance 1 vlan 110 120 130 140 310    //将指定 VLAN 映射到指定的生成树实例上
[ASW1-mst-region]instance 2 vlan 10 40
[ASW1-mst-region]active region-configuration            //激活 MST 域配置
```

2. 配置交换机 ASW2

```
[ASW2]stp region-configuration
[ASW2-mst-region]region-name 1
[ASW2-mst-region]instance 1 vlan 110 120 130 140 310
[ASW2-mst-region]instance 2 vlan 10 40
[ASW2-mst-region]active region-configuration
```

3. 配置交换机 CSW1

```
[CSW1]stp region-configuration
[CSW1-mst-region]region-name 1
[CSW1-mst-region]instance 1 vlan 110 120 130 140 310
[CSW1-mst-region]instance 2 vlan 10 40
[CSW1-mst-region]active region-configuration
[CSW1]stp instance 0 root primary                    //配置当前交换设备为生成树实例 0 的根桥
[CSW1]stp instance 1 root primary
[CSW1]stp instance 2 root secondary
```

4. 配置交换机 CSW2

```
[CSW2]stp region-configuration
[CSW2-mst-region]region-name 1
[CSW2-mst-region]instance 1 vlan 110 120 130 140 310
[CSW2-mst-region]instance 2 vlan 10 40
[CSW2-mst-region]active region-configuration
[CSW2]stp instance 0 root secondary
[CSW2]stp instance 1 root secondary
[CSW2]stp instance 2 root primary
```

5. 验证

（1）使用 **display stp** 命令查看生成树的状态和统计信息。

（2）使用 **display stp brief** 命令查看生成树的状态和统计信息摘要。

（3）使用 **display stp topology-change** 命令查看与拓扑变化相关的统计信息。

（4）使用 **display stp region-configuration** 命令查看交换设备上当前生效的 MST 域配置信息，包括域名、域的修订级别、VLAN 与生成树实例的映射关系以及配置的摘要等。

3. CSW1, CSW2, AR1, and AR2 run OSPFv2 and OSPFv3 to transmit subnet routes of wired and wireless services. Configure OSPF process 1 and area 0, and advertise routes through the network command. AR1 and AR2 use OSPFv2 and OSPFv3 to deliver default routes in non-forcible mode to forward traffic out of the enterprise HQ.

【解析】

在交换机 CSW1 和 CSW2 以及路由器 AR1 和 AR2 上配置 OSPFv2 以及 OSPFV3，用于传递有线网络和无线网段路由。

1. 配置交换机 CSW1

```
[CSW1]ospf 1 router-id 1.1.1.16                      //创建并运行 OSPF 进程
[CSW1-ospf-1]area 0.0.0.0                            //创建 OSPF 区域
[CSW1-ospf-1-area-0.0.0.0]network 10.14.16.0 0.0.0.3 //指定运行 OSPF 的接口和接口所属的区域
[CSW1-ospf-1-area-0.0.0.0]network 10.16.17.0 0.0.0.3
[CSW1-ospf-1-area-0.0.0.0]network 1.1.1.16 0.0.0.0
[CSW1-ospf-1-area-0.0.0.0]network 10.60.60.0 0.0.0.3
[CSW1-ospf-1-area-0.0.0.0]network 10.20.21.0 0.0.0.255
[CSW1-ospf-1-area-0.0.0.0]network 10.100.31.0 0.0.0.255
[CSW1]ospf 2 vpn-instance FN                         //创建并运行 OSPF 进程，指定进程所属的 VPN 实例
[CSW1-ospf-2-area-0.0.0.0]network 10.50.50.0 0.0.0.3
[CSW1-ospf-2-area-0.0.0.0]network 192.168.10.0 0.0.0.255
[CSW1]ospf 3 vpn-instance WLAN
[CSW1-ospf-3-area-0.0.0.0]network 10.70.70.0 0.0.0.3
```

```
[CSW1-ospf-3-area-0.0.0.0]network 192.168.110.0 0.0.0.255
[CSW1-ospf-3-area-0.0.0.0]network 192.168.120.0 0.0.0.255
[CSW1-ospf-3-area-0.0.0.0]network 192.168.130.0 0.0.0.255
[CSW1-ospf-3-area-0.0.0.0]network 192.168.140.0 0.0.0.255
[CSW1]interface Vlanif1416
[CSW1-Vlanif1416]ospfv3 1 area 0.0.0.0          //在接口上使能 OSPFv3 1 的进程，并指定进程所属区域
[CSW1]interface Vlanif1617
[CSW1-Vlanif1617]ospfv3 1 area 0.0.0.0
```

2. 配置交换机 CSW2

```
[CSW2]ospf 1
[CSW2-ospf-1]silent-interface Vlanif2021          //禁止 Vlanif2021 接口接收和发送 OSPF 报文
[CSW2-ospf-1]area 0.0.0.0
[CSW2-ospf-1-area-0.0.0.0]network 10.15.17.2 0.0.0.0
[CSW2-ospf-1-area-0.0.0.0]network 10.90.90.2 0.0.0.0
[CSW2-ospf-1-area-0.0.0.0]network 10.20.21.0 0.0.0.255
[CSW2]ospf 2 vpn-instance FN
[CSW2-ospf-2]silent-interface Vlanif10
[CSW2-ospf-2]area 0.0.0.0
[CSW2-ospf-2-area-0.0.0.0]network 192.168.10.253 0.0.0.0
[CSW2-ospf-2-area-0.0.0.0]network 10.80.80.2 0.0.0.0
[CSW2]ospf 3 vpn-instance WLAN
[CSW2-ospf-3]silent-interface Vlanif110
[CSW2-ospf-3]silent-interface Vlanif120
[CSW2-ospf-3]silent-interface Vlanif130
[CSW2-ospf-3]silent-interface Vlanif140
[CSW2-ospf-3]area 0.0.0.0
[CSW2-ospf-3-area-0.0.0.0]network 10.100.100.2 0.0.0.0
[CSW2-ospf-3-area-0.0.0.0]network 192.168.110.253 0.0.0.0
[CSW2-ospf-3-area-0.0.0.0]network 192.168.120.253 0.0.0.0
[CSW2-ospf-3-area-0.0.0.0]network 192.168.130.253 0.0.0.0
[CSW2-ospf-3-area-0.0.0.0]network 192.168.140.253 0.0.0.0
[CSW2]interface Vlanif1416
[CSW2-Vlanif1416]ospfv3 1 area 0.0.0.0
[CSW2]interface Vlanif1617
[CSW2-Vlanif1617]ospfv3 1 area 0.0.0.0
```

3. 配置路由器 AR1

```
[AR1]ospf 1 router-id 1.1.1.14
[AR1-ospf-1]area 0.0.0.0
[AR1-ospf-1-area-0.0.0.0]network 1.1.1.14 0.0.0.0
[AR1-ospf-1-area-0.0.0.0]network 10.14.15.0 0.0.0.3
[AR1-ospf-1-area-0.0.0.0]network 10.14.16.0 0.0.0.3
[AR1]interface GigabitEthernet0/0/1
[AR1-GigabitEthernet0/0/1]ospfv3 1 area 0.0.0.0
[AR1]interface GigabitEthernet0/0/2
[AR1-GigabitEthernet0/0/2]ospfv3 1 area 0.0.0.0
```

4. 配置路由器 AR2

```
[AR2]ospf 1 router-id 1.1.1.15
[AR2-ospf-1]area 0.0.0.0
[AR2-ospf-1-area-0.0.0.0]network 1.1.1.15 0.0.0.0
[AR2-ospf-1-area-0.0.0.0]network 10.14.15.0 0.0.0.3
[AR2-ospf-1-area-0.0.0.0]network 10.15.17.0 0.0.0.3
[AR2]interface GigabitEthernet0/0/1
[AR2-GigabitEthernet0/0/1]ospfv3 1 area 0.0.0.0
[AR2]interface GigabitEthernet0/0/2
[AR2-GigabitEthernet0/0/2]ospfv3 1 area 0.0.0.0
```

5. 验证

（1）使用 **display ospf peer** 命令查看 OSPF 中各区域邻居的信息。

（2）使用 **display ospf lsdb** 命令查看 OSPF 的链路状态数据库信息。

（3）使用 **display ospf routing** 命令查看 OSPF 路由表的信息。

（4）使用 **display ospfv3 peer** 命令查看 OSPFv3 邻居的信息。

（5）使用 **display ospfv3 lsdb** 命令查看 OSPFv3 的链路状态数据库信息。

（6）使用 **display ospfv3 routing** 命令查看 OSPFv3 路由表的信息。

2. Wireless Network Deployment

Deploy a WLAN for the enterprise HQ, and connect ACs to the Layer 3 network in off-path mode. Configure the switches on the enterprise intranet so that APs can communicate with the ACs and STAs connected to the APs can obtain network services after connecting to the WLAN.

Complete the following configurations based on Table 5-7.

Table 5-7（表 5-7） DHCP parameter planning for AP management addresses

Device	Management VLAN for APs	VLANIF Address (VRRP)	DHCP Address Pool	DHCP Gateway Address	AP Group
CSW1	VLAN 310	10.100.31.252/24	10.100.31.0/24	10.100.31.254/24	HQ
CSW2	VLAN 310	10.100.31.253/24	10.100.31.0/24	10.100.31.254/24	HQ

1. Configure DHCP on CSW1 and CSW2 so that APs can automatically obtain management IP addresses, register with the ACs, and go online. To improve reliability, configure a DHCP address pool on CSW1 and CSW2, and use VRRP technology to implement backup. Configure CSW1 as the primary DHCP server to assign management IP addresses to APs, and CSW2 as the backup. Configure APs to register with the ACs at Layer 3 and add the APs to the AP group HQ.

2. Configure DHCP on CSW1 and CSW2(according to Table 5-8) so that STAs can automatically obtain service IP addresses and access the network. To improve reliability, configure a DHCP address pool on CSW1 and CSW2, and use VRRP technology to implement backup. Configure CSW1 as the primary DHCP server and CSW2 as the backup. In addition, to prevent IP address resources insufficiency, configure VLAN pool as service VLAN.

Table 5-8（表 5-8） DHCP parameter planning for STA service addresses

Device	Service VLAN	VLANIF Address (VRRP)	DHCP Address Pool	DHCP Gateway Address	SSID
CSW1	VLAN 110	192.168.110.252/24	192.168.110.0/24	192.168.110.254/24	HQ-Employee
	VLAN 120	192.168.120.252/24	192.168.120.0/24	192.168.120.254/24	HQ-Employee
	VLAN 130	192.168.130.252/24	192.168.130.0/24	192.168.130.254/24	HQ-Guest
	VLAN 140	192.168.140.252/24	192.168.140.0/24	192.168.140.254/24	HQ-Guest

续表

Device	Service VLAN	VLANIF Address (VRRP)	DHCP Address Pool	DHCP Gateway Address	SSID
CSW2	VLAN 110	192.168.110.253/24	192.168.110.0/24	192.168.110.254/24	HQ-Employee
	VLAN 120	192.168.120.253/24	192.168.120.0/24	192.168.120.254/24	HQ-Employee
	VLAN 130	192.168.130.253/24	192.168.130.0/24	192.168.130.254/24	HQ-Guest
	VLAN 140	192.168.140.253/24	192.168.140.0/24	192.168.140.254/24	HQ-Guest

3. Complete the following configurations based on Table 5-9. Deploy a WLAN for employees. Set the SSID of the WLAN to HQ-Employee, password to Employee@123, security policy to WPA-WPA2+PSK+AES, and forwarding mode to direct forwarding.

4. Deploy a WLAN for guests. Set the SSID of the WLAN to HQ-Guest, password to Guest@123, security policy to WPA-WPA2+PSK+AES, and forwarding mode to direct forwarding.

5. Configure Traffic-filter in the inbound direction of G0/0/1 on ASW2 so that guests can access only the Internet but not the enterprise intranet.

6. Configure a VRRP group on AC1 and AC2 to improve data transmission reliability for STAs. Configure a higher priority for AC1 so that AC1 functions as the master device and AC2 as the backup device. Use the HSB function to back up service information on AC1 to AC2, ensuring that services can be switched to the backup device if the master device fails.

7. To improve user experience, configure radio calibration at 04:00 every day. For the 2.4 GHz radio, use non-overlapping channels 1, 5, 9, and 13 for calibration. For the 5 GHz radio, use non-overlapping channels 36, 40, 44, 48, 52, 56, 60, 64, 149, 153, 157, 161, and 165 for calibration. To increase the transmission rates of STAs, set the calibration bandwidth of 5 GHz radios to 40 MHz.

8. To prevent STAs from maliciously occupying network resources and reduce network congestion, limit the uplink and downlink rates of each STA on an AP both to 2 Mbit/s.

Table 5-9（表 5-9）　WLAN service data planning for the enterprise HQ

Item	Data
Management VLAN for APs	VLAN 310
Service VLAN for STAs (HQ-Employee)	VLAN pool: VLAN 110 and VLAN 120
Service VLAN for STAs (HQ-Guest)	VLAN pool: VLAN 130 and VLAN 140
IP address pool for APs	10.100.31.0/24 (Gateway: 10.100.31.254)
IP address pool for STAs (HQ-Employee)	192.168.110.0/24 (Gateway: 192.168.110.254) 192.168.120.0/24 (Gateway: 192.168.120.254)

续表

Item	Data
IP address pool for STAs (HQ-Guest)	192.168.130.0/24 (Gateway: 192.168.130.254) 192.168.140.0/24 (Gateway: 192.168.140.254)
IP address of AC1's and AC2's source interface	VRRP VIP: 10.20.21.254/24 (AC1 VLANIF2021: 10.20.21.250/24. AC2 VLANIF2021: 10.20.21.253/24)
IP address and port number for the HSB service on AC1	IP address: 10.20.21.250/24 of VLANIF2021 (VRRP interface IP address) Port number: 10241
IP address and port number for the HSB service on AC2	IP address: 10.20.21.253/24 of VLANIF2021 (VRRP interface IP address) Port number: 10241
HSB parameters consistent on AC1 and AC2	HSB service: 0 HSB group: 0
AP group	Name: HQ
	Referenced profiles: regulatory domain profile wlan-regulatory-domain, VAP profile HQ-Employee, and VAP profile HQ-Guest
Regulatory domain profile	Name: wlan-regulatory-domain
	Country code: CN
	Channel set for 2.4 GHz radio calibration: 1, 5, 9, and 13
	Channel set for 5 GHz radio calibration: 36, 40, 44, 48, 52, 56, 60, 64, 149, 153, 157, 161, and 165
	5 GHz radio calibration bandwidth: 40 MHz
VAP profiles	Name: HQ-Employee
	Forwarding mode: direct forwarding
	Service VLAN pool: HQ-Employee (VLAN 110 and VLAN 120)
	Referenced profiles: SSID profile HQ-Employee, security profile HQ-Employee, and traffic profile wlan-traffic
	Name: HQ-Guest
	Forwarding mode: direct forwarding
	Service VLAN pool: HQ-Guest (VLAN 130 and VLAN 140)
	Referenced profiles: SSID profile HQ-Guest, security profile HQ-Guest, and traffic profile wlan-traffic
SSID profiles	Name: HQ-Employee
	SSID name: HQ-Employee
	Name: HQ-Guest
	SSID name: HQ-Guest

续表

Item	Data
Security profiles	Name: HQ-Employee
	Security policy: WPA-WPA2+PSK+AES
	Password: Employee@123
	Name: HQ-Guest
	Security policy: WPA-WPA2+PSK+AES
	Password: Guest@123
Traffic profile	Name: wlan-traffic
	STA uplink rate limit: 2 Mbit/s
	STA downlink rate limit: 2 Mbit/s

【解析】

为企业总部部署 WLAN 网络，AC 组网方式为旁挂三层组网。完成企业内网的交换机侧配置，使 AP 能够与 AC 进行通信，AP 下的终端连接到 WLAN 网络后可以获取网络服务。在交换机 CSW1 和 CSW2 上配置 DHCP，在无线控制器 AC1 和 AC2 上配置 WLAN 业务参数让 AP 上线。

1. 配置交换机 CSW1

```
[CSW1]dhcp enable                                                  //开启 DHCP 功能
[CSW1]ip pool ap-mgmt-vlan310                                      //创建全局地址池
[CSW1-ip-pool-ap-mgmt-vlan310]gateway-list 10.100.31.254          //为 DHCP 客户端配置出口网关地址
[CSW1-ip-pool-ap-mgmt-vlan310]network 10.100.31.0 mask 255.255.255.0
//配置全局地址池下可分配的网段地址
[CSW1-ip-pool-ap-mgmt-vlan310]option 43 sub-option 3 ascii 10.20.21.254
//配置 DHCP 服务器分配给 DHCP 客户端的自定义选项
[CSW1]ip pool employee1
[CSW1-ip-pool-employee1]vpn-instance WLAN                          //配置全局地址池所属的 VPN 实例
[CSW1-ip-pool-employee1]gateway-list 192.168.110.254
[CSW1-ip-pool-employee1]network 192.168.110.0 mask 255.255.255.0
[CSW1]ip pool employee2
[CSW1-ip-pool-employee2]vpn-instance WLAN
[CSW1-ip-pool-employee2]gateway-list 192.168.120.254
[CSW1-ip-pool-employee2]network 192.168.120.0 mask 255.255.255.0
[CSW1]ip pool guest1
[CSW1-ip-pool-guest1]vpn-instance WLAN
[CSW1-ip-pool-guest1]gateway-list 192.168.130.254
[CSW1-ip-pool-guest1]network 192.168.130.0 mask 255.255.255.0
[CSW1]ip pool guest2
[CSW1-ip-pool-guest2]vpn-instance WLAN
[CSW1-ip-pool-guest2]gateway-list 192.168.140.254
[CSW1-ip-pool-guest2]network 192.168.140.0 mask 255.255.255.0
[CSW1]interface Vlanif10
[CSW1-Vlanif10]admin-vrrp vrid 1
[CSW1]interface Vlanif110
[CSW1-Vlanif110]dhcp select global
[CSW1]interface Vlanif120
[CSW1-Vlanif120]dhcp select global
[CSW1]interface Vlanif130
```

```
[CSW1-Vlanif130]dhcp select global
[CSW1]interface Vlanif140
[CSW1-Vlanif140]dhcp select global
[CSW1]interface Vlanif310
[CSW1-Vlanif310]dhcp select global
```

2. 配置交换机 CSW2

```
[CSW2]dhcp enable
[CSW2]ip pool ap-mgmt-vlan310
[CSW2-ip-pool-ap-mgmt-vlan310]gateway-list 10.100.31.254
[CSW2-ip-pool-ap-mgmt-vlan310]network 10.100.31.0 mask 255.255.255.0
[CSW2-ip-pool-ap-mgmt-vlan310]option 43 sub-option 3 ascii 10.20.21.254
[CSW2]ip pool employee1
[CSW2-ip-pool-employee1]vpn-instance WLAN
[CSW2-ip-pool-employee1]gateway-list 192.168.110.254
[CSW2-ip-pool-employee1]network 192.168.110.0 mask 255.255.255.0
[CSW2]ip pool employee2
[CSW2-ip-pool-employee2]vpn-instance WLAN
[CSW2-ip-pool-employee2]gateway-list 192.168.120.254
[CSW2-ip-pool-employee2]network 192.168.120.0 mask 255.255.255.0
[CSW2]ip pool guest1
[CSW2-ip-pool-guest1]vpn-instance WLAN
[CSW2-ip-pool-guest1]gateway-list 192.168.130.254
[CSW2-ip-pool-guest1]network 192.168.130.0 mask 255.255.255.0
[CSW2]ip pool guest2
[CSW2-ip-pool-guest2]vpn-instance WLAN
[CSW2-ip-pool-guest2]gateway-list 192.168.140.254
[CSW2-ip-pool-guest2]network 192.168.140.0 mask 255.255.255.0
[CSW2]interface Vlanif10
[CSW2-Vlanif10]admin-vrrp vrid 1
[CSW2]interface Vlanif110
[CSW2-Vlanif110]dhcp select global
[CSW2]interface Vlanif120
[CSW2-Vlanif120]dhcp select global
[CSW2]interface Vlanif130
[CSW2-Vlanif130]dhcp select global
[CSW2]interface Vlanif140
[CSW2-Vlanif140]dhcp select global
[CSW2]interface Vlanif310
[CSW2-Vlanif310]dhcp select global
```

3. 配置无线控制器 AC1

```
[AC1]capwap source ip-address 10.20.21.254
//配置 AC 建立 CAPWAP 隧道使用的 IP 地址，将其作为 AC 的源地址
[AC1]vlan pool HQ-Employee                                    //创建 VLAN pool
[AC1-vlan-pool-HQ-Employee]vlan 110 120    //将指定 VLAN 添加到 VLAN pool 中
[AC1]vlan pool HQ-Guest
[AC1-vlan-pool-HQ-Guest]vlan 130 140
[AC1]wlan
[AC1-wlan-view]calibrate enable schedule time 04:00:00        //配置射频调优的模式为定时调优模式
[AC1-wlan-view]traffic-profile name wlan-traffic              //创建流量模板
[AC1-wlan-traffic-prof-wlan-traffic]rate-limit client up 2048
//配置 VAP 内每个 STA 上行报文的限制速率为 2048 kbit/s
[AC1-wlan-traffic-prof-wlan-traffic]rate-limit client down 2048
[AC1-wlan-view]security-profile name HQ-Guest                //创建安全模板
[AC1-wlan-sec-prof-HQ-Guest]security wpa-wpa2 psk pass-phrase Huawei@123
//配置 WPA 和 WPA2 的混合认证和加密方式
[AC1-wlan-view]security-profile name HQ-Employee
[AC1-wlan-sec-prof-HQ-Employee]security wpa-wpa2 psk pass-phrase Employee@123
[AC1-wlan-view]ssid-profile name HQ-Guest                    //创建 SSID 模板
[AC1-wlan-ssid-prof-HQ-Guest]ssid HQ-Guest                   //配置当前 SSID 模板中的 SSID
[AC1-wlan-view]ssid-profile name HQ-Employee
[AC1-wlan-ssid-prof-HQ-Employee]ssid HQ-Employee
```

```
[AC1-wlan-view]vap-profile name HQ-Guest                          //创建 VAP 模板
[AC1-wlan-vap-prof-HQ-Guest]service-vlan vlan-pool HQ-Guest   //配置 VAP 的业务 VLAN
[AC1-wlan-vap-prof-HQ-Guest]ssid-profile HQ-Guest   //将指定的 SSID 模板应用到 VAP 模板
[AC1-wlan-vap-prof-HQ-Guest]security-profile HQ-Employee      //在指定 VAP 模板中应用安全模板
[AC1-wlan-view]ap-group name HQ                                   //创建 AP 组
[AC1-wlan-ap-group-HQ]radio 0
[AC1-wlan-group-radio-HQ/0]vap-profile HQ-Employee wlan 1
//将指定的 VAP 模板引用到射频，指定 VAP 的 ID
[AC1-wlan-group-radio-HQ/0]vap-profile HQ-Guest wlan 2
[AC1-wlan-group-radio-HQ]radio 1
[AC1-wlan-group-radio-HQ/1]vap-profile HQ-Employee wlan 1
[AC1-wlan-group-radio-HQ/1]vap-profile HQ-Guest wlan 2
[AC1-wlan-view]ap-id 0 type-id 61 ap-mac 00e0-fc2e-6030 ap-sn 2102354483100C3F0331
//离线增加 AP 设备
[AC1-wlan-ap-0]ap-name HQ-AP1                                     //配置单个 AP 的名称
[AC1-wlan-ap-0]ap-group HQ                                        //配置 AP 所加入的组
[AC1]ospf 1 router-id 1.1.1.20
[AC1-ospf-1]area 0.0.0.0
[AC1-ospf-1-area-0.0.0.0]network 10.20.21.0 0.0.0.255
```

4. 配置无线控制器 AC2

```
[AC2]capwap source ip-address 10.20.21.254
[AC2]vlan pool HQ-Employee
[AC2-vlan-pool-HQ-Employee]vlan 110 120
[AC2]vlan pool HQ-Guest
[AC2-vlan-pool-HQ-Guest]vlan 130 140
[AC2]wlan
[AC2-wlan-view]calibrate enable schedule time 04:00:00
[AC2-wlan-view]traffic-profile name wlan-traffic
[AC2-wlan-traffic-prof-wlan-traffic]rate-limit client up 2048
[AC2-wlan-traffic-prof-wlan-traffic]rate-limit client down 2048
[AC2-wlan-view]security-profile name HQ-Guest
[AC2-wlan-sec-prof-HQ-Guest]security wpa-wpa2 psk pass-phrase Huawei@123
[AC2-wlan-view]security-profile name HQ-Employee
[AC2-wlan-sec-prof-HQ-Employee]security wpa-wpa2 psk pass-phrase Employee@123
[AC2-wlan-view]ssid-profile name HQ-Guest
[AC2-wlan-ssid-prof-HQ-Guest]ssid HQ-Guest
[AC2-wlan-view]ssid-profile name HQ-Employee
[AC2-wlan-ssid-prof-HQ-Employee]ssid HQ-Employee
[AC2-wlan-view]vap-profile name HQ-Guest
[AC2-wlan-vap-prof-HQ-Guest]service-vlan vlan-pool HQ-Guest
[AC2-wlan-vap-prof-HQ-Guest]ssid-profile HQ-Guest
[AC2-wlan-vap-prof-HQ-Guest]security-profile HQ-Employee
[AC2-wlan-view]ap-group name HQ
[AC2-wlan-ap-group-HQ]radio 0
[AC2-wlan-group-radio-HQ/0]vap-profile HQ-Employee wlan 1
[AC2-wlan-group-radio-HQ/0]vap-profile HQ-Guest wlan 2
[AC2-wlan-group-radio-HQ]radio 1
[AC2-wlan-group-radio-HQ/1]vap-profile HQ-Employee wlan 1
[AC2-wlan-group-radio-HQ/1]vap-profile HQ-Guest wlan 2
[AC2-wlan-view]ap-id 0 type-id 61 ap-mac 00e0-fc2e-6030 ap-sn 2102354483100C3F0331
[AC2-wlan-ap-0]ap-name HQ-AP1
[AC2-wlan-ap-0]ap-group HQ
[AC2]ospf 1 router-id 1.1.1.20
[AC2-ospf-1]area 0.0.0.0
[AC2-ospf-1-area-0.0.0.0]network 10.20.21.0 0.0.0.255
```

5. 验证

（1）使用 **display ap all** 命令查看所有 AP 信息。

（2）使用 **display ap config-info** 命令查看 AP 的配置信息。

（3）使用 **display ap run-info** 命令查看 AP 的运行信息。

（4）使用 **display ap-group** 命令查看 AP 组的配置信息和引用信息。

（5）使用 **display ap radio-mode all** 命令查看在线 AP 实际生效的射频模式。

（6）使用 **display radio** 命令查看 AP 的射频信息。

3. Firewall Deployment at the HQ

Enterprise A was once the target of a network attack in 2023, which interrupted key enterprise services and caused economic loss and customer churn. To improve network security, enterprise A deploys a firewall at the HQ. All IPv4 service traffic (except management traffic between the AC and APs) entering and leaving the HQ must pass through the firewall. There is no requirement for IPv6 service traffic.

Because the HQ has multiple types of service traffic, enterprise A plans to allocate different virtual systems to different services on FW2 to implement differentiated management.

1. Create virtual systems FN and WLAN on FW2 to filter wired and wireless service traffic, respectively, of the enterprise HQ. Allocate resource classes to virtual systems and create system administrator accounts. For details about virtual system planning, see Table 5-10.

Table 5-10（表 5-10） Virtual system planning for the firewall at the enterprise HQ

Virtual System	FN	WLAN
Resource Allocation	Name: r1	
	Guaranteed number of sessions: 100 (IPv4), 30 (IPv6)	
	Maximum number of sessions: 200 (IPv4), 60 (IPv6)	
	Number of users: 100	
	Number of policies: 100	
	Assured bandwidth in the outbound direction: 5 Mbit/s	
Administrator Account Prefix	fn2024	wlan2024
Administrator Account Password	Fn@ict2024	Wlan@ict2024
Administrator Login Mode	Telnet	
Maximum Number of Online Administrators	3	
Administrator Level	15	

【解析】

企业曾在 2023 年遭受网络攻击，导致企业关键业务中断，造成经济损失和客户流失。为了保障网络安全，企业在总部部署防火墙，所有进出总部的 IPv4 业务流量（除 AC 和 AP 间的管理流量之外）均需要流经防火墙。在防火墙 FW2 中创建虚拟系统 FN 以及 WLAN 实现区分管理，并为虚拟系统 FN 创建系统管理员账号。

1. 配置防火墙 FW2

```
[FW2]resource-class r1                                    //新建资源类，并进入资源类视图
[FW2-resource-class-r1]resource-item-limit session reserved-number 100 maximum 200    //配置 IPv4 会
话数保证值
```

```
[FW2-resource-class-r1]resource-item-limit ipv6 session reserved-number 30 maximum 60  //配置 IPv6
会话数保证值
[FW2-resource-class-r1]resource-item-limit bandwidth 5 outbound              //配置带宽保证值
[FW2-resource-class-r1]resource-item-limit policy reserved-number 100        //配置策略数保证值
[FW2-resource-class-r1]resource-item-limit user reserved-number 100          //配置用户数保证值
[FW2-resource-class-r1]resource-item-limit user-group reserved-number 50     //配置用户组数保证值
[FW2]vsys enable                                                             //开启虚拟系统功能
[FW2]vsys name FN 1                                                          //指定虚拟系统的名称
[FW2-vsys-FN]assign interface GigabitEthernet1/0/4.500                       //为虚拟系统分配接口
[FW2-vsys-FN]assign interface GigabitEthernet1/0/5.800
[FW2]vsys name WLAN 2
[FW2-vsys-WLAN]assign interface GigabitEthernet1/0/4.700
[FW2-vsys-WLAN]assign interface GigabitEthernet1/0/5.1000
[FW2]switch vsys FN                      //从根系统的系统视图切换到指定的虚拟系统的用户视图
<FW2-FN>system-view
[FW2-FN]aaa
[FW2-FN-aaa]manager-user fn2024                                   //创建系统管理员账号
[FW2-FN-aaa-manager-user-fn2024@FN]password cipher Fn@ict2024
[FW2-FN-aaa-manager-user-fn2024@FN]service-type telnet            //配置系统管理员的登录方式为 Telnet
[FW2-FN-aaa-manager-user-fn2024@FN]level 15
[FW2-FN-aaa-manager-user-fn2024@FN]access-limit 3                 //配置当前域允许接入的用户数为 3
[FW2]switch vsys WLAN
<FW2-WLAN>system-view
[FW2-WLAN]aaa
[FW2-WLAN-aaa]manager-user wlan2024
[FW2-WLAN-aaa-manager-user-WLAN2024@WLAN]password cipher Wlan@ict2024
[FW2-WLAN-aaa-manager-user-WLAN2024@WLAN]service-type telnet
[FW2-WLAN-aaa-manager-user-WLAN2024@WLAN]level 15
[FW2-WLAN-aaa-manager-user-WLAN2024@WLAN]access-limit 3
```

2. 验证

（1）使用 **display vsys** 命令查看已创建的虚拟系统的信息。

（2）使用 **display vsys verbose** 命令查看已创建的虚拟系统的详细信息。

（3）使用 **display user-manage user** 命令查看用户信息。

（4）使用 **display resource resource-class** 命令查看资源类中各个资源项的数量以及资源类与虚拟系统的绑定关系。

2. To implement differentiated management and traffic filtering for wired and wireless services at the HQ, create multiple pairs of interconnection interfaces between FW2 and core switches CSW1 and CSW2 according to Table 5-11. Allocate FW2 interfaces to virtual systems, create security zones, and add the interfaces to the security zones. For details, see Table 5-12.

Table 5-11（表 5-11）　Interconnected interfaces between the firewall and core switches at the enterprise HQ

Local Device	Local Interface	Peer Device	Peer Interface	Internet Segment	Description
FW2	G1/0/4.500	CSW1	VLANIF500	10.50.50.0/30	Used for wired services
FW2	G1/0/4.600	CSW1	VLANIF600	10.60.60.0/30	Shared by wired and wireless services
FW2	G1/0/4.700	CSW1	VLANIF700	10.70.70.0/30	Used for wireless services
FW2	G1/0/5.800	CSW2	VLANIF800	10.80.80.0/30	Used for wired services
FW2	G1/0/5.900	CSW2	VLANIF900	10.90.90.0/30	Shared by wired and wireless services
FW2	G1/0/5.1000	CSW2	VLANIF1000	10.100.100.0/30	Used for wireless services

Table 5-12（表 5-12） Security zone planning for the firewall at the enterprise HQ

<table>
<tr><th>Virtual System</th><th>Interface</th><th>Security Zone</th><th>Priority</th></tr>
<tr><td rowspan="3">Public system</td><td>G1/0/4.600</td><td rowspan="2">public</td><td rowspan="2">30</td></tr>
<tr><td>G1/0/5.900</td></tr>
<tr><td>Virtual-IF 0 (172.16.0.1/24)</td><td>internal</td><td>70</td></tr>
<tr><td rowspan="3">FN</td><td>G1/0/4.500</td><td rowspan="2">FN</td><td rowspan="2">70</td></tr>
<tr><td>G1/0/5.800</td></tr>
<tr><td>Virtual-IF 1 (172.16.10.1/24)</td><td>public</td><td>30</td></tr>
<tr><td rowspan="3">WLAN</td><td>G1/0/4.700</td><td rowspan="2">WLAN</td><td rowspan="2">70</td></tr>
<tr><td>G1/0/5.1000</td></tr>
<tr><td>Virtual-IF 2
(172.16.20.1/24)</td><td>public</td><td>30</td></tr>
</table>

【解析】

为实现总部有线业务和无线业务的区分管理和流量过滤，在防火墙 FW2 与核心交换机 CSW1、CSW2 上创建多对互联接口。在防火墙 FW2 上创建安全区域并添加接口到对应的安全区域。

1. 配置防火墙 FW2

```
[FW2]firewall zone public                                   //创建一个新的安全区域
[FW2-zone-public]set priority 30                            //设置安全区域优先级
[FW2-zone-public]add interface G1/0/4.600                   //将接口加入安全区域
[FW2-zone-public]add interface G1/0/5.900
[FW2-zone-public]add interface virtual-if 0
[FW2]firewall zone name internal id 5
[FW2-zone-internal] set priority 70
[FW2-zone-internal] add interface Virtual-if0
[FW2-zone-public]switch vsys FN
<FW2-FN>system-view
[FW2-FN]firewall zone name FN id 4
[FW2-FN-zone-FN] set priority 70
[FW2-FN-zone-FN] add interface GigabitEthernet1/0/4.500
[FW2-FN-zone-FN] add interface GigabitEthernet1/0/5.800
[FW2-FN]firewall zone name public id 5
[FW2-FN-zone-public]set priority 30
[FW2-FN-zone-public]add interface Virtual-if1
[FW2]switch vsys WLAN
<FW2-WLAN>system-view
[FW2-WLAN]firewall zone name WLAN id 4
[FW2-WLAN-zone-WLAN] set priority 70
[FW2-WLAN-zone-WLAN] add interface GigabitEthernet1/0/4.700
[FW2-WLAN-zone-WLAN] add interface GigabitEthernet1/0/5.1000
[FW2-WLAN]firewall zone name public id 5
[FW2-WLAN-zone-public] set priority 30
[FW2-WLAN-zone-public] add interface Virtual-if2
```

2. 验证

使用 **display zone** 命令查看安全区域的配置信息。

3. As planned, virtual systems FN and WLAN share the public system, which they use as the traffic egress. To achieve smooth traffic transmission between the virtual systems and public system, create static routes between the virtual systems and public system. For parameter settings, see Table 5-13.

Table 5-13（表 5-13）　Static route planning between the virtual systems and public system

Virtual System	Public system		FN	WLAN
Destination Address	192.168.10.0/24	192.168.110.0/24 192.168.120.0/24 192.168.130.0/24 192.168.140.0/24	0.0.0.0/0	0.0.0.0/0
Next Hop	FN	WLAN	Public system	Public system

【解析】

为了实现虚拟系统和根系统之间的流量互通，在虚拟系统和根系统之间创建静态路由。

1. 配置防火墙 FW2

```
[FW2]ip route-static 192.168.10.0 255.255.255.0 vpn-instance FN
[FW2]ip route-static 192.168.110.0 255.255.255.0 vpn-instance WLAN
[FW2]ip route-static 192.168.120.0 255.255.255.0 vpn-instance WLAN
[FW2]ip route-static 192.168.130.0 255.255.255.0 vpn-instance WLAN
[FW2]ip route-static 192.168.140.0 255.255.255.0 vpn-instance WLAN
[FW2]switch vsys FN
<FW2-FN>system-view
[FW2-FN]ip route-static 0.0.0.0 0.0.0.0 public
[FW2]switch vsys WLAN
<FW2-WLAN>system-view
[FW2-WLAN]ip route-static 0.0.0.0 0.0.0.0 public
```

2. 验证

使用 **display ip routing-table protocol static** 命令查看路由表中的静态路由。

4. To ensure that the service traffic entering and leaving the HQ passes through the firewall deployed in off-path mode for security filtering, multiple OSPF instances need to be deployed between the firewall and core switches.

（1）Create two VPN instances FN and WLAN on both CSW1 and CSW2. The VPN instance FN is used to associate wired service traffic, and the VPN instance WLAN is used to associate wireless service traffic.

（2）Create OSPF processes 1, 2, and 3 on FW2, CSW1, and CSW2 according to Table 5-14. As shown in Figure 5-7, the interconnected network segments are advertised in network mode in the OSPF backbone area, and neighbor relationships with the corresponding OSPF processes are established. Process 1 is a public OSPF process; processes 2 and 3 need to be associated with VPN instances FN and WLAN, respectively. (Note: OSPF process 1 of CSW1 and CSW2 has been created in Task"Wired Network Deployment".)

（3）Import the static routes between the virtual systems and public system to the corresponding OSPF processes.

（4）As shown in Figure 5-7, advertise wired and wireless service network segments in OSPF processes 2 and 3 of CSW1 and CSW2.

Table 5-14（表 5-14） OSPF planning for the enterprise HQ network

Device / OSPF Process	FW2	CSW1	CSW2
1	Public system	Not bound to a VPN, public	
2	VSYS:FN	VPN:FN	
3	VSYS:WLAN	VPN:WLAN	

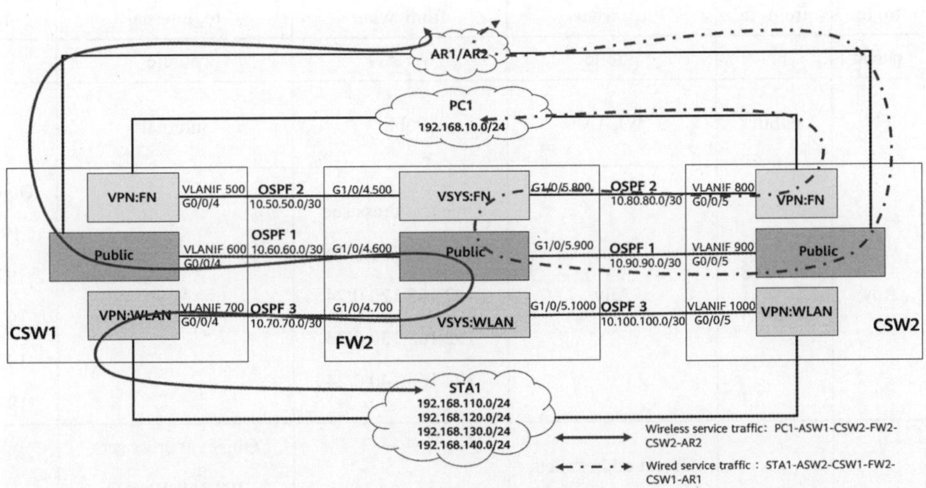

Figure 5-7（图 5-7） Firewall-core switch traffic diagram at the enterprise HQ

【解析】

为了使进出总部的业务流量流经旁挂防火墙进行安全过滤，需要在防火墙和核心交换机之间部署 OSPF 多实例。为防火墙 FW2 配置 OSPF，并将静态路由引入 OSPF 进程中。

1. 配置防火墙 FW2

```
[FW2]ospf 1
[FW2-ospf-1]import-route static            //引入其他路由协议学习到的路由信息，引入的路由是静态路由
[FW2-ospf-1]area 0
[FW2-ospf-1-area-0.0.0.0]network 10.60.60.0 0.0.0.3
[FW2-ospf-1-area-0.0.0.0]network 10.90.90.0 0.0.0.3
[FW2]ospf 2 vpn-instance FN
[FW2-ospf-2]default-route-advertise         //将缺省路由通告到普通 OSPF 区域
[FW2-ospf-2]vpn-instance-capability simple  //禁止路由环路检测，直接进行路由计算
[FW2-ospf-2]area 0
[FW2-ospf-2-area-0.0.0.0]network 10.50.50.0 0.0.0.3
[FW2-ospf-2-area-0.0.0.0]network 10.80.80.0 0.0.0.3
[FW2]ospf 3 vpn-instance WLAN
[FW2-ospf-3]default-route-advertise
[FW2-ospf-3]vpn-instance-capability simple
[FW2-ospf-3]area 0
```

```
[FW2-ospf-3-area-0.0.0.0]network 10.70.70.0 0.0.0.3
[FW2-ospf-3-area-0.0.0.0]network 10.100.100.0 0.0.0.3
```

2. 验证

（1）使用 **display ip routing-table vpn-instance** 命令查看 VPN 实例路由表的信息。

（2）使用 **display ip routing-table** 命令查看公网 IPv4 路由表的信息。

5. Deploy security policies as shown in Table 5-15 in the public system and virtual systems of the firewall to ensure that traffic of related service network segments can be filtered and irrelevant traffic can be blocked by the firewall.

Table 5-15（表 5-15）　Security policy planning for the firewall at the enterprise HQ

Virtual System	FN		WLAN		Public system	
Policy Name	to_fn	from_fn	to_wlan	from_wlan	to_internal	from_internal
Source Zone	public	FN	public	WLAN	public	internal
Destination Zone	FN	public	WLAN	Public	internal	public
Source Address	Any	192.168.10.0/24	Any	Object address sets 192.168.110.0/24 192.168.120.0/24 192.168.130.0/24 192.168.140.0/24	Any	Object address sets 192.168.10.0/24 192.168.110.0/24 192.168.120.0/24 192.168.130.0/24 192.168.140.0/24
Destination Address	192.168.10.0/24	Any	Object address sets 192.168.110.0/24 192.168.120.0/24 192.168.130.0/24 192.168.140.0/24	Any	Object address sets 192.168.10.0/24 192.168.110.0/24 192.168.120.0/24 192.168.130.0/24 192.168.140.0/24	Any
Action	Permit					

【解析】

在防火墙根系统以及虚拟系统上部署安全策略，确保防火墙能够使相关业务网段的流量成功通过并拦截无关流量。在防火墙 FW2 上配置安全策略。

1. 配置防火墙 FW2

```
[FW2]ip address-set internal type object                          //创建地址对象
[FW2-object-address-set-internal]address 0 192.168.10.0 mask 24    //为地址对象添加成员
[FW2-object-address-set-internal]address 1 192.168.110.0 mask 24
[FW2-object-address-set-internal]address 2 192.168.120.0 mask 24
[FW2-object-address-set-internal]address 3 192.168.130.0 mask 24
[FW2-object-address-set-internal]address 4 192.168.140.0 mask 24
[FW2]ip address-set wlan type object
```

```
[FW2-object-address-set-wlan]address 0 192.168.110.0 mask 24
[FW2-object-address-set-wlan]address 1 192.168.120.0 mask 24
[FW2-object-address-set-wlan]address 2 192.168.130.0 mask 24
[FW2-object-address-set-wlan]address 3 192.168.140.0 mask 24
[FW2]security-policy
[FW2-policy-security]rule name to_internal                    //创建安全策略规则
[FW2-policy-security-rule-to_internal]source-zone public     //配置安全策略规则的源安全区域
[FW2-policy-security-rule-to_internal]destination-zone internal    //配置安全策略规则的目的安全区域
[FW2-policy-security-rule-to_internal]destination-address address-set internal
//配置安全策略规则的目的地址组
[FW2-policy-security-rule-to_internal]action permit
//配置安全策略规则的动作，允许匹配该规则的流量通过
[FW2-policy-security]rule name from_internal
[FW2-policy-security-rule-from_internal]source-zone internal
[FW2-policy-security-rule-from_internal]destination-zone public
[FW2-policy-security-rule-from_internal]source-address address-set internal
//配置安全策略规则的源地址组
[FW2-policy-security-rule-from_internal]action permit
[FW2]switch vsys FN
<FW2-FN>system-view
[FW2-FN]security-policy
[FW2-FN-policy-security]rule name to_fn
[FW2-FN-policy-security-rule-to_fn]source-zone public
[FW2-FN-policy-security-rule-to_fn]destination-zone FN
[FW2-FN-policy-security-rule-to_fn]destination-address 192.168.10.0 mask 255.255.255.0
[FW2-FN-policy-security-rule-to_fn]action permit
[FW2-FN-policy-security]rule name from_fn
[FW2-FN-policy-security-rule-from_fn]source-zone FN
[FW2-FN-policy-security-rule-from_fn]destination-zone public
[FW2-FN-policy-security-rule-from_fn]source-address 192.168.10.0 mask 255.255.255.0
[FW2-FN-policy-security-rule-from_fn]action permit
[FW2]switch vsys WLAN
<FW2-WLAN>system-view
[FW2-WLAN]ip address-set wlan type object
[FW2-WLAN-object-address-set-wlan]address 0 192.168.110.0 mask 24
[FW2-WLAN-object-address-set-wlan]address 1 192.168.120.0 mask 24
[FW2-WLAN-object-address-set-wlan]address 2 192.168.130.0 mask 24
[FW2-WLAN-object-address-set-wlan]address 3 192.168.140.0 mask 24
[FW2-WLAN]security-policy
[FW2-WLAN-policy-security]rule name to_wlan
[FW2-WLAN-policy-security-rule-to_wlan]source-zone public
[FW2-WLAN-policy-security-rule-to_wlan]destination-zone WLAN
[FW2-WLAN-policy-security-rule-to_wlan]destination-address address-set wlan
[FW2-WLAN-policy-security-rule-to_wlan]action permit
[FW2-WLAN-policy-security]rule name from_wlan
[FW2-WLAN-policy-security-rule-from_wlan]source-zone WLAN
[FW2-WLAN-policy-security-rule-from_wlan]destination-zone public
[FW2-WLAN-policy-security-rule-from_wlan]source-address address-set wlan
[FW2-WLAN-policy-security-rule-from_wlan]action permit
```

2. 验证

（1）使用 **display ip address-set** 命令查看地址对象信息。

（2）使用 **display security-policy rule** 命令查看安全策略规则的配置信息，可以查看所有或某条安全策略规则的配置信息，也可以查看符合安全区域和五元组过滤条件的安全策略规则的配置信息。

6. To meet the service traffic path planning requirements (wired service traffic path: PC1-ASW1-CSW2-FW2-CSW2-AR2-R4; wireless service traffic path: AP1-ASW2-CSW1-FW2-CSW1-AR1-R4), create

policy-based routes on FW2 to restrict the next hop so that CSW1-to-FW2 traffic can be sent back to CSW1 after being filtered and CSW2-to-FW2 traffic can be sent back to CSW2 after being filtered. For details about parameter planning, see Table 5-16.

Table 5-16（表 5-16） PBR parameter planning for the firewall at the enterprise HQ

Virtual System	FN	WLAN	Public system	
Rule Name	to_fn	to_wlan	from_fn	from_wlan
Source Zone	public	public	internal	internal
Source Address	Any	Any	192.168.10.0/24	Object address sets 192.168.110.0/24 192.168.120.0/24 192.168.130.0/24 192.168.140.0/24
Destination Address	192.168.10.0/24	Object address sets 192.168.110.0/24 192.168.120.0/24 192.168.130.0/24 192.168.140.0/24	Any	Any
Next Hop	10.80.80.2	10.70.70.1	10.90.90.2	10.60.60.1

【解析】

为满足业务流量路径规划要求（有线业务流量路径为 PC1-ASW1-CSW2-FW2-CSW2-AR2-R4；无线业务流量路径为 AP1-ASW2-CSW1-FW2-CSW1-AR1-R4），在 FW2 上创建策略路由约束下一跳，进而控制 CSW1 去往 FW2 的流量经过过滤后能回送给 CSW1，CSW2 去往 FW2 的流量经过过滤后能回送给 CSW2。

1. 配置防火墙 FW2

```
[FW2]switch vsys WLAN
<FW2-WLAN>system-view
[FW2-WLAN]policy-based-route
[FW2-WLAN-policy-pbr]rule name to_wlan 1                    //创建策略路由规则
[FW2-WLAN-policy-pbr-rule-to_wlan]source-zone public        //将源安全区域设置为策略路由的匹配条件
[FW2-WLAN-policy-pbr-rule-to_wlan]destination-address address-set wlan
//将报文的目的地址设置为策略路由的匹配条件
[FW2-WLAN-policy-pbr-rule-to_wlan]action pbr next-hop 10.70.70.1
//配置对满足匹配条件的报文，按照策略路由进行转发
[FW2]policy-based-route
[FW2-policy-pbr]rule name from_fn 1
[FW2-policy-pbr-rule-from_fn]source-zone internal
[FW2-policy-pbr-rule-from_fn]source-address 192.168.10.0 mask 255.255.255.0
```

```
[FW2-policy-pbr-rule-from_fn]action pbr next-hop 10.90.90.2
[FW2-policy-pbr]rule name from_wlan 2
[FW2-policy-pbr-rule-from_wlan]source-zone internal
[FW2-policy-pbr-rule-from_wlan]source-address address-set wlan
[FW2-policy-pbr-rule-from_wlan]action pbr next-hop 10.60.60.1
[FW2]switch vsys FN
<FW2-FN>system-view
[FW2-FN]policy-based-route
[FW2-FN-policy-pbr]rule name to_fn 1
[FW2-FN-policy-pbr-rule-to_fn]source-zone public
[FW2-FN-policy-pbr-rule-to_fn]destination-address 192.168.10.0 mask 255.255.255.0
[FW2-FN-policy-pbr-rule-to_fn]action pbr next-hop 10.80.80.2
```

2. 验证

使用 **display policy-based-route rule** 命令查看数据面的策略路由规则内容。

7. To protect internal hosts from Internet attacks, the blacklist must be enabled in the public system of the firewall to prevent network attacks from the IP address 160.160.160.160.

【解析】

为了避免企业内部主机遭受 Internet 的攻击，要求在防火墙根系统上开启黑名单功能。配置防火墙 FW2 的黑名单。

1. 配置防火墙 FW2

```
[FW2]firewall blacklist enable                          //开启黑名单功能
[FW2]firewall blacklist item source-ip 160.160.160.160  //把源 IP 地址 160.160.160.160 加入黑名单表项
```

2. 验证

使用 **display firewall blacklist item** 命令查看黑名单表项信息。

4. Internet Access of HQ

The enterprise HQ needs to access the Internet using IPv4 and IPv6. For IPv4 traffic, the HQ intranet uses private addresses. Therefore, NAT needs to be performed on the AR router to translate the private addresses into public addresses before accessing the Internet. For IPv6 traffic, NAT is not required and IPv6 traffic can directly reach the Internet through routes.

1. As Table 5-17 shows, establish dual-stack EBGP peer relationships between the HQ egress router AR1 and R4 and between the HQ egress router AR2 and R4. R4 uses BGP to deliver IPv4 and IPv6 default routes to AR1 and AR2. R4 delivers IPv4 default routes only after learning the Internet route 100.0.0.0/16. R4 directly delivers IPv6 default routes.

Table 5-17（表 5-17） EBGP peer interfaces between the HQ AR and R4

Local Device	Local Interface	Remote Device	Remote Interface	Relationship
AR1	G0/0/0.300	R4	G0/0/0.300	IPv4 unicast
AR1	G0/0/0.400	R4	G0/0/0.400	IPv6 unicast
AR2	G0/0/0.300	R4	E0/0/0.300	IPv4 unicast
AR2	G0/0/0.400	R4	E0/0/0.400	IPv6 unicast

【解析】

企业总部需要访问 IPv4 和 IPv6 Internet。对于 IPv4 流量，由于总部内网使用私网地址，需要在 AR 上通过 NAT 将其转换成公网地址后访问 Internet；对于 IPv6 流量，无须进行 NAT，直接通过路由打通的方式来访问 Internet。总部出口路由器 AR1 和 AR2 与运营商城域网的 R4 建立双栈 EBGP 邻居关系。R4 通过 BGP 向 AR1 和 AR2 下发 IPv4 和 IPv6 缺省路由，对于 IPv4 缺省路由，要求 R4 在自己学到了 100.0.0.0/16 这条互联网路由的前提下才下发，对于 IPv6 缺省路由，要求 R4 直接下发。

1. 配置路由器 R4

```
[R4]bgp 100.1
[R4-bgp]peer 100.4.14.1 default-route-advertise conditional-route-match-all 100.0.0.0 255.255.0.0
//设置给对等体发布缺省路由，指定条件路由的 IPv4 地址，以及子网掩码/子网掩码长度，匹配所有条件路由则下发缺省路由
[R4-bgp]peer 100.4.15.1 default-route-advertise conditional-route-match-all 100.0.0.0 255.255.0.0
[R4-bgp]network 100.4.14.0 255.255.255.252
//配置 BGP 将 IP 路由表中的路由以静态方式加入 BGP 路由表中，并发布给对等体
[R4-bgp]network 100.4.15.0 255.255.255.252
[R4-bgp]ipv6-family unicast
[R4-bgp-af-ipv6]peer 2002:4:14::1 default-route-advertise
[R4-bgp-af-ipv6]peer 2002:4:15::1 default-route-advertise
```

2. 配置路由器 AR1

```
[AR1]ospf 1
[AR1-ospf-1]default-route-advertise
[AR1]ospfv3 1
[AR1-ospfv3-1]default-route-advertise
```

3. 配置路由器 AR2

```
[AR2]ospf 1
[AR2-ospf-1]default-route-advertise
[AR2]ospfv3 1
[AR2-ospfv3-1]default-route-advertise
```

4. 验证

（1）使用 **display ip routing-table** 命令查看 IPv4 路由表的信息。

（2）使用 **display ipv6 routing-table** 命令查看 IPv6 路由表的信息。

2. The enterprise HQ has a class C public address segment 200.0.0.0/24, which is divided into two /25 address segments. Use 200.0.0.0/25 as the public address pool for wired services to access the Internet, and 200.0.0.128/25 as the public address pool for wireless services to access the Internet. Create ACL 3000 on the two AR routers and use ACL 3000 to filter wired service network segments. NAT can be performed only on the network segments that match the ACL. Create ACL 3001 on the two AR routers and use ACL 3001 to filter wireless service network segments for employees and guests. NAT can be performed only on the network segments that match the ACL.

【解析】

在路由器 AR1 和 AR2 上配置 NAT。

1. 配置路由器 AR1

```
[AR1]nat address-group 1 200.0.0.0 200.0.0.127
//配置 NAT 地址池，指定 NAT 地址池的起始地址和结束地址
[AR1]nat address-group 2 200.0.0.128 200.0.0.255
[AR1]acl 3000                                                    //创建一个 ACL
[AR1-acl-adv-3000]rule 5 deny ip source 192.168.10.0 0.0.0.255 destination 192.168.20.0 0.0.0.255
//增加一个基本 ACL 的规则，拒绝符合规则的数据包
[AR1-acl-adv-3000]rule 10 deny ip source 192.168.10.0 0.0.0.255 destination 192.168.30.0 0.0.0.255
[AR1-acl-adv-3000]rule 15 deny ip source 192.168.10.0 0.0.0.255 destination 192.168.150.0 0.0.0.255
[AR1-acl-adv-3000]rule 20 deny ip source 192.168.110.0 0.0.0.255 destination 192.168.20.0 0.0.0.255
[AR1-acl-adv-3000]rule 25 deny ip source 192.168.110.0 0.0.0.255 destination 192.168.30.0 0.0.0.255
[AR1-acl-adv-3000]rule 30 deny ip source 192.168.110.0 0.0.0.255 destination 192.168.150.0 0.0.0.255
[AR1-acl-adv-3000]rule 35 deny ip source 192.168.120.0 0.0.0.255 destination 192.168.20.0 0.0.0.255
[AR1-acl-adv-3000]rule 40 deny ip source 192.168.120.0 0.0.0.255 destination 192.168.30.0 0.0.0.255
[AR1-acl-adv-3000]rule 45 deny ip source 192.168.120.0 0.0.0.255 destination 192.168.150.0 0.0.0.255
[AR1-acl-adv-3000]rule 50 permit ip source 192.168.10.0 0.0.0.255
[AR1]acl 3001
[AR1-acl-adv-3001]rule 5 deny ip source 192.168.10.0 0.0.0.255 destination 192.168.20.0 0.0.0.255
[AR1-acl-adv-3001]rule 10 deny ip source 192.168.10.0 0.0.0.255 destination 192.168.30.0 0.0.0.255
[AR1-acl-adv-3001]rule 15 deny ip source 192.168.10.0 0.0.0.255 destination 192.168.150.0 0.0.0.255
[AR1-acl-adv-3001]rule 20 deny ip source 192.168.110.0 0.0.0.255 destination 192.168.20.0 0.0.0.255
[AR1-acl-adv-3001]rule 25 deny ip source 192.168.110.0 0.0.0.255 destination 192.168.30.0 0.0.0.255
[AR1-acl-adv-3001]rule 30 deny ip source 192.168.110.0 0.0.0.255 destination 192.168.150.0 0.0.0.255
[AR1-acl-adv-3001]rule 35 deny ip source 192.168.120.0 0.0.0.255 destination 192.168.20.0 0.0.0.255
[AR1-acl-adv-3001]rule 40 deny ip source 192.168.120.0 0.0.0.255 destination 192.168.30.0 0.0.0.255
[AR1-acl-adv-3001]rule 45 deny ip source 192.168.120.0 0.0.0.255 destination 192.168.150.0 0.0.0.255
[AR1-acl-adv-3001]rule 50 permit ip source 192.168.110.0 0.0.0.255
[AR1-acl-adv-3001]rule 55 permit ip source 192.168.120.0 0.0.0.255
[AR1-acl-adv-3001]rule 60 permit ip source 192.168.130.0 0.0.0.255
[AR1-acl-adv-3001]rule 65 permit ip source 192.168.140.0 0.0.0.255
[AR1]interface GigabitEthernet0/0/0.300
[AR1-GigabitEthernet0/0/0.300]nat outbound 3000 address-group 1
//将访问控制列表 acl 3000 和 NAT 地址池 1 关联，表示 ACL 中规定的地址能使用 NAT 地址池 1 中的地址进行地址转换
[AR1-GigabitEthernet0/0/0.300]nat outbound 3001 address-group 2
```

2. 配置路由器 AR2

```
[AR2]nat address-group 1 200.0.0.0 200.0.0.127
[AR2]nat address-group 2 200.0.0.128 200.0.0.255
[AR2]acl 3000
[AR2-acl-adv-3000]rule 5 deny ip source 192.168.10.0 0.0.0.255 destination 192.168.20.0 0.0.0.255
[AR2-acl-adv-3000]rule 10 deny ip source 192.168.10.0 0.0.0.255 destination 192.168.30.0 0.0.0.255
[AR2-acl-adv-3000]rule 15 deny ip source 192.168.10.0 0.0.0.255 destination 192.168.150.0 0.0.0.255
[AR2-acl-adv-3000]rule 20 deny ip source 192.168.110.0 0.0.0.255 destination 192.168.20.0 0.0.0.255
[AR2-acl-adv-3000]rule 25 deny ip source 192.168.110.0 0.0.0.255 destination 192.168.30.0 0.0.0.255
[AR2-acl-adv-3000]rule 30 deny ip source 192.168.110.0 0.0.0.255 destination 192.168.150.0 0.0.0.255
[AR2-acl-adv-3000]rule 35 deny ip source 192.168.120.0 0.0.0.255 destination 192.168.20.0 0.0.0.255
[AR2-acl-adv-3000]rule 40 deny ip source 192.168.120.0 0.0.0.255 destination 192.168.30.0 0.0.0.255
[AR2-acl-adv-3000]rule 45 deny ip source 192.168.120.0 0.0.0.255 destination 192.168.150.0 0.0.0.255
[AR2-acl-adv-3000]rule 50 permit ip source 192.168.10.0 0.0.0.255
[AR2]acl 3001
[AR2-acl-adv-3001]rule 5 deny ip source 192.168.10.0 0.0.0.255 destination 192.168.20.0 0.0.0.255
[AR2-acl-adv-3001]rule 10 deny ip source 192.168.10.0 0.0.0.255 destination 192.168.30.0 0.0.0.255
[AR2-acl-adv-3001]rule 15 deny ip source 192.168.10.0 0.0.0.255 destination 192.168.150.0 0.0.0.255
[AR2-acl-adv-3001]rule 20 deny ip source 192.168.110.0 0.0.0.255 destination 192.168.20.0 0.0.0.255
[AR2-acl-adv-3001]rule 25 deny ip source 192.168.110.0 0.0.0.255 destination 192.168.30.0 0.0.0.255
[AR2-acl-adv-3001]rule 30 deny ip source 192.168.110.0 0.0.0.255 destination 192.168.150.0 0.0.0.255
[AR2-acl-adv-3001]rule 35 deny ip source 192.168.120.0 0.0.0.255 destination 192.168.20.0 0.0.0.255
[AR2-acl-adv-3001]rule 40 deny ip source 192.168.120.0 0.0.0.255 destination 192.168.30.0 0.0.0.255
```

```
[AR2-acl-adv-3001]rule 45 deny ip source 192.168.120.0 0.0.0.255 destination 192.168.150.0 0.0.0.255
[AR2-acl-adv-3001]rule 50 permit ip source 192.168.110.0 0.0.0.255
[AR2-acl-adv-3001]rule 55 permit ip source 192.168.120.0 0.0.0.255
[AR2-acl-adv-3001]rule 60 permit ip source 192.168.130.0 0.0.0.255
[AR2-acl-adv-3001]rule 65 permit ip source 192.168.140.0 0.0.0.255
[AR2]interface GigabitEthernet0/0/0.300
[AR2-GigabitEthernet0/0/0.300]nat outbound 3000 address-group 1
[AR2-GigabitEthernet0/0/0.300]nat outbound 3001 address-group 2
```

3. 验证

（1）使用 **display nat address-group** 命令查看 NAT 地址池的配置信息。

（2）使用 **display nat outbound** 命令查看配置的 NAT Outbound 信息。

（3）使用 **display nat session** 命令查看 NAT 映射表项。

3. For wired IPv4 services of the HQ, the primary gateway is CSW2. CSW2 needs to forward traffic to FW2 for security filtering. FW2 then sends the traffic back to CSW2, and CSW2 forwards the traffic to AR2. AR2 performs NAT and forwards the traffic to R4. That is, the traffic path is PC1-ASW1-CSW2-FW2-CSW2-AR2-R4 as Figure 5-8 shows. Accordingly, the traffic path of wireless IPv4 services is STA1-ASW2-CSW1-FW2-CSW1-AR1-R4. In normal cases, AR2 performs NAT for wired service traffic and forwards the traffic to the Internet, and AR1 performs NAT for wireless service traffic and forwards the traffic to the Internet.

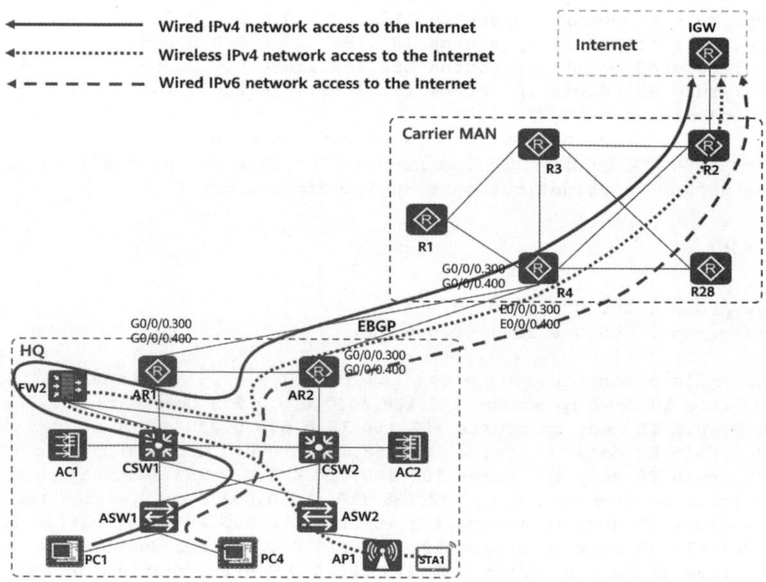

Figure 5-8（图 5-8）　Traffic diagram for the enterprise HQ to access the Internet

4. On AR1 and AR2, use BGP to advertise the network segment routes of the public address pool to R4. Network segment routes should be advertised in network + static blackhole routing mode. On AR1 and AR2, use the prefix list and routing policy to advertise only the network segment routes of the address pool, and set a proper MED value for the routes. In this way, post-NAT traffic from AR1 can be sent back to AR1, and post-NAT traffic from AR2 can be sent back to AR2. In addition, AR1 and AR2 back up each other. If AR1 or AR2 fails, the other

AR takes over NAT for both wired and wireless services.

5. Wired IPv6 users on the HQ intranet can access the Internet through IPv6 routes without NAT or firewalls. The traffic path is PC4-ASW1-CSW2-AR2-R4.

6. After the preceding configurations are complete, terminals at the HQ can ping the simulated IPv4 and IPv6 Internet addresses on IGW.

【解析】

配置路由器 AR1 和 AR2，使内网业务按照规划的流量路径访问互联网网段。

1. 配置路由器 AR1

```
[AR1]ip ip-prefix 0to127 index 10 permit 200.0.0.0 25
[AR1]ip ip-prefix 128to255 index 10 permit 200.0.0.128 25
[AR1]ip ip-prefix to-R4-VPN index 10 permit 192.168.10.0 24
[AR1]ip ip-prefix to-R4-VPN index 20 permit 192.168.110.0 24
[AR1]ip ip-prefix to-R4-VPN index 30 permit 192.168.120.0 24
[AR1]ip ip-prefix to-R4-VPN index 40 permit 192.168.150.0 24
[AR1]ip ip-prefix to-R4-VPN index 50 permit 192.168.20.0 24
[AR1]ip ip-prefix to-R4-VPN index 60 permit 192.168.30.0 24
[AR1]ip ip-prefix to-R4-VPN index 70 permit 10.20.21.0 24
[AR1]ip ip-prefix to-R4-VPN index 80 permit 10.3.27.0 30
[AR1]ip ip-prefix to-R4-VPN index 90 permit 10.24.28.0 30
[AR1]ip ipv6-prefix to-R4-VPN index 20 permit 192:168:20:: 64
[AR1]ip ipv6-prefix to-R4-VPN index 30 permit 192:168:30:: 64
[AR1]ip ipv6-prefix to-R4-VPN index 40 permit 192:168:40:: 64
[AR1]route-policy to-R4 permit node 10
[AR1-route-policy]if-match ip-prefix 0to127
[AR1-route-policy]apply cost 200                    //在路由策略中配置改变路由的开销值动作的匹配条件
[AR1]route-policy to-R4 permit node 20
[AR1-route-policy]if-match ip-prefix 128to255
[AR1-route-policy]apply cost 100
[AR1]route-policy to-R4-VPN permit node 10
[AR1-route-policy]if-match ip-prefix to-R4-VPN
[AR1]bgp 65100
[AR1-bgp]peer 1.1.1.15 next-hop-local
[AR1-bgp]network 10.20.21.0 255.255.255.0
[AR1-bgp]network 192.168.10.0
[AR1-bgp]network 192.168.110.0
[AR1-bgp]network 192.168.120.0
[AR1-bgp]network 200.0.0.0 255.255.255.128
[AR1-bgp]network 200.0.0.128 255.255.255.128
[AR1-bgp]peer 10.4.14.6 route-policy to-R4-VPN export
[AR1-bgp]ipv6-family unicast
[AR1-bgp-af-ipv6]network 192:168:40:: 64
[AR1-bgp-af-ipv6]peer 2001:4:14::6 route-policy to-R4-VPN-V6 export
[AR1-bgp-af-ipv6]peer 2001::15 next-hop-local
```

2. 配置路由器 AR2

```
[AR2]ip ip-prefix 0to127 index 10 permit 200.0.0.0 25
[AR2]ip ip-prefix 128to255 index 10 permit 200.0.0.128 25
[AR2]ip ip-prefix to-R4-VPN index 10 permit 192.168.10.0 24
[AR2]ip ip-prefix to-R4-VPN index 20 permit 192.168.110.0 24
[AR2]ip ip-prefix to-R4-VPN index 30 permit 192.168.120.0 24
[AR2]ip ip-prefix to-R4-VPN index 40 permit 192.168.150.0 24
```

```
[AR2]ip ip-prefix to-R4-VPN index 50 permit 192.168.20.0 24
[AR2]ip ip-prefix to-R4-VPN index 60 permit 192.168.30.0 24
[AR2]ip ip-prefix to-R4-VPN index 70 permit 10.20.21.0 24
[AR2]ip ip-prefix to-R4-VPN index 80 permit 10.3.27.0 30
[AR2]ip ip-prefix to-R4-VPN index 90 permit 10.24.28.0 30
[AR2]ip ipv6-prefix to-R4-VPN index 20 permit 192:168:20:: 64
[AR2]ip ipv6-prefix to-R4-VPN index 30 permit 192:168:30:: 64
[AR2]ip ipv6-prefix to-R4-VPN index 40 permit 192:168:40:: 64
[AR2]route-policy to-R4 permit node 10
[AR2-route-policy]if-match ip-prefix 0to127
[AR2-route-policy]apply cost 100
[AR2]route-policy to-R4 permit node 20
[AR2-route-policy]if-match ip-prefix 128to255
[AR2-route-policy]apply cost 200
[AR2]route-policy to-R4-VPN permit node 10
[AR2-route-policy]if-match ip-prefix to-R4-VPN
[AR2]bgp 65100
[AR2-bgp]peer 10.4.15.6 route-policy to-R4-VPN export
[AR2-bgp]ipv6-family unicast
[AR2-bgp-af-ipv6]peer 2001:4:15::6 route-policy to-R4-VPN-V6 export
```

3. 验证

（1）使用 **tracert** 命令查看数据包从源端到目的端的路径信息。

（2）使用 PC1、PC4 和 STA1 访问互联网网段，测试网络连通性。

5.4.5　Task 5: Network Deployment for Enterprise Branch1

1. Wired Network Deployment

As Figure 5-9 shows, AR3 is the egress gateway of Branch1, and connects to the carrier's router R28. CSW3 is the core switch of Branch1, and connects to PC2 and AP2. PC2 is a dual-stack PC.

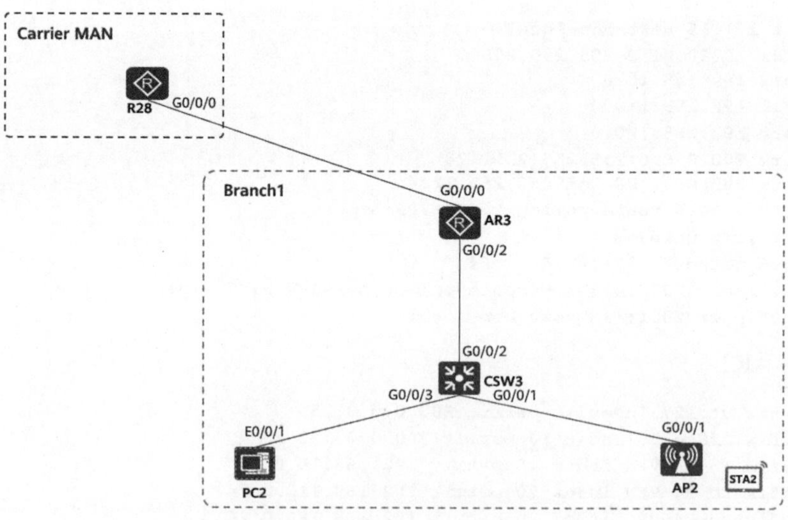

Figure 5-9（图 5-9）　Enterprise Branch1 network

1. CSW3 is the gateway of PC2. Table 5-18 lists the IP addresses (preconfigured) of PC2 and the gateway addresses.

Table 5-18（表 5-18） IP address plan for the PC at Branch1

Terminal	NIC IP Address	Gateway	Gateway IP Address
PC2	192.168.20.1/24	CSW3 (VLANIF20)	192.168.20.254/24
	192:168:20::1/64	CSW3 (VLANIF20)	192:168:20::254/64

2. On CSW3, configure IPv4 and IPv6 default routes with the next hop being AR3. On AR3, configure IPv4 and IPv6 static specific routes to the wired and wireless service network segments of Branch1, with the next hop being CSW3.

【解析】

企业分支 1 使用 AR3 作为出口网关，接入运营商城域网路由器 R28；CSW3 为分支 1 核心交换机，下连 PC2 和 AP2，PC2 为双栈 PC。在 CSW3 上配置 IPv4 和 IPv6 缺省路由，在 AR3 上配置去往分支 1 内部有线和无线业务网段的 IPv4 和 IPv6 静态路由。

1. 配置路由器 AR3

```
[AR3]ip route-static 10.3.27.0 255.255.255.252 10.24.28.1 description to-Branch2-For-NQA
[AR3]ip route-static 10.20.21.0 255.255.255.0 10.24.28.1 description to-HQ-WLAN-MGMT
[AR3]ip route-static 10.100.32.0 255.255.255.0 10.24.25.2 description to-Branch1-WLAN-MGMT
[AR3]ip route-static 192.168.10.0 255.255.255.0 10.24.28.1 description to-HQ-FN
[AR3]ip route-static 192.168.20.0 255.255.255.0 10.24.25.2 description to-Branch1-FN
[AR3]ip route-static 192.168.30.0 255.255.255.0 10.24.28.1 track nqa test test description
to-Branch2-FN
[AR3]ip route-static 192.168.110.0 255.255.255.0 10.24.28.1 description to-HQ-WLAN
[AR3]ip route-static 192.168.120.0 255.255.255.0 10.24.28.1 description to-HQ-WLAN
[AR3]ip route-static 192.168.150.0 255.255.255.0 10.24.25.2 description to-Branch1-WLAN
[AR3]ip route-static 192.168.160.0 255.255.255.0 10.24.25.2 description to-Branch1-WLAN
[AR3]ipv6 route-static 192:168:20:: 64 2001:24:25::2 description to-Branch1-FN //配置 IPv6 静态路由
[AR3]ipv6 route-static 192:168:30:: 64 2001:24:28::1 description to-Branch2-FN
[AR3]ipv6 route-static 192:168:40:: 64 2001:24:28::1 description to-HQ-FN
```

2. 配置交换机 CSW3

```
[CSW3]ip route-static 0.0.0.0 0.0.0.0 10.24.25.1
[CSW3]ipv6 route-static :: 0 2001:24:25::1
```

3. 验证

（1）使用 **display ip routing-table** 命令查看 IPv4 路由表的信息。

（2）使用 **display ipv6 routing-table** 命令查看 IPv6 路由表的信息。

2. Wireless Network Deployment

Deploy a WLAN for Branch1 to ensure that APs in Branch1 can communicate with the ACs in the HQ. Add the APs to the branch AP group Branch-1. Ensure that STAs associated with the APs can obtain network services after connecting to the WLAN.

Complete the following configurations based on Table 5-19.

Table 5-19（表 5-19）　DHCP parameter planning for AP management addresses in Branch1

Device	Management VLAN for APs	VLANIF Address	DHCP Address Pool	DHCP Gateway Address	AP Group
CSW3	VLAN 320	10.100.32.254/24	10.100.32.0/24	10.100.32.254/24	Branch-1

1. Configure CSW3 as a DHCP server to assign management IP addresses to APs. Configure APs to register with the ACs in the HQ at Layer 3, and add the APs to the branch AP group.

2. Configure CSW3 as a DHCP server to assign IP addresses to STAs based on Table 5-20.

Table 5-20（表 5-20）　DHCP parameter planning for STA service addresses in Branch1

Device	Service VLAN	VLANIF Address	DHCP Address Pool	DHCP Gateway Address	SSID
CSW3	VLAN 150	192.168.150.254/24	192.168.150.0/24	192.168.150.254/24	Branch1-Employee
	VLAN 160	192.168.160.254/24	192.168.160.0/24	192.168.160.254/24	Branch1-Guest

【解析】

为企业分支 1 部署 WLAN 网络，分支 1 的 AP2 能够与总部的 AC 进行通信，将 AP2 加入分支 1AP 组 Branch-1，AP2 下的终端连接到 WLAN 网络后可以获取网络服务。在交换机 CSW3 上配置 DHCP 服务使 AP2 能够获取 IP 地址。

1. 配置交换机 CSW3

```
[CSW3]dhcp enable
[CSW3]interface Vlanif150
[CSW3-Vlanif150]dhcp select interface                    //使能接口使用接口地址池的 DHCP Server 功能
[CSW3]interface Vlanif160
[CSW3-Vlanif160]dhcp select interface
[CSW3]interface Vlanif320
[CSW3-Vlanif320]dhcp select interface
[CSW3-Vlanif320]dhcp server option 43 sub-option 3 ascii 10.20.21.254
//配置接口地址池的自定义选项
```

2. 验证

（1）使用 **display dhcp configuration** 命令查看 DHCP 公共模块的配置信息。

（2）使用 **display dhcp client** 命令查看 DHCP/BOOTP 客户端的租约信息。

（3）使用 **display dhcp statistics** 命令查看 DHCP 报文统计信息。

3. Complete the following configurations based on Table 5-21. Deploy a WLAN for employees. Set the SSID of the WLAN to Branch1-Employee, password to Employee@123, security policy to WPA-WPA2+PSK+AES, and forwarding mode to direct forwarding.

4. Deploy a WLAN for guests. Set the SSID of the WLAN to Branch1-Guest, password to Guest@123, security policy to WPA-WPA2+PSK+AES, and forwarding mode to direct forwarding.

Table 5-21（表 5-21） WLAN service parameter planning in Branch1

Item	Data
Management VLAN for APs	VLAN 320
Service VLAN for STAs (Branch1-Employee)	VLAN 150
Service VLAN for STAs(Branch1-Guest)	VLAN 160
IP address pool for APs	10.100.32.0/24 (Gateway: 10.100.32.254)
IP address pool for STAs (Branch1-Employee)	192.168.150.0/24 (Gateway: 192.168.150.254)
IP address pool for STAs(Branch1-Guest)	192.168.160.0/24 (Gateway: 192.168.160.254)
AP group	Name: Branch-1
	Referenced profiles: regulatory domain profile wlan-regulatory-domain, VAP profile Branch1-Employee, VAP profile Branch1-Guest, and WIDS profile wlan-wids
	Working mode of radios in the AP group: normal
	Rogue device detection and containment on radios in the AP group: enabled
VAP profiles	Name: Branch1-Employee
	Forwarding mode: direct forwarding
	Service VLAN: VLAN 150
	Referenced profiles: SSID profile Branch1-Employee and security profile Branch1-Employee
	Name: Branch1-Guest
	Forwarding mode: direct forwarding
	Service VLAN: VLAN 160
	Referenced profiles: SSID profile Branch1-Guest and security profile Branch1-Guest
SSID profiles	Name: Branch1-Employee
	SSID name: Branch1-Employee
	Name: Branch1-Guest
	SSID name: Branch1-Guest
Security profiles	Name: Branch1-Employee
	Security policy: WPA-WPA2+PSK+AES
	Password: Employee@123
	Name: Branch1-Guest
	Security policy: WPA-WPA2+PSK+AES
	Password: Guest@123
WIDS profile	Name: wlan-wids
	Rogue device containment mode: containing rogue APs that use spoofing SSIDs

5. Configure Traffic-filter in the inbound direction of G0/0/1 on CSW3 so that guests can access only the Internet but not the enterprise intranet.

6. Branch1 is located in an open area and is therefore vulnerable to network intrusions. For example, an attacker deploys a rogue AP on the WLAN and sets the SSID to the same as that of an authorized AP, for example, Branch1-Employee or Branch1-Guest. In this way, STAs may connect to the SSID of the rogue AP, and the attacker may steal enterprise information. This poses a serious threat to enterprise network security. To prevent such intrusions, configure device detection and containment on authorized APs so that ACs can detect rogue APs and prevent STAs from connecting to the rogue APs.

【解析】

配置无线控制器 AC1 和 AC2 的分支 1 无线业务参数，总部的 AC 与分支的 AP 通信的前提是完成 Task 9 的 Hub-Spoke 配置。在交换机 CSW3 的接口 G0/0/1 的入方向上配置访问控制规则，限制访客只能访问互联网，而不能访问企业内网。

1. 配置无线控制器 AC1

```
[AC1]wlan
[AC1-wlan-view]security-profile name Branch1-Guest
[AC1-wlan-sec-prof-Branch1-Guest]security wpa-wpa2 psk pass-phrase Guest@123 aes
[AC1-wlan-view]security-profile name Branch1-Employee
[AC1-wlan-sec-prof-Branch1-Employee]security wpa-wpa2 psk pass-phrase Employee@123 aes
[AC1-wlan-view]ssid-profile name Branch1-Guest
[AC1-wlan-ssid-prof-Branch1-Guest]ssid Branch1-Guest
[AC1-wlan-view]ssid-profile name Branch1-Employee
[AC1-wlan-ssid-prof-Branch1-Employee]ssid Branch1-Employee
[AC1-wlan-view]vap-profile name Branch1-Guest
[AC1-wlan-vap-prof-Branch1-Guest]service-vlan vlan-id 160
[AC1-wlan-vap-prof-Branch1-Guest]ssid-profile Branch1-Guest
[AC1-wlan-vap-prof-Branch1-Guest]security-profile Branch1-Guest
[AC1-wlan-view]vap-profile name Branch1-Employee
[AC1-wlan-vap-prof-Branch1-Employee]service-vlan vlan-id 150
[AC1-wlan-vap-prof-Branch1-Employee]ssid-profile Branch1-Employee
[AC1-wlan-vap-prof-Branch1-Employee]security-profile Branch1-Employee
[AC1-wlan-view]wids-profile name wlan-wids                              //创建 WIDS 模板
[AC1-wlan-wids-prof-wlan-wids]contain-mode spoof-ssid-ap
//配置对非法设备的反制模式为反制仿冒 SSID 的非法 AP 设备
[AC1-wlan-view]regulatory-domain-profile name wlan-regulatory-domain     //创建域管理模板
[AC1-wlan-regulate-domain-wlan-regulatory-domain]dca-channel 2.4g channel-set 1,5,9,13
//配置调优信道集合
[AC1-wlan-regulate-domain-wlan-regulatory-domain]dca-channel 5g channel-set 36,40,44,48,52,56,60,
64,149,153,157,161,165
[AC1-wlan-regulate-domain-wlan-regulatory-domain]dca-channel 5g bandwidth 40mhz      //配置调优带宽
[AC1-wlan-view]ap-group name Branch-1
[AC1-wlan-ap-group-Branch-1]regulatory-domain-profile wlan-regulatory-domain
//将指定的域管理模板引用到 AP 组
[AC1-wlan-ap-group-Branch-1]wids-profile wlan-wids                    //配置 AP 组引用 WIDS 模板
[AC1-wlan-ap-group-Branch-1]radio 0
[AC1-wlan-group-radio-Branch-1/0]vap-profile Branch1-Employee wlan 1
[AC1-wlan-group-radio-Branch-1/0]vap-profile Branch1-Guest wlan 2
[AC1-wlan-group-radio-Branch-1/0]wids device detect enable
//使能 AP 组中所有 AP 指定射频的设备检测功能
[AC1-wlan-group-radio-Branch-1/0]wids contain enable          //使能 AP 组中所有 AP 指定射频的设备反制功能
[AC1-wlan-group-radio-Branch-1]radio 1
[AC1-wlan-group-radio-Branch-1/1]vap-profile Branch1-Employee wlan 1
[AC1-wlan-group-radio-Branch-1/1]vap-profile Branch1-Guest wlan 2
[AC1-wlan-group-radio-Branch-1/1]wids device detect enable
```

```
[AC1-wlan-group-radio-Branch-1/1]wids contain enable
[AC1-wlan-view]ap-id 1 ap-mac 00e0-fc46-67d0
[AC1-wlan-ap-1]ap-name Branch1-AP1
[AC1-wlan-ap-1]ap-group Branch-1
```

2. 配置无线控制器 AC2

```
[AC2]wlan
[AC2-wlan-view]security-profile name Branch1-Guest
[AC2-wlan-sec-prof-Branch1-Guest]security wpa-wpa2 psk pass-phrase Guest@123 aes
[AC2-wlan-view]security-profile name Branch1-Employee
[AC2-wlan-sec-prof-Branch1-Employee]security wpa-wpa2 psk pass-phrase Employee@123 aes
[AC2-wlan-view]ssid-profile name Branch1-Guest
[AC2-wlan-ssid-prof-Branch1-Guest]ssid Branch1-Guest
[AC2-wlan-view]ssid-profile name Branch1-Employee
[AC2-wlan-ssid-prof-Branch1-Employee]ssid Branch1-Employee
[AC2-wlan-view]vap-profile name Branch1-Guest
[AC2-wlan-vap-prof-Branch1-Guest]service-vlan vlan-id 160
[AC2-wlan-vap-prof-Branch1-Guest]ssid-profile Branch1-Guest
[AC2-wlan-vap-prof-Branch1-Guest]security-profile Branch1-Guest
[AC2-wlan-view]vap-profile name Branch1-Employee
[AC2-wlan-vap-prof-Branch1-Employee]service-vlan vlan-id 150
[AC2-wlan-vap-prof-Branch1-Employee]ssid-profile Branch1-Employee
[AC2-wlan-vap-prof-Branch1-Employee]security-profile Branch1-Employee
[AC2-wlan-view]wids-profile name wlan-wids                    //创建 WIDS 模板
[AC2-wlan-wids-prof-wlan-wids]contain-mode spoof-ssid-ap
//配置对非法设备的反制模式为反制仿冒 SSID 的非法 AP 设备
[AC2-wlan-view]regulatory-domain-profile name wlan-regulatory-domain    //创建域管理模板
[AC2-wlan-regulate-domain-wlan-regulatory-domain]dca-channel 2.4g channel-set 1,5,9,13
//配置调优信道集合
[AC2-wlan-regulate-domain-wlan-regulatory-domain]dca-channel 5g channel-set 36,40,44,48,52,56,60,
64,149,153,157,161,165
[AC2-wlan-regulate-domain-wlan-regulatory-domain]dca-channel 5g bandwidth 40mhz    //配置调优带宽
[AC2-wlan-view]ap-group name Branch-1
[AC2-wlan-ap-group-Branch-1]regulatory-domain-profile wlan-regulatory-domain
//将指定的域管理模板引用到 AP 组
[AC2-wlan-ap-group-Branch-1]wids-profile wlan-wids                //配置 AP 组引用 WIDS 模板
[AC2-wlan-ap-group-Branch-1]radio 0
[AC2-wlan-group-radio-Branch-1/0]vap-profile Branch1-Employee wlan 1
[AC2-wlan-group-radio-Branch-1/0]vap-profile Branch1-Guest wlan 2
[AC2-wlan-group-radio-Branch-1/0]wids device detect enable
//使能 AP 组中所有 AP 指定射频的设备检测功能
[AC2-wlan-group-radio-Branch-1/0]wids contain enable      //使能 AP 组中所有 AP 指定射频的设备反制功能
[AC2-wlan-group-radio-Branch-1]radio 1
[AC2-wlan-group-radio-Branch-1/1]vap-profile Branch1-Employee wlan 1
[AC2-wlan-group-radio-Branch-1/1]vap-profile Branch1-Guest wlan 2
[AC2-wlan-group-radio-Branch-1/1]wids device detect enable
[AC2-wlan-group-radio-Branch-1/1]wids contain enable
[AC2-wlan-view]ap-id 1 ap-mac 00e0-fc46-67d0
[AC2-wlan-ap-1]ap-name Branch1-AP1
[AC2-wlan-ap-1]ap-group Branch-1
```

3. 配置交换机 CSW3

```
[CSW3]acl number 3000
[CSW3-acl-adv-3000]rule 5 deny ip source 192.168.160.0 0.0.0.255 destination 192.168.0.0 0.0.255.255
[CSW3-acl-adv-3000]rule 10 deny ip source 192.168.160.0 0.0.0.255 destination 1
[CSW3-acl-adv-3000]rule 15 permit ip
[CSW3]interface GigabitEthernet0/0/1
[CSW3-GigabitEthernet0/0/1]traffic-filter inbound acl 3000
```

4. 验证

（1）使用 **display ap all** 命令查看所有 AP 信息。

（2）使用 **display ap config-info** 命令查看 AP 的配置信息。

（3）使用 **display ap run-info** 命令查看 AP 的运行信息。

（4）使用 **display ap-group** 命令查看 AP 组的配置信息和引用信息。

（5）使用 **display ap radio-mode all** 命令查看在线 AP 实际生效的射频模式。

（6）使用 **display radio** 命令查看 AP 的射频信息。

3. Internet Access of Branch1

Branch1 needs to access the IPv4 and IPv6 Internet. For IPv4, AR3 needs to perform NAT for Internet access as the intranet of Branch1 uses private addresses. For IPv6, NAT is not required and a static route is used for Internet access.

1. On AR3, configure default routes for accessing the IPv4 and IPv6 Internet, based on Table 5-22.

Table 5-22（表 5-22）　Branch1-Carrier network interconnection planning

Local Interface	Peer Interface	Description
AR3 G0/0/0.2428	R28 G0/0/0.2428	Used for MPLS VPN access (in Task 9)
AR3 G0/0/0.2824	R28 G0/0/0.2824	Default route of AR3, with the next hop being R28. This route is used for IPv4 Internet access
AR3 G0/0/0.2825	R28 G0/0/0.2825	Default route of AR3, with the next hop being R28. This route is used for IPv6 Internet access

【解析】

在路由器 AR3 上部署到 Internet 的缺省路由，用于访问 IPv4 和 IPv6 Internet。

1. 配置路由器 AR3

```
[AR3]ip route-static 0.0.0.0 0.0.0.0 100.24.28.1
[AR3]ipv6 route-static :: 0 2002:24:28::1
```

2. 验证

（1）使用 **display ip routing-table** 命令查看 IPv4 路由表的信息。

（2）使用 **display ipv6 routing-table** 命令查看 IPv6 路由表的信息。

2. For intranet IPv4 access to the Internet, configure ACLs on AR3 to filter service network segments for wired and wireless services (with SSIDs of Employee and Guest). Ensure that NAT in easy IP mode is performed only on network segments that match the ACLs.

【解析】

对于内网 IPv4 访问 Internet，要求在路由器 AR3 上通过 ACL 筛选业务网段（内网有线业务网段），只有通过 ACL 筛选的网段才允许进行 NAT；AR3 采用 Easy IP 的 NAT 方式。在路由器 R28 上发布与 AR3 相连的网段到 BGP 中。

1. 配置路由器 AR3

```
[AR3]acl number 3000
[AR3-acl-adv-3000]description For-NAT  //配置 ACL 规则的描述信息
[AR3-acl-adv-3000]rule 5 deny ip source 192.168.20.0 0.0.0.255 destination 192.168.30.0 0.0.0.255
[AR3-acl-adv-3000]rule 10 deny ip source 192.168.20.0 0.0.0.255 destination 192.168.10.0 0.0.0.255
[AR3-acl-adv-3000]rule 15 deny ip source 192.168.20.0 0.0.0.255 destination 192.168.110.0 0.0.0.255
[AR3-acl-adv-3000]rule 20 deny ip source 192.168.20.0 0.0.0.255 destination 192.168.120.0 0.0.0.255
[AR3-acl-adv-3000]rule 25 deny ip source 192.168.150.0 0.0.0.255 destination 192.168.30.0 0.0.0.255
[AR3-acl-adv-3000]rule 30 deny ip source 192.168.150.0 0.0.0.255 destination 192.168.10.0 0.0.0.255
[AR3-acl-adv-3000]rule 35 deny ip source 192.168.150.0 0.0.0.255 destination 192.168.110.0 0.0.0.255
[AR3-acl-adv-3000]rule 40 deny ip source 192.168.150.0 0.0.0.255 destination 192.168.120.0 0.0.0.255
[AR3-acl-adv-3000]rule 45 deny ip source 10.100.32.0 0.0.0.255 destination 10.20.21.0 0.0.0.255
[AR3-acl-adv-3000]rule 50 permit ip source 192.168.20.0 0.0.0.255
[AR3-acl-adv-3000]rule 55 permit ip source 192.168.150.0 0.0.0.255
[AR3-acl-adv-3000]rule 60 permit ip source 192.168.160.0 0.0.0.255
[AR3]interface GigabitEthernet0/0/0.2824
[AR3-GigabitEthernet0/0/0.2824]nat outbound 3000
```

2. 配置路由器 R28

```
[R28]bgp 100.1
[R28-bgp]network 100.24.28.0 255.255.255.252
```

3. 验证

（1）使用 **display nat outbound** 命令查看配置的 NAT Outbound 信息。

（2）使用 **display nat session** 命令查看 NAT 映射表项。

3. For Internet access from intranet IPv6 users, NAT is not required. Configure an IPv6 static route for Internet access.

4. After the configuration is complete, wired and wireless terminals in Branch1 can ping the simulated IPv4 and IPv6 Internet addresses on IGW as Figure 5-10 shows.

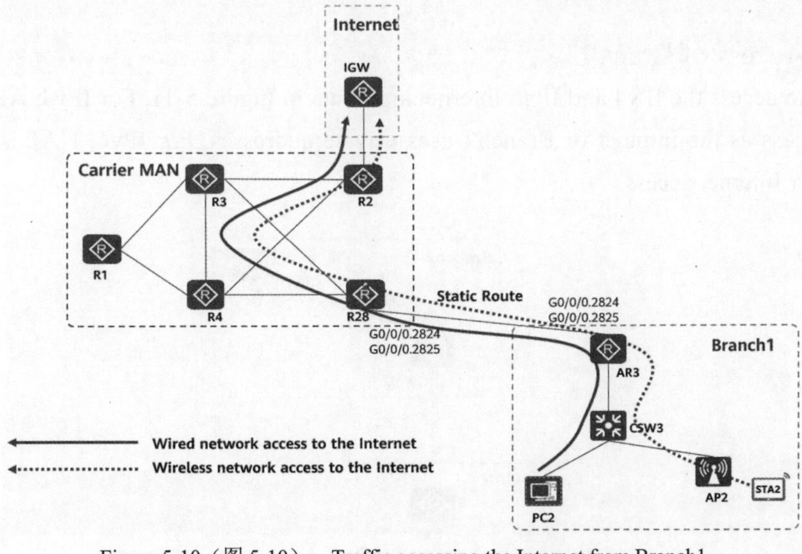

Figure 5-10（图 5-10） Traffic accessing the Internet from Branch1

【解析】

在路由器 R28 上配置 IPv6 静态路由并发布到 BGP 中。

1. 配置路由器 R28

```
[R28]ipv6 route-static 192:168:20:: 64 2002:24:28::2
[R28]bgp 100.1
[R28-bgp]network 100.24.28.0 255.255.255.252
[R28-bgp]ipv6-family unicast
[R28-bgp-af-ipv6]import-route static
```

2. 验证

PC2 和 STA2 使用 ping 命令访问 IGW 互联网网段。

5.4.6 Task 6: Network Deployment for Enterprise Branch2

1. Wired Network Deployment

AR4 is the egress gateway of Branch2, and connects to the carrier's router R3. PC3 is a dual-stack PC and is directly connected to AR4.

Table 5-23 lists the IP addresses (preconfigured) of PC3 at Branch2 and the gateway addresses.

Table 5-23（表 5-23） IP address plan for the PC at Branch2

Terminal	NIC IP Address	Gateway	Gateway IP Address
PC3	192.168.30.1/24	AR4 (G0/0/0)	192.168.30.254/24
	192:168:30::1/64	AR4 (G0/0/0)	192:168:30::254/64

【解析】

请读者自己完成此题的配置和验证。

2. Internet Access of Branch2

Branch2 needs to access the IPv4 and IPv6 Internet as shown in Figure 5-11. For IPv4, AR4 needs to perform NAT for Internet access as the intranet of Branch2 uses private addresses. For IPv6, NAT is not required and a static route is used for Internet access.

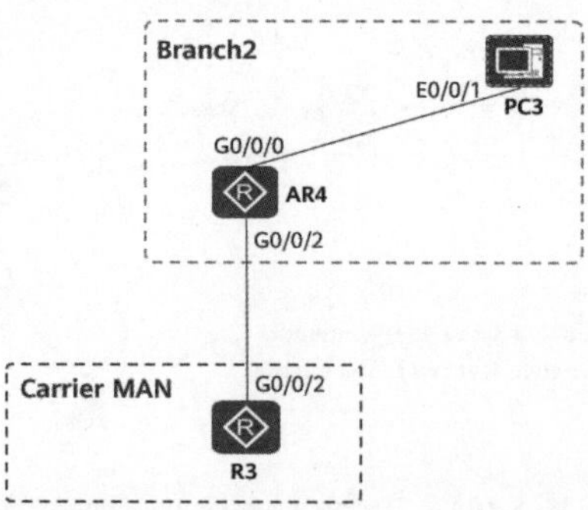

Figure 5-11（图 5-11） Enterprise Branch2 network

1. On AR4, configure default routes for accessing the IPv4 and IPv6 Internet based on Table 5-24.

Table 5-24（表 5-24） Carrier network interconnection plan for Branch2

Local Interface	Peer Interface	Description
AR4 G0/0/2.327	R3 G0/0/2.327	Used for MPLS VPN access (in Task 9)
AR4 G0/0/2.273	R3 G0/0/2.273	Default route of AR4, with the next hop being R3. This route is used for IPv4 Internet access
AR4 G0/0/2.274	R3 G0/0/2.274	Default route of AR4, with the next hop being R3. This route is used for IPv6 Internet access

【解析】

在路由器 AR4 上部署到 Internet 的缺省路由，用于访问 IPv4 和 IPv6 Internet。

1. 配置路由器 AR4

```
[AR4]ip route-static 0.0.0.0 0.0.0.0 100.3.27.2
[AR4]ipv6 route-static :: 0 2002:3:27::2
```

2. 验证

（1）使用 **display ip routing-table** 命令查看 IPv4 路由表的信息。

（2）使用 **display ipv6 routing-table** 命令查看 IPv6 路由表的信息。

2. For Internet access from intranet IPv4 users, configure an ACL on AR4 to define the wired service network segments of the intranet for which NAT is to be performed, and configure NAT in Easy IP mode on AR4.

【解析】

对于内网 IPv4 访问 Internet，要求在路由器 AR4 上通过 ACL 筛选业务网段（内网有线业务网段），只有通过 ACL 筛选的网段才允许进行 NAT；AR4 采用 Easy IP 的 NAT 方式。在路由器 R3 上发布与 AR4 相连的网段到 BGP 中。

1. 配置路由器 AR4

```
[AR4]acl number 3000
[AR4-acl-adv-3000]description For-NAT
[AR4-acl-adv-3000]rule 5 deny ip source 192.168.30.0 0.0.0.255 destination 192.168.10.0 0.0.0.255
[AR4-acl-adv-3000]rule 10 deny ip source 192.168.30.0 0.0.0.255 destination 192.168.110.0 0.0.0.255
[AR4-acl-adv-3000]rule 15 deny ip source 192.168.30.0 0.0.0.255 destination 192.168.120.0 0.0.0.255
[AR4-acl-adv-3000]rule 20 deny ip source 192.168.30.0 0.0.0.255 destination 192.168.20.0 0.0.0.255
[AR4-acl-adv-3000]rule 25 deny ip source 192.168.30.0 0.0.0.255 destination 192.168.150.0 0.0.0.255
[AR4-acl-adv-3000]rule 30 permit ip source 192.168.30.0 0.0.0.255
[AR4]interface GigabitEthernet0/0/2.273
[AR4-GigabitEthernet0/0/2.273]nat outbound 3000
```

2. 配置路由器 R3

```
[R3]bgp 100.1
[R3-bgp]network 100.3.27.0 255.255.255.252
```

3. 验证

（1）使用 **display nat outbound** 命令查看配置的 NAT Outbound 信息。

（2）使用 **display nat session** 命令查看 NAT 映射表项。

3. For Internet access from intranet IPv6 users, NAT is not required. Configure an IPv6 static route for Internet access as shown in Figure 5-12.

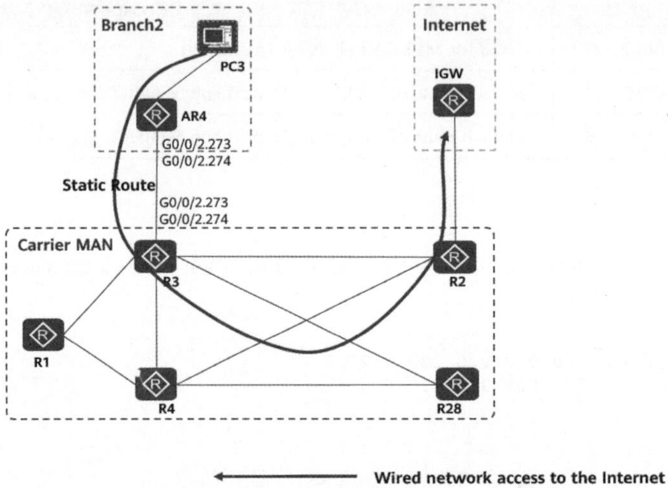

Figure 5-12（图 5-12）　Internet access from Branch2

【解析】

在路由器 R3 上配置 IPv6 静态路由并发布到 BGP 中。

1. 配置路由器 R3

```
[R3]ipv6 route-static 192:168:30:: 64 2002:3:27::1
[R3]bgp 100.1
[R3-bgp]ipv6-family unicast
[R3-bgp-af-ipv6]import-route static
```

2. 验证

PC3 使用 ping 命令访问 IGW 上用于模拟 Internet 的 IPv4 和 IPv6 地址。

5.4.7 Task 7: DCN Deployment

1. Underlay Network Deployment in DC1

Figure 5-13 shows the network topology of carrier's DC1. Internal Server1 is used only for internal office services of the carrier and Web Server can be accessed by Internet users. The two servers are deployed by the carrier.

The carrier's DC1 uses OSPF for Layer 3 interconnection on the underlay network.

1. Deploy Internal Server1 and Web Server in DC1. The server IP addresses (preconfigured) and gateway addresses are as follows (Table 5-25).

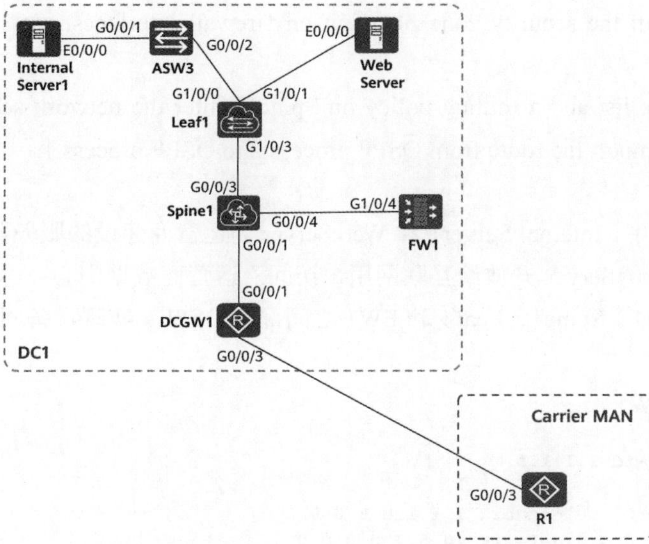

Figure 5-13（图 5-13） Network topology of DC1

Table 5-25（表 5-25） Address planning of servers in DC1

Device Name	NIC IP Address	Gateway	Gateway IP Address
Internal Server1	172.16.1.1/24	Leaf1 (vBDIF 10)	172.16.1.254/24
Web Server	172.16.3.1/24	Leaf1 (G1/0/1)	172.16.3.254/24

2. Deploy OSPF between DCGW1, Spine1, Leaf1, and FW1 to implement communication across device interconnection segments and Loopback0 network segments. Plan two network planes for DC1, and deploy OSPF processes 1 and 2 on the two network planes to implement route isolation. As shown in Figure 5-14, advertise related network segments in network mode, and advertise Loopback0 network segments of Spine1 and FW1 to OSPF process 1.

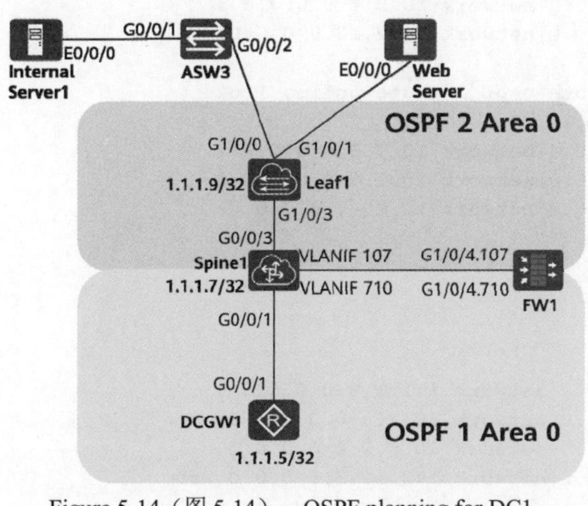

Figure 5-14（图 5-14） OSPF planning for DC1

Note: For details about the security zone planning on firewall interfaces, see"Internet Access to the Web Server in DC1"in Task 7.

3. Create an IP prefix list and a routing policy on Spine1, filter the network segment route (1.1.1.9/32) of Loopback0 on Leaf1, and import the route from OSPF process 2 to OSPF process 1.

【解析】

在运营商数据中心 1 中，Internal Server1 和 Web Server 为运营商建设的服务器，Internal Server1 仅用于运营商内部办公业务，Web Server 开放给互联网用户访问。运营商数据中心 1 采用 OSPF，实现 Underlay 网络三层互通。在 DCGW1、Spine1、Leaf1 和 FW1 之间部署 OSPF，实现设备间互联网段和 Loopback0 接口网段的互通。

1. 配置路由器 DCGW1

```
[DCGW1]ospf 1 router-id 1.1.1.5
[DCGW1-ospf-1]area 0
[DCGW1-ospf-1-area-0.0.0.0]network 1.1.1.5 0.0.0.0
[DCGW1-ospf-1-area-0.0.0.0]network 10.5.7.0 0.0.0.3
[DCGW1-ospf-1-area-0.0.0.0]network 10.5.6.0 0.0.0.3
```

2. 配置交换机 Spine1

```
[Spine1]ip ip-prefix 1to2 index 10 permit 1.1.1.13 32
[Spine1]ip ip-prefix 1to2 index 20 permit 100.0.0.0 16
[Spine1]ip ip-prefix 2to1 index 10 permit 1.1.1.9 32
[Spine1]route-policy 1to2 permit node 10
[Spine1-route-policy]if-match ip-prefix 1to2
[Spine1]route-policy 2to1 permit node 10
[Spine1-route-policy]if-match ip-prefix 2to1
[Spine1]ospf 1 router-id 1.1.1.7
[Spine1-ospf-1]import-route ospf 2 route-policy 2to1
//配置只能引入 OSPF 进程 2 中符合路由策略的路由
[Spine1-ospf-1]area 0
[Spine1-ospf-1-area-0.0.0.0]network 1.1.1.7 0.0.0.0
[Spine1-ospf-1-area-0.0.0.0]network 10.5.7.0 0.0.0.3
[Spine1-ospf-1-area-0.0.0.0]network 10.7.10.0 0.0.0.3
[Spine1]ospf 2
[Spine1-ospf-2]import-route ospf 1 route-policy 1to2
[Spine1-ospf-2]area 0
[Spine1-ospf-2-area-0.0.0.0]network 10.7.8.0 0.0.0.3
[Spine1-ospf-2-area-0.0.0.0]network 10.7.9.0 0.0.0.3
[Spine1-ospf-2-area-0.0.0.0]network 10.10.7.0 0.0.0.
```

3. 配置交换机 Leaf1

```
[Leaf1]ospf 2
[Leaf1-ospf-2]area 0
[Leaf1-ospf-2-area-0.0.0.0]network 1.1.1.9 0.0.0.0
[Leaf1-ospf-2-area-0.0.0.0]network 10.7.9.0 0.0.0.3
[Leaf1-ospf-2-area-0.0.0.0]network 10.8.9.0 0.0.0.3
[Leaf1-ospf-2-area-0.0.0.0]network 172.16.3.0 0.0.0.255
```

4. 配置防火墙 FW1

```
[FW1]ospf 1
[FW1-ospf-1]area 0
[FW1-ospf-1-area-0.0.0.0]network 1.1.1.10 0.0.0.0
[FW1-ospf-1-area-0.0.0.0]network 10.7.10.0 0.0.0.3
[FW1-ospf-1-area-0.0.0.0]network 10.8.10.0 0.0.0.3
[FW1]ospf 2
[FW1-ospf-2]area 0
[FW1-ospf-2-area-0.0.0.0]network 10.10.7.0 0.0.0.3
[FW1-ospf-2-area-0.0.0.0]network 10.10.8.0 0.0.0.3
```

5. 验证

（1）使用 **display ospf peer** 命令查看 OSPF 中各区域邻居的信息。

（2）使用 **display ospf lsdb** 命令查看 OSPF 的链路状态数据库信息。

（3）使用 **display ospf routing** 命令查看 OSPF 路由表的信息。

2. Underlay Network Deployment in DC2

Figure 5-15 shows the network topology of carrier's DC2. Internal Server2 is deployed by the carrier and is used only for internal office services.

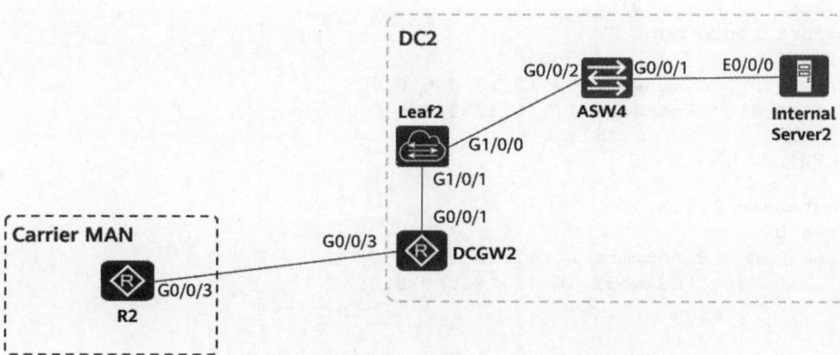

Figure 5-15（图 5-15） Network topology of DC2

The carrier's DC2 uses OSPF for Layer 3 interconnection on the underlay network as shown in Figure 5-16.

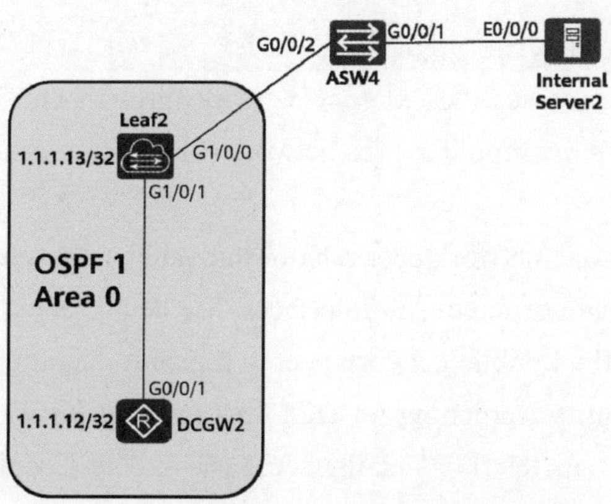

Figure 5-16（图 5-16） OSPF planning for DC2

1. Deploy Internal Server2 in DC2. The server IP address (preconfigured) and gateway address are as following Table 5-26.

Table 5-26（表 5-26） Address planning of the server in DC2

Device Name	NIC IP Address	Gateway	Gateway IP Address
Internal Server2	172.16.2.1/24	Leaf2 (vBDIF 20)	172.16.2.254/24

2. Deploy OSPF between DCGW2 and Leaf2 to implement communication across device interconnection segments and Loopback0 network segments. Set OSPF process ID to 1 and the area ID to 0, and advertise the network segments in network mode.

【解析】

在运营商数据中心 2 中，Internal Server2 为运营商建设的服务器，仅用于运营商内部办公业务。运营商数据中心 2 采用 OSPF，实现 Underlay 网络三层互通。在 DCGW2 和 Leaf2 之间部署 OSPF，实现设备间互联网段和 Loopback0 接口网段互通。

1. 配置路由器 DCGW2

```
[DCGW2]ospf 1 router-id 1.1.1.12
[DCGW2-ospf-1]import-route bgp
[DCGW2-ospf-1]area 0
[DCGW2-ospf-1-area-0.0.0.0]network 10.12.13.0 0.0.0.3
[DCGW2-ospf-1-area-0.0.0.0]network 1.1.1.12 0.0.0.0
```

2. 配置交换机 Leaf2

```
[Leaf2]ospf 1 router-id 1.1.1.13
[Leaf2-ospf-1]area 0
[Leaf2-ospf-1-area-0.0.0.0]network 1.1.1.13 0.0.0.0
[Leaf2-ospf-1-area-0.0.0.0]network 10.12.13.0 0.0.0.3
```

3. 验证

（1）使用 **display ospf peer** 命令查看 OSPF 中各区域邻居的信息。

（2）使用 **display ospf lsdb** 命令查看 OSPF 的链路状态数据库信息。

（3）使用 **display ospf routing** 命令查看 OSPF 路由表的信息。

3. External Network Deployment of DC1

As Figure 5-17 shows, DC1 accesses the external network through DCGW1, which establishes BGP peer relationships with R1 on the carrier's metropolitan area network (MAN) to transmit routes. The planning details are as following Table 5-27.

Establish BGP IPv4 unicast public network peer relationship and a peer relationship in the BGP VPN instance DCI between DCGW1 and R1 through different sub-interfaces. For details about VPN DCI, see Task 8.

Note: DCGW1 uses the BGP IPv4 public network peer to transmit the public network route of the Web Server in DC1 to R1. For details, see“Security Hardening for DC1”in Task 7. DCGW1 uses the VPN peer to transmit the Loopback0 route of Leaf1 in DC1 to R1. For details, see Task 8. The Loopback0 route is used to establish a VXLAN tunnel between Leaf1 and Leaf2.

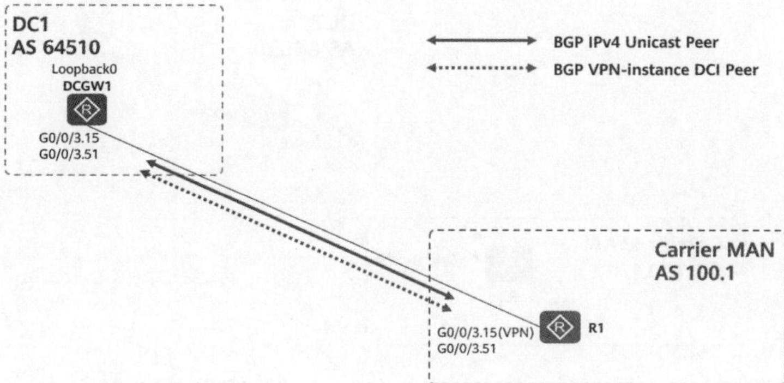

Figure 5-17（图 5-17） External network deployment of DC1

Table 5-27（表 5-27） BGP peer planning between DC1 and carrier MAN

Local Device	Local Interface	Remote Device	Remote Interface	Peer Relationship Type
R1	G0/0/3.15 (VPN:DCI)	DCGW1	G0/0/3.15	IPv4
R1	G0/0/3.51	DCGW1	G0/0/3.51	IPv4

【解析】

数据中心 1 通过 DCGW1 访问外部网络，DCGW1 与运营商城域网的 R1 建立 BGP 邻居来传递路由。配置交换机 Leaf1 发布建立 VXLAN 隧道网段路由，完成此题前，建议读者先完成 Task 8 的 DCI 互通部署。

1. 配置交换机 Leaf1

```
[Leaf1] bgp 64510 instance EVPN1
[Leaf1-bgp]network 1.1.1.9 32
```

2. 验证

使用 **display bgp network** 命令查看 BGP 通过 network 命令引入的路由信息。

4. External Network Deployment of DC2

As Figure 5-18 shows, DC2 accesses the external network through DCGW2, which establishes a BGP peer relationship with R2 on the carrier's MAN to transmit routes. The planning details are as following Table 5-28.

Establish a peer relationship in the BGP VPN instance DCI between DCGW2 and R2 through the primary interfaces. For details about VPN DCI, see Task 8.

Note: DCGW2 uses the BGP VPN peer to transmit the Loopback0 route of Leaf2 in DC2 to R2. For details, see Task 8. The Loopback0 route is used to establish a VXLAN tunnel between Leaf2 and Leaf1.

【解析】

数据中心 2 通过 DCGW2 访问外部网络，DCGW2 与运营商城域网的 R2 建立 BGP 邻居来传递路由。配置交换机 Leaf2 发布建立 VXLAN 隧道网段路由，完成此题前，建议读者先完成 Task 8 的 DCI 互通部署。

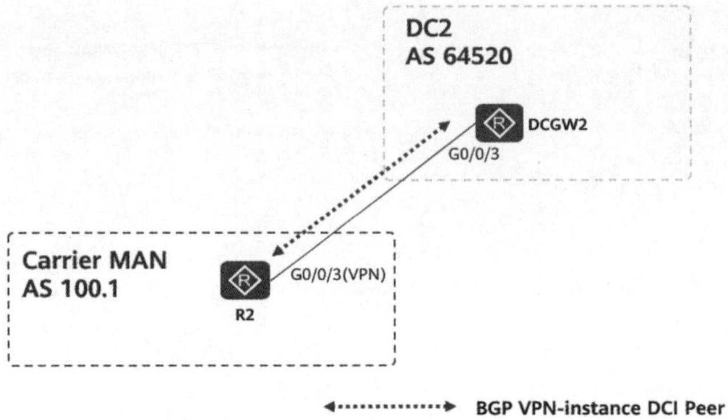

Figure 5-18（图 5-18）　Connection between DC2 and carrier MAN

Table 5-28（表 5-28）　BGP peer planning between DC2 and carrier MAN

Local Device	Local Interface	Remote Device	Remote Interface	Peer Relationship Type
R2	G0/0/3(VPN:DCI)	DCGW2	G0/0/3	IPv4

1. 配置交换机 Leaf2

```
[Leaf2]bgp 64510 instance EVPN1
[Leaf2-bgp]network 1.1.1.13 255.255.255.255
```

2. 验证

使用 **display bgp network** 命令查看 BGP 通过 network 命令引入的路由信息。

5. Internet Access to the Web Server in DC1

The Web Server is deployed in DC1 to provide web services for the Internet users. The Web Server is directly connected to Leaf1, whose interface G1/0/1 functions as the gateway of the Web Server. To improve network security, the traffic from the Internet to the Web Server must be filtered by the firewall. Figure 5-19 shows the traffic from the Internet to the Web Server.

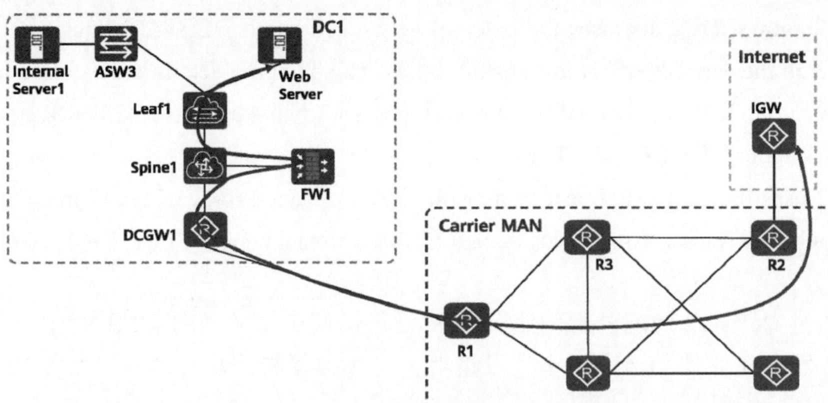

Figure 5-19（图 5-19）　Traffic from the Internet users to the Web Server in DC1

1. Create security zones on FW1 in DC1 and add interfaces to the security zones according to Table 5-29.

Table 5-29（表 5-29） Security zone planning for the firewall in DC1

Interface	Security Zone	Priority
G1/0/4.107	internal	60
G1/0/4.710	external	30

【解析】

数据中心 1 部署了 Web Server，用于对 Internet 提供 Web 服务。Web Server 直连 Leaf1，Leaf1 的接口 G1/0/1 作为 Web Server 的网关。为提升网络安全性，要求互联网访问 Web Server 的流量必须经过防火墙进行安全过滤。在数据中心 1 的防火墙 FW1 上配置安全区域。

1. 配置防火墙 FW1

```
[FW1]firewall zone name internal id 6
[FW1-zone-internal]set priority 60
[FW1-zone-internal]add interface GigabitEthernet1/0/4.107
[FW1]firewall zone name external id 7
[FW1-zone-external]set priority 30
[FW1-zone-external]add interface GigabitEthernet1/0/4.710
```

2. 验证

使用 **display zone** 命令查看安全区域的配置信息。

2. To ensure secure access from the Internet to the Web Server in DC1, create the following inter-zone security policy according to Table 5-30.

Table 5-30（表 5-30） Security policy planning for the firewall in DC1

Rule Name	to_web_server
Source Zone	external
Destination Zone	internal
Source IP	Any
Destination IP	172.16.3.0/24
Action	Permit

【解析】

在防火墙 FW1 上配置安全策略，实现互联网对数据中心 1 的 Web Server 的安全访问。

1. 配置防火墙 FW1

```
[FW1]security-policy
[FW1-policy-security]rule name to_web_server
[FW1-policy-security-rule-to_web_server]source-zone external
[FW1-policy-security-rule-to_web_server]destination-zone internal
[FW1-policy-security-rule-to_web_server]destination-address 172.16.3.0 mask 255.255.255.0
```

```
[FW1-policy-security-rule-to_web_server]profile ips web_ips        //配置安全策略规则引用入侵防御配置文件
[FW1-policy-security-rule-to_web_server]action permit
```

2. 验证

使用 **display security-policy rule** 命令查看数据面的安全策略规则内容。

3. Deploy traffic classification, traffic behaviors, and traffic policies on Spine1 in the DC1 to control the traffic passing through Spine1 according to Table 5-31. The traffic needs to be redirected to the next hop so that it can be diverted to the firewall for security check.

Table 5-31（表 5-31）　Traffic policy planning for Spine1 in DC1

Traffic Policy	Traffic Classification		Traffic Behavior		Application Interface
from_server	from_web_server	ACL matching source IP address: 172.16.3.1/32	from_server	Redirection to a next-hop address: 10.10.7.2	Inbound direction of G0/0/3
to_server	to_web_server	ACL matching destination IP address: 150.150.150.150/32	to_server	Redirection to a next-hop address: 10.7.10.2	Inbound direction of G0/0/1

【解析】

在数据中心 Spine1 设备上部署流策略，控制经过 Spine1 的流量，需要通过重定向下一跳的方式将流量引导至防火墙进行安全检查。

1. 配置交换机 Spine1

```
[Spine1]acl number 3000
[Spine1-acl-adv-3000]rule 10 permit ip source 1.1.1.9 0 destination 1.1.1.13 0
[Spine1]acl number 3001
[Spine1-acl-adv-3001]rule 10 permit ip source 1.1.1.13 0 destination 1.1.1.9 0
[Spine1]acl number 3002
[Spine1-acl-adv-3002]rule 10 permit ip source 172.16.3.1 0
[Spine1]acl number 3003
[Spine1-acl-adv-3003]rule 10 permit ip destination 150.150.150.150 0
[Spine1]traffic classifier from_internal_server operator and      //创建一个流分类并进入流分类视图
[Spine1-classifier-from_internal_server]if-match acl 3000
[Spine1]traffic classifier from_web_server operator and
[Spine1-classifier-from_web_server]if-match acl 3002
[Spine1]traffic classifier to_internal_server operator and
[Spine1-classifier-to_internal_server]if-match acl 3001
[Spine1]traffic classifier to_web_server operator and
[Spine1-classifier-to_web_server]if-match acl 3003
[Spine1]traffic behavior from_server                              //创建一个流行为并进入流行为视图
[Spine1-behavior-from_server]redirect ip-nexthop 10.10.7.2        //将报文重定向到单个下一跳 IP 地址
[Spine1]traffic behavior to_server
[Spine1-behavior-to_server]redirect ip-nexthop 10.7.10.2
[Spine1]traffic policy from_server                                //创建一个流策略并进入流策略视图
[Spine1-trafficpolicy-from_server]classifier from_internal_server behavior from_server
[Spine1-trafficpolicy-from_server]classifier from_web_server behavior from_server
[Spine1]traffic policy to_server
[Spine1-trafficpolicy-to_server]classifier to_internal_server behavior to_server
[Spine1-trafficpolicy-to_server]classifier to_web_server behavior to_server
```

```
[Spine1]interface GigabitEthernet0/0/1
[Spine1-GigabitEthernet0/0/1]traffic-policy to_server inbound    //在接口上应用流策略
[Spine1]interface GigabitEthernet0/0/3
[Spine1-GigabitEthernet0/0/3]traffic-policy from_server inbound
```

2. 验证

（1）使用 **display acl** 命令查看 ACL 的配置信息。

（2）使用 **display traffic classifier** 命令查看已配置的流分类信息。

（3）使用 **display traffic behavior** 命令查看已配置的流行为信息。

（4）使用 **display traffic policy** 命令查看已配置的流策略信息。

（5）使用 **display traffic-policy applied-record** 命令查看流策略的应用记录。

（6）使用 **display traffic-policy statistics** 命令查看流策略报文统计信息。

4. To ensure that the Web Server in the DC1 can be accessed by the Internet users, deploy the NAT Server on the firewall and set the public IP address of the NAT Server to 150.150.150.150. The firewall generates a UNR for the NAT Server. Import the UNR to OSPF process 1.

【解析】

为确保数据中心 1 的 Web Server 可以被 Internet 正常访问，要求在防火墙 FW1 上部署 NAT Server，防火墙生成该 NAT Server 的 UNR 路由，将 UNR 路由引入 OSPF 进程 1 中。

1. 配置防火墙 FW1

```
[FW1]nat server web global 150.150.150.150 inside 172.16.3.1 unr-route
//配置 NAT Server，指定数据中心 1 的 Web Server 映射的公网地址和私网地址，并下发 UNR 路由，防止路由环路
[FW1]ospf 1
[FW1-ospf-1]import-route unr
```

2. 验证

（1）使用 **display nat server** 命令查看 NAT Server 配置信息。

（2）使用 **display nat session** 命令查看 NAT 映射表项。

5. On DCGW1, import OSPF 1 routes to BGP. When DCGW1 advertises routes to its EBGP peer R1 (100.1.5.2), use the IP prefix list and routing policy to advertise only the public network route (150.150.150.150/32) of the Web Server.

【解析】

在 DCGW1 上将 OSPF 进程 1 的路由引入 BGP 中，当 DCGW1 向 EBGP 对等体 R1 通告路由时，通过 IP 前缀列表+路由策略的方式控制只通告 Web Server 对外的公网路由。在路由器 DCGW1 上发布 VXLAN 隧道地址和 NAT Server 外网地址。

1. 配置路由器 DCGW1

```
[DCGW1]ip ip-prefix Leaf1-LP index 10 permit 1.1.1.9 32
[DCGW1]ip ip-prefix nat-server index 10 permit 150.150.150.150 32
[DCGW1]route-policy Leaf1-LP permit node 10
[DCGW1-route-policy]if-match ip-prefix Leaf1-LP
[DCGW1]route-policy nat-server permit node 10
```

```
[DCGW1-route-policy]if-match ip-prefix nat-server
[DCGW1]bgp 64510
[DCGW1-bgp]import-route ospf 1
[DCGW1-bgp]peer 10.1.5.2 route-policy Leaf1-LP export
[DCGW1-bgp]peer 100.1.5.2 route-policy nat-server export
```

2. 验证

使用 **display bgp routing-table** 命令查看 BGP 的路由信息。

6. After DCGW1 receives the Internet route (100.0.0.0/16) from R1, import the route to OSPF process 1. Import the route from OSPF process 1 to OSPF process 2 based on the prefix list and routing policy on Spine1.

【解析】

DCGW1 在收到 R1 发来的 Internet 路由后，将其引入 OSPF 进程 1 中；在 Spine1 上通过前缀列表+路由策略的方式，将该 Internet 路由从 OSPF 进程 1 引入 OSPF 进程 2 中。

1. 配置路由器 DCGW1

```
[DCGW1]ospf 1
[DCGW1-ospf-1]import-route bgp
```

2. 配置交换机 Spine1

```
[Spine1]ip ip-prefix 1to2 index 10 permit 1.1.1.13 32
[Spine1]ip ip-prefix 1to2 index 20 permit 100.0.0.0 16
[Spine1]ip ip-prefix 2to1 index 10 permit 1.1.1.9 32
[Spine1]route-policy 1to2 permit node 10
[Spine1-route-policy]if-match ip-prefix 1to2
[Spine1]route-policy 2to1 permit node 10
[Spine1-route-policy]if-match ip-prefix 2to1
[Spine1]ospf 1
[Spine1-ospf-1]import-route ospf 2 route-policy 2to1
[Spine1]ospf 2
[Spine1-ospf-2]import-route ospf 1 route-policy 1to2
```

3. 验证

（1）使用 **display ip ip-prefix** 命令查看地址前缀列表。

（2）使用 **display route-policy** 命令查看路由策略的详细配置信息。

（3）使用 **display ospf routing** 命令查看 OSPF 路由表的信息。

6. Security Hardening for DC1

To improve the security of DC1, related security functions must be deployed to implement security hardening.

1. Deploy a CPU defense policy on ASW3 in DC1. In the CPU defend policy view, set the action for Telnet, SSH, HTTP, SNMP, FTP, and ICMP packets sent to the CPU to discard so as to prevent management protocol packets from accessing the service plane.

【解析】

为提升数据中心 1 的安全性，要求部署相关安全功能，实现安全加固。在数据中心 1 的交换机 ASW3 上部署 CPU 防攻击策略，将上送 CPU 的 Telnet、SSH、HTTP、SNMP、FTP、ICMP 等协议报文的动作设置为丢弃，限制管理协议的报文从业务平面接入。

1. 配置交换机 ASW3

```
[ASW3]acl 3000
[ASW3-acl-adv-3000]rule 10 permit ip source 100.0.0.0 0.0.255.255
[ASW3]cpu-defend policy cpu                                    //创建防攻击策略
[ASW3-cpu-defend-policy-cpu]blacklist 1 acl 3000               //使用 ACL 3000 配置 1 号 IPv4 黑名单
[ASW3-cpu-defend-policy-cpu]deny packet-type icmp              //将上送 CPU 的 ICMP 协议报文的动作设置成丢弃
[ASW3-cpu-defend-policy-cpu]deny packet-type telnet
[ASW3-cpu-defend-policy-cpu]deny packet-type ssh
[ASW3-cpu-defend-policy-cpu]deny packet-type ftp
[ASW3-cpu-defend-policy-cpu]deny packet-type snmp
[ASW3]cpu-defend-policy cpu global                             //应用防攻击策略
```

2. 验证

（1）使用 **display cpu-defend policy** 命令查看防攻击策略的配置信息。

（2）使用 **display cpu-defend statistics** 命令查看上送 CPU 的报文的统计信息。

2. Configure attack source tracing and automatic defense for ARP packets on ASW3 in DC1. Set the packet sampling ratio for attack source tracing to 10. Set the attack source tracing mode to source MAC address, source IP address, source interface, and VLAN. If the rate of packets sampled per second exceeds 50 pps, the system considers that an attack occurs and discards the packets from the user at an interval of 20 seconds. Configure G0/0/1 to which the whitelist for attack source tracing is applied and apply the attack defense policy globally.

【解析】

为提升数据中心 1 的安全性，要求部署相关安全功能，实现安全加固。在数据中心 1 的交换机 ASW3 上配置针对 ARP 报文的防攻击策略和攻击溯源功能。

1. 配置交换机 ASW3

```
[ASW3]cpu-defend policy cpu                                           //创建防攻击策略
[ASW3-cpu-defend-policy-cpu]auto-defend enable                        //使能攻击溯源功能
[ASW3-cpu-defend-policy-cpu]auto-defend attack-packet sample 10       //配置攻击溯源的采样比为 10
[ASW3-cpu-defend-policy-cpu]auto-defend threshold 50                  //配置攻击溯源的检查阈值为 50pps
[ASW3-cpu-defend-policy-cpu]auto-defend trace-type source-mac source-ip source-portvlan
//配置基于源 MAC 地址、源 IP 地址、源端口+VLAN 这 3 种模式进行攻击溯源
[ASW3-cpu-defend-policy-cpu]auto-defend protocol arp
//在攻击溯源防范的报文类型列表中删除 ARP 报文
[ASW3-cpu-defend-policy-cpu]auto-defend action deny timer 20        //配置攻击溯源的惩罚措施为丢弃
[ASW3-cpu-defend-policy-cpu]auto-defend whitelist 1 interface GigabitEthernet0/0/1
//将源接口为 GigabitEthernet0/0/1 的用户加入攻击溯源的白名单
[ASW3]cpu-defend-policy cpu global                                  //应用防攻击策略
```

2. 验证

（1）使用 **display cpu-defend policy** 命令查看防攻击策略的配置信息。

（2）使用 **display cpu-defend statistics** 命令查看上送 CPU 的报文的统计信息。

3. To limit the rate of broadcast, multicast, or unknown unicast packets on an interface and prevent a broadcast storm, configure traffic suppression for packets of these types on G0/0/2 of ASW3 when the percentage of bandwidth occupied by the packets reaches 50%.

【解析】

为了限制出入接口的广播、组播或未知单播报文的速率，防止广播风暴，需要在交换机 ASW3 上配置流量抑制功能。

1. 配置交换机 ASW3

```
[ASW3]interface GigabitEthernet0/0/2
[ASW3-GigabitEthernet0/0/2]urpf strict allow-default-route
//使能严格 URPF 检查，同时允许对缺省路由进行特殊处理
[ASW3-GigabitEthernet0/0/2]unicast-suppression 50
//配置接口下允许通过的最大未知单播报文的流量为 50pps
[ASW3-GigabitEthernet0/0/2]multicast-suppression 50
//配置接口下允许通过的最大组播报文的流量为 50pps
[ASW3-GigabitEthernet0/0/2]broadcast-suppression 50
//配置接口下允许通过的最大广播报文的流量为 50pps
```

2. 验证

（1）使用 **display flow-suppression interface** 命令查看指定接口下流量抑制功能的配置情况。

（2）在接口视图下使用命令 **display this** 检查 URPF 功能是否配置成功。

4. Enable ARP packet validity check globally on ASW3 and configure the device to check the source MAC address in an ARP packet.

【解析】

在 ASW3 上全局使能 ARP 报文合法性检查功能，并指定 ARP 报文合法性检查时检查源 MAC 地址。

1. 配置交换机 AWS3

```
[ASW3]arp anti-attack packet-check sender-mac
//全局使能 ARP 报文合法性检查功能，并指定 ARP 报文合法性检查时检查源 MAC 地址
```

2. 验证

使用 **display arp anti-attack configuration packet-check** 命令查看 ARP 报文合法性检查功能是否已使能。

5. Configure the sticky MAC function on G0/0/1 of ASW3 to allow a maximum of two PCs to connect to the interface.

【解析】

在交换机 ASW3 上配置 Sticky MAC 功能，限制接口最多只允许接入两台 PC。

1. 配置交换机 ASW3

```
[ASW3]interface GigabitEthernet0/0/1
[ASW3-GigabitEthernet0/0/1]port-security enable                 //使能端口安全功能
[ASW3-GigabitEthernet0/0/1]port-security max-mac-num 2          //配置端口安全 MAC 地址学习限制数为 2
[ASW3-GigabitEthernet0/0/1]port-security mac-address sticky     //使能接口 Sticky MAC 功能
```

2. 验证

使用 **display mac-address sticky** 命令查看系统当前存在的 Sticky 类型的 MAC 地址表项。

6. MAC address flapping occurs on a network when the network encounters a routing loop or attack. To prevent this, set the MAC learning priority on G0/0/2 to 2.

【解析】

网络中产生环路或非法用户进行网络攻击都会造成 MAC 地址漂移，导致 MAC 地址不稳定。在交换机 ASW3 上配置接口学习 MAC 地址优先级。

1. 配置交换机 ASW3

```
[ASW3]interface GigabitEthernet0/0/2
[ASW3-GigabitEthernet0/0/2]mac-learning priority 2                //配置接口学习 MAC 地址的优先级为 2
```

2. 验证

在接口视图下使用命令 **display this** 检查接口学习 MAC 地址的优先级是否配置成功。

7. Configure intrusion prevention on the firewall in DC1 and apply the IPS profile to the security policy related to the Web Server. The data plan is as following Table 5-32.

Table 5-32（表 5-32） IPS profile plan for the firewall in DC1

Configuration Item	Setting
IPS profile name	web_ips
Signature filter	filter_web
Object	server
Severity	High
Protocol	HTTP

【解析】

在数据中心 1 的防火墙 FW1 上配置 IPS（Intrusion Prevention System，入侵防御系统）。

1. 数据中心 1 的防火墙 FW1 配置

```
[FW1]profile type ips name web_ips
//创建 IPS 配置文件
[FW1-profile-ips-web_ips]signature-set name filter_web          //创建一个 IPS 签名过滤器
[FW1-profile-ips-web_ips-sigset-filter_web]target server       //将检测目标是服务器的签名加入 IPS 签名过滤器中
[FW1-profile-ips-web_ips-sigset-filter_web]severity high       //将威胁等级为高的签名加入 IPS 签名过滤器中
[FW1-profile-ips-web_ips-sigset-filter_web]protocol HTTP
//将 HTTP 的 IPS 签名加入 IPS 签名过滤器中
```

2. 验证

使用 **display profile type ips** 命令查看当前 IPS 配置文件的配置信息。

5.4.8 Task 8: DCI Service Interworking Between DC1 and DC2

1. MPLS L3VPN Deployment

As Figure 5-20 shows, the carrier builds DC1 and DC2 in the city and deploys MPLS L3VPN on the carrier MAN to implement inter-MAN communication between DC1 and DC2.

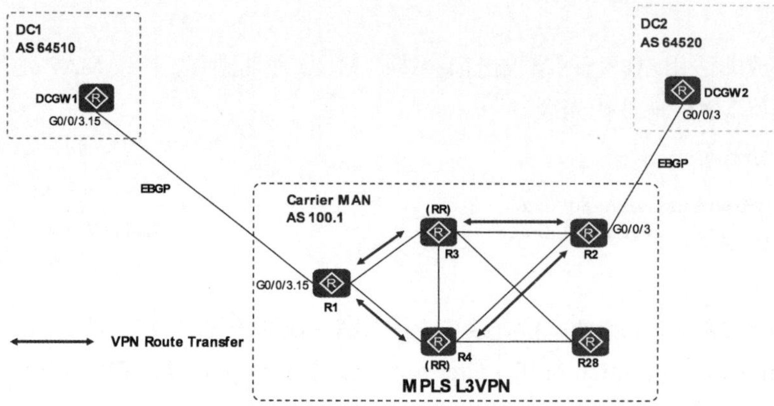

Figure 5-20（图 5-20）　Carrier L3VPN plan for DCI services

The configuration requirements are as follows.

1. Deploy MPLS LDP on R1, R2, R3, R4, and R28 on the carrier MAN to carry VPN services, use Loopback0 interfaces of the devices as their LSR IDs, and enable LDP on the related interfaces of the devices.

【解析】

运营商建设了数据中心 1 和数据中心 2，在运营商城域网部署了 MPLS L3VPN，实现了数据中心 1 和数据中心 2 跨城域网互通。运营商城域网部署 MPLS LDP 作为 VPN 业务的承载隧道，在路由器 R1、R2、R3、R4、R28 上配置 MPLS LDP。

1. 配置路由器 R1

```
[R1]mpls lsr-id 1.1.1.1                        //配置 LSR 的 ID
[R1]mpls                                       //使能本节点的全局 MPLS 能力，并进入 MPLS 视图
[R1]mpls ldp                                   //使能本节点的 MPLS LDP 能力，并进入 MPLS-LDP 视图
[R1]interface GigabitEthernet0/0/1
[R1-GigabitEthernet0/0/1]mpls                  //使能所在接口的 MPLS 能力
[R1-GigabitEthernet0/0/1]mpls ldp              //使能接口上的 MPLS LDP 功能
[R1]interface GigabitEthernet0/0/2
[R1-GigabitEthernet0/0/2]mpls
[R1-GigabitEthernet0/0/2]mpls ldp
```

2. 配置路由器 R2

```
[R2]mpls lsr-id 1.1.1.2
[R2]mpls
[R2]mpls ldp
[R2]interface GigabitEthernet0/0/0
[R2-GigabitEthernet0/0/0]mpls
[R2-GigabitEthernet0/0/0]mpls ldp
[R2]interface GigabitEthernet0/0/1
[R2-GigabitEthernet0/0/1]mpls
[R2-GigabitEthernet0/0/1]mpls ldp
```

3. 配置路由器 R3

```
[R3]mpls lsr-id 1.1.1.3
[R3]mpls
[R3]mpls ldp
```

```
[R3]interface Ethernet0/0/1
[R3-Ethernet0/0/1]mpls
[R3-Ethernet0/0/1]mpls ldp
[R3]interface GigabitEthernet0/0/0
[R3-GigabitEthernet0/0/0]mpls
[R3-GigabitEthernet0/0/0]mpls ldp
[R3]interface GigabitEthernet0/0/1
[R3-GigabitEthernet0/0/1]mpls
[R3-GigabitEthernet0/0/1]mpls ldp
[R3]interface GigabitEthernet0/0/3.1
[R3-GigabitEthernet0/0/3.1]mpls
[R3-GigabitEthernet0/0/3.1]mpls ldp
[R3]interface GigabitEthernet0/0/3.2
[R3-GigabitEthernet0/0/3.2]mpls
[R3-GigabitEthernet0/0/3.2]mpls ldp
[R3]interface GigabitEthernet0/0/3.100
[R3-GigabitEthernet0/0/3.100]mpls
[R3-GigabitEthernet0/0/3.100]mpls ldp
```

4. 配置路由器 R4

```
[R4]mpls lsr-id 1.1.1.4
[R4]mpls
[R4]mpls ldp
[R4]interface Ethernet0/0/1
[R4-Ethernet0/0/1]mpls
[R4-Ethernet0/0/1]mpls ldp
[R4]interface GigabitEthernet0/0/0
[R4-GigabitEthernet0/0/0]mpls
[R4-GigabitEthernet0/0/0]mpls ldp
[R4]interface GigabitEthernet0/0/1
[R4-GigabitEthernet0/0/1]mpls
[R4-GigabitEthernet0/0/1]mpls ldp
[R4]interface GigabitEthernet0/0/3.1
[R4-GigabitEthernet0/0/3.1]mpls
[R4-GigabitEthernet0/0/3.1]mpls ldp
[R4]interface GigabitEthernet0/0/3.2
[R4-GigabitEthernet0/0/3.2]mpls
[R4-GigabitEthernet0/0/3.2]mpls ldp
[R4]interface GigabitEthernet0/0/3.100
[R4-GigabitEthernet0/0/3.100]mpls
[R4-GigabitEthernet0/0/3.100]mpls ldp
```

5. 配置路由器 R28

```
[R28]mpls lsr-id 1.1.1.28
[R28]mpls
[R28]mpls ldp
[R28]interface Ethernet0/0/1
[R28-Ethernet0/0/1]mpls
[R28-Ethernet0/0/1]mpls ldp
[R28]interface Ethernet0/0/0
[R28-Ethernet0/0/1]mpls
[R28-Ethernet0/0/1]mpls ldp
```

6. 验证

（1）使用 **display mpls interface** 命令查看使能 MPLS 的接口信息。

（2）使用 **display mpls ldp** 命令查看 LDP 配置的全局信息。

（3）使用 **display mpls ldp peer** 命令查看 LDP 对等体的信息。

（4）使用 **display mpls ldp lsp** 命令查看使用 LDP 创建的 LSP 相关信息。

（5）使用 **display mpls ldp session** 命令查看 LDP 对等体间的会话信息。

2. R1 functions as a PE to connect to DCGW1 (egress router of DC1). Create a VPN instance named **DCI** on R1, and configure an RD and an RT as required in Table 5-33. R2 functions as a PE to connect to DCGW2 (egress router of DC2). Create a VPN instance named **DCI** on R2, and configure an RD and an RT as required in Table 5-33.

Table 5-33（表 5-33）　Carrier VPN parameter plan for DCI services

Device	VPN Instance Name	RD	RT	Service Access Interface
R1	DCI	100:439	100:439	G0/0/3.15
R2	DCI	100:439	100:439	G0/0/3

【解析】

在路由器 R1 和 R2 上创建 VPN 实例。

1. 配置路由器 R1

```
[R1]ip vpn-instance DCI
[R1-vpn-instance-DCI]ipv4-family
[R1-vpn-instance-DCI-af-ipv4]route-distinguisher 100:439
[R1-vpn-instance-DCI-af-ipv4]vpn-target 100:439 export-extcommunity
[R1-vpn-instance-DCI-af-ipv4]vpn-target 100:439 import-extcommunity
[R1]interface GigabitEthernet0/0/3.15
[R1-GigabitEthernet0/0/3.15]ip binding vpn-instance DCI
[R1-GigabitEthernet0/0/3.15]ip address 10.1.5.2 255.255.255.252
```

2. 配置路由器 R2

```
[R2]ip vpn-instance DCI
[R2-vpn-instance-DCI]ipv4-family
[R2-vpn-instance-DCI-af-ipv4]route-distinguisher 100:439
[R2-vpn-instance-DCI-af-ipv4]vpn-target 100:439 export-extcommunity
[R2-vpn-instance-DCI-af-ipv4]vpn-target 100:439 import-extcommunity
[R2]interface GigabitEthernet0/0/3
[R2-GigabitEthernet0/0/3]ip binding vpn-instance DCI
[R2-GigabitEthernet0/0/3]ip address 10.2.12.1 255.255.255.252
```

3. 验证

使用 **display ip vpn-instance** 命令查看 VPN 实例的配置信息。

3. Configure DCGW1 to import OSPF routes into BGP. During transmission of BGP routes to R1, configure DCGW1 to use a prefix list and route-policy to transmit only the routes destined for Loopback0 of Leaf1. Configure R1 to use BGP to transmit routes of DC2 to DCGW1 and configure DCGW1 to import BGP routes into OSPF process 1. Configure Spine1 to use a prefix list and route-policy to import only the routes destined for Loopback0 of Leaf2 when importing routes from OSPF process 1 into OSPF process 2.

【解析】

在路由器 DCGW1 上引入 OSPF 路由至 BGP 中，传递 BGP 路由至 R1 时，使用前缀列表+路由策略的方式控制只传递 Leaf1 的 Loopback0 接口路由。R1 通过 BGP 传递数据中心 2 的路由至 DCGW1，DCGW1 引入 BGP 路由至 OSPF 进程 1 中；Spine1 再将 BGP 路由从 OSPF 进程 1 引入 OSPF 进程 2，引入时同样要求使用前缀列表+路由策略的方式实现路由引入控制。

1. 配置路由器 DCGW1

```
[DCGW1]ip ip-prefix leaf1 index 10 permit 1.1.1.9 32
[DCGW1]route-policy leaf1 permit node 10
[DCGW1-route-policy] if-match ip-prefix leaf1
[DCGW1]bgp 64510
[DCGW1-bgp]import-route ospf 1 route-policy leaf1
[DCGW1]ospf 1
[DCGW1-ospf-1]import-route bgp
```

2. 配置交换机 Spine1

```
[Spine1]ip ip-prefix 1to2 index 20 permit 100.0.0.0 16
[Spine1]ip ip-prefix 2to1 index 10 permit 1.1.1.9 32
[Spine1]route-policy 1to2 permit node 10
[Spine1-route-policy]if-match ip-prefix 1to2
[Spine1]route-policy 2to1 permit node 10
[Spine1-route-policy]if-match ip-prefix 2to1
[Spine1]ospf 1 router-id 1.1.1.7
[Spine1-ospf-1]import-route ospf 2 route-policy 2to1
//配置只能引入 OSPF 进程 2 中符合路由策略的路由
[Spine1]ospf 2
[Spine1-ospf-2]import-route ospf 1 route-policy 1to2
```

3. 验证

（1）使用 **display bgp routing-table** 命令查看 BGP 的路由信息。

（2）使用 **display ip ip-prefix** 命令查看地址前缀列表。

（3）使用 **display route-policy** 命令查看路由策略的详细配置信息。

4. Configure DCGW2 to transmit only the routes destined for Loopback0 of Leaf2 to R2 using the network command. Configure R2 to use BGP to transmit the routes of DC1 to DCGW2 and configure DCGW2 to import BGP routes into OSPF.

【解析】

在路由器 DCGW2 通过 Network 方式控制只传递 Leaf2 的 Loopback0 接口路由至 R2。R2 通过 BGP 传递数据中心 1 的路由至 DCGW2，DCGW2 引入 BGP 路由至 OSPF 中。

1. 配置路由器 DCGW2

```
[DCGW2]ospf 1
[DCGW2-ospf-1]import-route bgp
[DCGW2]bgp 64520
[DCGW2-bgp]network 1.1.1.13 255.255.255.255
```

2. 验证

使用 **display bgp network** 命令查看 BGP 通过 network 命令引入的路由信息。

5. Configure R1 and R2 each to establish a BGP VPNv4 peer relationship with R3 and R4. Configure R3 and R4 as RRs to reflect VPNv4 routes between R1 and R2 and to change the next hops of reflected routes to R3 and R4 themselves.

【解析】

路由器 R1、R2 分别与 R3 和 R4 建立 BGP VPNv4 邻居关系，R3、R4 作为 RR 反射器，反射 R1 和 R2 之间的 VPNv4 路由，要求 R3 和 R4 在反射 VPNv4 路由时，修改路由的下一跳为路由器设备本身。此题所述配置已在 Task 2 的"BGP Deployment"中完成。

2. DCI Deployment

As Figure 5-21 shows, the carrier deploys Internal Server1 and Internal Server2 in DC1 and DC2 for internal office. Internal Server1 in DC1 and Internal Server2 in DC2 belong to VLAN 10 and VLAN 20, respectively, and they belong to different network segments. To implement E2E communication between Internal Server1 and Internal Server2 across the MAN, BGP EVPN needs to be configured on Leaf1 in DC1 and Leaf2 in DC2 to establish VXLAN tunnels.

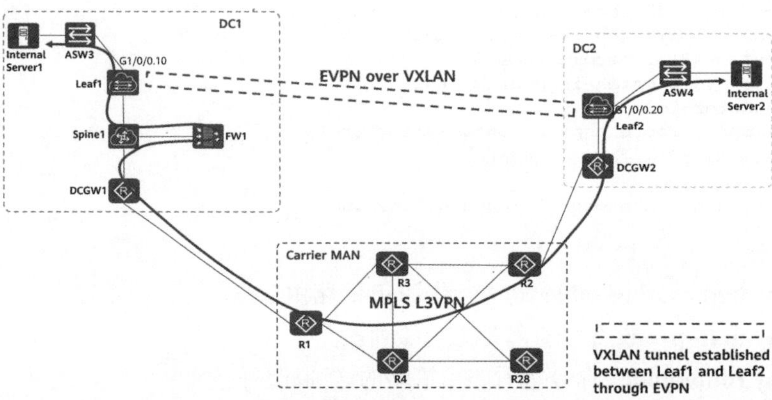

Figure 5-21（图 5-21）　Communication between DC1 and DC2 across the MAN

The configuration requirements are as following Table 5-34.

1. Configure ASW3 to add VLAN 10 to the packets sent by Internal Server1. Configure Leaf1 as the service access point of Internal Server1 and enable Leaf1 to connect to Internal Server1 through the Layer 2 sub-interface (G1/0/0.10). Configure ASW4 to add VLAN 20 to the packets sent by Internal Server2. Configure Leaf2 as the service access point of Internal Server2 and enable Leaf2 to connect to Internal Server2 through the Layer 2 sub-interface (G1/0/0.20).

Table 5-34（表 5-34）　Parameter plan for internal servers of DCs

Device	NIC IP Address	VLAN	Service Access Point	Gateway IP Address
Internal Server1	172.16.1.1/24 (preconfigured)	10	Leaf1 (G1/0/0.10)	172.16.1.254/24
Internal Server2	172.16.2.1/24 (preconfigured)	20	Leaf2 (G1/0/0.20)	172.16.2.254/24

【解析】

运营商在数据中心 1 和数据中心 2 中架设 Internal Server1 和 Internal Server2 用于企业内部办公。现需要通过 VXLAN 分布式网关，在数据中心 1 的 Leaf1 和数据中心 2 的 Leaf2 上配置 BGP EVPN 协议并创建 VXLAN 隧道，实现 Internal Server1 和 Internal Server2 之间跨城域网的 DCI 端到端通信。在数据中心 1 的交换机 ASW3 和数据中心 2 的 ASW4 上配置 Trunk 接口。

1. 配置交换机 ASW3

```
[ASW3]interface GigabitEthernet0/0/2
[ASW3-GigabitEthernet0/0/2]port link-type trunk
[ASW3-GigabitEthernet0/0/2]port trunk allow-pass vlan 10
```

2. 配置交换机 ASW4

```
[ASW4]interface GigabitEthernet0/0/2
[ASW4-GigabitEthernet0/0/2]port link-type trunk
[ASW4-GigabitEthernet0/0/2]port trunk allow-pass vlan 20
```

3. 验证

使用 **display port vlan** 命令查看 VLAN 中包含的接口信息。

2. On Leaf1, assign a Layer 2 VNI (with the ID 10) to Internal Server1 and map it to BD 10 so that traffic can be forwarded through the BD; create an EVPN instance in the BD and plan an RD and an RT. On Leaf2, assign a Layer 2 VNI (with the ID 20) to Internal Server2 and map it to BD 20 so that traffic can be forwarded through the BD; create an EVPN instance in the BD and plan an RD and an RT.

【解析】

在交换机 Leaf1 和 Leaf2 上配置二层 VNI、二层 BD 域以及 EVPN 实例。

1. 配置交换机 Leaf1

```
[Leaf1]evpn-overlay enable                          //使能 EVPN 功能
[Leaf1]evpn
[Leaf1]bridge-domain 10                             //创建广播域桥域 BD
[Leaf1-bd10]vxlan vni 10                            //创建 VNI 并关联广播域桥域 BD
[Leaf1-bd10]evpn                                    //创建 VXLAN 模式的 EVPN 实例
[Leaf1-bd10-evpn]route-distinguisher 10:2           //为 BD 视图下的 EVPN 实例配置 RD
[Leaf1-bd10-evpn]vpn-target 100:10 export-extcommunity
//为 BD 视图下的 EVPN 实例配置出方向的 RT 值 100:10
[Leaf1-bd10-evpn]vpn-target 100:5010 export-extcommunity
[Leaf1-bd10-evpn]vpn-target 100:10 import-extcommunity
[Leaf1]interface GE1/0/0.10 mode l2
[Leaf1-GE1/0/0.10]encapsulation dot1q vid 10
[Leaf1-GE1/0/0.10]bridge-domain 10                  //将 EVC 二层子接口加入 BD
```

2. 配置交换机 Leaf2

```
[Leaf2]evpn-overlay enable
[Leaf2]bridge-domain 20
[Leaf2-bd20]vxlan vni 20
[Leaf2-bd20]evpn
[Leaf2-bd20-evpn]route-distinguisher 10:3
[Leaf2-bd20-evpn]vpn-target 100:20 export-extcommunity
[Leaf2-bd20-evpn]vpn-target 100:5010 export-extcommunity
```

```
[Leaf2-bd20-evpn]vpn-target 100:20 import-extcommunity
[Leaf2]interface GE1/0/0.20 mode l2
[Leaf2-GE1/0/0.20]encapsulation dot1q vid 20
[Leaf2-GE1/0/0.20]bridge-domain 20
```

3. 验证

（1）使用 **display bridge-domain** 命令查看广播域桥域 BD 的配置信息。

（2）使用 **display bridge-domain binding-info** 命令查看广播域桥域 BD 与 VSI、VNI 和 EVPN 的绑定关系信息。

3. Create a VBDIF interface on Leaf1 to function as the distributed gateway of Internal Server1, bind the gateway to the VPN instance EVPN1, and properly plan the RD, RT, and Layer 3 VNI. Create a VBDIF interface on Leaf2 to function as the distributed gateway of Internal Server2, bind the gateway to the VPN instance EVPN1, and properly plan the RD, RT, and Layer 3 VNI.

【解析】

在交换机 Leaf1 上创建 VBDIF 接口作为 Internal Server1 的分布式网关，网关绑定 VPN 实例（实例名为 EVPN1）；在交换机 Leaf2 上创建 VBDIF 接口作为 Internal Server2 的分布式网关，网关绑定 VPN 实例（实例名为 EVPN1）。

1. 配置交换机 Leaf1

```
[Leaf1]ip vpn-instance EVPN1                                     //创建 VPN 实例
[Leaf1-vpn-instance-EVPN1]ipv4-family                            //使能 VPN 实例的 IPv4 地址族
[Leaf1-vpn-instance-EVPN1-af-ipv4]route-distinguisher 20:2 //为 VPN 实例的 IPv4 地址族配置 RD
[Leaf1-vpn-instance-EVPN1-af-ipv4]vpn-target 100:5010 export-extcommunity evpn
[Leaf1-vpn-instance-EVPN1-af-ipv4]vpn-target 100:5010 import-extcommunity evpn
[Leaf1-vpn-instance-EVPN1-af-ipv4]vxlan vni 5010                 //将 VNI 与 VPN 实例绑定
[Leaf1]interface Vbdif10
[Leaf1-Vbdif10]ip binding vpn-instance EVPN1                     //将当前接口与指定 VPN 实例进行绑定
[Leaf1-Vbdif10]ip address 172.16.1.254 255.255.255.0
[Leaf1-Vbdif10]arp broadcast-detect enable
//使能 VXLAN 隧道或二层子接口状态为 Down 时的 ARP 广播探测功能
[Leaf1-Vbdif10]vxlan anycast-gateway enable                     //使能分布式网关功能
[Leaf1-Vbdif10]arp collect host enable                         //使能基于 VBDIF 接口粒度进行主机信息搜集的功能
```

2. 配置交换机 Leaf2

```
[Leaf2]ip vpn-instance EVPN1
[Leaf2-vpn-instance-EVPN1]ipv4-family
[Leaf2-vpn-instance-EVPN1-af-ipv4]route-distinguisher 20:3
[Leaf2-vpn-instance-EVPN1-af-ipv4]vpn-target 100:5010 export-extcommunity evpn
[Leaf2-vpn-instance-EVPN1-af-ipv4]vpn-target 100:5010 import-extcommunity evpn
[Leaf2-vpn-instance-EVPN1-af-ipv4]vxlan vni 5020
[Leaf2]interface Vbdif20
[Leaf2-Vbdif20]ip binding vpn-instance EVPN1
[Leaf2-Vbdif20]ip address 172.16.2.254 255.255.255.0
[Leaf2-Vbdif20]vxlan anycast-gateway enable
[Leaf2-Vbdif20]arp collect host enable
```

3. 验证

（1）使用 **display vxlan tunnel** 命令查看 VXLAN 隧道的信息。

（2）使用 **display vxlan vni** 命令查看 VXLAN 的配置信息。

4. Create BGP multi-instance on Leaf1 and Leaf2, and configure Leaf1 and Leaf2 to establish an EVPN peer relationship through their Loopback0 interfaces in the BGP multi-instance view and to establish a VXLAN tunnel using BGP EVPN.

5. Configure Leaf1 and Leaf2 to collect server host routes based on VBDIF interfaces and advertise the collected routes to each other so that Leaf1 and Leaf2 can learn routes destined for servers in each other's DCs. In this way, Server1 and Server2 can communicate with each other across the DCs.

【解析】

在交换机 Leaf1 和 Leaf2 上创建 BGP 多实例，并在 BGP 多实例下通过 Loopback0 接口建立 EVPN 邻居，Leaf1 和 Leaf2 通过 BGP EVPN 创建端到端的 VXLAN 隧道，从而实现 Server1 和 Server2 的跨数据中心互访。

1. 配置交换机 Leaf1

```
[Leaf1]bgp 64510 instance EVPN1                              //使能 BGP，进入 BGP 多实例视图
[Leaf1-bgp-instance-EVPN1]router-id 1.1.1.9
[Leaf1-bgp-instance-EVPN1]peer 1.1.1.13 as-number 64520
[Leaf1-bgp-instance-EVPN1]peer 1.1.1.13 ebgp-max-hop 10
//配置允许 BGP 与非直连网络上的对等体建立 EBGP 连接，并同时指定允许的最大跳数为 10
[Leaf1-bgp-instance-EVPN1]peer 1.1.1.13 connect-interface LoopBack0
[Leaf1-bgp-instance-EVPN1]l2vpn-family evpn                  //使能并进入 BGP-EVPN 地址族视图
[Leaf1-bgp-instance-EVPN1-af-evpn]undo policy vpn-target
//取消对 VPN 路由的 VPN-Target 过滤，即接收所有 VPN 路由
[Leaf1-bgp-instance-EVPN1-af-evpn]peer 1.1.1.13 enable
[Leaf1-bgp-instance-EVPN1]ipv4-family vpn-instance EVPN1
//使能并进入 BGP 多实例 EVPN1 的 IPv4 地址族视图
[Leaf1-bgp-instance-EVPN1-EVPN1]import-route direct
[Leaf1-bgp-instance-EVPN1-EVPN1]advertise l2vpn evpn
//使能 VPN 实例向 EVPN 实例发布 IP 路由功能
```

2. 配置交换机 Leaf2

```
[Leaf2]bgp 64520 instance EVPN1
[Leaf2-bgp-instance-EVPN1]router-id 1.1.1.13
[Leaf2-bgp-instance-EVPN1]peer 1.1.1.9 as-number 64510
[Leaf2-bgp-instance-EVPN1]peer 1.1.1.9 ebgp-max-hop 10
[Leaf2-bgp-instance-EVPN1]peer 1.1.1.9 connect-interface LoopBack0
[Leaf2-bgp-instance-EVPN1]l2vpn-family evpn
[Leaf2-bgp-instance-EVPN1-af-evpn]undo policy vpn-target
[Leaf2-bgp-instance-EVPN1-af-evpn]peer 1.1.1.9 enable
[Leaf2-bgp-instance-EVPN1-af-evpn]peer 1.1.1.9 advertise irb
[Leaf2-bgp-instance-EVPN1]ipv4-family vpn-instance EVPN1
[Leaf2-bgp-instance-EVPN1-EVPN1]import-route direct
[Leaf2-bgp-instance-EVPN1-EVPN1]advertise l2vpn evpn
```

3. 验证

（1）使用 **display evpn vpn-instance** 命令查看 EVPN 实例信息。

（2）使用 **display bgp instance instance-name evpn peer** 命令查看指定 BGP 实例下的 BGP EVPN 对等体信息。

（3）使用 **display mac-address** 命令查看所有类型的 MAC 地址表项信息。

6. To implement secure communication between internal servers, create the following inter-zone security policies on the firewall according to Table 5-35.

Table 5-35（表 5-35）　Security policy plan for the firewall in DC1

Rule Name	to_internal_server	from_internal_server
Source Zone	external	internal
Destination Zone	internal	external
Source IP	1.1.1.13/32	1.1.1.9/32
Destination IP	1.1.1.9/32	1.1.1.13/32
Action	Permit	Permit

【解析】

为实现 Internal Server 间的安全互访，在防火墙 FW1 上创建区域间安全策略。

1. 配置防火墙 FW1

```
[FW1]security-policy
[FW1-policy-security]rule name to_internal_server
[FW1-policy-security-rule-to_internal_server]source-zone external
[FW1-policy-security-rule-to_internal_server]destination-zone internal
[FW1-policy-security-rule-to_internal_server]source-address 1.1.1.13 mask 255.255.255.255
[FW1-policy-security-rule-to_internal_server]destination-address 1.1.1.9 mask 255.255.255.255
[FW1-policy-security-rule-to_internal_server]action permit
[FW1-policy-security]rule name from_internal_server
[FW1-policy-security-rule-from_internal_server]source-zone internal
[FW1-policy-security-rule-from_internal_server]destination-zone external
[FW1-policy-security-rule-from_internal_server]source-address 1.1.1.9 mask 255.255.255.255
[FW1-policy-security-rule-from_internal_server]destination-address 1.1.1.13 mask 255.255.255.255
[FW1-policy-security-rule-from_internal_server]action permit
```

2. 验证

使用 **display security-policy rule all** 命令查看防火墙安全策略规则的配置信息。

7. Configure traffic classifiers, traffic behaviors, and traffic policies on Spine1 in DC1 to control the traffic passing through Spine1 according to Table 5-36. Specifically, the traffic needs to be diverted to the firewall for security check through redirection to the next hop.

Table 5-36（表 5-36）　Traffic policy plan for Spine1 in DC1

Traffic Policy	Traffic Classifier		Traffic Behavior		Interface to Which the Traffic Policy Is Applied
from_server	from_internal_server	ACL matching against source and destination IP addresses Source IP address: 1.1.1.9/32 Destination IP address: 1.1.1.13/32	from_server	Redirection to a next-hop address: 10.10.7.2	Inbound direction of G0/0/3
to_server	to_internal_server	ACL matching against source and destination IP addresses Source IP address: 1.1.1.13/32 Destination IP address: 1.1.1.9/32	to_server	Redirection to a next-hop address: 10.7.10.2	Inbound direction of G0/0/1

【解析】

在数据中心 Spine1 设备上部署流策略，控制经过 Spine1 的流量，需要通过重定向下一跳的方式将流量引导至防火墙进行安全检查。

1. 配置交换机 Spine1

```
[Spine1]acl number 3000
[Spine1-acl-adv-3000]rule 10 permit ip source 1.1.1.9 0 destination 1.1.1.13 0
[Spine1]acl number 3001
[Spine1-acl-adv-3001]rule 10 permit ip source 1.1.1.13 0 destination 1.1.1.9 0
[Spine1]acl number 3002
[Spine1-acl-adv-3002]rule 10 permit ip source 172.16.3.1 0
[Spine1]acl number 3003
[Spine1-acl-adv-3003]rule 10 permit ip destination 150.150.150.150 0
[Spine1]traffic classifier from_internal_server operator and
//创建一个流分类，指定流分类下各规则之间的关系是逻辑“与”
[Spine1-classifier-from_internal_server]if-match acl 3000
//在流分类中创建基于 ACL 进行分类的匹配规则
[Spine1]traffic classifier from_web_server operator and
[Spine1-classifier-from_web_server]if-match acl 3002
[Spine1]traffic classifier to_internal_server operator and
[Spine1-classifier-to_internal_server]if-match acl 3001
[Spine1]traffic classifier to_web_server operator and
[Spine1-classifier-to_web_server]if-match acl 3003
[Spine1]traffic behavior from_server                                //定义一个流行为
[Spine1-behavior-from_server]redirect ip-nexthop 10.10.7.2
//在流行为中创建将报文重定向到单个下一跳 IP 地址的行为动作
[Spine1]traffic behavior to_server
[Spine1-behavior-to_server]redirect ip-nexthop 10.7.10.2
[Spine1]traffic policy from_server                                  //定义一个流策略
[Spine1-trafficpolicy-from_server]classifier from_internal_server behavior from_server
//在流策略中为指定的流分类配置所需流行为，即绑定流分类和流行为
[Spine1-trafficpolicy-from_server]classifier from_web_server behavior from_server
[Spine1]traffic policy to_server
[Spine1-trafficpolicy-to_server]classifier to_internal_server behavior to_server
[Spine1-trafficpolicy-to_server]classifier to_web_server behavior to_server
[Spine1]interface GigabitEthernet0/0/1
[Spine1-GigabitEthernet0/0/1]traffic-policy to_server inbound       //在接口入方向上应用流策略
[Spine1]interface GigabitEthernet0/0/3
[Spine1-GigabitEthernet0/0/3]traffic-policy from_server inbound
```

2. 验证

（1）使用 **display acl** 命令查看 ACL 的配置信息。

（2）使用 **display traffic classifier** 命令查看已配置的流分类信息。

（3）使用 **display traffic behavior** 命令查看已配置的流行为信息。

（4）使用 **display traffic policy** 命令查看已配置的流策略信息。

（5）使用 **display traffic-policy applied-record** 命令查看流策略的应用记录。

（6）使用 **display traffic-policy statistics** 命令查看流策略报文统计信息。

5.4.9 Task 9: Service Interworking Between the Enterprise HQ, Branch1, and Branch2

1. Hub-Spoke VPN Deployment

The enterprise HQ, Branch1, and Branch2, including both the wired and wireless service networks (only for employees), communicate with each other at Layer 3 through the MPLS VPN network of the carrier MAN as shown in Figure 5-22. In addition, IPv4 and IPv6 dual-stack connectivity is required on the wired service networks. The hub-spoke MPLS VPN needs to be used. That is, Branch1 and Branch2 cannot directly communicate with each other; instead, traffic between them must pass through the HQ.

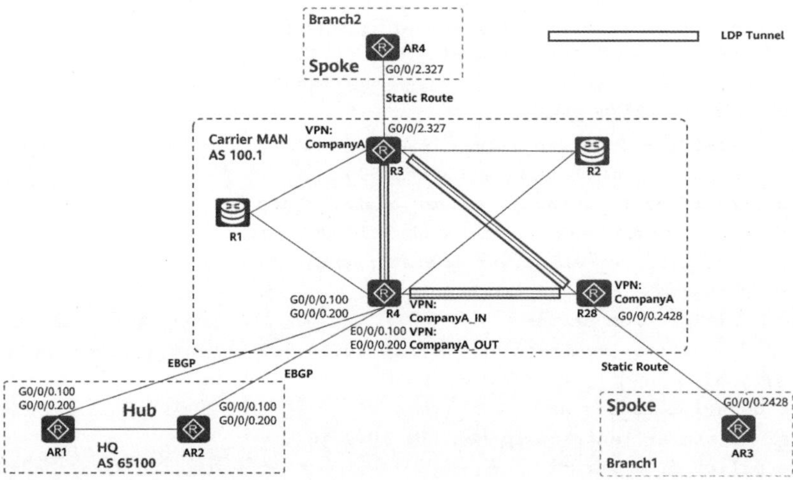

Figure 5-22（图 5-22）　Hub-spoke VPN communication between the enterprise HQ, Branch1, and Branch2

The configuration requirements are as shown in Table 5-37.

1. R3 and R28 function as spoke PEs and connect to AR4 and AR3, respectively. AR4 and AR3 are egress routers of Branch2 and Branch1, respectively. On R3 and R28, create a VPN instance CompanyA and configure the RD and RT. R4 functions as a hub PE and connects to egress routers AR1 and AR2 of the enterprise HQ. On R4, create VPN instances CompanyA_IN and CompanyA_OUT. CompanyA_IN is used to receive service routes from R3 and R28, and CompanyA_OUT is used to advertise service routes to R3 and R28.

Table 5-37（表 5-37）　Carrier VPN parameter plan for enterprise interconnection services

Device	VPN Instance Name	RD	RT	Service Access Interface
R3	CompanyA	100:31	Planned as required	G0/0/2.327
R28	CompanyA	100:31	Planned as required	G0/0/0.2428
R4	CompanyA_IN	100:31	Planned as required. Only the import RT needs to be configured	E0/0/0.100

续表

Device	VPN Instance Name	RD	RT	Service Access Interface
R4	CompanyA_IN	100:31	Planned as required. Only the import RT needs to be configured	G0/0/0.100
	CompanyA_OUT	100:32	Planned as required. Only the export RT needs to be configured	E0/0/0.200
	CompanyA_OUT	100:32	Planned as required. Only the export RT needs to be configured	G0/0/0.200

【解析】

企业总部、企业分支 1、企业分支 2 通过接入运营商城域网 MPLS VPN 专线网络实现三层互通，以及企业内部有线网络和无线网络（无线网络仅供员工使用）之间的内网互通。其中，有线业务网段要求实现 IPv4 和 IPv6 双栈互通。要求采用 Hub&Spoke 方式的 MPLS VPN，即不允许分支 1 和分支 2 之间直接互访，分支之间互访时流量必须经过总部。在路由器 R3、R4 和 R28 上创建 VPN 实例并绑定接口。

1. 配置路由器 R3

```
[R3]ip vpn-instance CompanyA
[R3-vpn-instance-CompanyA]ipv4-family
[R3-vpn-instance-CompanyA-af-ipv4]route-distinguisher 100:31
[R3-vpn-instance-CompanyA-af-ipv4]vpn-target 2:2 export-extcommunity
[R3-vpn-instance-CompanyA-af-ipv4]vpn-target 2:2 import-extcommunity
[R3-vpn-instance-CompanyA]ipv6-family  //使能 VPN 实例的 IPv6 地址族
[R3-vpn-instance-CompanyA-af-ipv6]route-distinguisher 100:31
[R3-vpn-instance-CompanyA-af-ipv6]vpn-target 2:2 export-extcommunity
[R3-vpn-instance-CompanyA-af-ipv6]vpn-target 2:2 import-extcommunity
[R3]interface GigabitEthernet0/0/2.327
[R3-GigabitEthernet0/0/2.327]vlan-type dot1q 327
[R3-GigabitEthernet0/0/2.327]ip binding vpn-instance CompanyA
[R3-GigabitEthernet0/0/2.327]ipv6 enable
[R3-GigabitEthernet0/0/2.327]ip address 10.3.27.2 255.255.255.252
[R3-GigabitEthernet0/0/2.327]ipv6 address 2001:3:27::2/126
```

2. 配置路由器 R4

```
[R4]ip vpn-instance CompanyA_IN
[R4-vpn-instance-CompanyA_IN]ipv4-family
[R4-vpn-instance-CompanyA_IN-af-ipv4]route-distinguisher 100:31
[R4]ip vpn-instance CompanyA_IN
[R4-vpn-instance-CompanyA_IN]ipv4-family
[R4-vpn-instance-CompanyA_IN-af-ipv4]route-distinguisher 100:31
[R4-vpn-instance-CompanyA_IN-af-ipv4]vpn-target 100:439 1:1 2:2 import-extcommunity
[R4-vpn-instance-CompanyA_IN]ipv6-family
[R4-vpn-instance-CompanyA_IN-af-ipv6]route-distinguisher 100:31
[R4-vpn-instance-CompanyA_IN-af-ipv6]vpn-target 100:439 1:1 2:2 import-extcommunity
[R4]ip vpn-instance CompanyA_OUT
[R4-vpn-instance-CompanyA_OUT]ipv4-family
[R4-vpn-instance-CompanyA_OUT-af-ipv4]route-distinguisher 100:32
[R4-vpn-instance-CompanyA_OUT-af-ipv4]vpn-target 100:439 1:1 2:2 export-extcommunity
```

```
[R4-vpn-instance-CompanyA_OUT]ipv6-family
[R4-vpn-instance-CompanyA_OUT-af-ipv6]route-distinguisher 100:32
[R4-vpn-instance-CompanyA_OUT-af-ipv6]vpn-target 100:439 1:1 2:2 export-extcommunity
[R4]interface Ethernet0/0/0.100
[R4-Ethernet0/0/0.100]vlan-type dot1q 100
[R4-Ethernet0/0/0.100]ip binding vpn-instance CompanyA_IN
[R4-Ethernet0/0/0.100]ipv6 enable
[R4-Ethernet0/0/0.100]ip address 10.4.15.2 255.255.255.252
[R4-Ethernet0/0/0.100]ipv6 address 2001:4:15::2/126
[R4]interface GigabitEthernet0/0/0.100
[R4-GigabitEthernet0/0/0.100]vlan-type dot1q 100
[R4-GigabitEthernet0/0/0.100]ipv6 enable
[R4-GigabitEthernet0/0/0.100]ip address 10.4.14.2 255.255.255.252
[R4-GigabitEthernet0/0/0.100]ipv6 address 2001:4:14::2/126
[R4]interface Ethernet0/0/0.200
[R4-Ethernet0/0/0.200]vlan-type dot1q 200
[R4-Ethernet0/0/0.200]ip binding vpn-instance CompanyA_OUT
[R4-Ethernet0/0/0.200]ipv6 enable
[R4-Ethernet0/0/0.200]ip address 10.4.15.6 255.255.255.252
[R4-Ethernet0/0/0.200]ipv6 address 2001:4:15::6/126
[R4]interface GigabitEthernet0/0/0.200
[R4-GigabitEthernet0/0/0.200]vlan-type dot1q 200
[R4-GigabitEthernet0/0/0.200]description to-AR1-VPN:CompanyA_OUT
[R4-GigabitEthernet0/0/0.200]ip binding vpn-instance CompanyA_OUT
[R4-GigabitEthernet0/0/0.200]ipv6 enable
[R4-GigabitEthernet0/0/0.200]ip address 10.4.14.6 255.255.255.252
[R4-GigabitEthernet0/0/0.200]ipv6 address 2001:4:14::6/126
```

3. 配置路由器 R28

```
[R28]ip vpn-instance CompanyA
[R28-vpn-instance-CompanyA]ipv4-family
[R28-vpn-instance-CompanyA-af-ipv4]route-distinguisher 100:31
[R28-vpn-instance-CompanyA-af-ipv4]vpn-target 1:1 export-extcommunity
[R28-vpn-instance-CompanyA-af-ipv4]vpn-target 1:1 import-extcommunity
[R28-vpn-instance-CompanyA]ipv6-family
[R28-vpn-instance-CompanyA-af-ipv6]route-distinguisher 100:31
[R28-vpn-instance-CompanyA-af-ipv6]vpn-target 1:1 export-extcommunity
[R28-vpn-instance-CompanyA-af-ipv6]vpn-target 1:1 import-extcommunity
[R28]interface GigabitEthernet0/0/0.2428
[R28-GigabitEthernet0/0/0.2428]vlan-type dot1q 2428
[R28-GigabitEthernet0/0/0.2428]ip binding vpn-instance CompanyA
[R28-GigabitEthernet0/0/0.2428]ipv6 enable
[R28-GigabitEthernet0/0/0.2428]ip address 10.24.28.1 255.255.255.252
[R28-GigabitEthernet0/0/0.2428]ipv6 address 2001:24:28::1/126
```

4. 验证

使用 **display ip vpn-instance** 命令查看 VPN 实例的配置信息。

2. R4 connects to each of AR1 and AR2 through dual links (dual sub-interfaces). As shown in Table 5-38, on R4, run EBGP in VPN instances CompanyA_IN and CompanyA_OUT to transmit IPv4 and IPv6 routes of wired and wireless service network segments with AR1 and AR2. Specifically, R4 receives routes from the carrier MAN through the VPN instance CompanyA_IN, and then transmits the routes to AR1 and AR2 through EBGP. Then, AR1 and AR2 transmit the routes to R4 through the other respective EBGP peer relationship established with R4. After R4 receives these routes through the VPN instance CompanyA_OUT, it advertises the routes to the carrier MAN. AR3 connects to R28. On AR3, configure static specific routes to the service network segments of the HQ

and Branch2; on R28, configure static specific routes to the internal service network segment of Branch1. Ensure that the next hops of static routes on AR3 and R28 are R28 and AR3, respectively. AR4 connects to R3. Similarly, configure static specific routes on AR4 and R3.

Table 5-38（表 5-38） PE-CE interconnection plan for enterprise interconnection services

PE	CE	Running Protocol
R3 G0/0/2.327 (VPN: CompanyA)	AR4 G0/0/2.327	Dual-stack static specific route
R28 G0/0/0.2428 (VPN: CompanyA)	AR3 G0/0/0.2428	Dual-stack static specific route
R4 G0/0/0.100 (VPN: CompanyA_IN)	AR1 G0/0/0.100	Dual-stack EBGP
R4 G0/0/0.200 (VPN: CompanyA_OUT)	AR1 G0/0/0.200	Dual-stack EBGP
R4 E0/0/0.100 (VPN: CompanyA_IN)	AR2 G0/0/0.100	Dual-stack EBGP
R4 E0/0/0.200 (VPN: CompanyA_OUT)	AR2 G0/0/0.200	Dual-stack EBGP

【解析】

在路由器 AR1、AR2、R4 上部署 VPNv4 和 VPNv6，来传递 VPNv4 路由和 VPNv6 路由。在路由器 R3 上引入 VPN 实例静态路由并传递给 VPNv4 和 VPNv6 邻居，在路由器 R28 上引入 VPN 实例静态路由并传递给 VPNv4 和 VPNv6 邻居。在路由器 AR3 和 AR4 上配置 IPv4 和 IPv6 静态路由。

1. 配置路由器 R28

```
[R28]ip route-static vpn-instance CompanyA 10.100.32.0 255.255.255.0 10.24.28.2
[R28]ip route-static vpn-instance CompanyA 24.1.1.1 255.255.255.255 10.24.28.2
[R28]ip route-static vpn-instance CompanyA 192.168.20.0 255.255.255.0 10.24.28.2
[R28]ip route-static vpn-instance CompanyA 192.168.150.0 255.255.255.0 10.24.28.2
[R28]ipv6 route-static vpn-instance CompanyA 192:168:20:: 64 2001:24:28::2
[R28]bgp 100.1
[R28-bgp]ipv4-family vpn-instance CompanyA
[R28-bgp-CompanyA]import-route direct
[R28-bgp-CompanyA]import-route static
[R28-bgp]ipv6-family vpn-instance CompanyA
[R28-bgp6-CompanyA]import-route static
```

2. 配置路由器 AR4

```
[AR4]ip route-static 10.24.28.0 255.255.255.252 10.3.27.2
[AR4]ip route-static 192.168.10.0 255.255.255.0 10.3.27.2
[AR4]ip route-static 192.168.20.0 255.255.255.0 10.3.27.2
[AR4]ip route-static 192.168.110.0 255.255.255.0 10.3.27.2
[AR4]ip route-static 192.168.120.0 255.255.255.0 10.3.27.2
[AR4]ip route-static 192.168.150.0 255.255.255.0 10.3.27.2
[AR4]ipv6 route-static 192:168:20:: 64 2001:3:27::2
[AR4]ipv6 route-static 192:168:40:: 64 2001:3:27::2
```

3. 配置路由器 R4

```
[R4]bgp 100.1
[R4-bgp]ipv4-family vpn-instance CompanyA_IN
[R4-bgp-CompanyA_IN]peer 10.4.14.1 as-number 65100
[R4-bgp-CompanyA_IN]peer 10.4.15.1 as-number 65100
[R4-bgp]ipv4-family vpn-instance CompanyA_OUT
```

```
[R4-bgp-CompanyA_OUT]peer 10.4.14.5 as-number 65100
[R4-bgp-CompanyA_OUT]peer 10.4.14.5 allow-as-loop
[R4-bgp-CompanyA_OUT]peer 10.4.15.5 as-number 65100
[R4-bgp-CompanyA_OUT]peer 10.4.15.5 allow-as-loop
[R4-bgp]ipv6-family vpn-instance CompanyA_IN
[R4-bgp6-CompanyA_IN]peer 2001:4:14::1 as-number 65100
[R4-bgp6-CompanyA_IN]peer 2001:4:15::1 as-number 65100
[R4-bgp]ipv6-family vpn-instance CompanyA_OUT
[R4-bgp6-CompanyA_OUT]peer 2001:4:14::5 as-number 65100
[R4-bgp6-CompanyA_OUT]peer 2001:4:14::5 allow-as-loop
[R4-bgp6-CompanyA_OUT]peer 2001:4:15::5 as-number 65100
[R4-bgp6-CompanyA_OUT]peer 2001:4:15::5 allow-as-loop
```

4. 配置路由器 AR1

```
[AR1]ospf 1
[AR1-ospf-1]import-route bgp
[AR1]bgp 65100
[AR1-bgp]peer 10.4.14.2 as-number 100.1
[AR1-bgp]peer 10.4.14.6 as-number 100.1
[AR1-bgp]peer 2001:4:14::2 as-number 100.1
[AR1-bgp]peer 2001:4:14::6 as-number 100.1
[AR1-bgp]ipv6-family unicast
[AR1-bgp-af-ipv6]peer 2001:4:14::2 enable
[AR1-bgp-af-ipv6]peer 2001:4:14::6 enable
```

5. 配置路由器 AR2

```
[AR2]ospf 1
[AR2-ospf-1]import-route bgp
[AR2]bgp 65100
[AR2-bgp]peer 10.4.15.2 as-number 100.1
[AR2-bgp]peer 10.4.15.6 as-number 100.1
[AR2-bgp]peer 2001:4:15::2 as-number 100.1
[AR2-bgp]peer 2001:4:15::6 as-number 100.1
[AR2-bgp]ipv6-family unicast
[AR2-bgp-af-ipv6]peer 2001:4:15::2 enable
[AR2-bgp-af-ipv6]peer 2001:4:15::6 enable
```

6. 配置路由器 R3

```
[R3]bgp 100.1
[R3-bgp]ipv4-family vpn-instance CompanyA
[R3-bgp-CompanyA]import-route static
[R3-bgp]ipv6-family vpn-instance CompanyA
[R3-bgp6-CompanyA]import-route static
[R3]ip route-static vpn-instance CompanyA 192.168.30.0 255.255.255.0 10.3.27.1
[R3]ipv6 route-static vpn-instance CompanyA 192:168:30:: 64 2001:3:27::1
```

7. 配置路由器 AR3

```
[AR3]ip route-static 10.20.21.0 255.255.255.0 10.24.28.1
[AR3]ip route-static 10.100.32.0 255.255.255.0 10.24.25.2
[AR3]ip route-static 192.168.10.0 255.255.255.0 10.24.28.1
[AR3]ip route-static 192.168.20.0 255.255.255.0 10.24.25.2
[AR3]ip route-static 192.168.30.0 255.255.255.0 10.24.28.1
[AR3]ip route-static 192.168.110.0 255.255.255.0 10.24.28.1
[AR3]ip route-static 192.168.120.0 255.255.255.0 10.24.28.1
[AR3]ip route-static 192.168.150.0 255.255.255.0 10.24.25.2
[AR3]ip route-static 192.168.160.0 255.255.255.0 10.24.25.2
[AR3]ipv6 route-static 192:168:20:: 64 2001:24:25::2
[AR3]ipv6 route-static 192:168:30:: 64 2001:24:28::1
[AR3]ipv6 route-static 192:168:40:: 64 2001:24:28::1
```

8. 验证

（1）使用 **display bgp vpnv4 all peer** 命令查看所有 VPNv4 的 BGP 对等体信息。

（2）使用 **display bgp vpnv6 all peer** 命令查看所有 VPNv6 的 BGP 对等体信息。

（3）使用 **display bgp vpnv4 all routing-table** 命令查看 BGP VPNv4 路由和 BGP 私网路由的信息。

（4）使用 **display bgp vpnv6 all routing-table** 命令查看 BGP VPNv6 路由和 BGP 私网路由的信息。

3. Configure AR1 and AR2 to establish a dual-stack IBGP peer relationship as the emergency channel. If the link between AR1 and R4 or between AR2 and R4 fails, traffic can be forwarded through the link between AR1 and AR2, improving reliability.

【解析】

在路由器 AR1 和 AR2 上建立双栈 IBGP 邻居作为逃生通道，即当 AR1 与 R4 或 AR2 与 R4 的链路发生故障时，流量可以通过 AR1 与 AR2 之间的互联链路进行转发，提高网络的可靠性。

1. 配置路由器 AR1

```
[AR1]bgp 65100
[AR1-bgp]peer 1.1.1.15 as-number 65100
[AR1-bgp]peer 1.1.1.15 connect-interface LoopBack0
[AR1-bgp]peer 1.1.1.15 next-hop-local
[AR1-bgp]peer 2001::15 as-number 65100
[AR1-bgp]peer 2001::15 connect-interface LoopBack0
[AR1-bgp]ipv6-family unicast
[AR1-bgp-af-ipv6]undo synchronization
[AR1-bgp-af-ipv6]preference 20 200 200
[AR1-bgp-af-ipv6]peer 2001::15 enable
[AR1-bgp-af-ipv6]peer 2001::15 next-hop-local
```

2. 配置路由器 AR2

```
[AR2]bgp 65100
[AR2-bgp]peer 1.1.1.14 as-number 65100
[AR2-bgp]peer 1.1.1.14 connect-interface LoopBack0
[AR2-bgp]peer 1.1.1.14 next-hop-local
[AR2-bgp]peer 2001::14 as-number 65100
[AR2-bgp]peer 2001::14 connect-interface LoopBack0
[AR2-bgp]ipv6-family unicast
[AR2-bgp-af-ipv6]undo synchronization
[AR2-bgp-af-ipv6]preference 20 200 200
[AR2-bgp-af-ipv6]peer 2001::14 enable
[AR2-bgp-af-ipv6]peer 2001::14 next-hop-local
```

3. 验证

（1）使用 **display bgp peer** 命令查看 BGP 对等体信息。

（2）使用 **display bgp ipv6 peer** 命令查看 BGP IPv6 对等体信息。

4. Configure IP prefix lists and route-policies on AR1 and AR2 to advertise only IPv4 and IPv6 route network segments related to MPLS VPN services to R4.

【解析】

在路由器 AR1 和 AR2 上配置 IP 前缀列表和路由策略，用来控制向 R4 传递 BGP 路由时，只传递与 MPLS VPN 业务相关的 IPv4 和 IPv6 路由，过滤其他无关路由。

1. 配置路由器 AR1

```
[AR1]ip ip-prefix to-R4-VPN index 10 permit 192.168.10.0 24
[AR1]ip ip-prefix to-R4-VPN index 20 permit 192.168.110.0 24
[AR1]ip ip-prefix to-R4-VPN index 30 permit 192.168.120.0 24
[AR1]ip ip-prefix to-R4-VPN index 40 permit 192.168.150.0 24
[AR1]ip ip-prefix to-R4-VPN index 50 permit 192.168.20.0 24
[AR1]ip ip-prefix to-R4-VPN index 60 permit 192.168.30.0 24
[AR1]ip ip-prefix to-R4-VPN index 70 permit 10.20.21.0 24
[AR1]ip ip-prefix to-R4-VPN index 80 permit 10.3.27.0 30
[AR1]ip ip-prefix to-R4-VPN index 90 permit 10.24.28.0 30
[AR1]ip ipv6-prefix to-R4-VPN index 20 permit 192:168:20:: 64
[AR1]ip ipv6-prefix to-R4-VPN index 30 permit 192:168:30:: 64
[AR1]ip ipv6-prefix to-R4-VPN index 40 permit 192:168:40:: 64
[AR1]route-policy to-R4-VPN permit node 10
[AR1-route-policy]if-match ip-prefix to-R4-VPN
[AR1]route-policy to-R4-VPN-V6 permit node 10
[AR1-route-policy]if-match ipv6 address prefix-list to-R4-VPN
[AR1]bgp 65100
[AR1-bgp]network 10.20.21.0 255.255.255.0
[AR1-bgp]network 192.168.10.0
[AR1-bgp]network 192.168.110.0
[AR1-bgp]network 192.168.120.0
[AR1-bgp]network 200.0.0.0 255.255.255.128
[AR1-bgp]network 200.0.0.128 255.255.255.128
[AR1-bgp]peer 10.4.14.6 route-policy to-R4-VPN export
[AR1-bgp]ipv6-family unicast
[AR1-bgp-af-ipv6]network 192:168:40:: 64
[AR1-bgp-af-ipv6]peer 2001:4:14::6 route-policy to-R4-VPN-V6 export
```

2. 配置路由器 AR2

```
[AR2]ip ip-prefix to-R4-VPN index 10 permit 192.168.10.0 24
[AR2]ip ip-prefix to-R4-VPN index 20 permit 192.168.110.0 24
[AR2]ip ip-prefix to-R4-VPN index 30 permit 192.168.120.0 24
[AR2]ip ip-prefix to-R4-VPN index 40 permit 192.168.150.0 24
[AR2]ip ip-prefix to-R4-VPN index 50 permit 192.168.20.0 24
[AR2]ip ip-prefix to-R4-VPN index 60 permit 192.168.30.0 24
[AR2]ip ip-prefix to-R4-VPN index 70 permit 10.20.21.0 24
[AR2]ip ip-prefix to-R4-VPN index 80 permit 10.3.27.0 30
[AR2]ip ip-prefix to-R4-VPN index 90 permit 10.24.28.0 30
[AR2]ip ipv6-prefix to-R4-VPN index 20 permit 192:168:20:: 64
[AR2]ip ipv6-prefix to-R4-VPN index 30 permit 192:168:30:: 64
[AR2]ip ipv6-prefix to-R4-VPN index 40 permit 192:168:40:: 64
[AR2]route-policy to-R4-VPN permit node 10
[AR2-route-policy]if-match ip-prefix to-R4-VPN
[AR2]route-policy to-R4-VPN-V6 permit node 10
[AR2-route-policy]if-match ipv6 address prefix-list to-R4-VPN
[AR2]bgp 65100
[AR2-bgp]network 10.20.21.0 255.255.255.0
[AR2-bgp]network 192.168.10.0
[AR2-bgp]network 192.168.110.0
[AR2-bgp]network 192.168.120.0
[AR2-bgp]network 200.0.0.0 255.255.255.128
[AR2-bgp]network 200.0.0.128 255.255.255.128
[AR2-bgp]peer 10.4.15.6 route-policy to-R4-VPN export
[AR2-bgp]ipv6-family unicast
[AR2-bgp-af-ipv6]network 192:168:40:: 64
[AR2-bgp-af-ipv6]peer 2001:4:15::6 route-policy to-R4-VPN-V6 export
```

3. 验证

（1）使用 **display bgp vpnv4 all routing-table** 命令查看 BGP VPNv4 路由和 BGP 私网路由的信息。

（2）使用 **display bgp vpnv6 all routing-table** 命令查看 BGP VPNv6 路由和 BGP 私网路由的信息。

2. IPsec Deployment

When the MPLS VPN link is faulty, Branch1 and Branch2 each can establish IPsec tunnels with the enterprise HQ through the Internet for link backup, ensuring high reliability of intranet communication. When IPsec is used, Branch1 and Branch2 cannot directly communicate with each other; instead, traffic between them must pass through AR1 or AR2 at the HQ.

Note: IPsec implements only IPv4 communication between the enterprise HQ and branches, without involving IPv6.

As shown in Figure 5-23, IPsec tunnels need to be deployed on AR1, AR2, AR3, and AR4. The configuration requirements are as follows.

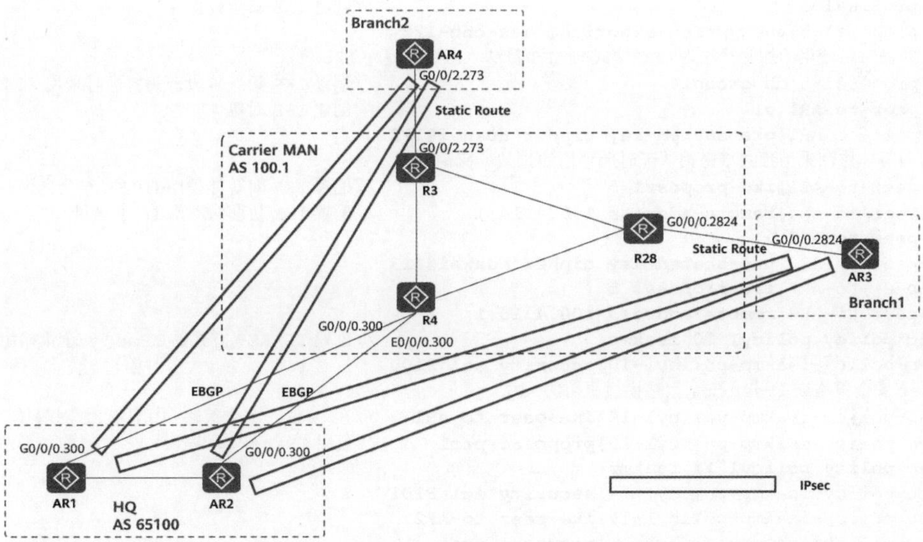

Figure 5-23（图 5-23） IPsec tunnels between Branch1 and the HQ and between Branch2 and the HQ

1. On AR4, create an ISAKMP IPsec policy group and establish an IPsec tunnel with AR1 and AR2. Configure advanced ACLs 3100 and 3101 on AR4 to define the data flows to be protected. ACL 3101 is used for secure access from Branch2 to the wired service network segment of the enterprise HQ. Associate ACL 3101 with the IPsec tunnel from AR4 to AR2. ACL 3100 is used for secure access from Branch2 to the wireless service network segment of the enterprise HQ and the service network segment of Branch1. Associate ACL 3100 with the IPsec tunnel from AR4 to AR1.

【解析】

当 MPLS VPN 链路发生故障时，企业总部、企业分支 1、企业分支 2 可以通过互联网构建 IPsec 隧道作为备份链路，实现内网互通业务的高可靠性。使用 IPsec 隧道时，同样不允许分支 1 和分支 2 之间直接互访，分支之间互访时流量必须经过总部的 AR1 或 AR2。在路由器 AR4 上创建 ISAKMP 方式的 IPsec 安全策略组，建立到 AR1 和 AR2 的 IPsec 隧道。

1. 配置路由器 AR4

```
[AR4]acl number 3100
[AR4-acl-adv-3100]description For-IPSEC-to-AR1
[AR4-acl-adv-3100]rule 10 permit ip source 192.168.30.0 0.0.0.255 destination 192.168.110.0 0.0.0.255
[AR4-acl-adv-3100]rule 15 permit ip source 192.168.30.0 0.0.0.255 destination 192.168.120.0 0.0.0.255
[AR4-acl-adv-3100]rule 20 permit ip source 192.168.30.0 0.0.0.255 destination 192.168.20.0 0.0.0.255
[AR4-acl-adv-3100]rule 25 permit ip source 192.168.30.0 0.0.0.255 destination 192.168.150.0 0.0.0.255
[AR4-acl-adv-3100]acl number 3101
[AR4-acl-adv-3101]description For-IPSEC-to-AR2
[AR4-acl-adv-3101]rule 5 permit ip source 192.168.30.0 0.0.0.255 destination 192.168.10.0 0.0.0.255
[AR4]ipsec proposal pro1                                //创建 IPsec 安全提议
[AR4-ipsec-proposal-pro1]esp authentication-algorithm sha2-256
//配置 ESP 协议使用的认证算法为 SHA2-256
[AR4-ipsec-proposal-pro1]esp encryption-algorithm aes-192
//配置 ESP 协议使用的加密算法为 CBC 模式的 AES 算法，密钥长度为 192 位
[AR4]ike proposal 5                                     //创建 IKE 安全提议
[AR4-ike-proposal-5]encryption-algorithm aes-cbc-128
//配置 IKE 协商时所使用的加密算法为 CBC 模式的 AES 算法，密钥长度为 128 位
[AR4-ike-proposal-5]dh group14                          //配置 IKE 第一阶段密钥协商时采用 2048 位的 DH 组
[AR4]ike peer to-AR1 v1                                 //创建 IKE 对等体
[AR4-ike-peer-to-AR1]pre-shared-key cipher Huawei@123
//配置 IKE 对等体协商采用预共享密钥认证时所使用的预共享密钥
[AR4-ike-peer-to-AR1]ike-proposal 5                     //配置 IKE 对等体使用的 IKE 安全提议
[AR4-ike-peer-to-AR1]remote-address 100.4.14.1          //配置 IKE 协商时对端的 IP 地址
[AR4]ike peer to-AR2 v1
[AR4-ike-peer-to-AR2]pre-shared-key cipher Huawei@123
[AR4-ike-peer-to-AR2]ike-proposal 5
[AR4-ike-peer-to-AR2]remote-address 100.4.15.1
[AR4]ipsec policy policy1 10 isakmp                     //创建 ISAKMP 方式的 IPsec 安全策略组
[AR4-ipsec-policy-isakmp-policy1-10]security acl 3100
//配置 IPsec 安全策略或 IPsec 安全策略模板引用的 ACL
[AR4-ipsec-policy-isakmp-policy1-10]ike-peer to-AR1     //在 IPsec 安全策略中引用 IKE 对等体
[AR4-ipsec-policy-isakmp-policy1-10]proposal pro1       //引用 IPsec 安全提议
[AR4]ipsec policy policy1 11 isakmp
[AR4-ipsec-policy-isakmp-policy1-11]security acl 3101
[AR4-ipsec-policy-isakmp-policy1-11]ike-peer to-AR2
[AR4-ipsec-policy-isakmp-policy1-11]proposal pro1
```

2. 验证

（1）使用 **display ike proposal** 命令查看 IKE 安全提议的配置参数。

（2）使用 **display ipsec policy** 命令查看 IPsec 安全策略的配置信息。

2. On AR3, create an ISAKMP IPsec policy group and establish an IPsec tunnel with AR1 and AR2. Configure advanced ACLs 3100 and 3101 on AR3 to define the data flows to be protected. ACL 3101 is used for secure access from Branch1 to the wired service network segment of the enterprise HQ. Associate ACL 3101 with the IPsec tunnel from AR3 to AR2. ACL 3100 is used for secure access from Branch1 to the wireless service network segment of the enterprise HQ and the service network segment of Branch2. Associate ACL 3100 with the IPsec tunnel from AR3 to AR1.

【解析】

在路由器 AR3 上创建 ISAKMP 方式的 IPsec 安全策略组，建立到 AR1 和 AR2 的 IPsec 隧道。

1. 配置路由器 AR3

```
[AR3]acl number 3100
[AR3-acl-adv-3100]description For-IPSEC-to-AR1
[AR3-acl-adv-3100]rule 5 permit ip source 192.168.20.0 0.0.0.255 destination 192.168.30.0 0.0.0.255
[AR3-acl-adv-3100]rule 15 permit ip source 192.168.20.0 0.0.0.255 destination 192.168.110.0 0.0.0.255
[AR3-acl-adv-3100]rule 20 permit ip source 192.168.20.0 0.0.0.255 destination 192.168.120.0 0.0.0.255
[AR3-acl-adv-3100]rule 25 permit ip source 192.168.150.0 0.0.0.255 destination 192.168.30.0 0.0.0.255
[AR3-acl-adv-3100]rule 35 permit ip source 192.168.150.0 0.0.0.255 destination 192.168.110.0 0.0.0.255
[AR3-acl-adv-3100]rule 40 permit ip source 192.168.150.0 0.0.0.255 destination 192.168.120.0 0.0.0.255
[AR3-acl-adv-3100]rule 45 permit ip source 10.100.32.0 0.0.0.255 destination 10.20.21.0 0.0.0.255
[AR3]acl number 3101
[AR3-acl-adv-3101]description For-IPSEC-to-AR2
[AR3-acl-adv-3101]rule 10 permit ip source 192.168.20.0 0.0.0.255 destination 192.168.10.0 0.0.0.255
[AR3-acl-adv-3101]rule 30 permit ip source 192.168.150.0 0.0.0.255 destination 192.168.10.0 0.0.0.255
[AR3]ipsec proposal pro1
[AR3-ipsec-proposal-pro1]esp authentication-algorithm sha2-256
[AR3-ipsec-proposal-pro1]esp encryption-algorithm aes-192
[AR3]ike proposal 5
[AR3-ike-proposal-5]encryption-algorithm aes-cbc-128
[AR3-ike-proposal-5]dh group14
[AR3]ike peer to-AR1 v1
[AR3-ike-peer-to-AR1]pre-shared-key cipher Huawei@123
[AR3-ike-peer-to-AR1]ike-proposal 5
[AR3-ike-peer-to-AR1]remote-address 100.4.14.1
[AR3]ike peer to-AR2 v1
[AR3-ike-peer-to-AR2]pre-shared-key cipher Huawei@123
[AR3-ike-peer-to-AR2]ike-proposal 5
[AR3-ike-peer-to-AR2]remote-address 100.4.15.1
[AR3]ipsec policy policy1 10 isakmp
[AR3-ipsec-policy-isakmp-policy1-10]security acl 3100
[AR3-ipsec-policy-isakmp-policy1-10]ike-peer to-AR1
[AR3-ipsec-policy-isakmp-policy1-10]proposal pro1
[AR3]ipsec policy policy1 11 isakmp
[AR3-ipsec-policy-isakmp-policy1-11]security acl 3101
[AR3-ipsec-policy-isakmp-policy1-11]ike-peer to-AR2
[AR3-ipsec-policy-isakmp-policy1-11]proposal pro1
```

2. 验证

（1）使用 **display ike proposal** 命令查看 IKE 安全提议的配置参数。

（2）使用 **display ipsec policy** 命令查看 IPsec 安全策略的配置信息。

3. On AR1 and AR2, create an ISAKMP IPsec policy group and establish an IPsec tunnel with AR3 and AR4. Configure advanced ACLs 3100 and 3101 on AR1 and AR2 to define the data flows to be protected. ACL 3101 is used for secure access from the enterprise HQ to the service network segment of Branch1 and from Branch2 to the service network segment of Branch1. Associate ACL 3101 with the IPsec tunnels from AR1 and AR2 to AR3. ACL 3100 is used for secure access from the enterprise HQ to the service network segment of Branch2 and from Branch1 to the service network segment of Branch2. Associate ACL 3100 with the IPsec tunnels from AR1 and AR2 to AR4.

【解析】

在路由器 AR1 和 AR2 上创建 ISAKMP 方式的 IPsec 安全策略组，建立到 AR3 和 AR4 的 IPsec 隧道。

1. 配置路由器 AR1

```
[AR1]acl number 3100
[AR1-acl-adv-3100]description HQtoB2&&B1toB2
[AR1-acl-adv-3100]rule 5 permit ip source 192.168.10.0 0.0.0.255 destination 192.168.30.0 0.0.0.255
[AR1-acl-adv-3100]rule 10 permit ip source 192.168.110.0 0.0.0.255 destination 192.168.30.0 0.0.0.255
[AR1-acl-adv-3100]rule 15 permit ip source 192.168.120.0 0.0.0.255 destination 192.168.30.0 0.0.0.255
[AR1-acl-adv-3100]rule 20 permit ip source 192.168.20.0 0.0.0.255 destination 192.168.30.0 0.0.0.255
[AR1-acl-adv-3100]rule 25 permit ip source 192.168.150.0 0.0.0.255 destination 192.168.30.0 0.0.0.255
[AR1]acl number 3101
[AR1-acl-adv-3101]description HQtoB1&&B2toB1
[AR1-acl-adv-3101]rule 5 permit ip source 192.168.10.0 0.0.0.255 destination 192.168.20.0 0.0.0.255
[AR1-acl-adv-3101]rule 10 permit ip source 192.168.10.0 0.0.0.255 destination 192.168.150.0 0.0.0.255
[AR1-acl-adv-3101]rule 15 permit ip source 192.168.110.0 0.0.0.255 destination 192.168.20.0 0.0.0.255
[AR1-acl-adv-3101]rule 20 permit ip source 192.168.110.0 0.0.0.255 destination 192.168.150.0 0.0.0.255
[AR1-acl-adv-3101]rule 25 permit ip source 192.168.120.0 0.0.0.255 destination 192.168.20.0 0.0.0.255
[AR1-acl-adv-3101]rule 30 permit ip source 192.168.120.0 0.0.0.255 destination 192.168.150.0 0.0.0.255
[AR1-acl-adv-3101]rule 35 permit ip source 192.168.30.0 0.0.0.255 destination 192.168.20.0 0.0.0.255
[AR1-acl-adv-3101]rule 40 permit ip source 192.168.30.0 0.0.0.255 destination 192.168.150.0 0.0.0.255
[AR1-acl-adv-3101]rule 45 permit ip source 10.20.21.0 0.0.0.255 destination 10.100.32.0 0.0.0.255
[AR1]ipsec proposal pro1
[AR1-ipsec-proposal-pro1]esp authentication-algorithm sha2-256
[AR1-ipsec-proposal-pro1]esp encryption-algorithm aes-192
[AR1]ike proposal 5
[AR1-ike-proposal-5]encryption-algorithm aes-cbc-128
[AR1-ike-proposal-5]dh group14
[AR1]ike peer to-AR3 v1
[AR1-ike-peer-to-AR3]pre-shared-key cipher Huawei@123
[AR1-ike-peer-to-AR3]ike-proposal 5
[AR1-ike-peer-to-AR3]remote-address 100.24.28.2
[AR3]ike peer to-AR4 v1
[AR1-ike-peer-to-AR4]pre-shared-key cipher Huawei@123
[AR1-ike-peer-to-AR4]ike-proposal 5
[AR1-ike-peer-to-AR4]remote-address 100.3.27.1
[AR]ipsec policy policy1 10 isakmp
[AR1-ipsec-policy-isakmp-policy1-10]security acl 3101
[AR1-ipsec-policy-isakmp-policy1-10]ike-peer to-AR3
[AR1-ipsec-policy-isakmp-policy1-10]proposal pro1
[AR1]ipsec policy policy1 11 isakmp
[AR1-ipsec-policy-isakmp-policy1-11]security acl 3100
[AR1-ipsec-policy-isakmp-policy1-11]ike-peer to-AR4
[AR1-ipsec-policy-isakmp-policy1-11]proposal pro1
```

2. 配置路由器 AR2

```
[AR2]acl number 3100
[AR2-acl-adv-3100]description HQtoB2&&B1toB2
[AR2-acl-adv-3100]rule 5 permit ip source 192.168.10.0 0.0.0.255 destination 192.168.30.0 0.0.0.255
[AR2-acl-adv-3100]rule 10 permit ip source 192.168.110.0 0.0.0.255 destination 192.168.30.0 0.0.0.255
[AR2-acl-adv-3100]rule 15 permit ip source 192.168.120.0 0.0.0.255 destination 192.168.30.0 0.0.0.255
[AR2-acl-adv-3100]rule 20 permit ip source 192.168.20.0 0.0.0.255 destination 192.168.30.0 0.0.0.255
[AR2-acl-adv-3100]rule 25 permit ip source 192.168.150.0 0.0.0.255 destination 192.168.30.0 0.0.0.255
[AR2]acl number 3101
[AR2-acl-adv-3101]description HQtoB1&&B2toB1
[AR2-acl-adv-3101]rule 5 permit ip source 192.168.10.0 0.0.0.255 destination 192.168.20.0 0.0.0.255
[AR2-acl-adv-3101]rule 10 permit ip source 192.168.10.0 0.0.0.255 destination 192.168.150.0 0.0.0.255
[AR2-acl-adv-3101]rule 15 permit ip source 192.168.110.0 0.0.0.255 destination 192.168.20.0 0.0.0.255
```

```
[AR2-acl-adv-3101]rule 20 permit ip source 192.168.110.0 0.0.0.255 destination 192.168.150.0 0.0.0.255
[AR2-acl-adv-3101]rule 25 permit ip source 192.168.120.0 0.0.0.255 destination 192.168.20.0 0.0.0.255
[AR2-acl-adv-3101]rule 30 permit ip source 192.168.120.0 0.0.0.255 destination 192.168.150.0 0.0.0.255
[AR2-acl-adv-3101]rule 35 permit ip source 192.168.30.0 0.0.0.255 destination 192.168.20.0 0.0.0.255
[AR2-acl-adv-3101]rule 40 permit ip source 192.168.30.0 0.0.0.255 destination 192.168.150.0 0.0.0.255
[AR2-acl-adv-3101]rule 45 permit ip source 10.20.21.0 0.0.0.255 destination 10.100.32.0 0.0.0.255
[AR2]ipsec proposal pro1
[AR2-ipsec-proposal-pro1]esp authentication-algorithm sha2-256
[AR2-ipsec-proposal-pro1]esp encryption-algorithm aes-192
[AR2]ike proposal 5
[AR2-ike-proposal-5]encryption-algorithm aes-cbc-128
[AR2-ike-proposal-5]dh group14
[AR2]ike peer to-AR3 v1
[AR2-ike-peer-to-AR3]pre-shared-key cipher Huawei@123
[AR2-ike-peer-to-AR3]ike-proposal 5
[AR2-ike-peer-to-AR3]remote-address 100.24.28.2
[AR3]ike peer to-AR4 v1
[AR2-ike-peer-to-AR4]pre-shared-key cipher Huawei@123
[AR2-ike-peer-to-AR4]ike-proposal 5
[AR2-ike-peer-to-AR4]remote-address 100.3.27.1
[AR]ipsec policy policy1 10 isakmp
[AR2-ipsec-policy-isakmp-policy1-10]security acl 3101
[AR2-ipsec-policy-isakmp-policy1-10]ike-peer to-AR3
[AR2-ipsec-policy-isakmp-policy1-10]proposal pro1
[AR2]ipsec policy policy1 11 isakmp
[AR2-ipsec-policy-isakmp-policy1-11]security acl 3100
[AR2-ipsec-policy-isakmp-policy1-11]ike-peer to-AR4
[AR2-ipsec-policy-isakmp-policy1-11]proposal pro1
```

3. 验证

（1）使用 **display ike proposal** 命令查看 IKE 安全提议的配置参数。

（2）使用 **display ipsec policy** 命令查看 IPsec 安全策略的配置信息。

4. After the IPsec policy groups are configured, apply them to the corresponding interfaces of AR1, AR2, AR3, and AR4 to enable IPsec protection on the interfaces according to Table 5-39.

Table 5-39（表 5-39） IPsec policy group plan

Device	IPsec Policy Group Name	Interface to Which an IPsec Policy Group Is Applied
AR1	policy1	G0/0/0.300
AR2	policy1	G0/0/0.300
AR3	policy1	G0/0/0.2824
AR4	policy1	G0/0/2.273

【解析】

在路由器 AR1、AR2、AR3 和 AR4 上，将 IPsec 安全策略组应用到对应的外网接口。

1. 配置路由器 AR1

```
[AR1]interface GigabitEthernet0/0/0.300
[AR1-GigabitEthernet0/0/0.300]ipsec policy policy1   //在接口上应用 IPsec 安全策略组
```

2. 配置路由器 AR2

```
[AR2]interface GigabitEthernet0/0/0.300
[AR2-GigabitEthernet0/0/0.300]ipsec policy policy1
```

3. 配置路由器 AR3

```
[AR3]interface GigabitEthernet0/0/0.2824
[AR3-GigabitEthernet0/0/0.2824]ipsec policy policy1
```

4. 配置路由器 AR4

```
[AR4]interface GigabitEthernet0/0/2.273
[AR4-GigabitEthernet0/0/2.273]ipsec policy policy1
```

5. 验证

（1）使用 **display ike proposal** 命令查看 IKE 安全提议的配置参数。

（2）使用 **display ike peer** 命令显示 IKE 对等体的配置信息。

（3）使用 **display ipsec policy** 命令查看 IPsec 安全策略的配置信息。

（4）使用 **display ike sa** 命令查看由 IKE 协商建立的 SA 信息。

（5）使用 **display ipsec sa** 命令查看 IPsec SA 的配置信息。

5. Table 5-40 lists the IPsec tunnel configuration requirements.

Table 5-40（表 5-40）　IPsec configuration parameter plan

Configuration	Configuration Item	Setting
IKE configuration	IKE authentication method	pre-share
	IKE authentication algorithm	sha1
	IKE encryption algorithm	aes-cbc-128
	IKE key exchange mode	DH Group 14
	PRF algorithm	hmac-sha1
	IKE pre-shared key	Huawei@123
	IKE version	IKEv1
IPsec configuration	IPsec proposal name	pro1
	IPsec encapsulation mode	Tunnel mode
	IPsec security protocol	ESP
	ESP authentication algorithm	sha2-256
	ESP encryption algorithm	aes-192

6. Configure an NQA instance on AR3 and AR4 to detect the IP connectivity between the interfaces (G0/0/0.2428 of AR3 and G0/0/2.327 of AR4) of the MPLS VPN link, associate the NQA instance with the static routes on AR3 and AR4. If the NQA test fails, AR3 and AR4 can automatically switch traffic from the MPLS VPN link to the Internet link, ensuring high service reliability. Set the test type of the NQA instance to ICMP, the packet sending interval to 10s, and the interval at which the test is automatically performed to 40s.

【解析】

在路由器 AR3 和 AR4 上配置 NQA 测试例，用于探测 AR3 和 AR4 的 MPLS VPN 专线链路接口之间的

IP 联通性，配置 AR3 和 AR4 上的单播静态路由联动 NQA 测试例。

1. 配置路由器 AR3

```
[AR3]nqa test-instance test test                                  //创建 NQA 测试例
[AR3-nqa-test-test]test-type icmp                                 //配置 NQA 测试例的测试类型为 ICMP 测试
[AR3-nqa-test-test]destination-address ipv4 10.3.27.1             //配置 NQA 测试例的目的 IP 地址
[AR3-nqa-test-test]source-address ipv4 10.24.28.2                 //配置 NQA 测试的源 IP 地址
[AR3-nqa-test-test]frequency 40                                   //配置 NQA 测试例自动执行测试的时间间隔为 40s
[AR3-nqa-test-test]interval seconds 10                            //配置 NQA 测试例发送报文的时间间隔为 10s
[AR3-nqa-test-test]start now                                      //立即启动执行当前 NQA 测试例
[AR3]ip route-static 192.168.30.0 255.255.255.0 10.24.28.1 track nqa test test
                                        //配置单播静态路由，使能单播静态路由绑定 NQA 测试例来进行快速故障检测
```

2. 配置路由器 AR4

```
[AR4]nqa test-instance test test
[AR4-nqa-test-test]test-type icmp
[AR4-nqa-test-test]destination-address ipv4 10.24.28.2
[AR4-nqa-test-test]source-address ipv4 10.3.27.1
[AR4-nqa-test-test]frequency 40
[AR4-nqa-test-test]interval seconds 10
[AR4-nqa-test-test]start now
[AR4]ip route-static 192.168.20.0 255.255.255.0 10.3.27.2 track nqa test test
[AR4]ip route-static 192.168.150.0 255.255.255.0 10.3.27.2 track nqa test test
```

3. 验证

（1）使用 **display nqa results** 命令查看 NQA 测试的结果信息。

（2）使用 **display nqa history** 命令查看 NQA 测试的历史统计信息。